液　晶

（第三版）

[美]邱炎春（Iam-Choon Khoo）　著
刘彤宇　关　松　杨海波　译

WILEY　天津大学出版社 TIANJIN UNIVERSITY PRESS

YEJING：DI SAN BAN

图书在版编目（CIP）数据

液晶 ：第三版 /（美）邱炎春（Iam-Choon Khoo）著 ；刘彤宇，关松，杨海波译. -- 天津 ：天津大学出版社，2025. 4. -- ISBN 978-7-5618-7965-8

Ⅰ. O753

中国国家版本馆CIP数据核字第2025XQ3379号

版权合同:天津市版权局著作权合同登记图字02-2024-069号

Title: Liquid Crystals, 3rd Editon by Iam-Choon Khoo , ISBN: 9781119705826

出版发行	天津大学出版社
地　　址	天津市卫津路92号天津大学内（邮编：300072）
电　　话	发行部：022-27403647
网　　址	www.tjupress.com.cn
印　　刷	廊坊市瑞德印刷有限公司
经　　销	全国各地新华书店
开　　本	710mm×1010mm　1/16
印　　张	21.25
字　　数	398千
版　　次	2025年4月第1版
印　　次	2025年4月第1次
定　　价	88.00元

译者序

作为凝聚态物理与光电材料科学交叉领域的经典著作，IAM-CHOON KHOO 教授的《液晶》自首版问世以来，始终是学术界与工业界的重要参考。本书第三版的推出，不仅延续了前两版严谨的学术框架与清晰的论述风格，更融入了近十五年来液晶科学的前沿突破与技术革新，堪称这一领域里程碑式的更新。

本书以基础理论为根基，系统性地构建了液晶物理的完整知识体系。从分子结构与相变机制出发，逐步深入探讨向列相、胆甾相、蓝相等液晶形态的弹性力学、流体动力学与光电响应特性。尤其值得关注的是，第三版新增了关于手性液晶光子晶体、聚合物稳定蓝相液晶的专题论述，以及液晶在太赫兹、超材料与可调谐纳米光子结构中的创新应用。这些内容不仅反映了液晶科学从基础研究向尖端技术延伸的趋势，更为读者揭示了液晶在下一代显示技术、自适应光学器件与生物传感领域的巨大潜力。

作为译者，笔者在翻译过程中深刻感受到本书的独特价值：它既是一部体系完备的教科书，以清晰的物理图像引导初学者步入液晶的奇妙世界；又是一部前沿技术指南，通过大量实验数据与案例分析，为研究人员指明突破方向。第三版尤其注重理论与应用的平衡，生动诠释了基础科学如何驱动技术革命。

当前，液晶科学正跨越显示技术的传统边界，在柔性电子、智能窗、医学成像等领域开辟新疆域。本书的出版恰逢其时，不仅为学术界提供了更新的理论工具，也为工程师与产业界人士架设了从原理到产品的知识桥梁。无论是深耕多年的学者，还是初窥门径的学子，都能从中获得启迪。期待这部经典之作的中文版能推动中国在液晶科学与光电技术领域的创新浪潮。

本书由刘彤宇、关松、杨海波翻译。在本书的翻译、排版、校对阶段，参与工作的还有张悦玲、张弛、朱海波、陈嘉鑫、解娜、付景怡、谷健达、姬昭鑫、江晓瑞、姜晓娇、李雨晴、马文超、孙凯、田配轩、张长冬、常瑶、孔晓玲、蔡美华、马伟等人，在此一并表示感谢。恳请各位读者能够对本书的不足之处提出宝贵意见和建议，希望本书能够为液晶科学的研究做出积极的贡献。

目录

第 1 章　液晶的介绍

液晶是一种奇特的材料，除固态结晶相和各向同性液相外，还表现出许多中间相，液晶在中间相下像普通液体一样流动，同时又具有晶体的性质[1]。这些中间相具有许多独特的物理和光学特性，就像被应用在无处不在的显示屏中一样，液晶特性也为一些基础研究领域提供了肥沃的土壤，如光子学、太赫兹和微波以及生物医学系统[2-8]。

1.1　分子结构和化学组成

除少数个例外，液晶都是由具有典型结构的有机物质组成，它们是芳香族的，如果含有苯环，它们通常被称为苯衍生物。一般来说，如图 1.1 所示的芳香族液晶分子包括一个侧链基团 R，两个或两个以上的芳香族环 A 和 A′，且由连接基团 X 和 Y 连接，以及一个末端基团 R′。

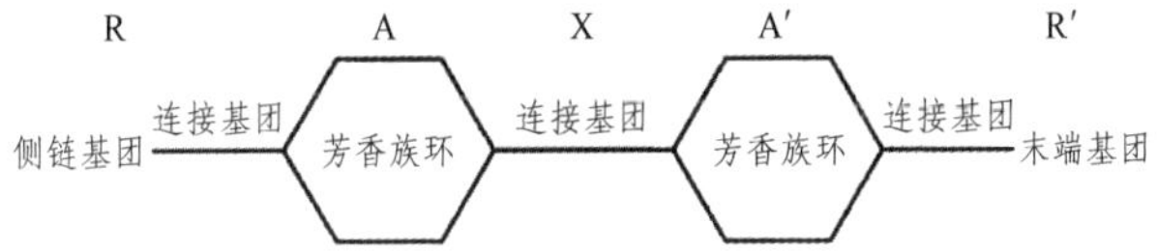

图 1.1　液晶的典型分子结构

侧链基团和末端基团的例子有烷基（ C_nH_{2n+1} ）、烷氧基（ $C_nH_{2n+1}O$ ）和其他基团，如酰氧基、碳酸烷基、烷氧基羰基以及硝基和氰基。连接基团的 X 是简单的键或基团，如二苯乙烯（ $—CH{=}{=}CH—$ ）、酯（ $—\overset{\overset{O}{\parallel}}{C}—O—$ ）、二苯乙炔（ $—C\equiv\equiv C—$ ）、氧化偶氮（ $—N{=}{=}N—$ ）、希夫碱（ $—CH{=}{=}N—$ ）、乙炔（ $—C{=}{=}C—$ ）和联乙炔（ $—C{=}{=}C—C{=}{=}C—$ ）。液晶的名称通常以连接基团命名，如希夫碱液晶。芳香环的种类很多，其中包括饱和环已烷或不饱和苯基、联苯和三联苯的各种组合。

大多数液晶都是苯衍生物，其余包括杂环化合物、有机金属化合物、甾醇，以及一些有机盐或脂肪酸，它们的典型结构如图 1.2 至图 1.4 所示。杂环液晶的结构类似于苯衍生物的结构，其中一个或多个苯环被吡啶、嘧啶或其他类似基团所取代。胆固醇衍生物是最常见的化合物，表现为液晶的胆甾相（或手性向列相）。有机金属化合物的特殊之处在于它们含有金属原子，并具有有趣的动力学和磁光性质。

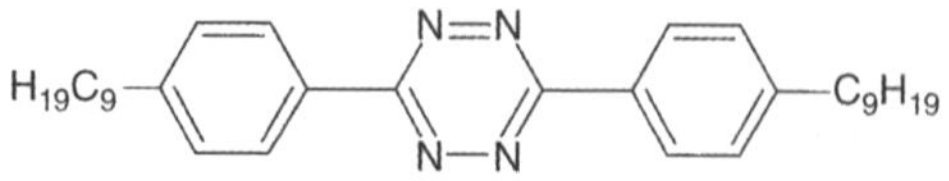

图 1.2　杂环液晶的分子结构

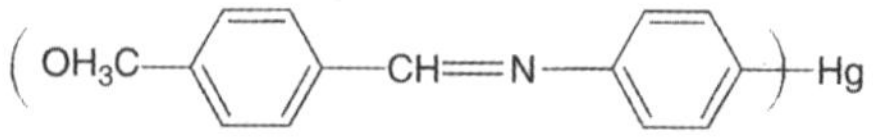

图 1.3　有机金属液晶的分子结构

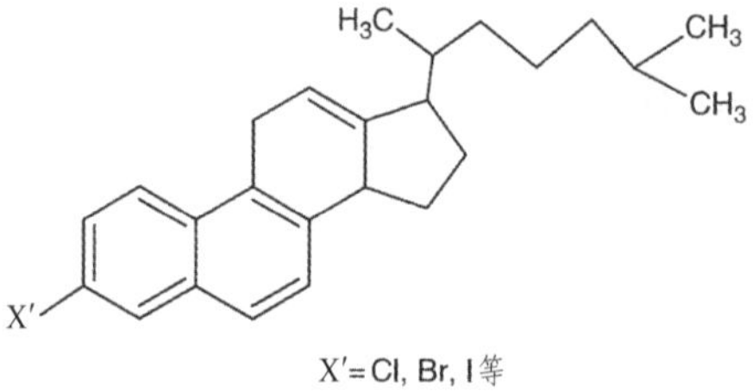

图 1.4　甾醇的分子结构

液晶的所有物理和光学性质，如介电常数、弹性常数、黏度、吸收光谱、转变温度、中间相的存在、各向异性和光学非线性等，都是由这些组成基团的性质以及它们如何在化学层面结合在一起决定的。由于液晶分子相当大，且具有各向异性，因此其原理非常复杂。要讨论分子结构中所有可能的变化，以及由此导致的物理性质的变化，恐怕需要一篇专著来专门论述。尽管如此，人们还是可以对物理性质与分子组成之间的联系进行一些一般性的观察[2]。例如，液晶的化学稳定性在很大程度上取决于中心连接基团。希夫碱液晶通常相当不稳定。酯、偶氮和氧基化合物更稳定，但也很容易受到水分、温度变化和紫外线（UV）辐射的影响。没有中心键基的化合物是目前合成的最稳定的液晶之一，其中研究最广泛的是 5CB（戊基氰基联苯），其结构如图 1.5 所示。其他化合物如嘧啶和苯基环己烷也相当稳定。

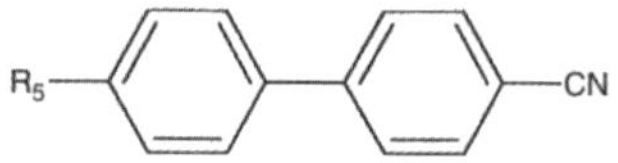

图 1.5　5CB（戊基氰基联苯）的分子结构

1.2　光学特性

一般来说，液晶的光学特性可分为两大类：单个组成分子的光学特性和大块液晶材料特有的特性。这里我们讨论的光学性质在很大程度上是由单个组成分子决定的，而与液晶的各种有序中间相相关的光学性质将在后面的章节中详细阐述。

1.2.1　电子光学跃迁和紫外线吸收

由于构成液晶的分子相当大，其能级结构也相当复杂。本质上，其中的基本量子力学理论与第 10 章中描述的多级分子类似。一般来说，能级被称为轨道，其中 π、n 和 σ 轨道表示基态和低电平，π^*、n^* 和 σ^* 轨道表示激发态。由于大多数液晶都是芳香族化合物，含有一个或多个芳香环，因此芳香环的能级或轨道展示具有重要作用。特别是苯分子中的 $\pi \to \pi^*$ 跃迁已经得到了广泛的研究。图 1.6 所示为苯分子中三种可能的 $\pi \to \pi^*$ 跃迁。

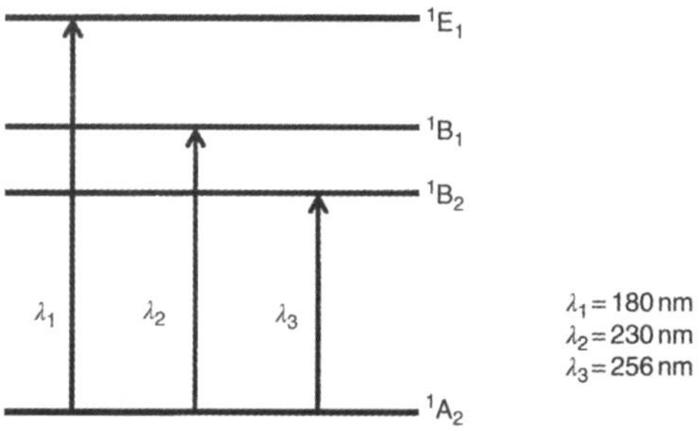

图 1.6　苯分子中的 $\pi \to \pi^*$ 跃迁

一般来说，这些跃迁与近紫外波段（≤200 nm）的光吸收相对应[2]。苯分子的这一结论也可用于解释含有苯基环的液晶的吸收。另外，在饱和环己烷环或带中，通常只涉及 σ 电子。与前面提到的 $\pi \to \pi^*$ 跃迁相比，$\sigma \to \sigma^*$ 跃迁的吸收波段波长较短（≤180 nm）。

这些光学特性还与是否存在共轭（即单键和双键的交替，如苯环）有关。在这种共轭分子中，π 电子的波函数沿共轭长度被分散，从而导致吸收波段比不具有共轭的化合物中 σ 电子的吸收波段更长。关于各种分子组成（包括苯基环、联苯、三联苯、甲苯和二苯基二乙炔）的吸收数据和光谱依赖性，请参阅参考文献[2]。

1.2.2　可见光和红外吸收，以及太赫兹和微波

两种典型液晶的透射光谱如图 1.7 所示。液晶在紫外区具有很强的吸收性，许多有机分子/液体也是如此。在可见光和近红外（IR）波段（即 0.4~2 μm）没有吸收带，因此液晶在

该波段的透射率很高。在中红外(即 3~5 μm)和红外(即 9~12 μm)波段,振荡效应开始占主导地位,液晶在这一光谱区域具有很强的吸收性(表 1.1)。

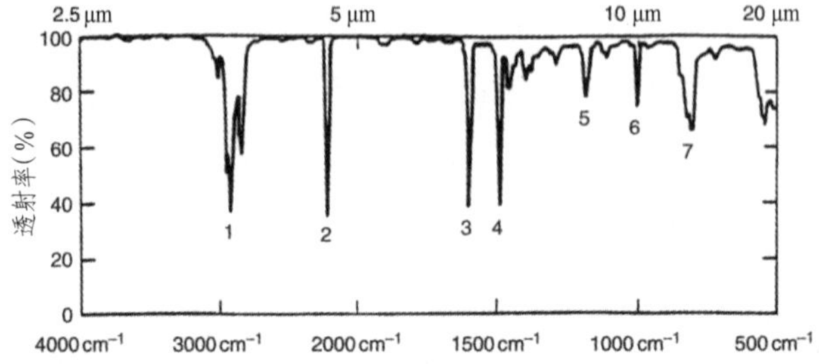

(a)

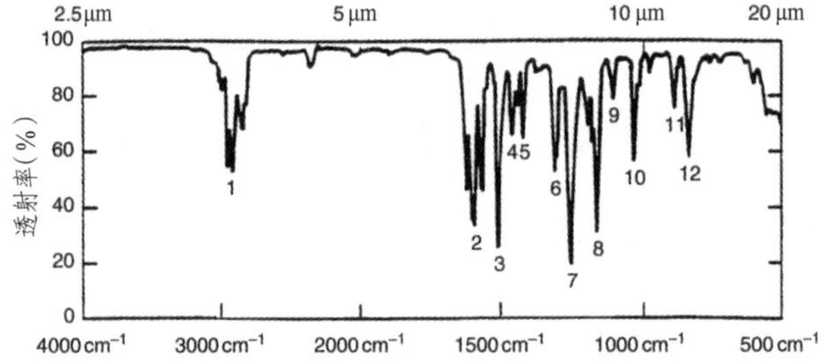

(b)

图 1.7 向列相液晶的透射光谱:(a)5CB;(b)*N*-(4-甲氧基苯亚甲基)-4-丁基苯胺(MBBA)

表 1.1 典型向列相液晶(E7)的各向异性物理参数

$n_{//}$	$n_{\perp}$	Δn	$\alpha_{//}(\mathrm{cm}^{-1})$	$\alpha_{\perp}(\mathrm{cm}^{-1})$	波长或频率
1.75	1.525	0225	…	…	(λ = 0.589 μm)
1.71	1.50	0.21	…	…	(λ = 1.55 μm)
1.70	1.49	0.21	55	40	(λ = 10.59 μm)
1.73	1.57		0.9	3.1	(0.2 THz)
1.76	1.62		7	27	(2 THz)

热扩散常数:

$$D_{//} = 1.95\times10^{-3}\ \mathrm{cm^2/s} \quad D_{\perp} = 1.2\times10^{-3}\ \mathrm{cm^2/s}$$

弹性常数:

$$K_1 = 1.2\times10^{-11}\ \mathrm{N} \quad K_2 = 9\times10^{-12}\ \mathrm{N} \quad K_3 = 1.95\times10^{-11}\ \mathrm{N}$$

黏滞系数(20 ℃时):

γ_1(转动黏滞)=283 mPa·s　η(展曲黏滞)=41 mm²/s　η(扭曲黏滞)=37 mm²/s

在紫外（约 0.2 μm）波段，吸收系数 α 约为 $10^3\ \mathrm{cm}^{-1}$；在可见光（约 0.5 μm）波段，$\alpha \ll 10^0\ \mathrm{cm}^{-1}$；在近红外（3~5 μm 和 9~12 μm）波段，α 约为 $10^2\ \mathrm{cm}^{-1}$。当然，已合成的数千种液晶之间存在很大差异。我们可以根据感兴趣的波长，找出具有理想吸收/透明度的液晶。例如，在太赫兹和微波领域[5-6]，已经发现/合成了吸收系数相对较低（α 约为 $10^0\ \mathrm{cm}^{-1}$）的液晶（LC's）；低吸收系数非常重要，因为在这种长波长条件下的应用需要更大的相互作用长度（即液晶盒厚度）。

液晶的一个独特优势是在整个可见光-红外-太赫兹-微波频谱中具有相当大的双折射率。在 20~60 GHz 区域[6]，对于 E7 这样的典型液晶，有 $\varepsilon_e = 3.17$（折射率 $n_e = 1.78$）和 $\varepsilon_e = 2.72$（折射率 $n_o = 1.65$），即双折射率 Δn 约为 0.13。

1.3　溶致、聚合物和热致液晶

液晶有几种不同的类型：溶致、聚合和热致液晶以及功能性液晶和盘状液晶。这些材料表现出的液晶特性是不同物理参数和环境（如温度、分子结构和浓度）的函数。

1.3.1　溶致液晶

当适当浓度的物质溶解在某种溶剂中时，就会产生溶致液晶。最常见的系统是由水和两亲性分子（分子具有与水强烈相互作用的亲水部分和不溶于水的疏水部分）形成的溶液系统，如肥皂、洗涤剂和脂类。这里控制液晶相存在的最重要变量是溶剂量（或浓度）。随着成分和温度的变化，在这类亲水体系中可以观察到许多相态，有些表现为球状相，有些则具有 1 维、2 维或 3 维位置顺序的有序结构。

这类分子的例子包括肥皂（图 1.8）和各种磷脂，如细胞膜中的磷脂。溶致液晶在生物学研究中具有重要意义[7]。

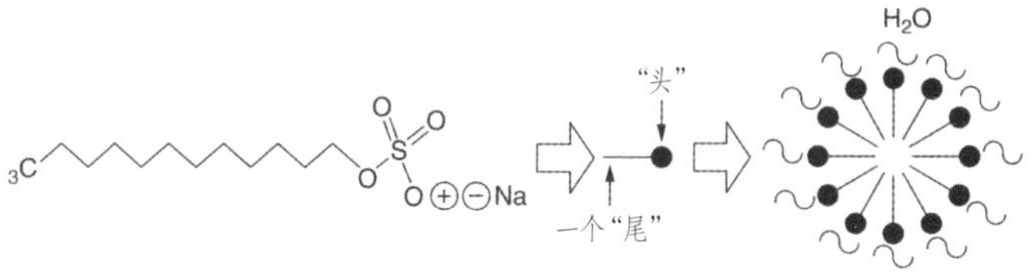

图 1.8　十二烷基硫酸钠（肥皂）形成胶束的化学结构和图示

1.3.2　聚合物液晶

聚合物液晶基本上是 1.1 节所述单体的聚合物版本。有关聚合物液晶的详细介绍，请参阅参考文献[9]。如图 1.9 所示三种常见的聚合物,它们的特点是柔韧性不同。其中,乙烯基类型(图 1.9(a))最柔韧,杜邦凯夫拉聚合物(图 1.9(b))为半刚性,而多肽链(图 1.9(c))刚性最大。液晶聚合物是根据中间体单体的分子结构排列来分类的。主链聚合物是以图 1.10(a)所示的方式连接刚性中间基团而形成的,连接方式可以是直接键合,也可以是某种柔性间隔。如图 1.10(b)所示,液晶侧链聚合物是通过将中间基团悬挂在传统聚合物链上形成的。

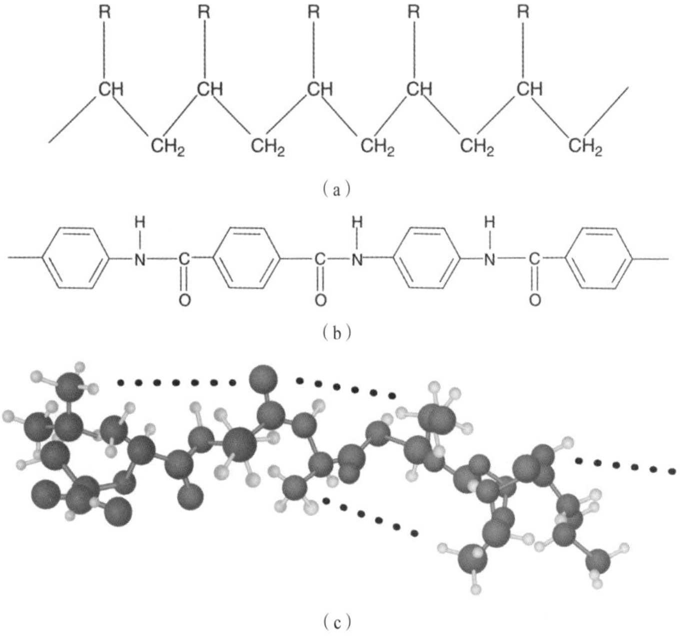

图 1.9　三种不同类型的聚合物液晶:(a)乙烯基类型;(b)杜邦凯夫拉聚合物;(c)多肽链

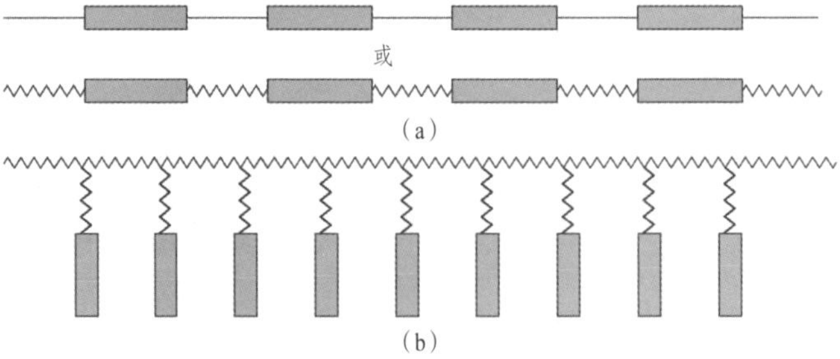

图 1.10　聚合物液晶:(a)主链;(b)侧链

1.3.3　热致液晶：近晶相、向列相、胆甾相和蓝相液晶

虽然热致液晶的分子结构相当复杂，但它们通常被表示为“刚性棒”，随着温度的升高，这些“刚性棒”会相互影响，形成独特的有序结构（或相），如晶体相、近晶相、向列相、胆甾相（包括蓝相）和各向同性液相。在近晶相液晶中，根据分子的位置和方向排列又可分为几个子类别。

正如下面章节中更详细地解释的那样，这些中间相是由许多物理参数定义和表征的，如长程和短程有序、取向分布函数等。这里我们继续使用刚性棒模型，并从分子排列的角度图解地描述这些相态。

图 1.11 图解地描述了向列相中棒状分子的集体排列。这些分子在方向上是相关的，它们沿着一个由单位矢量 $\hat{n}$ 定义的大方向排列，即所谓的指向矢，可以看作晶体的轴向。尽管如此，这些分子在位置上是随机的，其流动性与液体非常相似，向列相液晶的 X 射线衍射不表现出任何衍射峰。

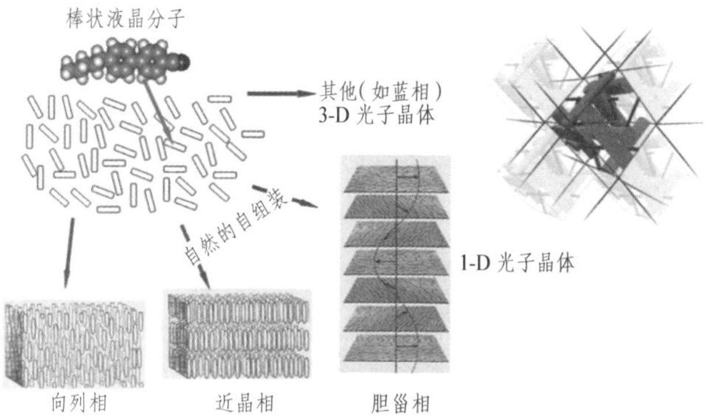

图 1.11　棒状液晶分子通过局部和长程有序自组装，形成各种有序液晶相

虽然向列相液晶（NLC）、胆甾相液晶（CLC）和蓝相液晶（BPLC）的单个分子可能具有极性，即携带永久偶极子，但它们倾向于以这样液晶中心对称的方式自组装，图 1.12 显示它们在 $+\hat{n}$ 方向和光学单轴 $-\hat{n}$ 方向上的物理性质相同。

胆甾相液晶通常也称为手性向列相液晶，与向列相液晶相似，只是分子以螺旋状方式组装，如图 1.11 所示。这种特性是由于在向列相液晶中添加了手性剂而产生的。由于空间（螺旋）折射率的变化，CLC 具有特殊的光学特性，如透过圆偏振光时的光子带隙。通过增加起始混合物中手性组分的浓度获得的 CLC 以及手性 BPLC 的更多细节将在第 4 章介绍[10]。

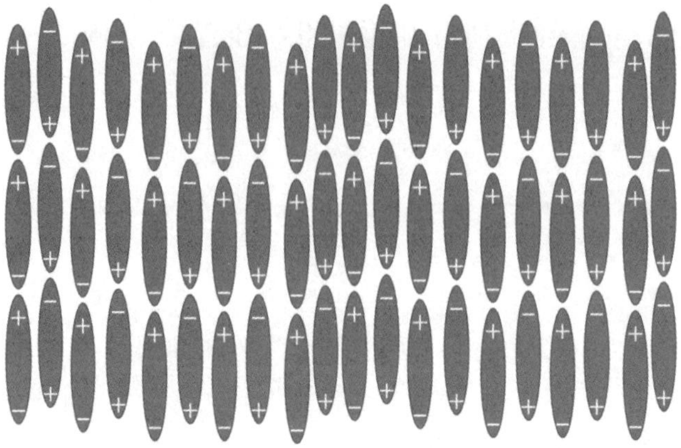

图 1.12 中心对称液晶(如向列相)中偶极子的排列

近晶相液晶与向列相液晶不同,其具有位置有序性。也就是说,分子的位置以某种有序的模式相互关联。基于与光学和光子研究/应用的相关性,我们在此讨论三种具有代表性的晶体:近晶-A 相,近晶-C 相,近晶-C*相(铁电相)。需要注意的是,许多具有不同分子排列和顺序的近晶相的子相已经被发现,如近晶 G,H,I,F,…,Q。

图 1.13(a)描述了近晶-A 相液晶的层状结构。在每一层中,分子的位置是随机的,但方向是有序的,其长轴与层的平面成法线方向。与向列相类似,近晶-A 相液晶也是光学单轴的,即围绕指向矢存在旋转对称性。

近晶-C 相与近晶-A 相的不同之处在于,这种材料具有光学双轴性,分子排列方式使得长轴偏离层法线 $\hat{z}$ 倾斜如图 1.13(b)所示。

如图 1.13(c)所示,在近晶-C*相液晶中,指向矢 $\hat{n}$ 偏离层法线 $\hat{z}$,并在连续层中围绕 $\hat{z}$ 轴前倾。这与胆甾相类似,是由于在近晶-C 相液晶中引入了旋光性分子或手性分子。

近晶-C*相液晶的一个重要特点非常有趣,那就是根据对称性原理,它们组成的系统能够自发电极化。这可以用以下方式简单解释。自发电偏振 $\hat{p}$ 是一个矢量,代表着对称性的破坏,即存在方向偏好。如果液晶特性与指向矢 $\hat{n}$ 方向无关(即 $+\hat{n}$ 与 $-\hat{n}$ 相同),那么如果存在 $\hat{p}$,它必须与 $\hat{n}$ 局部垂直。因此,对于具有绕 $\hat{n}$ 旋转对称性的近晶-A 相,$\hat{p}$ 必须消失。在近晶-C 相下,存在关于 $\hat{n}$ 轴和 $\hat{z}$ 轴所定义平面的反射对称(镜像对称),因此 $\hat{p}$ 消失。如果在分子中引入一个手性中心,这种反射对称性就会被打破,从而形成近晶-C*相体系。

按照惯例,如果 $\hat{p}$ 沿着 $\hat{z}\times\hat{n}$ 的方向,则定义为正值,否则为负值。从图 1.13(c)可以看出,由于 $\hat{n}$ 是围绕 $\hat{z}$ 的,因此 $\hat{p}$ 也是围绕 $\hat{z}$ 的。如果在某种外场的作用下,螺旋结构被解开,$\hat{n}$ 指向一个固定的方向,那么 $\hat{p}$ 也将指向一个方向,如图 1.13(d)所示。显然,这种或其他指向矢的重新定向过程伴随着系统的光学折射率和其他特性的显著变化,它们可用于电光和光电调制设备中。有关近晶相液晶的更详细讨论见第 4 章。

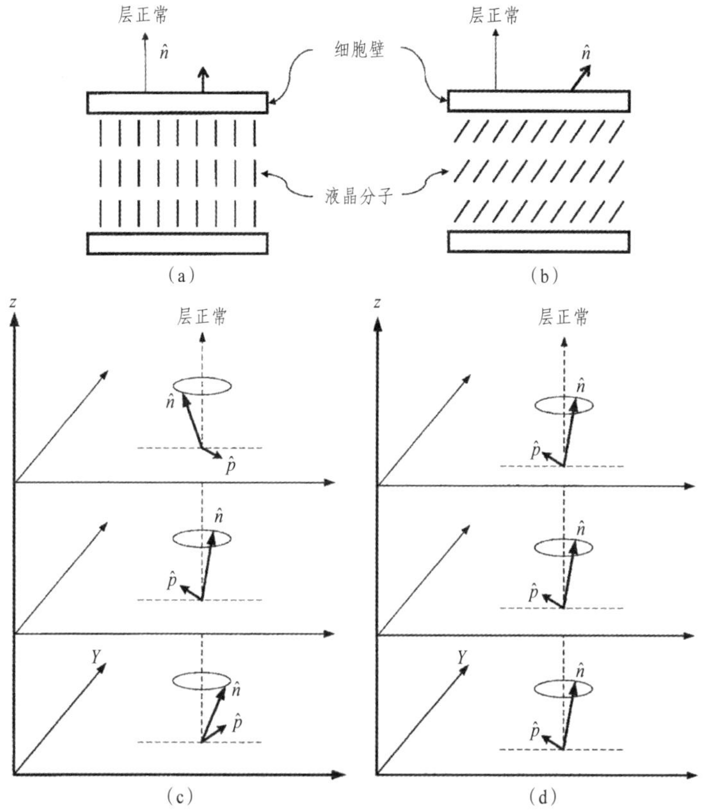

图 1.13　液晶的分子排列:(a)近晶-A;(b)近晶-C;(c)近晶-C*或铁电;(d)未缠绕的近晶-C*

1.3.4　功能性液晶和盘状液晶

通过各种化学合成技术和纳米技术,形成了一整类新型或所谓的功能性液晶[11-13]。例如,图 1.14 展示了 Sawamura 等人[11]在各种晶体和液晶中加入富勒烯 C60 后形成的羽毛球状液晶。还有人研究了一类包含圆盘状分子的特殊液晶——盘状液晶,它们具有有趣而有用的半导体特性,适合光电应用[12-13]。

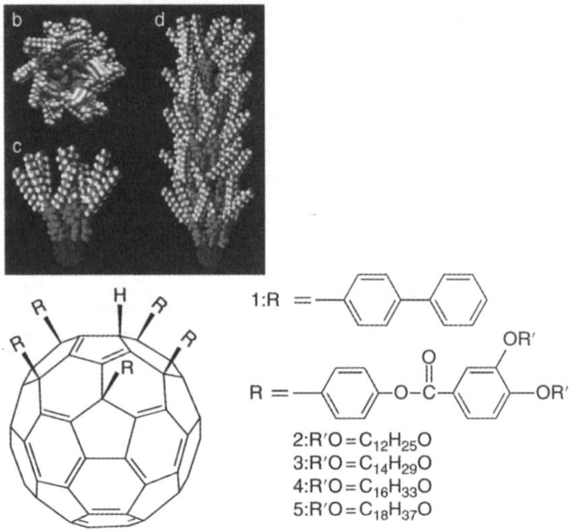

图 1.14　在各种液晶中加入富勒烯 C60 形成的羽毛球状液晶[11]

1.4　混合物、聚合物分散、染料掺杂液晶

一般来说，单组分液晶的各种中间相的温度范围是相当有限的。因此，尽管许多基础研究仍在对这类液晶材料进行研究，但工业应用中大多采用混合液晶、复合材料或特别掺杂的液晶，这些液晶具有较大的工作温度范围和量身定制的物理及光学性质。

改变液晶物理性质的技术有很多。在最基本的层面上，可以引入各种化学基团(如键或原子)来改变液晶分子。一个很好的例子就是氰基联苯同系物 nCB($n=1, 2, 3, \cdots$)。随着合成过程中 n 的增加，黏度、各向异性、分子大小和许多其他参数都会发生很大变化。这些物理性质中的一些也可以通过置换来改变，如苯环 2、3 和 4 位上的氢可被氟(F)或氯(Cl)基团取代[14]。

除这些分子合成技术外，还有其他方法可以显著改善液晶的性能特征。在下面的章节中，基于光学和光子领域的广泛应用，我们将介绍三种成熟的方法，并将讨论重点集中于向列相液晶。

1.4.1　混合物

在普遍的液晶器件中，绝大多数液晶都是两种或两种以上液晶单体的混合物。EM 化学公司生产的 E7 就是一个很好的例子，它是四种液晶单体的混合物(图 1.15)。E7 的光学特性、介电各向异性和黏度与单体截然不同。

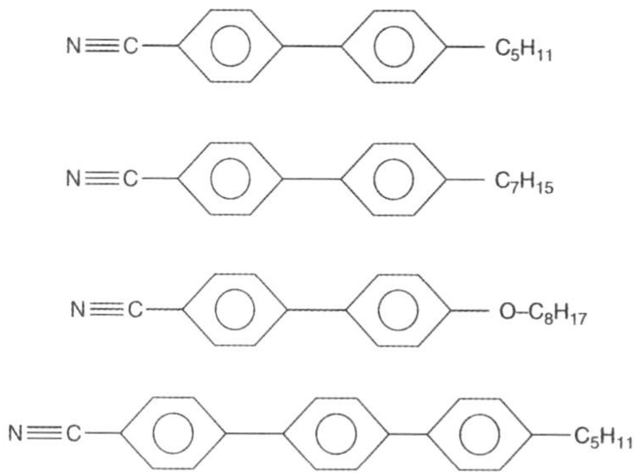

图 1.15　构成 E7 液晶的四种液晶单体的分子结构（来自 EM 化学公司）

创造混合液晶是一门艺术，当然前提是要遵循一些科学原则。如图 1.16 所示，两种具有不同熔点（晶体→向列相）和清澈点（向列相→各向同性相）的材料的典型相变图可以说明制作正确混合物的指导原则之一。两种单体的向列相温域较窄（$T_i - T_n$ 和 $T_i' - T_n'$），以适当的比例混合时[2]，混合物的向列相温域（$T_i^m - T_n^m$）可以大几个数量级。例如，迄今为止，各种向列相液晶的工作温度范围从 0 ℃以下（<−30 ℃）到远高于 100 ℃，它们被广泛应用于各种显示设备中。

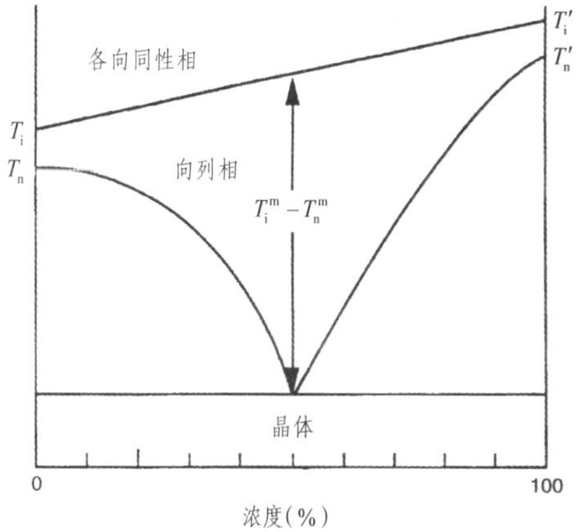

图 1.16　两种液晶混合物的相变图

如果混合物成分之间不发生化学反应，那么它们的整体物理性质（如介电常数、黏度和各向异性）就是各个反应的加权总和。由于光学参数和其他参数（如吸收谱线或吸收谱带）在很大程度上取决于单个分子的电子响应，因此它们通常遵循这种简单的加法规则。而其他物理参数，如黏度、转变温度和弹性常数则高度依赖于分子间的作用力，因此它们遵循更为复杂的物理-化学规则（参见参考文献[2]和[13]）。

1.4.2 染料掺杂液晶

在液晶中引入染料分子的一个明显效果是增加液晶在特定波长区域的吸收。特别是具有吸收各向异性的染料分子,或发生反式-顺式同构等保形变化或产生光电荷的染料分子,经常用于光学应用[15-17]。例如,二向色性染料分子对平行于其长轴的偏振光比对垂直于其长轴的偏振光具有更强的吸收性,经常被用于宾主效应,因为它们的椭圆形形状使它们能够分散在主体向列相液晶中而不扰乱其秩序,然后这些二向色性染料分子可以通过施加在主体向列相液晶上的外部场来定向和重新定向,从而切换液晶盒的透射率(图 1.17),这种掺杂染料的二向色性液晶已被用于演示偏振光透射中的光阈作用[15]。

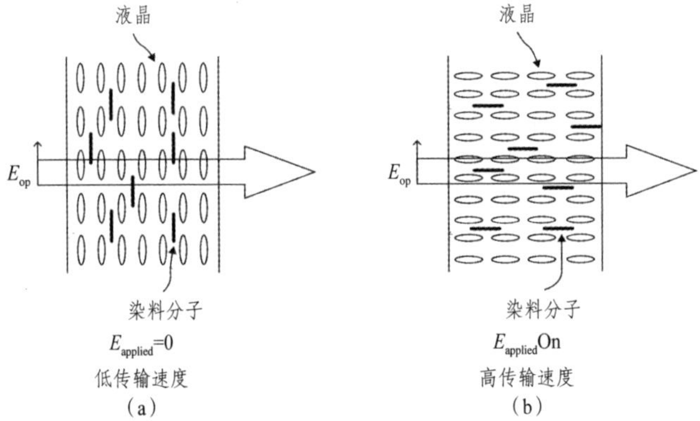

图 1.17 二向色性染料掺杂向列相液晶的排列:(a)开关电场作用前;(b)开关电场作用时

如果染料分子在吸收光子后发生一些物理变化,如反式-顺式同素异形或产生空间电荷,就会产生非线性光学效应[16];其他研究[17]表明,沉积在液晶盒窗口上的染料分子可以进行光学取向,这是液晶盒制造的一种有效的表面取向机制。第 8 章将更详细地讨论液晶中染料分子或其他光敏剂产生的光学效应。

1.4.3 聚合物分散液晶和聚合物稳定液晶

正如染料分子的存在会改变液晶的吸收特性一样,在不同折射率的材料中加入液晶也会改变所形成的"混合"系统的光散射特性。聚合物分散液晶(PDLC)就是一个很好的例子,它是将液晶作为微米或亚微米大小的液滴引入聚合物基体而形成的。在没有外部排列场的情况下,这些随机取向的液晶液滴的光学参数取决于边界处液晶与聚合物之间的相互作用,因此呈现随机分布(图 1.18(a))。这就造成了较强的散射[18]。施加外部场后,液晶液滴将对齐(图 1.18(b)),由于液晶液滴的折射率与各向同性的聚合物背景相匹配,系统将变得清晰。

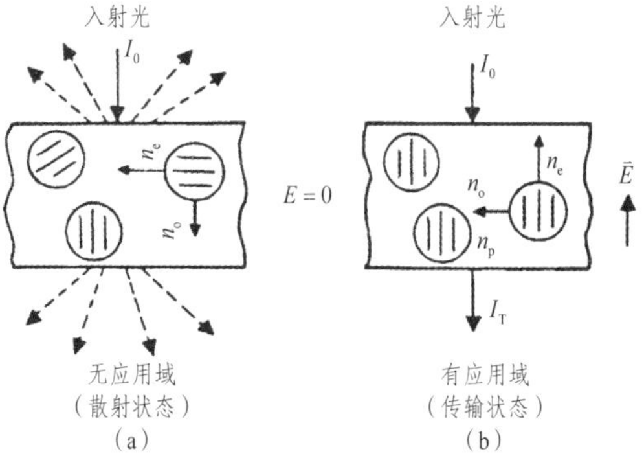

图 1.18　聚合物分散液晶材料的示意图：(a)无外部定向电场时，高度散射状态；(b)外部定向电场开启时，透明状态

目前，制备这种聚合物-液晶复合材料的技术有很多，包括相分离法和封装法制备 PDLC[2, 19]，以及光学全息干涉法[20-22]制备 PDLC 光子晶体和光栅[23-24]，这些技术也证明了一维聚合物/液晶层状结构具有很高的衍射效率和激光发射能力。

另一种聚合物-液晶复合材料是通过将液晶与单体混合，并将混合物置于紫外线下照射而形成的。单体固化后形成的刚性聚合物网沿液晶分子有序方向，能够扩展液晶相的温域。例如，这种方法可将 BPLC 的温域从几摄氏度扩展到超过 60 ℃ [25]。

1.5　液晶盒制造

液晶，尤其是向列相液晶，其物理行为与液体非常相似。由于各向异性分子的热波动会造成光的随机散射，因此未定向的向列相液晶体呈现出乳白色。当它们被限制在很薄的盒中时，它们就会变得晶莹剔透。在液晶盒中，液晶的指向矢受到来自液晶盒边界的强锚定能的控制和对齐，锚定能可以通过不同方法产生。表面取向技术和其中的潜在科学原理理解起来非常复杂，下面的讨论旨在介绍一些常见的做法。

1.5.1　向列相液晶盒

对于向列相液晶，两种常用的排列方式被称为垂面排列和沿面排列(或平面排列)，如图 1.19(a)和(b)所示。为了形成垂面排列，液晶盒基板需要使用 HTAB(十六烷基三甲基溴化铵)等表面活性剂进行处理[26]。这些表面活性剂基本上是皂类，其分子倾向于垂直于液晶盒基板锚定，从而使液晶分子产生垂面排列。

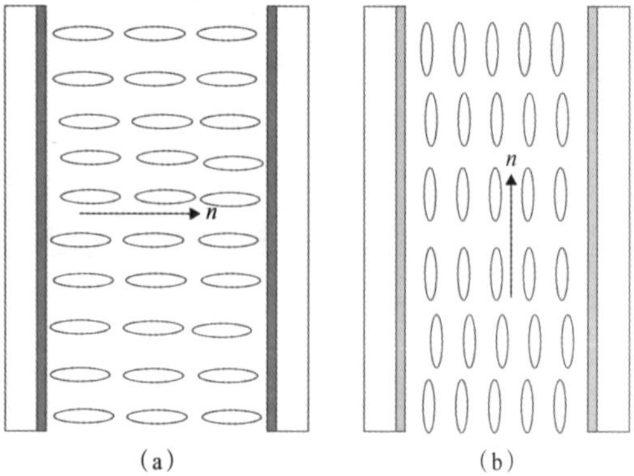

图 1.19 向列相液晶盒:(a)垂面排列;(b)平面或沿面排列

包括液晶盒中用于满足电光应用的各种透明导电层等,以液晶为基础的设备或显示屏的工业加工更为精密,通常作为专有信息或专利持有。在实验室中,制备垂面排列向列相液晶的快速有效方法如下:按体积将 1 份 HTAB 溶于 50 份蒸馏去离子水中,清洁两块玻璃基片(或其他与光谱匹配的光学基片),并将两块玻璃基片浸入 HTAB 溶液中,然后慢慢抽出,这将在玻璃基片上有效地形成 HTAB 分子涂层,然后将玻璃基片放在烘箱中或用其他方法烘干;为了制备向列相液晶样品,在其中一块玻璃基片上放置理想尺寸和厚度的间隔物(聚酯薄膜或一些非活性塑料),将向列相液晶(应加热至各向同性相)填入间隔物之间的区域,然后立即将另一块玻璃基片放在上面,并用夹子固定基片,固定好后,应将样品静置,它将慢慢(在几分钟内)转变为透明的垂面排列状态。

平面排列可以通过多种方法实现。一种常用的方法是先在液晶盒基板上涂抹一些聚合物,如 PVA(聚乙烯醇);然后用拭镜纸单向摩擦,这一过程会在聚合物上产生拉伸应力/应变,有利于液晶分子的长轴沿摩擦方向(即液晶盒基板平面)排列。事实上,有一种称为摩擦机的商用设备可用于制备平面排列液晶盒基片。另一种方法是在玻璃基片上斜向沉积氧化硅。

在实验室制备 PVA 涂层样品时,以下技术已被证明是相当可靠的。在高温(接近沸点)下将化学纯 PVA(室温下为固体)溶于蒸馏去离子水中,浓度约为 0.2%。在室温下将清洗过的玻璃基片浸入 PVA 溶液中,然后慢慢抽出,这样就会在玻璃基片上留下一层溶液膜。(或者,也可以将少量 PVA 溶液放在载玻片上,然后旋涂成薄薄的一层)。然后将涂有涂层的玻璃基片放入烘箱中烘干,再用拭镜纸单向摩擦玻璃基片表面。液晶盒组装程序的其余部分与垂面排列液晶盒相同。

理想情况下,为了延长样品的寿命,液晶盒的制备过程应在净室中进行,最好是在没有湿气或其他化学物质的封闭环境中进行(如充满氮气的环境)。尽管如此,只要使用的液晶化学性质稳定,采用上述技术制备的液晶盒已被证明可以使用数月,并能经受向列相—各向同性相相变的多次温度循环。一般来说，5CB 和 E7 等向列相液晶相当稳定，而 MBAA（对甲氧亚苄基-p'-正丁基苯胺）往往会在几天内降解。

除这两种标准的液晶盒排列方式外，还有许多其他变化，如混合排列、扭曲排列、超扭曲排列、指纹织构排列、多畴垂面排列等。近年来[17, 27]，掺杂染料的光控液晶盒取向也被证明能非常有效地产生所需的液晶指向排列。

对于近晶-A 相，制备方法与垂面排列向列相液晶盒类似。不过，在这种情况下，当样品（缓慢地）从向列相冷却到近晶相时，外部施加的场有助于保持垂面排列。表面稳定 FLC（SSFLC）操作的液晶盒制备方法更为复杂，因为它涉及表面稳定[28-29]。另外，用于软模式（SM-FLC）应用的近晶-A* 相液晶盒使用上述方法更容易制备[30]。

1.5.2　胆甾相液晶盒

胆甾相液晶因其光子晶体特性而在基础研究和光学应用中占有特殊地位。胆甾相液晶盒的制备方法与平面排列向列相液晶盒类似，只是在起始向列材料中添加了少量手性剂[31]。由于两个液晶盒基板的强锚定条件以及手性剂的旋转能力，CLC 的指向矢从一个基板向另一个基板螺旋变化，如图 1.11 所示。一般来说，在样品厚度不超过几十微米的情况下，通过液晶盒表面的锚定作用，可以保持这种螺旋状的轴向排列；而更厚的液晶盒则会表现出高度散射的焦锥纹理，与螺旋轴在液晶中的随机指向有关，如图 1.20（a）所示。

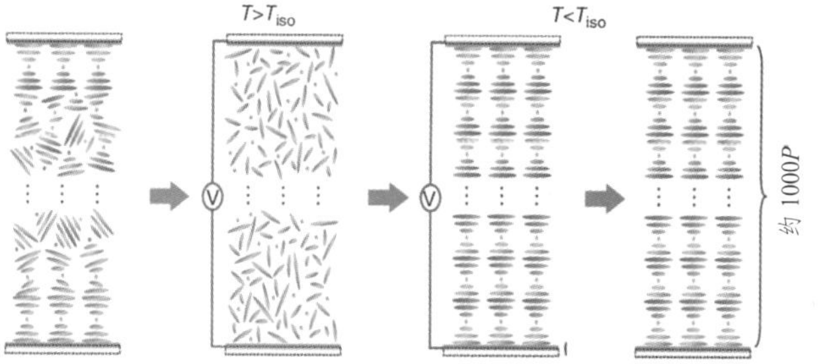

图 1.20　（a）由于指向矢偏离平面排列，CLC 具有焦锥结构；（b）各向同性液相中指向矢的随机方向，施加交流电压；（c）样品冷却至有序相，强交流电场约束平面排列；（d）一段较长时间后，撤去交流电场

最近的研究[31-33]表明，被称为场辅助自组装（FASA）的技术可以制备出厚度接近 1 mm、周期数 N 大至 3 000 的非常稳定且排列整齐的 CLC 盒。该技术的原理是在样品制备阶段使用具有负介电各向异性的向列相液晶和强交流电场来控制液晶分子按需求平面排列，从而防止指向矢偏离成焦锥结构，如图 1.20（b）和（c）所示。首先在空盒中灌入各向同性相的 CLC 混合物（图 1.20（b））；然后让样品缓慢冷却至室温，当混合物处于室温时，在液晶盒内长时间施加交流电(约 2 500 V,1 kHz),如图 1.20(c)和(d)所示。

图 1.21 显示了制造出的液晶盒具有均匀的平面排列和较低的散射损耗,并具有明确的光子带隙,其长波长和短波长带边可在可见光到近红外光谱(400~2 000 nm)中的任何波长进行定制。这些超厚 CLC 的色散和其他手性光学特性能够实现先进的光学功能,如飞秒激光脉冲的超快调制和偏振旋转/切换,传统的薄 CLC 则无法实现这些功能[31-33]。

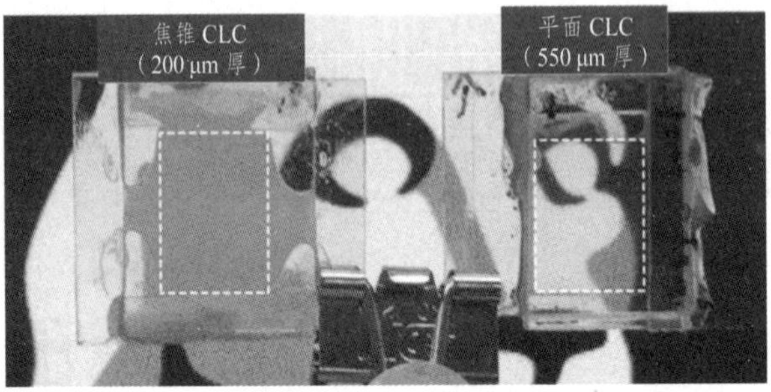

图 1.21 (a)徽标被一个薄的 CLC 盒阻挡的图像,该液晶盒具有焦锥排列;(b)通过 FASA 处理后排列整齐的样品观察到清晰图像

1.5.3 蓝相液晶盒

胆甾相蓝相液晶通常称为蓝相液晶(BPLC)[25, 31, 34-39],它是一类特殊的液晶,可以看作 CLC 的三维变体。刚被发现时,它们只存在于很窄的温度范围内(<1 ℃),但是伴随着几个团队研究工作的进展,近年来出现了具有中等到较大温度范围的室温 BPLC;室温 BPLC [34] 具有相当大的蓝相范围(约 9 ℃),现在可以使用含有手性剂 S-811(默克公司)和两种向列相液晶主体(E48 和 5CB)的混合物按以下比例常规合成:S-811∶5CB∶E48=36%∶32%∶32%。由于 BPLC 中手性剂的浓度增加,分子自组装成紧密缠绕的双扭转圆柱体,而不是 CLC 中的简单螺旋排列,圆柱之间的缺陷线形成了一个呈现立方晶体结构的网络,如图 1.22 所示。

为了扩大工作温度范围,一种标准的做法是用聚合物稳定 BPLC 的晶格[34-38]。聚合物稳定蓝相液晶(PS-BPLC)是通过将用于合成 BPLC 的手性向列材料与光固化预聚物混合,并根据所使用的光固化预聚物类型,用紫外线或可见光对混合物进行聚合而得到的。参考文献[34]中得到的 PS-BPLC 的典型相变温度为各向同性相(56.2 ℃)-蓝相(<0 ℃)-晶体,即温域约为 56 ℃。

作为温度的函数,具有参考文献[34]中所述成分的原始 BPLC 通常表现出以下相序列:T>31 ℃时为透明各向同性液相;T=28~31 ℃时为淡蓝色的 BPII 相;T=23~28 ℃时为呈绿色的 BPI;T<23 ℃时为焦锥态胆甾相 N*。BPLC 温域约为 8 ℃。缺陷(斜纹)线在 BPI 阶段不

连续，但在 BPII 阶段形成连续的网络，具有体心立方（BCC）或简单的立方对称结构，如图 1.22 所示。晶格常数（这些单元格的尺寸）是光学波长的数量级，因此 BPLC 通常表现出光子晶体特性，如带隙和蓝绿区域的选择性反射[34-39]，但在带隙以外的波长处则是光学各向同性的。在参考文献[38]中，研究表明，使用所谓的 RAF（重复应用场）技术，可以将网络重新配置为其他非立方晶体对称结构。

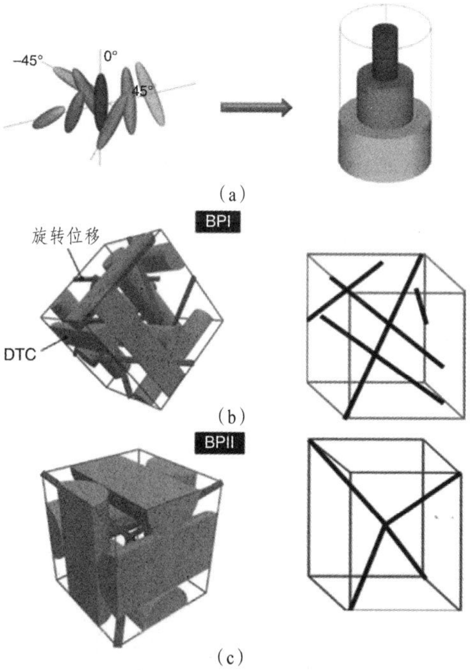

图 1.22　蓝相液晶的构成示意图：（a）液晶分子位于紧密缠绕的双扭转圆柱体中；（b）BPI 的单胞具有 BCC（体心立方）晶格结构和不连续线；（c）BPII 单立方晶格的单胞具有连续的缺陷线网络

一般来说，制备 BPLC 样品时不需要在液晶盒基板上进行特定的取向，因为缺陷线或边界表面上的双扭转圆柱体的方向是随机的。在大多数研究中都会在液晶盒基板上涂一层取向层，以赋予其特定的晶体平面方向。

与整个样品表现为单晶体的向列相液晶或胆甾相液晶不同，用上述程序制备的 BPLC 和 PS-BPLC 样品总是处于多晶体或接近非晶体的状态，外观呈现出纹理。

最近的研究表明，采用一种特殊的梯度温度扫描（GTS）技术，可以生长出三维尺寸都非常大的单晶 BPLC：宽达 10 000 个晶胞（cm），厚达 100 个晶胞（大于 100 μm）[38]。这种单晶体表现出清晰的光子带隙、所有维度的长程周期性和明确的晶格取向，如图 1.23 所示。该研究还证明了聚合物稳定的可能性不仅体现在可以拓宽 BP 温域，还在于可以实现匹配的特殊电调。有关 CLC 和 BPLC 作为一维和三维光子晶体的光学特性的更多详情，请参阅

第4章。

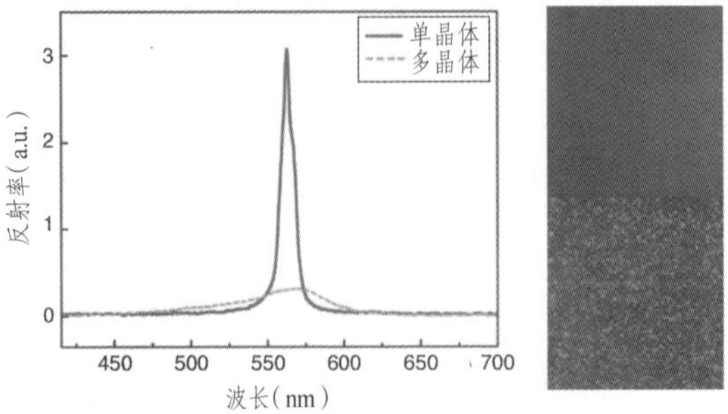

图1.23 多晶体和单晶体BPLC的反射率

1.5.4 光敏和可调谐光波导、光子晶体和超材料纳米结构

大多数液晶盒都是平面结构,在两个基板之间夹着适当的液晶材料。由于液晶的流动性以及与许多重要技术材料的兼容性,液晶可以很容易地融入非平面结构/外壳中,形成可调谐的光学或光电器件,如波导(楔形或光纤)、光子晶体(主体或光纤)、微环谐振器以及各种所谓的超材料或等离子纳米结构[39],如图1.24所示。

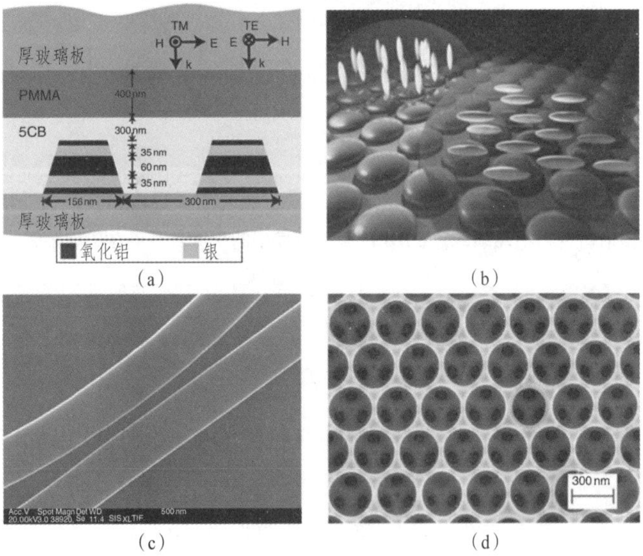

图1.24 包含液晶的可调谐微纳光子结构:(a)超材料;(b)等离子纳米金盘阵列;(c)可调谐微环谐振器;(d)光子晶体反向蛋白石

液晶导波光学器件,如平面波导和光纤波导,是最早被研究的器件之一[40-42]。在这些光

学结构中，液晶被引入作为导波核心或导波结构的邻近包层；通过用外场调制液晶特性，可以相应地调制这类波导的传输和反射特性。其他研究则采用了更复杂的结构，如光子晶体[43]或孔状光纤[44]，在这些结构中带隙和特殊带边色散等额外的作用机制创造了丰富多样的传输/反射调制可能性。随着纳米技术的出现以及亚波长结构的光学物理和电磁理论的发展，近年来人们积极研究了具有非同寻常的可调谐光学（紫外-太赫兹）和电磁（GHz、微波）特性的液晶包覆微环谐振器[45]、等离子波导[46]和超材料[47-49]。

然而，尽管这些结构具有无源结构所不具备的可调特性，但它们往往存在光学损耗大和响应慢的问题，从而阻碍了实际应用。这些结构中的大量光学损耗主要是由于指向矢排列的不均匀性和自然波动引起的随机散射以及塑料（金属）成分的吸收造成的。缓慢的响应是液晶轴在外加磁场作用下重新定向的特征。这些液晶浸渍非平面纳米结构或引入液晶的纳米结构/微粒的另一个常见限制是液晶分子在边界表面的强锚定性。如图 1.25 所示，这就形成了一个固定的非响应液晶层。

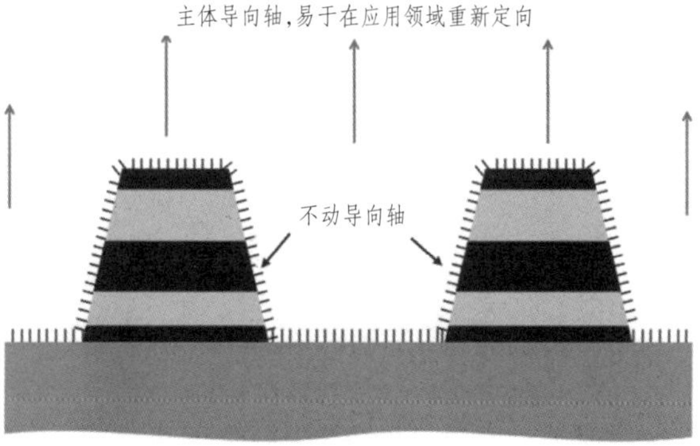

图 1.25　等离子纳米结构周围的固定液晶层（未按比例绘制），在光波长区域表现出可调磁导率[47]

这个问题在等离子体纳米结构中尤为突出，因为光致电场只能穿透周围 LC 中的极小部分，这与传统液晶盒中的相应结构不同。因此，一般来说，观察到的这类等离子体或超材料（包括超表面）纳米结构的有效调谐或开关能力通常比基于整个液晶层重新定向的理论预测要低得多。

1.5.5　各向同性相液晶芯光纤阵列

因为不需要处理表面对准和光学双折射问题，用光学各向同性相液晶（如液晶中的 NLC）填充微毛细管阵列（图 1.26）来制造光纤阵列要容易得多。由于其流体特性和在各向同性相中较低的散射（几乎可以忽略不计）损耗，这种光纤阵列比传统的平面液晶盒具有更长的传播距离。这些液晶芯光纤阵列具有高质量的图像传输能力和有用的非线性光学特性,可用于光学限幅作用和传感器保护应用[50],详见第 12 章。原始 BPLC[51]具有与多晶结构相关的各向同性光学特性,因此也被用作导芯来制造类似的非线性光纤阵列。染料掺杂 BPLC 填充毛细管(图 1.27)展示了随机激光发射的广阔前景[52]。

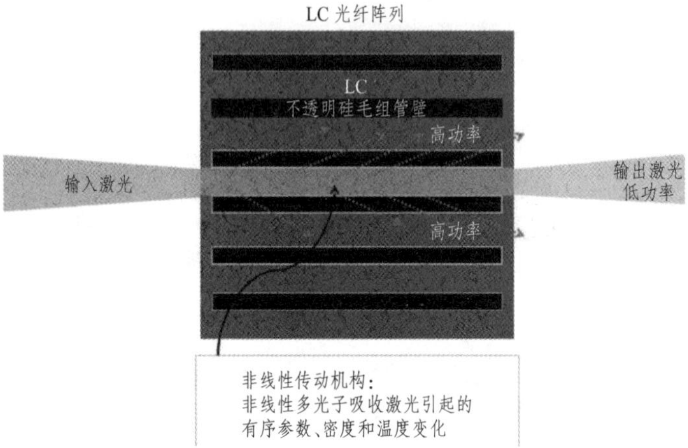

图 1.26　聚焦激光器通过光纤阵列内光纤引导(液晶)芯的示意图

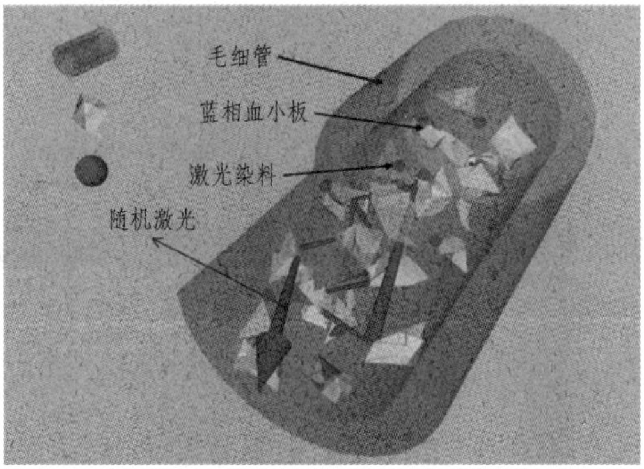

图 1.27　用于随机激光作用的染料掺杂蓝相液晶芯毛细管

参考文献

[1] P. G. deGennes, "*The Physics of Liquid Crystals*," Clarendon Press, Oxford, 1974.

[2] I. C. Khoo, S. T. Wu, "*Optics and Nonlinear Optics of Liquid Crystals*," World Scientific, Singapore, 1992.

[3] P. Yeh, C. Gu, "*Optics of Liquid Crystal Displays*," Wiley, New York, 2009.

[4] I. C. Khoo, "Nonlinear optics of liquid crystalline materials," *Physics Report*, 471, 221–267(2009).

[5] H. Park, E. P. J. Parrott, F. Fan, et al. "Evaluating liquid crystal properties for use in terahertz devices," *Optics Express*, 20, 11899–11905(2012).

[6] J. R. Sambles, R. Kelly, R. F. Yang, "Metal slits and liquid crystals at microwave frequencies," *Philosopical Transactions of the Royal Society A: Mathematical, Physical and Engineering Sciences*, 364(1847), 2733–2746(2006).

[7] B. J. Boyd, D. V. Whittaker, S.-M. Khoo, et al. "Lyotropic liquid crystalline phases formed from glycerate surfactants as sustained release drug delivery systems," *International Journal of Pharmaceutics*, 309, 218–226(2006).

[8] J. M. Brake, M. K. Daschner, Y.-Y. Luk, et al. "Biomolecular interactions at phospholipid-decorated surfaces of liquid crystals," *Science*, 302, 2094–2097(2003).

[9] A. Ciferri, W. R. Krigbaum, R. B. Meyer, eds. *Polymer Liquid Crystals*. New York: Academic Press, 1982.

[10] D.-Y. Guo, C.-W. Chen, T. J. Bunning, et al. "Reconfiguration of three-dimensional liquid-crystalline photonic crystals by electrostriction," *Nature Materials*, 19, 94–101(2020).

[11] M. Sawamura, K. Kawai, Y. Matsuo, et al. "Stacking of conical molecules with a fullerene apex into polar columns in crystals and liquid crystals," *Nature*, 419, 702–705(2002).

[12] S. Sergeyev, W. Pisulab, Y. H. Geerts, "Discotic liquid crystals: a new generation of organic semiconductors," *Chemical Society Review*, 36, 1902–1929(2007).

[13] I. McCulloch, M. Heeney, C. Bailey, et al. "Liquid crystalline semiconducting polymers with high charge carrier mobility," *Nature Materials*, 5, 328–333(2006).

[14] G. W. Gray, M. Hird, K. J. Toyne, The synthesis of several lateral difiuorosubstituted 4, 4″-dialkyl-and 4, 4″-alkoxyalkyl-terphenyls. Molecular Crystals and Liquid Crystals, 204, 43–64(1991).

[15] C.-Y. Wang, C.-W. Chen, H.-C. Jau, et al. "All-optical transistor-and diode-action and logic gates based on anisotropic nonlinear responsive liquid crystal," *Scientific Reports*, 6, 30873(2016).

[16] I. C. Khoo, M.-Y. Shih, M. V. Wood, et al. "Dye-doped photorefractive liquid crystals for dynamic and storage holographic grating formation and spatial light modulation." *IEEE Proceedings Special Issue on Photorefractive Optics: Materials, Devices and Ap-*

plications, 87(11), 1897–1911(1999).

[17] V. Chigrinov, H. S. Kwok, H. Takada, et al. Photo-aligning by azo-dyes: Physics and applications. *Liquid Crystals Today*, 14(4), 1–15(2005).

[18] J. W. Doane, N. A. Vaz, B. G. Wu, et al. Field controlled light scattering from nematic microdroplets. *Applied Physics Letters*, 48, 269(1986).

[19] J. L. West. Phase separation of liquid crystals in polymers. *Molecular Crystals and Liquid Crystals*, 157, 427–441(1988).

[20] I. C. Khoo, Y. Z. Williams, B. Lewis, et al. "Photorefractive CdSe and gold nanowire-doped liquid crystals and polymer-dispersed-liquid-crystal photonic crystals," *Molecular Crystals and Liquid Crystals*, 446, 233–244(2005).

[21] V. P. Tondiglia, L. V. Natarajan, R. L. Sutherland, et al. "Holographic formation of electrooptical polymer-liquid crystal photonic crystals," *Advanced Materials*, 14, 187–191 (2002).

[22] F. Vita, A. Marino, V. Tkachenko, et al. Visible and near infrared characterization and modeling of nanosized holographic polymer dispersed liquid crystals gratings. *Physical Review E*, 72, 011702(2005).

[23] R. Caputo, L. De Sio, A.V. Sukhov, et al. "Development of a new kind of holographic grating made of liquid crystal films separated by slices of polymeric material", *Optics Letters*, 29, 1261(2004).

[24] G. Strangi, V. Barna, R. Caputo, et al. "Color tunable distributed feedback organic microcavity laser", *Physical Review Letters*, 94, 63903(2005).

[25] H. J. Coles, M. N. Pivnenko, "Liquid crystal 'blue phases' with a wide temperature range," *Nature*, 436, 997–1000(2005).

[26] S. Jen, N. A. Clark, P. S. Pershan, et al. "Polarized Raman-scattering studies of orientational order in uniaxial liquid-crystalline phases," *Journal of Chemical Physics*, 66, 4635–4661(1977).

[27] A. Priimagi, C. J. Barrettc, A. Shishido, "Recent twists in photoactuation and photoalignment control," *Journal of Materials Chemistry C*, 2, 7155–7162(2014).

[28] N. A. Clark, S. T. Lagerwall, "Submicrosecond bistable electrooptic switching in liquid crystals," *Applied Physics Letters*, 36, 899(1980).

[29] Y. Ouchi, H. Takezoe, A. Fukuda, "Switching process in ferroelectric liquid crystals: disclination dynamics of the surface stabilized states," *Japanese Journal of Applied Physics*, 26, 1(1987).

[30] G. Anderson, I. Dahl, L. Komitov, et al. "Device physics of the soft-mode electro-optic effect," *Journal of Applied Physics*, 66, 4983 (1989).

[31] I. C. Khoo, "Cholesteric and blue-phase liquid photonic crystals for nonlinear optics and ultrafast laser pulse modulations," *Liquid Crystals Reviews*, 6, 53–77 (2018).

[32] C.-W. Chen, I. C. Khoo, "Extraordinary polarization rotation of vector beams with ultra-high-period-number chiral photonic crystals," *Optics Letters*, 44, 5306–5309 (2019).

[33] C.-W. Chen, I. C. Khoo, "Optical vector field rotation and switching with near-unity transmission by fully developed chiral photonic crystals," *Proceedings of the National Academy of Sciences*, 118, e2021304118.

[34] C.-W.Chen, H.-C.Jau, C.-H.Lee, et al. Temperature dependence of refractive index in blue phase liquid crystals. *Optical Materials Express*, 3, 527–532 (2013).

[35] H. Kikuchi, M. Yokota, Y. Hisakado, et al. Polymer-stabilized liquid crystal blue phases. *Nature Materials*, 1(1), 64–68 (2002).

[36] F. Castles, F. V. Day, S. M. Morris, et al. Blue-phase templated fabrication of three-dimensional nanostructures for photonic applications. *Nature Materials*, 11 (7), 599–603 (2012).

[37] T. H. Lin, Y. Li, C. T. Wang, et al. Red, green and blue reflections enabled in an optically tunable self-organized 3D cubic nanostructured thin film. *Advanced Materials*, 25 (36), 5050–5054 (2013).

[38] C.-W. Chen, T. J. Bunning, I.-C. Khoo, et al. "Large three-dimensional photonic crystals based on monocrystalline liquid crystal blue phases". *Nature Communications*, 8, 727 (2017).

[39] I. C. Khoo, "Nonlinear optics, active plasmonic and tunable metamaterials with liquid crystals," *Progress in Quantum Electronics*, 38 (2), 77–117 (2014).

[40] J. R. Whinnery, C. Hu, Y. S. Kwon. Liquid crystal waveguides for integrated optics. *IEEE Journal of Quantum Electronics* QE, 13, 262 (1977).

[41] G. Giallorenzi, J. A. Weiss, J. P. Sheridan. Light scattering from smectic liquid crystal waveguides. *Journal of Applied Physics*, 47, 1820 (1976).

[42] H. Vach, C. T. Seaton, G. I. Stegeman, et al. "Observation of intensity-dependent guided waves," *Optics Letters*, 9, 238 (1984).

[43] E. Graugnard, J. S. King, S. Jain, et al. "Electric field tuning of the Bragg peak in large-pore TiO_2 inverse shell opals," *Physical Review B*, 72, 233105 (2005).

[44] T. T. Larsen, A. Bjarklev, D. S. Hermann, et al. "Optical devices based on liquid crystal

photonic bandgap fibers," *Optics Express*, 11, 2589–2596(2003).

[45] J. Ptasinski, I.-C. Khoo, Y. Fainman, "Enhanced optical tuning of modified-geometry resonators clad in blue phase liquid crystals," *Optics Letters*, 39, 5435–5438(2014).

[46] H. Hao, J. Ren, H. Chen, et al. "Tunable enhanced spontaneous emission in plasmonic waveguide cladded with liquid crystal and low-index metamaterial," *Optics Express*, 25(4),3433–3444(2017).

[47] S. Xiao, U. K. Chettiar, A. V. Kildishev, et al. "Tunable magnetic response of metamaterials," *Applied Physics Letters*, 95(3), 033115(2009).

[48] D. H. Werner, D. H. Kwon, I. C. Khoo, et al. "Liquid crystal clad near-infrared metamaterials with tunable negative-zero-positive refractive indices," *Optics Express*, 15(6), 3342–3347(2007).

[49] Xu J, Yang R, Fan Y, et al. A review of tunable electromagnetic metamaterials with anisotropic liquid crystals. *Frontiers in Physics*, 9, 633104(2021).

[50] I. C. Khoo, "Nonlinear organic liquid cored fiber array for all-optical switching and sensor protection against short pulsed lasers," *IEEE Journal of Selected Topics in Quantum Electronics*, 14(3), 946–951(2008).

[51] I. C. Khoo, K. L. Hong, S. Zhao, et al. "Blue-phase liquid crystal cored optical fiber array with photonic bandgaps and nonlinear transmission properties," *Optics Express*, 21(4), 4319–4327(2013).

[52] C.-W. Chen, H.-C. Jau, C.-T. Wang, et al. "Random lasing in blue phase liquid crystals," *Optics Express*, 20(21), 23978–23984(2012).

第 2 章　有序参量、相变和自由能

2.1　基本概念

2.1.1　介绍

在有序相中，液晶同时具有结晶性和流体性。描述液晶晶体性质的理论框架，称为弹性或连续理论，在形式上其更接近固体，并引用了类似的经典力学术语，如弹性常数、畸变能、扭矩、自由能等。液晶的独特之处在于，在这种有序相中，它们也具有许多类似于普通液体的流体性质。例如，向列相液晶像液体一样流动，因此需要用流体动力学理论来对其进行完整描述。向列相的这些结晶和流动特性将在下一章中进一步详细解释。

在无序或各向同性相中，液晶像各向异性分子的普通流体。因此，它们可以用与各向异性流体有关的理论来描述。然而，在各向同性相 → 向列相的相变点附近，由于相变附近分子间相关性的增加，液晶表现出一些高度相关的过渡前效应，例如对外部场的响应增强但严重减慢。

接下来的章节，将介绍一些基本概念和定义，如有序参量、短程和长程有序、相变等，这些概念和定义是描述液晶有序相和无序相的基础。大多数讨论是关于向列相液晶的示例。其他阶段的资料可以在后面的章节和其中引用的参考文献中找到。

2.1.2　标量和张量有序参量

液晶的物理性质最好用有序参量来描述[1-2]。以分子的长轴作为参考，并将其表示为 $\hat{k}$，则微观标量有序参量 S 定义[1-2]如下：

$$S = \frac{1}{2}\langle 3(\hat{k}\cdot\hat{n})(\hat{k}\cdot\hat{n}) - 1\rangle$$
$$= \frac{1}{2}\langle 3\cos^2\theta - 1\rangle \tag{2.1}$$

如图 2.1 所示，θ 是分子轴与指向轴的夹角。平均值〈　〉取整个集合，这种序列通常称为长程有序。它被称为是微观的,因为它描述了分子的平均反应。先前定义的标量有序参量足以描述由围绕长轴 $\hat{k}$ 具有圆柱形或旋转对称性的分子组成的液晶系统。

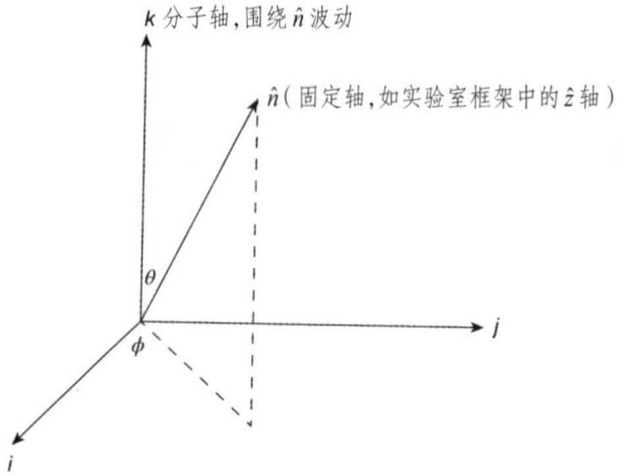

图 2.1　定义向列相液晶分子的微观有序参量的坐标系(其中,*i*、*j* 和 *k* 为分子轴,*n̂* 为表示液晶排列的平均方向的实验室框架轴)

另外,对于缺乏这种对称性的分子,或者在这种旋转对称性被不对称掺杂剂或分子内材料相互作用"破坏"的情况下,需要更通用的张量有序参量 S_{ij},S_{ij} 定义为

$$S_{ij}=\frac{1}{2}\langle 3(\hat{n}\cdot\hat{i})(\hat{n}\cdot\hat{j})-1\rangle \tag{2.2}$$

其中,$\hat{i}$、$\hat{j}$ 和 $\hat{k}$ 是沿着分子轴的单位矢量。

参考图 2.1,三个对角线分量 S_{ii}、S_{jj} 和 S_{kk} 分别为

$$S_{ii}=\frac{1}{2}\langle 3\sin^2\theta\cos^2\phi-1\rangle \tag{2.3a}$$

$$S_{jj}=\frac{1}{2}\langle 3\sin^2\theta\sin^2\phi-1\rangle \tag{2.3b}$$

$$S_{kk}=\frac{1}{2}\langle 3\cos^2\theta-1\rangle \tag{2.3c}$$

注意,$S_{ii}+S_{jj}+S_{kk}=0$。换句话说,S 是一个无迹张量,因为它的对角元素加起来等于零。

为了完整地描述液晶取向的统计性质,需要涉及更高次 $\cos^2\theta$ 的函数。使用的最自然的函数是勒让德多项式 $P_1(\cos\theta)(l=0,1,2,\cdots)$,根据它可以将式(2.1)写成 $S=\langle P_2\rangle$,由它测量 $\cos^2\theta$ 的平均值。下一个非消失项是 $\langle P_4\rangle$,它提供了 $\langle\cos^2\theta\rangle$ 的离散度的度量。

之前用方向平均定义的有序参量可以转化为物理参数(如磁、电、光磁化率)中各向异性的表达式。例如,根据光学介电各向异性 $\Delta\varepsilon=\varepsilon_{/\!/}-\varepsilon_{\perp}$,可以定义一个表征体响应的所谓的宏观有序参量:

$$Q_{\alpha\beta} \equiv \varepsilon_{\alpha\beta} - \frac{1}{3}\varepsilon_{\alpha\beta}\sum_{\gamma}\varepsilon_{\gamma\gamma} \equiv \delta\varepsilon_{\alpha\beta} \tag{2.4}$$

它被称为宏观的,是因为它描述了材料的总体特性。更明确地说,考虑一个单轴向列相液晶,在分子轴系统中 $\varepsilon_{\alpha\beta}$ 的形式为

$$\varepsilon_{\alpha\beta} = \begin{pmatrix} \varepsilon_{\perp} & 0 & 0 \\ 0 & \varepsilon_{\perp} & 0 \\ 0 & 0 & \varepsilon_{/\!/} \end{pmatrix} \tag{2.5}$$

用它们的对角线分量来明确地写出 $Q_{\alpha\beta}$,可以得到

$$Q_{xx} = Q_{yy} = -\frac{1}{3}\Delta\varepsilon \tag{2.6}$$

和

$$Q_{zz} = \frac{2}{3}\Delta\varepsilon \tag{2.7}$$

这里需要注意的是,在张量形式下,$\varepsilon_{\alpha\beta}$ 可以表示为

$$\varepsilon_{\alpha\beta} \equiv \varepsilon_{\perp}\delta_{\alpha\beta} + \Delta\varepsilon n_{\alpha}n_{\beta} \tag{2.8}$$

注意,这种形式表明,对于平行于 $\hat{n}$ 的光场有 $\varepsilon = \varepsilon_{/\!/}$,对于垂直于 $\hat{n}$ 的光场有 $\varepsilon = \varepsilon_{\perp}$。

类似地,其他参数如磁(χ^{m})和电(χ)磁化率也可以分别表示为

$$\chi_{\alpha\beta}^{\mathrm{m}} = \chi_{\perp}^{\mathrm{m}}\delta_{\alpha\beta} + \Delta\chi^{\mathrm{m}}n_{\alpha}n_{\beta} \tag{2.9a}$$

和

$$\chi_{\alpha\beta} = \chi_{\perp}\delta_{\alpha\beta} + \Delta\chi n_{\alpha}n_{\beta} \tag{2.9b}$$

即分别根据它们的各向异性 $\Delta\chi^{\mathrm{m}}$ 和 $\Delta\chi$。

然而,一般来说,光学介质各向异性及其直流或低频对应物(介电各向异性)提供的有序参量测量不太可靠,因为它们涉及电场。这是因为所谓的局部场效应是作用于分子的有效电场是来自外部施加源的电场与分子周围的感应偶极子产生的场的叠加。对于分子不相关的系统,有效场可以用一些局部场校正因子来相当精确地近似[3];而这些校正因子在液晶系统中的精度要低得多。为了更可靠地确定有序参量,通常采用与电场无关的量,如磁化率各向异性:

$$Q_{\alpha\beta} = \chi_{\alpha\beta}^{\mathrm{m}} - \frac{1}{3}\delta_{\alpha\beta}\sum_{\gamma}\chi_{\gamma\gamma}^{\mathrm{m}} \tag{2.10}$$

2.1.3 长程和短程有序

有序参量由式(2.2)及其变形式(2.4)和式(2.8)定义,它是整个系统的平均值,因此提供了长程定向次序的度量。分子轴与指向轴取向方向的波动越小,S 的大小越接近于1。

在完全排列的液晶中，与其他晶体材料一样，$\langle\cos^2\theta\rangle=1$，并且$S=1$；另外，在完全随机的系统中，如普通液体或液晶的各向同性相，$\langle\cos^2\theta\rangle=\frac{1}{3}$，并且$S=0$。

液晶和普通各向异性或各向同性液体之间的一个重要区别是在各向同性相中，可能存在所谓的短程有序[1-2]；也就是说，彼此短距离内的分子通过分子间的相互作用而相互关联[4]。这些分子相互作用可以看作存在于向列相中的分子相互作用的残余。显然，各向同性液晶越接近相变温度，短程有序性及其在许多物理参数中的表现就越明显。各向同性相中的短程有序性在液晶对外部施加的场（电场、磁场和光场）的响应中产生了有趣的临界行为（见第 2.3.2 节）。

正如本章开头所指出的，液晶的物理和光学性质大致可分为两类：一类属于有序相，其特征是长程有序和晶体状的物理性质；另一类与所谓的无序相有关，即存在短程有序。当温度从各个方向接近相变温度T_c时，这些有序参量都显示出临界依赖性。

2.2 分子相互作用与相变

原则上，如果一个液晶分子的电子结构是已知的，就可以推断出它的各种热力学性质。在量子统计化学中，这是一项艰巨的任务，很少有人有定量或结论。通常一些可靠的指导方针是通过经验获得的，如将分子结构与液晶中间相联系起来，然而和相应的转变温度联系起来不太可靠。

一个简单的观察结果是，要产生液晶，应该使用细长的分子。最能说明这一点的是nCB 同源物[5] $(n=1,2,3,\cdots)$。当$n\leqslant 4$时，材料不呈现向列相。当$n=5\sim 7$时，材料具有向列范围。当$n\geqslant 8$时，材料开始出现近晶相。

另一个可靠的观察结果是向列相→各向同性相的相变温度T_c是向列相热稳定性的良好指标[6]，T_c越高，向列相的热稳定性就越强。在这方面，在端基或侧链中用作取代基的化学基团的类型起着重要作用——取代基极化率的增加往往伴随着T_c的增加。

这种基于分子结构的方法显然极其复杂，且由于存在分子电子结构和分子间相互作用的变化，往往会产生相互矛盾的预测。为了解释相变和有序参量在相变温度附近的情况，采用一些更简单的物理模型[6]。对于向列相，一种简单但相当成功的方法是由 Maier 和 Saupe[7]提出的。液晶分子被视为刚性棒，通过库仑相互作用相互关联（用长程有序参量描述）。对于各向同性相，deGennes 引入了基于短程有序参量的 Landau 型相变理论[1-3]。

下一节将给出描述向列相→各向同性相的相变理论形式以及一些结果和后果，以及对各向同性相引入的一些基本概念的总结。

2.3　液晶相的分子理论与结果

在描述液晶相的有序参量和相变的各种理论中，最流行且最成功的是 Maier 和 Saupe 首先提出并被他人研究证实的理论[8]。在这种形式中，假设分子间偶极-偶极是库仑相互作用。分子与其周围环境的相互作用能可表示为[6]

$$W_{\text{int}} = -\frac{A}{V^2}S\left(\frac{3}{2}\cos^2\theta - 1\right) \tag{2.11}$$

其中，V 是摩尔体积 ($V = M / p$)；S 是有序参量；A 是由分子的跃迁矩决定的常数；且 V 和 S 都是温度的函数。

比较式(2.11)和式(2.1)对于 S 的定义，我们注意到 $W_{\text{int}} \approx S^2$，因此 Maier 和 Saupe 的平均场理论通常被称为 S^2 相互作用理论[1]。这个相互作用能包含在每个分子的自由焓(化学势)中，并与角分布函数 $f(\theta,\phi)$ 一起用于统计力学计算。

2.3.1　Maier-Saupe 理论：邻近的有序参量 T_c

根据 deGennes 的形式，相互作用能可以写成

$$G_1 = -\frac{1}{2}U(p,T)S\left(\frac{3}{2}\cos^2\theta - 1\right) \tag{2.12}$$

因此，每个分子的总自由焓为

$$G(p,T) = G_i(p,T) + k_B T\int f(\theta,\phi)\lg 4\pi f(\theta,\phi)\mathrm{d}\Omega + G_1(p,T,S) \tag{2.13}$$

其中，G_i 为各向同性相的自由焓。

$G(p,T)$ 是相对于分布函数 f 的最小值，可得

$$f(\theta) = \frac{\exp(m\cos^2\theta)}{4\pi z} \tag{2.14}$$

其中

$$m = \frac{3}{2}\frac{US}{k_B T} \tag{2.15}$$

配分函数 z 由下式给出：

$$z = \int_0^1 \mathrm{e}^{mx^2}\mathrm{d}x \tag{2.16}$$

根据 $S = -\frac{1}{2} + \frac{3}{2}\langle\cos^2\theta\rangle$ 的定义，则有

$$S = -\frac{1}{2} + \frac{3}{2z}\int_0^1 x^2\mathrm{e}^{mx^2}\mathrm{d}x$$

$$=-\frac{1}{2}+\frac{3}{2}\frac{\partial z}{z\partial m} \tag{2.17}$$

结合式(2.15)和式(2.17),对于不同的 $U/k_{B}T$ 值(分子间相互作用相对于热能的相对大小)可以用图形求解。图 2.2 描述了 T 低于温度 T_c 的情况,即有

$$\frac{k_B T_c}{U(T_c)}=4.55 \tag{2.18}$$

由图 2.2 可知,S 的曲线①和②在原点 O 以及 N 和 M 两个点处相交。点 O 和 N 都对应于 G 的极小值,而点 M 对应于 G 的局部极大值。对于 $T<T_c$,G 在点 N 处的值低于在点 O 处的值,即 S 是非零的,并且对应于向列相。对于 $T>T_c$,稳定(最小能量)状态对应于点 O,即 S=0,并且对应于各向同性相。

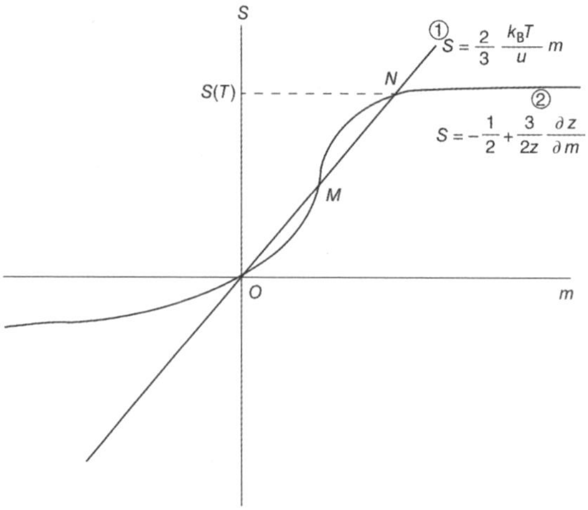

图 2.2　对于 $T<T_c$,只有一个交点(在原点)的有序参量的两个超越方程的数值解的示意图

$T=T_c$ 处的跃迁是一阶跃迁,T_c 以下的有序参量为

$$S_c \equiv S(T_c)=0.44 \tag{2.19}$$

这也证明了大多数向列式的有序参量的温度依赖性可以很好地近似于[9]以下表达式:

$$S=\left(1-\frac{0.98TV^2}{T_cV_c^2}\right)^{0.22} \tag{2.20}$$

其中,V 和 V_c 分别是 T 和 T_c 处的摩尔体积。

尽管其中一些预测与实验结果非常一致,但 Maier-Saupe 理论并非没有缺点。例如,S 对 T/T_c 的普遍温度依赖性实际上是不成立的[10];要与实验结果一致,需要一个改进的理论来解释分子的非圆柱形[8]。式(2.20)中给出的温度变化也不能解释折射率的临界依赖性。尽管如此,Maier-Saupe 理论仍然是一个有效、清晰和简单的理论框架,也是理解向列相液晶

复杂性的起点。

2.3.2　有序参量的非平衡性和动态依赖性

虽然向列相液晶有序参量的平衡统计力学和相关物理性质现在已经得到了很好的理解，但有序参量的动力学响应仍然未被完全探索。这可能是因为大多数对有序参量的研究是围绕相变点，如临界指数、摩尔体积变化和其他物理参数，旨在理解相变过程本身，通常在温度变化非常缓慢的情况下进行。

向列相的温度可以通过非常短的激光脉冲突然升高[11-12]。激光器的脉冲持续时间在纳秒或皮秒的时间范围内，正如我们将看到的，这比有序参量的响应时间短得多。因此，所研究的向列膜表现出延迟信号。

图 2.3 显示了动态光栅实验中向列膜的衍射结果[1]，第 9 章中将更详细地解释，衍射信号是折射率 $\Delta n(t)$ 动态变化的度量，

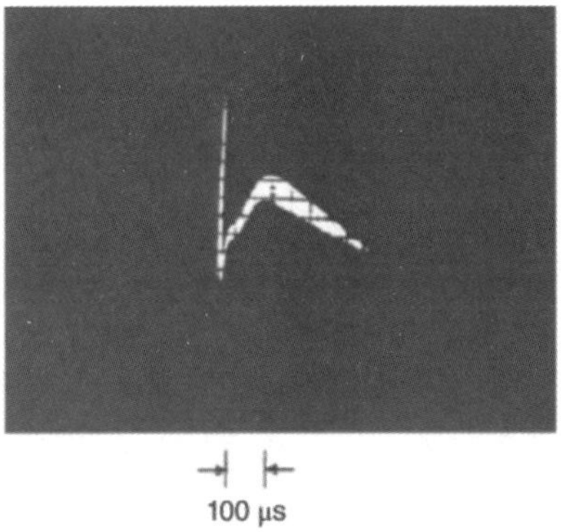

（a）

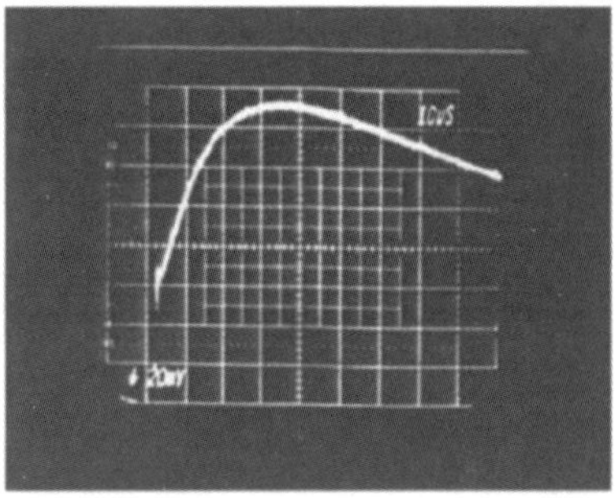

（b）

图 2.3　（a）微秒级红外（10.6 μm 的 CO_2）激光泵浦脉冲的动态散射实验中观察到的衍射信号的示波器轨迹，所用样品是平面取向向列（E7）膜；（b）纳秒可见光（0.53 μm 的 Nd：YAG）激光泵浦脉冲激励下观察到的向列膜衍射信号的示波器轨迹，所用样品是平面取向向列（E7）膜

跟随瞬时（类似 delta 函数）泵脉冲。对于向列相液晶，与温度上升相关的折射率的主要变化是通过密度和有序参量的变化发生的[12]，即

$$\Delta n=\frac{\mathrm{d}n}{\mathrm{d}\rho}\mathrm{d}\rho+\frac{\mathrm{d}n}{\mathrm{d}S}\mathrm{d}S \tag{2.21}$$

与有序参量的变化是一种集体分子效应不同，密度的变化 $\mathrm{d}\rho$ 是由分子的个体响应引起的，并且对温度变化的响应相对较快。

这些结果反映在图 2.3 中，衍射信号包含一个初始的“尖峰”，它在时间尺度上按照激光脉冲的顺序上升和衰减。正如第 9 章中将更详细地解释那样，这种贡献来自激光诱导的

电致伸缩或影响局部秩序的密度变化。另外，缓慢上升的贡献来自激光诱导的温升 ΔT 和由此产生的有序参量变化 $S(\Delta T)$。变化率取决于入射激光的时间特性。微秒级红外（10.6 μm）激光脉冲（图 2.3（a））的累积时间约为 175 μs，纳秒可见光（0.53 μm）激光脉冲（图 2.3（b））的累积时间约为 30 μs。

因此，动态光栅衍射是一种有效的光学工具，可以探测分子在各种电子/旋转振动能态下的有序参量响应动力学；特别是红外微秒激光脉冲在温度接近 T_c 时，观测到的有序参量响应时间在 T_c 附近的临界"慢化"，如图 2.4 所示。

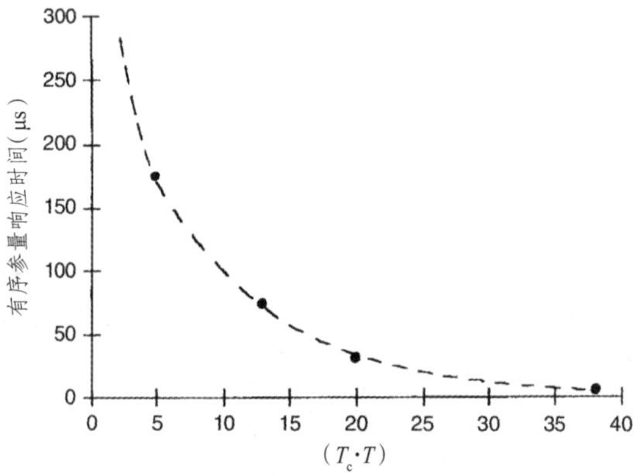

图 2.4　观察到衍射信号的累积时间与有序参量随 T_c 附近温度变化的关系，红外微秒激光脉冲对 E7 向列膜的激发

从图 2.3 中密度和有序参量分量的相对高度可以看出，两种激励形式下向列膜的总体响应是不同的。红外光子的吸收 ($\lambda = 10.6\ \mu m$) 对应于基态（电子）的旋转振动流形的激发，而可见光光子的吸收 ($\lambda = 0.53\ \mu m$) 对应于分子的电子激发态的激发，如图 2.5 所示。这两种激发态的电子分子结构是不同的，因此可以解释依赖于分子间库仑偶极-偶极相互作用的有序参量的不同动力学响应行为。

在非线性光学响应和基于激光诱导液晶中有序参量变化的开关器件的背景下，有序参量动力学的更多内容将在第 9 章和第 12 章中给出。

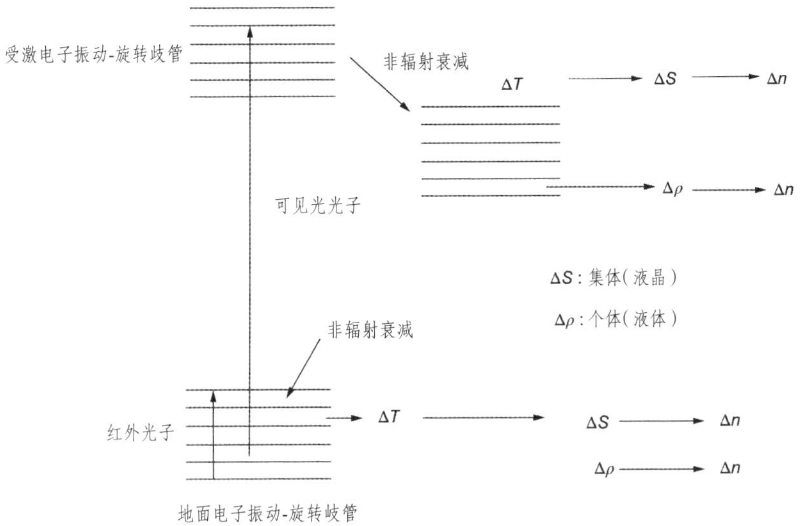

图 2.5　红外吸收的基态（电子）旋转振动激发和可见光吸收的受激电子态激发示意图

2.4　液晶的各向同性相

在 T_c 以上，液晶失去了方向顺序，在许多方面表现得像液体。虽然分子是各向异性的，但所有的体物理参数也都假定为各向同性的形式。

然而，对于基础研究和应用研究来说，各向同性相是一个非常有趣和重要的阶段。从根本上说它有趣，是因为短程有序的存在，导致各种物理参数的临界温度依赖于相变温度。这些临界行为为液晶物理研究提供了良好的实验平台。

另外，最近的研究也表明，各向同性相液晶可能在许多方面优于其他液晶相（见第 8 章），并用于构建实际的非线性光学器件（见第 12 章）。一般来说，其散射损失较小，因此可以允许更长的相互作用长度，并且弛豫时间更快。在实际应用中，这些特性很容易弥补较小的光学非线性。

2.4.1　自由能与相变

根据 deGennes 的开创性理论展开[1-2]，我们从系统的自由能开始讨论液晶的各向同性相。起始点是有序参量，用 Q 表示。

在没有外加场的情况下，各向同性相的特征为 Q=0；自由能的最小值也对应于 Q=0。这意味着，在自由能用有序参量 Q 表示的 Landau 展开式中，Q 中没有线性项，即

$$F = F_0 + \frac{1}{2}A(T)\sum_{\alpha,\beta} Q_{\alpha\beta}Q_{\beta\alpha} + \frac{1}{3}B(T)\sum_{\alpha,\beta,\gamma} Q_{\alpha\beta}Q_{\alpha\gamma}Q_{\gamma\alpha} + O(Q^4) \tag{2.22}$$

其中，F_0 为常数；$A(T)$ 和 $B(T)$ 为与温度相关的膨胀系数，即

$$A(T)=\alpha(T-T^*) \tag{2.23}$$

其中，T^* 非常接近但低于 T_c。通常，$T_c-T_c^*=1\text{K}$。

注意，F 包含一个阶为 Q 的非零项[3]。这个 Q 的奇函数确保了具有某些 Q 的非消失值的状态（如由于分子的某些排列）将根据排列的方向具有不同的自由能值。例如，具有有序参量 Q 的状态的自由能的形式为

$$Q_1=\begin{pmatrix}-\xi & 0 & 0\\ 0 & -\xi & 0\\ 0 & 0 & 2\xi\end{pmatrix} \tag{2.24a}$$

即分子在 z 方向上的某种排列与负 Q 参数的状态是不一样的，有

$$Q_2=\begin{pmatrix}\xi & 0 & 0\\ 0 & \xi & 0\\ 0 & 0 & -2\xi\end{pmatrix}=-Q_1 \tag{2.24b}$$

这表示分子在 x-y 平面上有一定的排列。

F 中的三次项也很重要，因为它规定了 $T=T_c$ 处的相变是一阶的（即 F 的一阶导数 $\partial F/\partial Q$ 在 $T=T_c$ 处消失，如图 2.6 所示）。系统有两个稳定的极小值，对应于 $Q=0$ 或 $Q\neq 0$（即各向同性相和向列相共存）。另外，对于 $T=T_c^*<T_c$，在 $Q\neq 0$ 处只有一个稳定极小值，这就转化为存在单一的液晶相（如向列相或近晶相）。

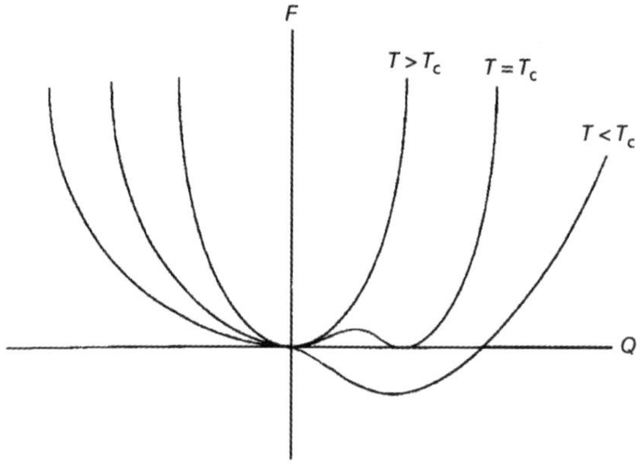

图 2.6　不同温度 T 下的自由能 $F(Q)$（当 $T=T_c$ 时，在两个 Q 值处 $\partial F/\partial Q=0$，其中 F 有两个稳定的极小值；当 $T=T_c^*<T_c$ 时，$\partial F/\partial Q=0$ 只有一个稳定极小值）

2.4.2　外加场存在下的自由能

在存在外加场（如直流或低频电场、磁场或光电场）的情况下，应在自由能中加入相应

的相互作用项。

对于外加磁场 H，与之相关的能量为

$$F_{\text{int}} = -\int_0^H M \cdot \mathrm{d}H \tag{2.25}$$

其中，M 为磁化强度，有

$$M_\alpha = \sum_\beta \chi_{\alpha\beta} H_\beta \tag{2.26}$$

因此

$$F_{\text{int}} = -\frac{1}{2}\sum_\alpha \chi_{\alpha\beta}^{\text{m}} H_\beta H_\alpha \tag{2.27}$$

根据式（2.9），可以将 F_{int} 重写为

$$F_{\text{int}} = -\frac{1}{2}\chi_\perp^{\text{m}}\sum_\alpha H_\alpha H_\beta - \frac{1}{2}\sum_{\alpha,\beta}\Delta\chi^{\text{m}} n_\alpha n_\beta H_\alpha H_\beta \tag{2.28}$$

式（2.28）右侧的第一项与（各向异性）分子的方向无关，因此它可以包含在常数 F_0 中。另外，式（2.28）右侧的第二项则依赖于分子的取向，利用式（2.10）可有

$$F_{\text{int}}^H = -\frac{1}{2}\sum_{\alpha,\beta} Q_{\alpha\beta} H_\alpha H_\beta . \tag{2.29}$$

因此，在外加磁场作用下，各向同性相液晶的总自由能为

$$F = F_0' + \frac{1}{2}A(T)\sum_{\alpha,\beta} Q_{\alpha\beta}Q_{\beta\alpha} + \frac{1}{3}B(T)\sum_{\alpha,\beta,\gamma} Q_{\alpha\beta}Q_{\beta\gamma}Q_{\gamma\alpha} - \frac{1}{2}\sum_{\alpha,\beta} Q_{\alpha\beta} H_\alpha H_\beta \tag{2.30}$$

在不明确求解问题的情况下，可以从磁相互作用项中推导出，较低的能态对应于分子在磁场方向上的某种排列（当 $\Delta\chi^{\text{m}} > 0$）。

使用类似的方法，我们还可以推导出电相互作用对自由能的贡献，即（以油墨单位表示）

$$F_{\text{int}}^E = -\frac{1}{2}\int_0^E \boldsymbol{D}\cdot\boldsymbol{E} = -\frac{1}{2}\varepsilon_\perp E^2 - \frac{1}{2}\Delta\varepsilon(\hat{n}\cdot\boldsymbol{E})^2 \tag{2.31}$$

因此，取向相关项为

$$F^E = -\frac{1}{2}\Delta\varepsilon(\hat{n}\cdot\boldsymbol{E})^2 = -\frac{1}{2}\sum_{\alpha,\beta} Q_{\alpha\beta} E_\alpha E_\beta \tag{2.32}$$

其中，$Q_{\alpha\beta}$ 由式（2.4）获得。

在第 8 章中，我们将详细讨论短强激光脉冲的应用光场对各向同性相分子取向的影响。结果表明，响应时间和感应序数 Q 与温度附近 $(T-T_\text{c})$ 有临界关系；它们都随 $(T-T_\text{c})^{-1}$ 变化，在 T_c 附近变得非常大。各向同性相有序参量 Q 的近 T_c 临界减速行为与上一节讨论的向列相有序参量 S 的减速行为相似。除向列相 ↔ 各向同性相转变（这是液晶表现出的最突出的有序 ↔ 无序转变）外，在各种中间相中还有其他同样有趣的相变过程[13]，如近晶状液

晶-A ↔ 近晶状液晶-C*,将在第4章中讨论。

参考文献

[1] P. G. deGennes. 1974. *The Physics of Liquid Crystals*. Oxford: Clarendon Press.

[2] P. G. deGennes. 1971. *Mol. Cryst. Liq. Cryst.* 12: 193.

[3] L. D. Landau. 1965. *Collected Papers*. D. Ter Haar (ed.). New York: Gordon & Breach.

[4] J. D. Litster. 1971. *Critical Phenomena*. R. E. Mills (ed.). New York: McGraw-Hill.

[5] I. C. Khoo, S. T. Wu. 1993. *Optics and Nonlinear Optics of Liquid Crystals*. Singapore: World Scientific.

[6] L. M. Blinov. 1983. *Electrooptical and Magneto-optical Properties of Liquid Crystals*. Chichester: Wiley.

[7] W. Maier, A. Saupe. 1959. *Z. Naturforsch.* 14 A: 882.

[8] R. L. Humphries, O. R. Lukhurst. 1972. *Chem. Phys. Lett.* 17: 514; G. R. Luckhurst, C. Zannoni, P. L. Nordio, et al. 1975. *Mol. Phys.* 30: 1345; M. J. Freiser. 1971. *Mol. Cryst. Liq. Cryst.* 14: 165.

[9] L. M. Blinov, V. A. Kizel, V. G. Rumyantsev, et al. 1975. *J. Phys. (Paris) Colloq.* 36: C1–C69.

[10] W. H. DeJeu. 1980. *Physical Properties of Liquid Crystalline Materials*. New York: Gordon and Breach.

[11] I. C. Khoo, R. G. Lindquist, R. R. Michael, et al. 1991. *J. Appl. Phys.* 69: 3853.

[12] I. C. Khoo, R. Normandin. 1985. *IEEE J. Quantum Electron.* QE21: 329.

[13] S. Chandrasekhar. 1992. *Liquid Crystals*. 2nded. Cambridge: Cambridge University Press.

第 3 章　向列相液晶

3.1　介绍

向列相液晶最好地说明了液晶的双重性质——流动性和晶体结构。要描述它们的类液体性质,需要用到流体力学。另外,它们的晶体性质需要关于固体或晶体的理论形式。为了研究它们的光学性质,我们还需要调用单个分子的电子结构和集体的晶体性质。在本章中,我们按顺序讨论向列相理论的所有三个方面:固态连续介质理论、流体力学和电光性质。

3.2　弹性连续体理论

3.2.1　矢量场、指向矢

在弹性连续体理论中,几位工作者在过去几十年中进行了引入和完善[1-3],向列相基本上被视为晶体形式。因此,排列的样品可视为单晶,其中分子平均沿指向矢 $\hat{n}(\bar{r})$ 所定义的方向排列。

晶体是单轴的,具有张量有序参量的特征,即

$$S_{\alpha\beta} = S(T)\left(n_\alpha n_\beta - \frac{1}{3}\delta_{\alpha\beta}\right) \tag{3.1}$$

由于外部施加的场、来自边界表面的应力/约束,控制器也会发生空间变化。在大多数情况下,有序参量发生显著变化的特征长度比分子大小大得多。通常,对于图 3.1 所示形式的扭曲,特征长度为 1 μm 量级,而分子尺寸最多只有几十埃(Å)。在这种情况下,就像在其他类似的系统或介质(如铁磁体)中一样,连续介质理论是有效的。

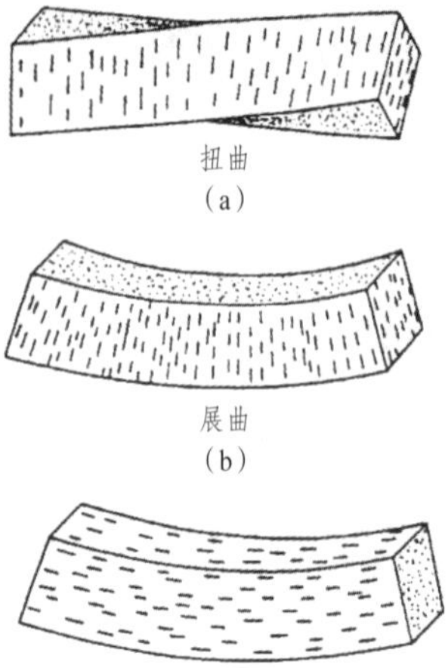

图 3.1　向列相液晶的(a)扭曲变形、(b)展曲变形和(c)弯曲变形

因此,连续介质理论的第一原理忽略了分子结构的细节。液晶分子被看作刚性杆,它们的整个集体行为可以用指向矢 $\hat{n}(\bar{r})$ 来描述,即一个矢量场。在图 3.1 中,有序参量的空间变化为

$$S_{\alpha\beta}(\bar{r})=S(T)\left[n_{\alpha}(\bar{r})n_{\beta}(\bar{r})-\frac{1}{3}\delta_{\alpha\beta}\right] \tag{3.2}$$

换句话说,在空间“扭曲”的向列晶体中,局部光学特性仍然与单轴晶体的光学特性相关,并保持不变;只是 $\hat{n}$ 的取向(方向)在空间上发生了变化。

对于线性晶体,$\hat{n}$ 和-$\hat{n}$ 对应的状态是无法区分的。换句话说,即使单个分子具有永久偶极子(事实上,大多数液晶分子都具有永久偶极子),分子的整体排列也会导致极小的净偶极矩;也就是说,在 $\hat{n}$ 所代表的分子集合中,向上的偶极子和向下的偶极子一样多。线性晶体中分子的净偶极矩与液晶中的相同。

3.2.2　弹性常数、自由能和分子场

当施加外部扰动场时,向列相液晶会像任何固体一样发生变形。然而,两者之间存在重要差异。图 3.1(a)就是一个很好的例子,它描述了一个一端固定的“固体”受到扭转的情况。在普通固体中,由于分子在扭转应力作用下产生平移,因此会产生很高的应力。另外,由于分子的流动性,液晶中的这种扭转变形只涉及分子沿扭力方向的旋转;分子重心没有产生平移,因此涉及的弹性能量非常小。同样,其他类型的变形,如图 3.1(b)和(c)所示的展曲和弯曲形变,也会产生弹性能。如图 3.1(b)和(c)所示,它们主要涉及指向矢 $\bar{n}(\bar{r})$ 的变化。从图 3.1 可以看出,展曲和弯曲形变必然涉及液晶的流动,而扭曲形变则不涉及。

我们将在第 3.5 节中再次讨论流动与指向矢变形之间的耦合关系。

扭曲、展曲和弯曲是向列相液晶中三种主要的不同指向矢变形。由于它们对应于 $\vec{n}(\vec{r})$ 的空间变化，因此变形能涉及的基本参数是各种空间导数（$\vec{n}(\vec{r})$ 的曲率，如 $\nabla\times\vec{n}(\vec{r})$ 和 $\nabla\cdot\vec{n}(\vec{r})$ 等）。按照 Frank[1]首先提出的理论形式，与这些变形相关的自由能密度（单位为单位体积的能量）由以下公式给出：

展曲为：

$$f_1=\frac{1}{2}K_1(\nabla\cdot n)^2 \tag{3.3}$$

扭曲为

$$f_2=\frac{1}{2}K_2(n\cdot\nabla\times n)^2 \tag{3.4}$$

弯曲为

$$f_3=\frac{1}{2}K_3(n\times\nabla\times n)^2 \tag{3.5}$$

其中，K_1、K_2、K_3 分别为弗兰克弹性常数。

一般来说，三个弹性常数的大小不同。通常情况下，它们的数量级为 10^{-6} 达因（以厘米-克-秒（cgs）为单位）（或 10^{-11} N，以米-千克-秒（mks）为单位）。对于 P-甲氧基亚苄基-P′-丁基苯胺（MBBA），K_1、K_2、K_3 分别为 5.8×10^{-7}、3.4×10^{-7} 和 7×10^{-7} 达因。对于几乎所有的向列相来说，K_3 都是最大的，这是由分子的硬棒形状造成的。

一般来说，外加磁场会诱发一种以上的变形形式。如果产生了所有三种形式的形变，则总的形变自由能密度为

$$F_{\mathrm{d}}=\frac{1}{2}K_1(\nabla\cdot n)^2+\frac{1}{2}K_2(n\cdot\nabla\times n)^2+\frac{1}{2}K_3(n\times\nabla\times n)^2 \tag{3.6}$$

如果采用一个常用的假设，即用一常数近似（$K_1=K_2=K_3=K$），则可以大大简化该表达式以及由此产生的运动方程和分析方程。在这种情况下，式（3.6）就变为

$$F_{\mathrm{d}}=\frac{1}{2}K[(\nabla\cdot n)^2+(\nabla\times n)^2] \tag{3.7}$$

式（3.6）或其简化版本式（3.7）描述了向列相液晶主体中指向矢量场 $\hat{n}(\vec{r})$ 的变形。完整的描述应包括向列相液晶晶胞边界的表面相互作用能。因此，系统的总能量密度应为

$$F_{\mathrm{d}}'=F_{\mathrm{d}}+F_{\text{surface}} \tag{3.8}$$

其中，表面能项取决于表面处理。换句话说，向列相液晶的平衡构型是通过系统总自由能 $F_{\text{total}}=\int F_{\mathrm{d}}'\mathrm{d}V$ 的最小化得到的。如果施加外场（电场、磁场或光场），相应的自由能项（见以下章节）将被添加到总自由能表达式中。

在所谓的“硬边界条件”下，液晶分子被牢固地固定在边界上，对所施加的扰动场没有

反应,如图 3.2 所示。因此,表面能可以看作一个常数,表面相互作用不进入描述向列相液晶中场致效应的动力学方程。

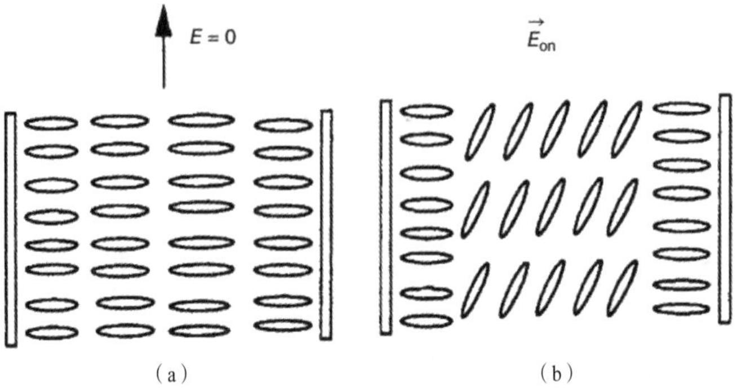

图 3.2 具有强表面锚定的垂面排列向列相液晶:(a)外加场关闭;(b)外加场开启,只有指向矢发生变形

另外,如果分子没有牢固地固定在边界上,即所谓的软边界条件(图 3.3),外加场将会扰乱分子在细胞边界的取向。在这种情况下,对场致效应动态的定量描述必须考虑这些表面能项。Barbero 和 Simoni[4] 的研究很好地解释了表面能的相互作用。

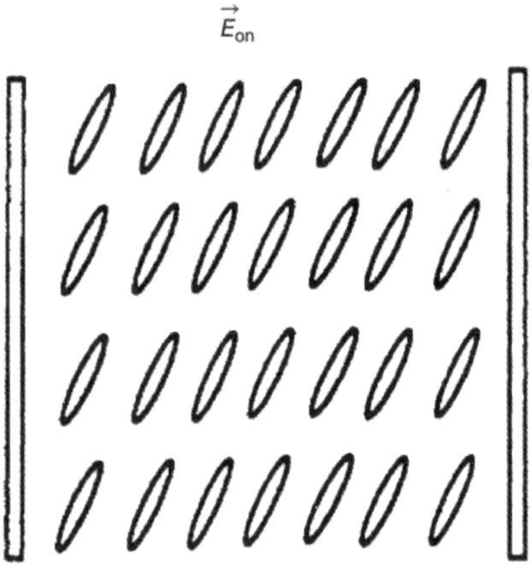

图 3.3 在软边界条件下外加场会重新定向表面和主体的指向矢

根据自由能公式(3.6),我们可以利用拉格朗日方程[3]得到相应的所谓分子场$\bar{f}$。以空间坐标分量形式,我们可以得到

$$f_\alpha = \frac{-\partial F}{\partial n_\alpha} + \sum_\beta \frac{\partial}{\partial x_\beta} \frac{\partial F}{\partial g_{\alpha\beta}} \tag{3.9}$$

其中

$$g_{\alpha\beta} = \frac{\partial n_\alpha}{\partial x_\beta} \tag{3.10}$$

更明确地说，式（3.9）给出了与展曲、扭曲和弯曲形变相关的总分子场，有

$$\vec{f}=\vec{f}_1+\vec{f}_2+\vec{f}_3 \tag{3.11}$$

和扭矩 $\vec{\Gamma}=\hat{n}\times\hat{f}$，其中

$$\vec{f}_1=K_1\nabla(\nabla\cdot n) \tag{3.12}$$

$$\vec{f}_2=-K_2[A\nabla\times n+\nabla\times(An)] \tag{3.13}$$

$$\vec{f}_3=K_3[\vec{B}\times(\nabla\times n)+\nabla\times(n\times\vec{B})] \tag{3.14}$$

且 $A=\hat{n}\cdot(\nabla\times\hat{n})$ 和 $\vec{B}=\hat{n}\times(\nabla\times\hat{n})$。

3.3　介电常数和折射率

液晶的介电常数和折射率以及导电率是表征液晶对外加场（电场、磁场或光场）的电子响应的物理参数。由于向列分子的分子结构和能级结构，这些反应在很大程度上取决于场的方向和频率。因此，我们把介电常数和其他电光参数的研究划分为两个不同的频率范围：①直流和低频；②光频。当然，从①到②的过渡发生在哪里，取决于介电弛豫过程和动态时间常数；通常，向列相中的德拜弛豫频率约为 10^{10} Hz。

3.3.1　直流和低频介电常数、电导率和磁感应强度

介电常数 ε 由麦克斯韦方程定义[5]：

$$\vec{D}=\vec{\vec{\varepsilon}}\cdot\vec{E} \tag{3.15a}$$

其中，$\vec{D}$ 是位移电流；$\vec{E}$ 是电场；$\vec{\vec{\varepsilon}}$ 是张量。

对于单轴向列相液晶，可以得出

$$\vec{\vec{\varepsilon}}=\begin{bmatrix}\varepsilon_\perp & 0 & 0\\ 0 & \varepsilon_\perp & 0\\ 0 & 0 & \varepsilon_{/\!/}\end{bmatrix} \tag{3.15b}$$

对于两个主轴，式（3.15a）和式（3.15b）的结果为

$$D_{/\!/}=\varepsilon_{/\!/}E_{/\!/} \tag{3.16}$$

和

$$D_\perp=\varepsilon_\perp E_\perp \tag{3.17}$$

$\varepsilon_{/\!/}$ 和 $\varepsilon_\perp$ 的典型值为 $5\varepsilon_0$ 量级，其中 ε_0 是自由空间的介电常数。同样，向列相液晶的电导率 $\sigma_{/\!/}$ 和 $\sigma_\perp$ 定义为

$$J_{/\!/}=\sigma_{/\!/}E_{/\!/} \tag{3.18}$$

和

$$J_\perp=\sigma_\perp E_\perp \tag{3.19}$$

其中,$J_{/\!/}$和$J_{\perp}$分别是沿指向矢和垂直于指向矢的电流。

在外加直流电场的作用下,电导率各向异性可能会导致空间电荷积累,并在向列相液晶层中产生强烈的指向矢重新定向,从而产生取向光折射[6]效应(见第8章)。

大多数向列相液晶(如E7、戊基氰基联苯(5CB)等)都具有正(介电)各向异性(即$\varepsilon_{/\!/}>\varepsilon_{\perp}$)。另外,一些向列相液晶(如MBBA)具有负各向异性(即$\varepsilon_{/\!/}<\varepsilon_{\perp}$)。控制因素是分子成分和结构。

一般来说,$\varepsilon_{/\!/}$和$\varepsilon_{\perp}$具有不同的分散区域,如图3.4所示4-甲氧基-4′-n-正丁基氮氧-苯[7]具有负介电各向异性($\Delta\varepsilon<0$)。图3.4中还绘制了各向同性情况下介电常数ε_{iso}的分散情况。注意,当频率为10^9 Hz或更低时,$\varepsilon_{\perp}>\varepsilon_{/\!/}$。在更高的频率和光学状态下,$\varepsilon_{/\!/}>\varepsilon_{\perp}$(即介电各向异性变化符号)。

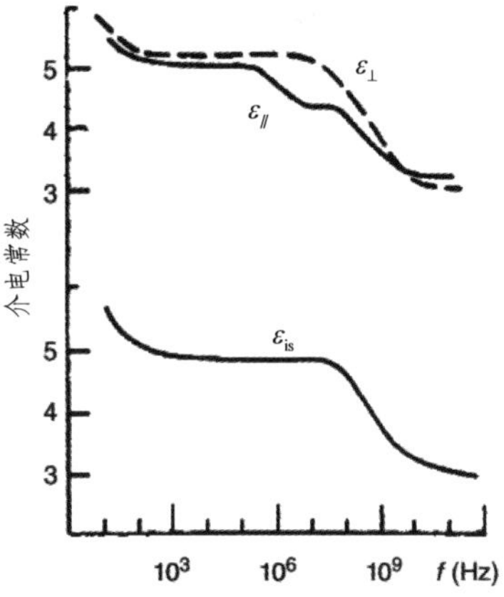

图3.4 液晶4-甲氧基-4′-n-正丁基氮氧-苯的向列相和各向同性相的介电常数$\varepsilon_{/\!/}$和$\varepsilon_{\perp}$的色散数据

对于某些向列相液晶,$\Delta\varepsilon=\varepsilon_{/\!/}-\varepsilon_{\perp}$的符号变化发生在更低的频率下,如图3.5中的苯甲酸盐[8]。这种转换频率f_{co}较低的原因是长的三环分子结构非常耐受分子绕短轴的旋转。

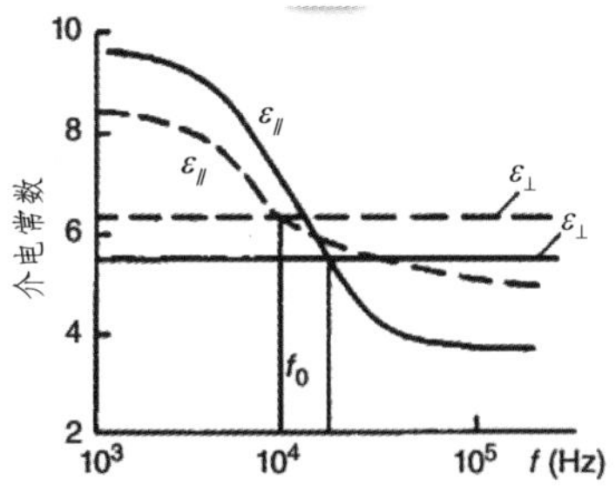

图3.5 液晶苯甲酸酯的向列相和各向同性相的介电常数$\varepsilon_{/\!/}$和$\varepsilon_{\perp}$的分散数据

对于电子光学应用而言,不同类别向列相液晶的介电弛豫行为 $\varepsilon_{/\!/}$ 和 $\varepsilon_{\perp}$,以及分子结构与介电常数之间的关系显然非常重要。但这一主题超出了本章的讨论范围,读者可参阅 Blinov[8]、Khoo 和 Wu[9]以及其中引用的参考文献,了解更多详细信息。

纯有机液体是介电质(即不导电,$\sigma=0$)。液晶的导电性是由一些杂质或离子造成的。一般来说,$\sigma_{/\!/}>\sigma_{\perp}$。在液晶的电光应用中,电传导在器件的稳定性和不稳定性、化学降解和寿命方面起着重要作用[9]。通常,$\sigma_{/\!/}$ 和 $\sigma_{\perp}$ 在 $10^{-10}\mathrm{S^{-1}cm^{-1}}$ 数量级上为纯向列。与几乎所有材料一样,通过使用适当的掺杂剂,这些电导率可以有几个数量级的变化。

材料的磁感应强度是由磁化 $\vec{M}$、磁感应强度 $\vec{B}$ 和磁强度 $\vec{H}$ 定义的,即

$$\vec{M}=\frac{\vec{B}}{\mu_0}-\vec{H}=\bar{\bar{\chi}}:\vec{H} \tag{3.20}$$

和

$$\vec{B}=\mu_0(1+\bar{\bar{\chi}}_{\mathrm{m}}):\vec{H} \tag{3.21}$$

磁感应张量 $\bar{\bar{\chi}}$ 是各向异性的。对于单轴材料,有

$$\bar{\bar{\chi}}_{\mathrm{m}}=\begin{bmatrix}\chi_{\perp}^{\mathrm{m}} & 0 & 0\\ 0 & \chi_{\perp}^{\mathrm{m}} & 0\\ 0 & 0 & \chi_{/\!/}^{\mathrm{m}}\end{bmatrix} \tag{3.22}$$

注意,这与介电常数 ε 相似。

实际上,向列相液晶一般都是抗磁的。因此,$\chi_{\perp}^{\mathrm{m}}$ 和 $\chi_{/\!/}^{\mathrm{m}}$ 都是负值,其大小非常小。由于这些磁感应强度很小,组成液晶的分子之间的磁相互作用也很小(与它们和外加磁场的相互作用相比)。因此,作用在分子上的局部磁场与外部磁场差别很小。一般来说,磁性测量是研究液晶有序参量和其他物理过程的良好方法。

3.3.2 电场和磁场产生的自由能和转矩

在本节中,我们将考虑向列相液晶与外加场(电场或磁场)的相互作用,我们的讨论将仅限于介电和抗磁相互作用。

对于一般外加(直流、低频或光学)电场 $\vec{E}$,位移 $\vec{D}$ 可写成以下形式:

$$\vec{D}=\varepsilon_{\perp}\vec{E}+(\varepsilon_{/\!/}-\varepsilon_{\perp})(n\cdot\vec{E})n \tag{3.23}$$

因此,电相互作用能量密度为

$$\mu_E=-\int_0^E\vec{D}\cdot d\vec{E}=-\frac{1}{2}\varepsilon_{\perp}(\vec{E}\cdot\vec{E})-\frac{\Delta\varepsilon}{2}(n\cdot\vec{E})^2 \tag{3.24}$$

注意,式(3.24)右侧的第一项与指向矢的方向无关。因此,在计算指向矢形变能时可以忽略它的形变能。因此,与施加电场相关的自由能密度项为

$$F_E = -\frac{\Delta\varepsilon}{2}(n \cdot \vec{E})^2 \tag{3.25}$$

以 SI 单位表示(以 cgs 单位表示,$F_E = -(\Delta\varepsilon / 8\pi)(\hat{n} \cdot \hat{E})^2$)。电场产生的分子矩为

$$\vec{\Gamma}_E = \vec{D} \times \vec{E} = \Delta\varepsilon(n \cdot \vec{E})(n \times \vec{E}) \tag{3.26}$$

对磁场的类似考虑,产生一个磁能密度项 U_{m},其值为

$$U_{\mathrm{m}} = -\int_0^M \vec{B} \cdot \mathrm{d}\vec{M} = \frac{1}{2\mu_0}\chi_{\perp}^{\mathrm{m}} B^2 - \frac{1}{2\mu_0}\Delta\chi^{\mathrm{m}}(n \cdot \vec{B})^2 \tag{3.27}$$

磁场自由能密度(与指向矢重新定向有关)F_{m} 为

$$F_{\mathrm{m}} = \frac{1}{2\mu_0}\Delta\chi^{\mathrm{m}}(n \cdot \vec{B})^2 \tag{3.28}$$

磁力矩密度为

$$\vec{\Gamma}_{\mathrm{m}} = \vec{M} \times \vec{H} = \Delta\chi^{\mathrm{m}}(n \cdot \vec{H})(n \cdot \vec{H}) \tag{3.29}$$

这些电力矩和磁力矩在液晶的各种场致效应中发挥着核心作用。

3.4 光学介电常数和折射率

3.4.1 线性电感和局部场效应

在光学系统中,$\varepsilon_{/\!/} > \varepsilon_{\perp}$。通常情况下,$\varepsilon_{/\!/}$ 约为 $2.89\varepsilon_0$,$\varepsilon_{\perp}$ 为 $2.2\varepsilon_0$,这相当于折射率 $n_{/\!/}$ =1.7 和 $n_{\perp}$ =1.5。向列相液晶有一个有趣特性,即如此大的双折射($\Delta\varepsilon_{\perp} = \varepsilon_{/\!/} - \varepsilon_{\perp} \approx 0.2$)在整个光谱(从近紫外(约 400 nm)到可见光(约 500 nm)和近红外(1~3 μm),再到远红外(8~12 μm),即从 400 nm 到 12 μm)中都有体现。图 3.6 显示了三种典型向列相液晶从紫外到远红外(λ=16 μm)的测量双折射。

光学介电常数源于入射光场 $\vec{E}_{\mathrm{op}}$ 在向列相液晶上产生的线性偏振 $\vec{P}$,即

$$\vec{P} = \varepsilon_0 \bar{\bar{\chi}} \cdot \vec{E} \tag{3.30a}$$

根据定义方程

$$\vec{D} = \varepsilon_0 \vec{E} + \vec{P} = \bar{\bar{\varepsilon}} : \vec{E} \tag{3.30b}$$

则有

$$\bar{\bar{\varepsilon}} = \varepsilon_0 \left[1 + \bar{\bar{\chi}}^{(1)}\right] \tag{3.30c}$$

这里的 $\bar{\bar{\chi}}^{(1)}$ 是线性(有时称为"一阶")磁感应张量。$\bar{\bar{\chi}}^{(1)}$ 是一个宏观参数,与微观(分子)参数,即分子极化张量 α_{ij} 的关系如下:

$$d_i = \alpha_{ij} E_j^{\mathrm{loc}} \tag{3.31a}$$

$$\vec{d} = \bar{\bar{\alpha}} : \vec{E}^{\mathrm{loc}} \tag{3.31b}$$

$$\vec{P} = N\vec{d} \tag{3.31c}$$

其中，d_i 是诱导偶极子 d 的第 i 个分量；N 是数量密度。第 8 章将根据偶极子矩阵元素或振荡器强度以及能级和能级群对 α 进行严格的量子力学推导。

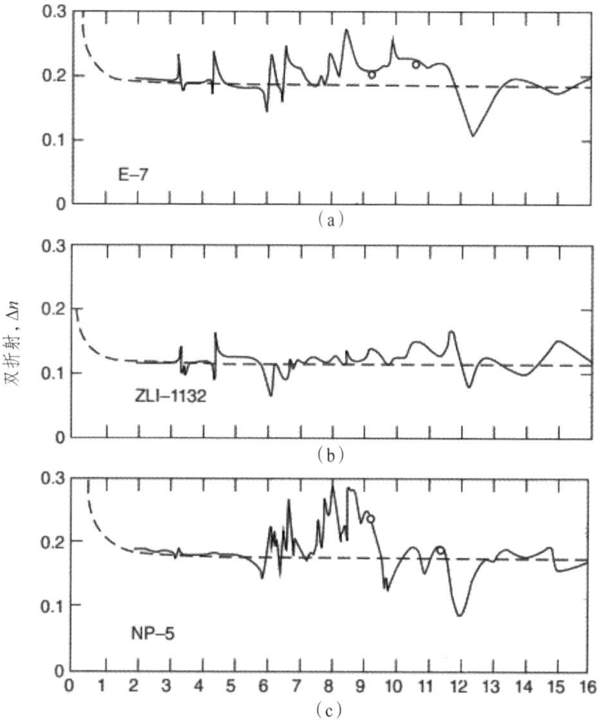

图 3.6　三种向列相液晶的测量双折射 $De = \varepsilon_{/\!/} - \varepsilon_{\perp}$

微观参数 α_{ij} 与宏观参数 χ_{ij} 之间的联系是局部场校正因子（即外加场与分子经历的实际场之差）。评估场校正因子的理论形式多种多样，有简化的，也有复杂和精密的。大多数用于获得局部场校正因子的方法都基于洛伦兹结果[5]，即内部场（位于固体中的分子 $\vec{E}^{\text{loc}}$ 所经历的局部场）和外加场 $\vec{E}^{\text{app}}$，且有

$$\vec{E}^{\text{loc}} = \frac{n^2+2}{3}\vec{E}^{\text{app}} \tag{3.32a}$$

Vuks [10]特别分析了实验数据，提出可将各向异性晶体中的局部场视为各向同性，并用以下形式表示：

$$\vec{E}^{\text{loc}} = \frac{\langle n^2\rangle+2}{3}\langle\vec{E}\rangle \tag{3.32b}$$

其中，$\langle n^2\rangle = \frac{1}{3}(n_x^2+n_y^2+n_z^2)$，且 n_x、n_y、n_z 是晶体的主折射率。

这种方法已用于液晶的研究[11]。Dunmar[12]对各向异性晶体给出了更广义的表达式:

$$E_i^{\mathrm{loc}} = [1 + \bar{\bar{L}}_{ii}(n_i^2 - 1)]E_i^{\mathrm{app}}, \quad i = x, y, z \tag{3.33}$$

一般来说,可以将式(3.33)写成

$$\vec{E}^{\mathrm{loc}} = \bar{\bar{K}} : \vec{E}^{\mathrm{app}} \tag{3.34}$$

其中,$\bar{\bar{K}}$(局部场“因子”)是一个二阶张量,表示局部场$\vec{E}^{\mathrm{loc}}$与宏观外加场$\vec{E}^{\mathrm{app}}$线性相关。

一般来说,实验测量表明 Vuks 和 Dunmar 的处理方法在质量上是一致的。

3.4.2 折射率的平衡温度和有序参量依赖性

单轴液晶的两个主要折射率$n_\perp$和$n_{/\!/}$以及各向异性$n_{/\!/} - n_\perp$,因对理解液晶物理学的基本重要性和在应用电光设备中的重要作用,一直是人们深入研究的主题。由于介电常数($\varepsilon_\perp$和$\varepsilon_{/\!/}$)直接线性地进入构成方程(式(3.30a)至式(3.30c)),因此从理论上讲,用介电常数来讨论这些温度相关性的基本原理更为方便。

根据局部场$\vec{E}^{\mathrm{loc}}$的式(3.34)和诱导偶极矩的式(3.31),我们可以用以下公式表示极化$\vec{P} = N\vec{d}$:

$$\vec{P} = N\bar{\bar{\alpha}} : (\bar{\bar{K}} : \vec{E}) \tag{3.35}$$

其中,$\bar{\bar{\alpha}}$是分子的极化张量;N是单位体积内的分子数;括号内的数字表示对所有分子取向的平均值。

此时,介电常数$\bar{\bar{\varepsilon}}$(单位为ε_0)的计算公式为

$$\bar{\bar{\varepsilon}} = 1 + \frac{N}{\varepsilon_0}\bar{\bar{\alpha}} : \bar{\bar{K}} \tag{3.36}$$

$$\Delta\varepsilon = \varepsilon_{/\!/} - \varepsilon_\perp = \frac{N}{\varepsilon_0}(\langle\bar{\bar{\alpha}} : \bar{\bar{K}}\rangle_{/\!/} - \langle\bar{\bar{\alpha}} : \bar{\bar{K}}\rangle_\perp) \tag{3.37}$$

根据上述考虑以及 deJeu 和 Bordewijk 的观察结果[13]认为

$$\Delta\varepsilon \propto \rho S \tag{3.38}$$

且

$$\langle\bar{\bar{\alpha}} : \bar{\bar{K}}\rangle_{/\!/} - \langle\bar{\bar{\alpha}} : \bar{\bar{K}}\rangle_\perp \propto S \tag{3.39}$$

我们可以将$\varepsilon_{/\!/}$和$\varepsilon_\perp$分别写为

$$\varepsilon_{/\!/} = n_{/\!/}^2 = 1 + \left(\frac{N}{3\varepsilon_0}\right)[\alpha_l K_l(2S+1) + \alpha_t K_t(2-2S)] \tag{3.40}$$

和

$$\varepsilon_\perp = n_\perp^2 = 1 + \left(\frac{N}{3\varepsilon_0}\right)[\alpha_l K_l(1-S) + \alpha_t K_t(2+S)] \tag{3.41}$$

其中，K_l 和 K_t 分别是 $\bar{\bar{K}}$ 沿主轴的值；S 是有序参量。

可以将式（3.40）和式（3.41）重写为

$$\varepsilon_{/\!/}=\varepsilon_l+\frac{2}{3}\Delta\varepsilon \tag{3.42}$$

和

$$\varepsilon_{\perp}=\varepsilon_l-\frac{1}{3}\Delta\varepsilon \tag{3.43}$$

其中

$$\Delta\varepsilon=\left(\frac{N}{\varepsilon_0}\right)[\alpha_l K_l-\alpha_t K_t]S=\frac{N_{\mathrm{A}}\rho}{\varepsilon_0 M}(\alpha_l K_l-\alpha_t K_t)S\sim\rho S \tag{3.44}$$

且

$$\varepsilon_l=1+\frac{N_{\mathrm{A}}\rho}{3\varepsilon_0 M}(\alpha_l K_l+2\alpha_t K_t) \tag{3.45}$$

注意，我们用 $N_{\mathrm{A}}\rho/M$ 代替了 N，其中 N_{A} 是阿伏加德罗常数，ρ 是密度，M 是质量数。ε 的最终明确形式取决于内部场张量的确定。然而，重要的是要注意，就 ε_{s} 的温度依赖性而言[14]，有

$$\varepsilon_l\sim 1+\mathrm{const}\,\rho=1+C_1\rho \tag{3.46}$$

且

$$\Delta\varepsilon\sim\mathrm{const}\,\rho S=C_2\rho S \tag{3.47}$$

换句话说，$\varepsilon_{/\!/}$ 和 $\varepsilon_{\perp}$（以及相应的折射率 $n_{/\!/}$ 和 $n_{\perp}$）与温度（T）的关系是通过 ρ 和 S 与温度的关系来实现的。

向列相液晶折射率随温度变化的最显著特点之一是热折射率梯度（$\mathrm{d}n_{/\!/}/\mathrm{d}T$ 和 $\mathrm{d}n_{\perp}/\mathrm{d}T$）在相变温度附近变得特别大，如图 3.7 所示。根据式（3.46）、式（3.47）、式（3.40）和式（3.41），我们可以得到 $\mathrm{d}n_{/\!/}/\mathrm{d}T$ 和 $\mathrm{d}n_{\perp}/\mathrm{d}T$ 分别为

$$\frac{\mathrm{d}n_{/\!/}}{\mathrm{d}T}=\frac{1}{n_{/\!/}}\left(C_1\frac{\mathrm{d}\rho}{\mathrm{d}T}+\frac{2}{3}C_2 S\frac{\mathrm{d}\rho}{\mathrm{d}T}+\frac{2}{3}C_2\rho\frac{\mathrm{d}S}{\mathrm{d}T}\right) \tag{3.48}$$

$$\frac{\mathrm{d}n_{\perp}}{\mathrm{d}T}=\frac{1}{n_{\perp}}\left(C_1\frac{\mathrm{d}\rho}{\mathrm{d}T}-\frac{1}{3}C_2 S\frac{\mathrm{d}\rho}{\mathrm{d}T}-\frac{1}{3}C_2\rho\frac{\mathrm{d}S}{\mathrm{d}T}\right) \tag{3.49}$$

图 3.8 显示了 5CB 的 $\mathrm{d}n_{/\!/}/\mathrm{d}T$ 和 $\mathrm{d}n_{\perp}/\mathrm{d}T$ 随温度变化的曲线，其中的实验数据是根据 Horn [15] 更详细的测量结果推导出来的。

如前所述，对液晶光学折射率的研究历来局限于经典稳态体系。在这种情况下，假定分子处于基态，光场强度是静止的。当这些关于分子状态和应用场的基本假设不再成立时，就必须在适当的背景下考虑从这种方法中获得的结果或结论，这些结果或结论已在前面和将在下一节进行概述。

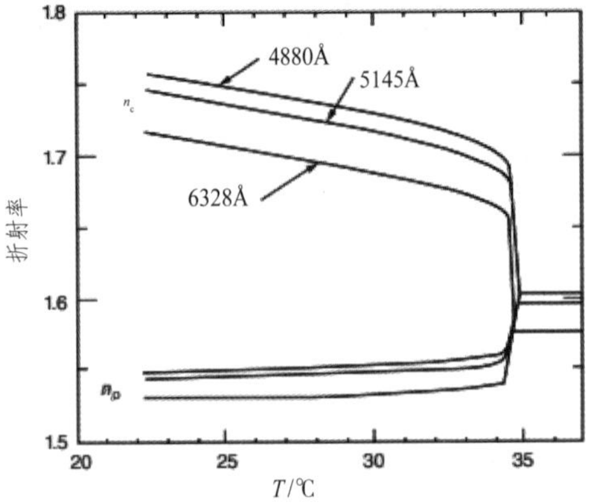

(a)

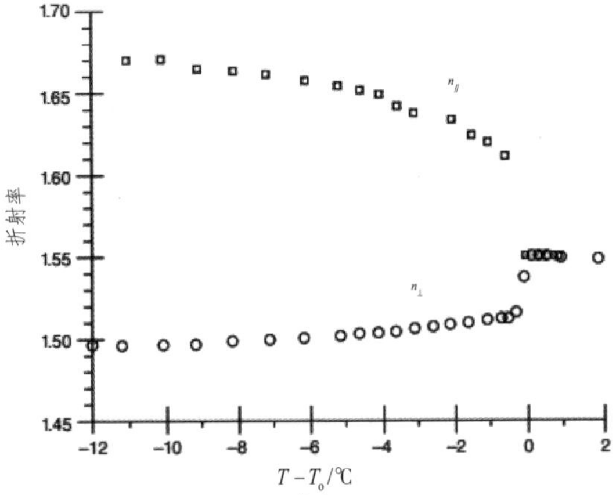

(b)

图 3.7 （a）可见光谱和（b）红外线（10.6 μm）区域中 5CB 折射率的温度依赖性

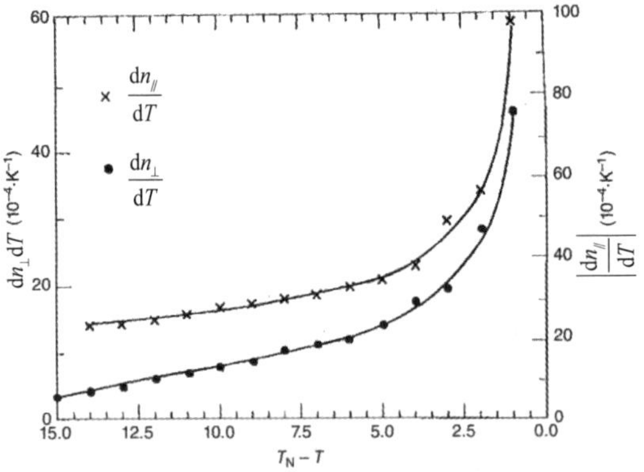

图 3.8 温度接近 T_c 时液晶的 $dn_{/\!/}/dT$ 和 $dn_{\perp}/dT$ 图（根据 Khoo 和 Normandin[14]以及 Horn[15]），其中实心曲线仅供参考）

有关这些量子力学、非线性或瞬态光学效应的详细理论见第 8 章和第 10 章。举例来说，请看式(10.28)中给出的(线性)分子极化率表达式。注意，这些差异是由于涉及一组完全不同的偶极子矩阵元素 d_{ij} 和频率分母($\omega_i - \omega_j$)。如果撞击光场的强度是快速振荡的和振荡(如皮秒激光脉冲)，并且其时间长度与分子的内部弛豫动力学相当，那么这些光场将“看到”分子的瞬态响应。分子内部运动(有时称为“内部温度”)中的这些瞬态响应通常以光谱的形式表现出来。即分子的发射光谱和吸收光谱会发生瞬时变化，通常是在皮秒时间尺度内。相应地，“有效”分子极化率转化为折射率也会随时间发生变化。与超短激光脉冲下的分子激发有关的折射率瞬时变化，应与静止或平衡状态下的通常温度效应明确区分开来。在静止状态下，快速分子瞬变已经放松，吸收的能量已经转化为体温的整体上升。如第 1 章所述，即使在内部分子激发已经松弛的所谓静止状态下，有序参量 S 可能仍未达到平衡状态。这种情况通常发生在纳秒或微秒级的时间范围内。有关这些考虑因素的详细信息将在第 9 章中给出，我们将在该章中讨论脉冲激光诱导的加热效应。

3.5　流动和流体力学

液晶最显著的特性之一是能够自由流动，同时表现出各种各向异性和结晶特性。液晶的这种双重性质使其成为非常有趣的研究材料，同时也使理论形式变得非常复杂。

有序介相(如向列相)液晶区别于普通流体的主要特征是，它们的物理性质取决于指向矢 $\bar{n}(\bar{r})$ 的取向；这些取向流动过程必然是耦合的，除非在非常不寻常的情况下(如纯粹的扭曲变形)。因此，与普通液体的流体力学研究相比，液晶的流体力学研究将涉及大量(各向异性)参数。

讨论开始前，我们首先回顾普通流体的流体力学，然后讨论液晶的一般流体力学。

3.5.1　各向同性普通流体的流体力学

如图 3.9 所示，考虑在空间运动的流体的基本体积 $\mathrm{d}V = \mathrm{d}x\,\mathrm{d}y\,\mathrm{d}z$，描述其动力学状态需要以下参数：

位置矢量，$\bar{r}$；

速度，$\bar{v}(\bar{r},t)$；

密度，$\rho(\bar{r},t)$；

压力，$p(\bar{r},t)$；

一般力，$\bar{f}(\bar{r},t)$。

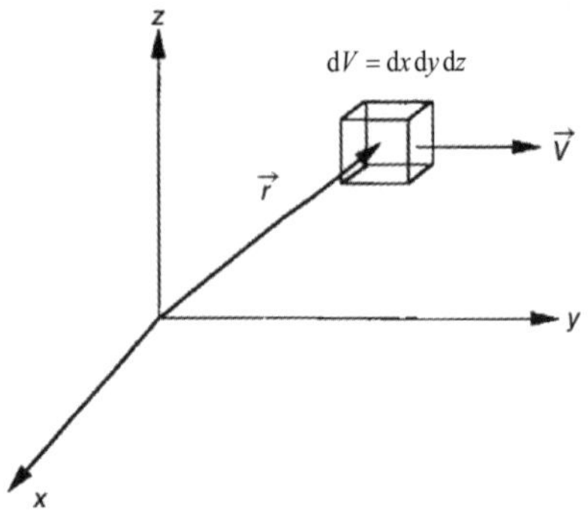

图 3.9　以速度 $v(r,t)$ 在空间运动的基本流体体积

在后面的章节中,我们将研究液晶中激光诱导的声波(声音、密度),或者一般来说,在处理声波时,有必要假设密度 $\rho(\bar{r},t)$ 是一个时空变化函数。然而,在本章中,我们将这种密度波激发与所考虑的所有过程"解耦",基本上将我们的注意力限制在不可压缩流体的流动和定向效应上。

在这种情况下,我们有

$$\rho(\bar{r},t)=\text{常数} \tag{3.50}$$

对于所有液体,事实上对于所有运动中的气体粒子或电荷,连续性方程成立,即

$$\nabla\cdot(\rho\bar{v})=-\frac{\partial\rho}{\partial t} \tag{3.51}$$

这个等式说明,$\rho\bar{v}$ 在封闭体积表面上的总变化等于密度的下降率。由于 $\partial\rho/\partial t=0$,因此从式(3.51)我们可以得出

$$\nabla\cdot\bar{v}=0 \tag{3.52}$$

描述流体元素加速度 $\mathrm{d}\bar{v}/\mathrm{d}t$ 的运动方程为简单的牛顿定律,即

$$\rho\frac{\mathrm{d}\bar{v}}{\mathrm{d}t}=\bar{f}. \tag{3.53a}$$

对液体流体力学的研究可以围绕这个运动方程展开,因为我们要找出作用在流体元素上的各种力的来源和机制,并尝试解决它们在时间和空间上的运动问题。

我们从式(3.53a)的左侧开始,由于 $\bar{v}=\bar{v}(\bar{r},t)$,则有

$$\frac{\mathrm{d}\bar{v}}{\mathrm{d}t}=\frac{\partial\bar{v}}{\partial t}+(\nabla\cdot\bar{v})\bar{v} \tag{3.53b}$$

式(3.53a)右侧的力来自多个方面,包括压力梯度 $-\Delta p$、黏滞力 $\bar{f}_{\mathrm{vis}}$ 和外场力 $\bar{f}_{\mathrm{ext}}$(电场、磁场、光场、重力场等)。因此,式(3.53a)变为

$$\rho\left[\frac{\partial\bar{v}}{\partial t}+(\nabla\cdot\bar{v})\bar{v}\right]=-\nabla p+\bar{f}_{\mathrm{vis}}+\bar{f}_{\mathrm{ext}} \tag{3.54}$$

让我们暂时忽略外部场。一旦我们确定了黏滞力，流体元素运动方程的表述就完成了。注意，与压力梯度项类似，黏滞力$\bar{f}_{\text{vis}}$是一个以压力为单位的量的空间推导（即单位面积上的力）。这种量称为应力张量σ（即力是由应力梯度引起的，见图 3.10）。例如，$\bar{f}$的α分量可以表示为

$$f_\alpha = \frac{\partial}{\partial x_\beta}\sigma_{\alpha\beta} \tag{3.55}$$

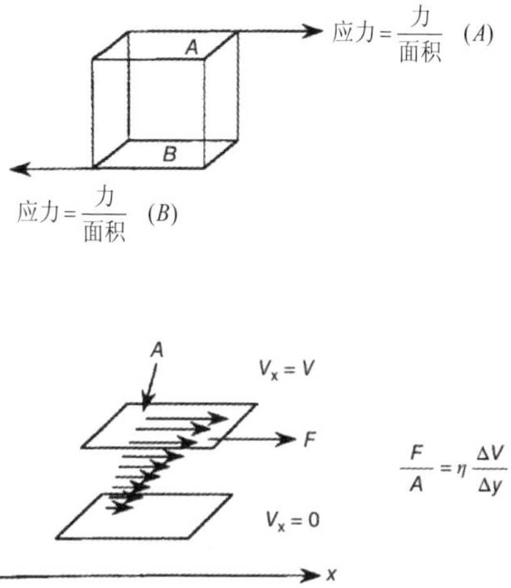

图 3.10　作用在基本体积流体相对平面上的应力

因此，我们可以将式（3.54）重写为

$$\rho\left[\frac{\partial v_\alpha}{\partial t} + v_\beta \frac{\partial v_\alpha}{\partial x_\beta}\right] = \frac{\partial p}{\partial x_\alpha} + \frac{\partial \sigma_{\alpha\beta}}{\partial x_\beta} \tag{3.56}$$

其中，对重复指数的求和是隐含的。

考虑到流体速度为常数时没有力的作用，应力张量与速度梯度呈线性关系（图 3.10），即

$$\sigma_{\alpha\beta} = \eta\left(\frac{\partial v_\beta}{\partial x_\alpha} + \frac{\partial v_\alpha}{\partial x_\beta}\right) \tag{3.57}$$

式（3.57）中的比例常数η是黏度系数（单位为$\text{g}\cdot\text{cm}^{-1}\cdot\text{S}^{-1}$）。注意，对于均匀旋转的流体$\bar{w}_0$（即$\bar{v} = \bar{w}_0 \times \bar{r}$），我们有$\partial v_\beta / \partial x_\alpha = -\partial v_\alpha / \partial x_\beta$，这意味着$\sigma_{\alpha\beta} = 0$。

式（3.56）与式（3.57）一起构成了研究各向同性流体流体力学的基础。注意，由于$\bar{f}_{\text{vis}}$的黏度是应力张量的空间导数，而应力张量又是速度的空间导数，因此$\bar{f}_{\text{vis}}$的形式为$\eta\nabla^2\bar{v}$。因此，式（3.54）可写成

$$\frac{\partial \bar{v}}{\partial t} + (\nabla \cdot \bar{v})\bar{v} = -\frac{\nabla p}{\rho} + \frac{\eta\nabla^2\bar{v}}{\rho} + \frac{\bar{f}_{\text{ext}}}{\rho} \tag{3.58}$$

式(3.58)通常称为不可压缩流体的纳维-斯托克斯方程。

3.5.2 向列相液晶的一般应力张量

描述液晶流体力学的一般理论框架主要由 Leslie[16] 和 Ericksen[17] 提出。他们的方法考虑到了应力张量不仅取决于速度梯度,还取决于导向器的方向和旋转这一事实。因此,应力张量的计算公式为

$$\sigma_{\alpha\beta} = \alpha_1 n_\gamma n_\delta A_{\gamma\delta} n_\alpha n_\beta + \alpha_2 n_\alpha n_\beta + \alpha_3 n_\beta n_\alpha + \alpha_4 A_{\alpha\beta} + \alpha_5 n_\gamma A_{\gamma\beta} + \alpha_6 n_\beta n_\gamma A_{\gamma\alpha} \tag{3.59}$$

其中,$A_{\alpha\beta}$定义为

$$A_{\alpha\beta} = \frac{1}{2}\left[\frac{\partial v_\beta}{\partial x_\alpha} + \frac{\partial v_\alpha}{\partial x_\beta}\right] \tag{3.60}$$

注意,除第四项 $\alpha_4 A_{\alpha\beta}$ 外,式(3.59)右侧的所有其他项都涉及导向,即 $\alpha_4 = 2\eta$。

因此,在这种形式中,我们有六个所谓的莱斯利系数 $\alpha_1, \alpha_2, \cdots, \alpha_6$,它们具有黏度系数的维度。Parodi[18]指出:

因此,实际上有五个独立的系数。

$$\alpha_2 + \alpha_3 = \alpha_6 - \alpha_5 \tag{3.61}$$

在接下来的几节中,我们将研究指向矢方向和变形的示例情况,并说明这些莱斯利系数与其他常用黏度系数的关系。

3.5.3 具有固定指向矢方向的流量

这里考虑最简单的流动情况,在这种情况下,指向矢的方向是固定的。这可以通过外部施加强磁场来实现(图 3.11),其中磁场沿 $\hat{n}$ 方向。考虑剪切流的情况,其中速度沿 z 方向,速度梯度沿 x 方向。例如,这一过程可能发生在 y-z 平面上,由两块平行板限制的液晶中。

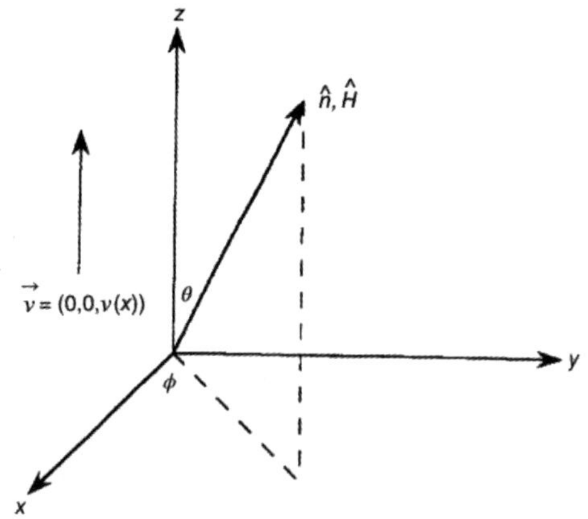

图 3.11 存在外加磁场时的剪切流

就指向矢的方向而言,有三种不同的可能性,涉及三个相应的黏度系数。

(1) η_1 : $\hat{n}$ 平行于速度梯度,即沿 x 轴 $(\theta=90°,\phi=0°)$。

(2) η_2 : $\hat{n}$ 平行于流速,即沿 z 轴,位于剪切面 $x-z$ 上 $(\theta=0°,\phi=0°)$。

(3) η_3 : $\hat{n}$ 垂直于剪切平面,即沿 y 轴 $(\theta=0°,\phi=90°)$。

Miesowicz [19] 对这三种构型进行了研究,η_s 被称为 Miesowicz 系数。在最初的论文以及 deGennes [3] 的处理中,η_1 和 η_3 的定义是互换的。在 deGennes 符号中,以 η_a、η_b 和 η_c 表示,且有 $\eta_a=\eta_1$,$\eta_b=\eta_2$,$\eta_c=\eta_3$。这里使用的符号是 Helfrich[6]提出的,现在已成为常规符号。

要获得 $\eta_{1,2,3}$ 与莱斯利系数 $\alpha_{1,2,\cdots,6}$ 之间的关系,可以评估不同方向、流动和速度梯度方向的应力张量 $\sigma_{\alpha\beta}$ 和剪切速率 $A_{\alpha\beta}$。根据这些考虑,可以得出以下关系[3]:

$$\begin{cases}\eta_1=\dfrac{1}{2}(\alpha_4+\alpha_5-\alpha_2)\\ \eta_2=\dfrac{1}{2}(\alpha_3+\alpha_4+\alpha_6)\\ \eta_3=\dfrac{1}{2}\alpha_4\end{cases} \tag{3.62}$$

在 x-z 剪切平面上,一般有效黏度系数实际上可以用参考文献[20]中的形式来表示,且更为正确,即

$$\eta_{\text{eff}}=\eta_1+\eta_2\cos^2\theta+\eta_2 \tag{3.63}$$

以考虑角速度梯度。系数 $\eta_{1,2}$ 与莱斯利系数 α_1 的关系为

$$\eta_{1,2}=\alpha_1 \tag{3.64}$$

3.5.4　调整指向矢方向的流量

上一节讨论了流体流动过程中指向矢固定的情况。在更一般的情况下,流体流动往往伴随着指向矢的重新定向,反之亦然。考虑到惯性矩 I 和力矩 $\bar{\Gamma}=\hat{n}\times\bar{f}$,其中 $\bar{f}$ 是式(3.11)中定义的分子内部弹性场,$\bar{\Gamma}_{\text{ext}}$ 是与外部作用力场相关的力矩,$\bar{\Gamma}_{\text{vis}}$ 是与黏性力相关的黏性力矩,描述指向矢角加速度 $\mathrm{d}\Omega/\mathrm{d}t$ 的运动方程可写成

$$I\frac{\mathrm{d}\Omega}{\mathrm{d}t}=(n\times\bar{f}+\bar{\Gamma}_{\text{ext}})-\bar{\Gamma}_{\text{vis}} \tag{3.65}$$

黏性力矩 $\bar{\Gamma}_{\text{vis}}$ 由两部分组成[3]:一部分来自纯粹的旋转效应(即不与流体流动耦合),其值为 $\gamma_1\hat{n}\times\bar{N}$;另一部分来自与流体运动的耦合,其值为 $\gamma_2\hat{n}\times\hat{A}\hat{n}$。因此,我们有

$$\bar{\Gamma}_{\text{vis}}=n\times[\gamma_1\bar{N}+\gamma_2 An] \tag{3.66}$$

这里的 $\bar{N}$ 是相对于不动背景流体的导流变化率,其计算公式为

$$\vec{N}=\frac{\mathrm{d}n}{\mathrm{d}t}-\hat{\omega}\times n \tag{3.67}$$

其中，$\hat{\omega}$是液体的角速度。在式（3.66）中，A 是由式（3.60）定义的速度梯度张量。

黏度系数 γ_1 和 γ_2 与莱斯利系数 α_s 的关系为[3]

$$\gamma_1=\alpha_3-\alpha_2 \tag{3.68a}$$

$$\gamma_2=\alpha_2+\alpha_3=\alpha_6-\alpha_5 \tag{3.68b}$$

参照图 3.11 所示的流动结构，在没有磁场的情况下，设定 $\phi=0$，我们可以得到

$$\vec{v}=[0,0,v(x)] \tag{3.69a}$$

$$n=[\sin\theta,0,\cos\theta] \tag{3.69b}$$

$$A_{xz}=\frac{1}{2}\frac{\mathrm{d}v}{\mathrm{d}x} \tag{3.69c}$$

$$N_z=\omega_y n_x=-A_{xz}n_x \tag{3.69d}$$

$$N_x=-\omega_y n_z=A_{xz}n_z \tag{3.69e}$$

根据式（3.66），沿 y 方向的黏性力矩为

$$\begin{aligned}\Gamma_{\text{vis}}&=-\gamma_1(n_zN_x-n_xN_z)-\gamma_2(n_zn_\mu A_{\mu x}-n_xn_\mu A_{\mu z})\\&=-\frac{1}{2}\frac{\mathrm{d}v}{\mathrm{d}x}[\gamma_1+\gamma_2(\cos^2\theta-\sin^2\theta)]\\&=-\frac{\mathrm{d}v}{\mathrm{d}x}[\alpha_3\cos^2\theta-\alpha_2\sin^2\theta]\end{aligned} \tag{3.70}$$

在稳定状态下，剪切力矩消失，流动会产生一个稳定的指向矢方向，其角度 θ_{flow} 满足

$$\cos 2\theta_{\text{flow}}=-\frac{\gamma_1}{\gamma_2} \tag{3.71}$$

对于更复杂的流动几何形状，指向矢的方向也会呈现出相应的复杂轮廓。

3.6 场致指向矢重新定向效应

现在我们来考虑外部静态场或低频场作用下的指向矢重新定向过程。第 6 章将讨论光场效应。下面的例子可说明前几节讨论的各种力矩和动态效应之间的一些重要关系。我们将考虑磁场，因为它不涉及复杂的局部场效应和其他电现象（如传导）。将 $\Delta\chi^{\mathrm{m}}H^2$ 替换为 $\Delta\varepsilon E^2$（参见式（3.26）和式（3.29）），就可以得到与磁场对应的电场结果。

3.6.1 无流动耦合的场致重新定向：弗里德里克兹转换

下面的例子可说明黏滞系数 γ_1 在场致重新定向效应中的作用。如图 3.12 所示，考虑在平面样品上施加外部场 $\vec{H}$ 所引起的纯扭曲变形，让 θ表示变形角。因此，指向矢 $\hat{n}$ 由

$\hat{n}=(\cos\theta,\sin\theta,0)$ 给出。根据这个公式和前面的公式,自由能(式(3.4))和弹性力矩(式(3.13))分别为

$$F_2=\frac{K_2}{2}\left(\frac{\partial\theta}{\partial z}\right)^2 \tag{3.72a}$$

$$\Gamma=K_2\frac{\partial^2\theta}{\partial z^2}z \tag{3.72b}$$

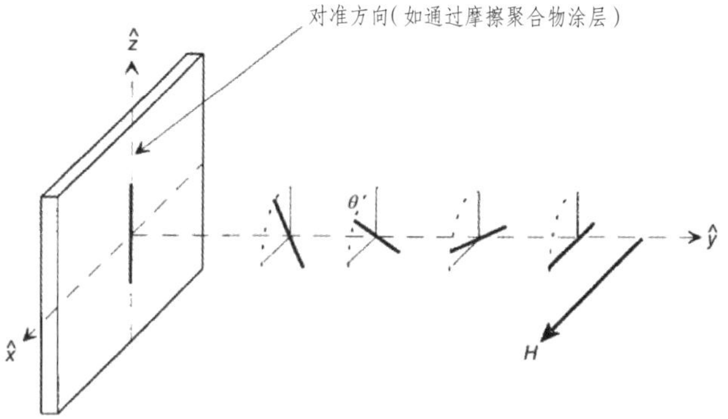

图 3.12　外部磁场 *H* 在平面样品上引起的纯扭曲变形(其中无流体运动)

黏性转矩的计算公式为

$$\Gamma_{\text{vis}}=-\gamma_1\frac{\mathrm{d}\theta}{\mathrm{d}t} \tag{3.73}$$

根据式(3.29),外部磁场 $\vec{H}$(垂直于初始指向矢)施加的转矩变为

$$\Gamma_{\text{ext}}=\Delta\chi^{\mathrm{m}}H^2\sin\theta\cos\theta \tag{3.74}$$

因此,得出扭矩平衡 τ 公式为

$$\gamma_1\frac{\mathrm{d}\theta}{\mathrm{d}t}=K_2\frac{\partial^2\theta}{\partial z^2}z+\Delta\chi^{\mathrm{m}}H^2\sin\theta\cos\theta \tag{3.75a}$$

在平衡状态下,$\gamma_1\mathrm{d}\theta/\mathrm{d}t=0$,式(3.75a)变为

$$K_2\frac{\partial^2\theta}{\partial z^2}z+\Delta\chi^{\mathrm{m}}H^2\sin\theta\cos\theta=0 \tag{3.75b}$$

该方程的一个有趣结果是所谓的 Freedericksz[3]转变。当外加磁场强度小于临界磁场 H_{F} 时,$\theta=0$。当 $H>H_{\mathrm{F}}$ 时,其表达式为

$$H_{\mathrm{F}}=\left(\frac{\pi}{d}\right)\left(\frac{K}{\Delta\chi^{\mathrm{m}}}\right)^{1/2} \tag{3.76}$$

假设重新定向遵守硬边界(强锚定)条件(即在 $z=0$ 和 $z=d$ 时,$\theta=0$)。当 H 刚刚高于 H_{F} 时,θ 约为

$$\theta = \theta_0 \sin\left(\frac{\pi z}{d}\right) \tag{3.77a}$$

其中

$$\theta_0 \sim 2\frac{(H - H_F)^{1/2}}{H_F} \tag{3.77b}$$

对于 H 从高于 H_F 的值突然降到 0 的情况,式(3.75a)变为

$$A\gamma_1 \frac{d\theta}{dt} = K_2 \frac{\partial^2\theta}{\partial z^2} \tag{3.78}$$

写出 $\theta(z,t) = \theta_0 \sin(\pi z/d)$,就可以得到

$$\theta = \frac{-\pi^2 K_2}{d^2\gamma_1}\theta \tag{3.79}$$

则

$$\theta_0(t) = \theta_0 e^{-t/\tau} \tag{3.80}$$

其中,弛豫时间常数 τ 的计算公式为

$$\tau = \frac{\gamma_1 d^2}{\pi^2 K_2} \tag{3.81}$$

大多数实用液晶设备都采用交流电场。因此,只需将 $\Delta\chi^m$ 替换为 $\Delta\varepsilon$,即可得到弗里德里克兹转换场 E_F,即

$$E_F = \left(\frac{\pi}{d}\right)\left(\frac{K}{\Delta\varepsilon}\right)^{1/2} \tag{3.82a}$$

$$V_F = \pi\left(\frac{K}{\Delta\varepsilon}\right)^{1/2} \tag{3.82b}$$

对于 5CB[20-21], $K \approx 10^{-11}\,\text{N}$, $\Delta\varepsilon \approx 11(\varepsilon_{//} \approx 16, \varepsilon_\perp \approx 5)$, $\varepsilon_0 = 8.85\times10^{-12}\,\text{F/m}$, $\Delta\sigma/\sigma_\perp \approx 0.5$, $V_F \approx 1\,\text{V}$。

在第 6 章和第 7 章中,我们将结合电子光学开关和显示应用详细讨论这些场诱导的向列指向矢重新定向问题。

3.6.2 利用流动耦合调整方向

由流体流动引起的场致效应使指向矢重新定向相当复杂,因为它涉及更多的物理参数。如图 3.13 所示相互作用的几何图形,顺向排列的向列相液晶薄膜在 x 方向上受到电场或磁场的作用,用 ϕ 表示从原始配向方向 z 开始的指向矢重定向角。假设两个晶胞壁在 z=0 和 z=d 处有硬边界条件。相关参数如下。

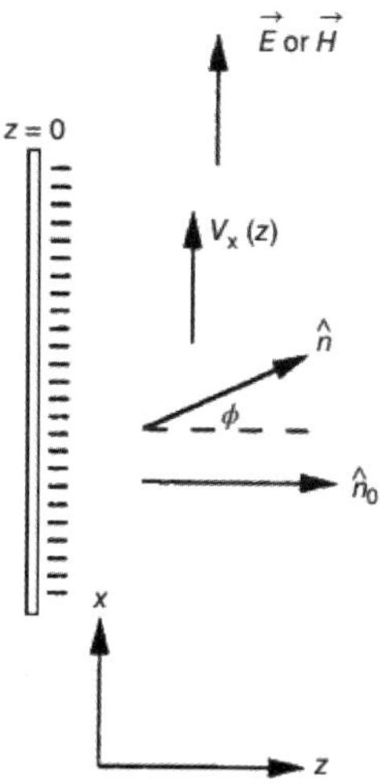

图 3.13 指向矢重新定向引起的流动

指向矢：

$$n=(\sin\phi,0,\cos\phi) \tag{3.83a}$$

速度场

$$\vec{v}=[v(z),0,0] \tag{3.83b}$$

自由能

$$\begin{aligned}F&=\frac{1}{2}K_1(\nabla\cdot n)^2+\frac{1}{2}K_3[n\times(\nabla\times n)]^2\\&=\frac{1}{2}K_1\sin^2\phi\left(\frac{\mathrm{d}\phi}{\mathrm{d}z}\right)^2+\frac{1}{2}K_3\cos^2\phi\left(\frac{\mathrm{d}\phi}{\mathrm{d}z}\right)^2\end{aligned} \tag{3.83c}$$

$$\text{弹性力矩}=[K_1\sin^2\phi+K_3\cos^2\phi]\frac{\mathrm{d}^2\phi}{\mathrm{d}z^2}+[K_1-K_3]\sin\phi\cos\phi\left(\frac{\mathrm{d}\phi}{\mathrm{d}z}\right)^2 \tag{3.83d}$$

$$\text{磁场诱导扭矩}=\varepsilon_0\Delta\varepsilon E^2\sin\phi\cos\phi \tag{3.83e}$$

$$\text{旋转黏滞力矩}=\gamma_1\frac{\mathrm{d}\phi}{\mathrm{d}t} \tag{3.83f}$$

$$\text{流动方向的黏滞力矩}=\frac{\mathrm{d}v}{\mathrm{d}z}[\alpha_2\sin^2\phi-\alpha_3\cos^2\phi] \tag{3.83g}$$

利用式(3.65)，考虑到这些扭矩以及相关分子的惯性矩 I，运动方程为

$$\begin{aligned}I\frac{\mathrm{d}^2\phi}{\mathrm{d}t^2}+\gamma_1\frac{\mathrm{d}\phi}{\mathrm{d}t}=&[K_1\sin^2\phi+K_3\cos^2\phi]\frac{\mathrm{d}^2\phi}{\mathrm{d}z^2}+[(K_1-K_3)\sin\phi\cos\phi]\left(\frac{\mathrm{d}\phi}{\mathrm{d}z}\right)^2+\\&[\alpha_2\sin^2\phi-\alpha_3\cos^2\phi]\frac{\mathrm{d}v}{\mathrm{d}z}+\varepsilon_0\Delta\varepsilon E^2\sin\phi\cos\phi\end{aligned} \tag{3.84}$$

该方程可在各种实验条件下求解。两个研究小组[21-22]使用皮秒激光脉冲研究了光学诱

导的指向矢重新定向和流动效应。前述方程的解法也在参考文献[22]中给出。

参考文献

[1] F. C. Frank. 1958. *Discuss. Faraday Soc.* 25: 19.

[2] J. L. Ericksen. 1969. *Liquid Crystals*. G. Brown(ed.). New York: Gordon and Breach.

[3] P. G. deGennes. 1974. *Physics of Liquid Crystals*. Oxford: Clarendon Press.

[4] G. Barbero, F. Simoni. 1992. *Appl. Phys. Lett.* 41: 504; G. Barbero, F. Simoni, P. Aiello. 1984. *J. Appl. Phys.* 55: 304; S. Faetti. 1991. *Physics of Liquid Crystalline Materials*. I. C. Khoo, F. Simoni(eds.). Philadelphia: Gordon and Breach.

[5] J. D. Jackson. 1975. *Classical Electrodynamics*. New York: Wiley.

[6] W. Helfrich. 1969. *J. Chem. Phys.* 51: 4092.

[7] J. P. Parneix. A. Chapoton, E. Constant. 1975. *J. Phys.*(*Paris*)36: 1143.

[8] L. M. Blinov. 1983. *Electro-Optical and Magneto-Optical Properties of Liquid Crystals*. Chi-chester: Wiley(Interscience).

[9] I. C. Khoo, S. T. Wu. 1993. *Optics and Nonlinear Optics of Liquid Crystals*. Singapore: World Scientific.

[10] M. F. Vuks. 1966. *Opt. Spektrosk.* 60: 644.

[11] S. Chandrasekhar, N. V. Madhusudana. 1969. *J. Phys.*(*Paris*)*Colloq*. 30: C4.

[12] D. A. Dunmar. 1971. *Chem. Phys. Lett.* 10: 49.

[13] W. H. deJeu, P. Bordewijk. 1978. *J. Chem. Phys.* 68: 109.

[14] I. C. Khoo, R. Normandin. 1985. *IEEE J. Quantum Electron.* QE-21: 329.

[15] R. G. Horn. 1978. *J. Phys.*(*Paris*)39: 105.

[16] F. M. Leslie. 1966. *Quantum J. Mech. Appl. Math.* 19: 357.

[17] J. L. Ericksen. 1966. *Phys. Fluids* 9: 1205.

[18] O. Parodi. 1970. *J. Phys.*(*Paris*)31: 581.

[19] M. Miesowicz. 1935. *Nature* 17: 261.

[20] W. H. deJeu. 1980. *Physical Properties of Liquid Crystalline Materials*. New York: Gor-don and Breech.

[21] I. C. Khoo, R. G. Lindquist, R. R. Michael, et al. *J. Appl. Phys.* 69: 3853; I. C. Khoo, R. Normandin. 1984. *J. Appl. Phys.* 55: 1416.

[22] H. J. Eichler, R. Macdonald. 1991. *Phys. Rev. Lett.* 67: 2666.

第 4 章　胆甾相、近晶相和铁电液晶

4.1　胆甾相液晶

胆甾相液晶（CLCs）的物理性质除指向矢呈螺旋形式（图 4.1（a））与向列相类似外，还具有有限的螺距 $p=2\pi/q_0$。图 4.1（b）和（c）显示了两种常见的指向矢对齐，即平面扭曲和指纹。从这个观点来看，我们可以把向列相看作具有 $p\rightarrow\infty$ 的近晶相的一种特殊情况。由于向列相单轴材料的光学性质与指向矢是完全相关的，因此指向矢在胆甾相中的螺旋排列肯定会引入新的光学性质，特别是在 CLC 细胞的光传播和反射中。在本节，我们总结了与螺旋结构相关的一些基本物理性质。

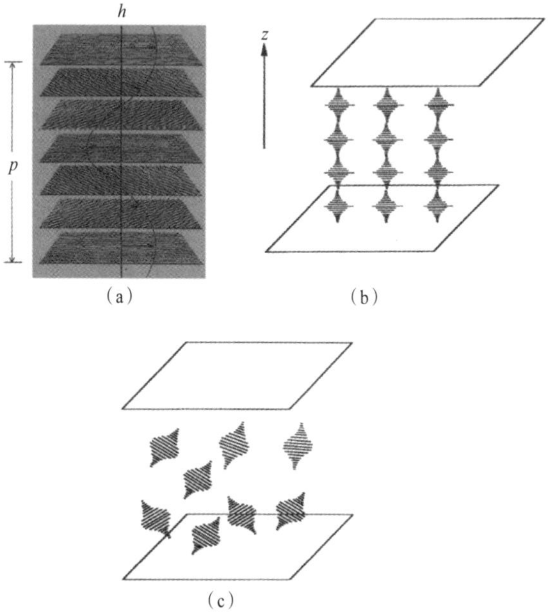

图 4.1　（a）胆甾相液晶中指向矢的螺旋排列（其中，*p* 是螺距，*h* 是螺旋方向）；（b）平面扭曲和（c）指纹两个典型的胆甾相液晶盒

4.1.1 自由能

由于 CLC 的平衡构型是带有俯仰波矢量的螺旋结构矢量 q_0（$q_0=2\pi/p_0$），其弹性自由能必然反映其存在 q_0。胆甾相液晶至向列相液晶的演变可以看作螺旋结构的“解扭”（即涉及扭转变形能）。这确实在 Frank 弹性理论[1]中得到了严格的证明，其中考虑缺乏镜像对称的近晶相导致增加另一个影响扭转变形能量的因素：

$$K_2(\hat{n}\cdot\nabla\times\hat{n})^2 \rightarrow K_2(\hat{n}\cdot\nabla\times\hat{n}+q_0)^2 \tag{4.1}$$

向列相　　　　胆甾相

在图 4.1 中，指向矢 $\hat{n}$=（n_x, n_y, n_z），其中 $n_x=\cos\theta(z)$，$n_y=\sin\theta(z)$和 $n_z=0$。注意，这个构型对应于自由能最小的状态，即

$$F_2=\frac{1}{2}K_2(\hat{n}\cdot\nabla\times\hat{n})^2=\frac{1}{2}K_2\left(-\frac{\partial\theta}{\partial z}+q_0\right)^2=0 \tag{4.2}$$

令式（4.2）中 $q_0=-\partial\theta/\partial z$，所以可得

$$\theta=q_0 z \tag{4.3}$$

对于连续畸变，可以得到 CLC 的自由能为

$$F_{\rm d}=\frac{1}{2}K_1(\nabla\cdot\hat{n})^2+\frac{1}{2}K_2(\hat{n}\cdot\nabla\times\hat{n})^2+\frac{1}{2}K_3(\hat{n}\times\nabla\times\hat{n})^2 \tag{4.4}$$

如果胆甾相的螺距没有被外部探测场（电场、磁场或光场）改变，近晶相的物理性质是局部单轴的晶体。换句话说，介电常数（$\Delta\varepsilon=\varepsilon_{/\!/}-\varepsilon_{\perp}$）、电导率（$\Delta\sigma=\sigma_{/\!/}-\sigma_{\perp}$）、磁化率（$\Delta\chi^{\rm m}=\chi_{/\!/}^{\rm m}-\chi_{\perp}^{\rm m}$）等，都是根据局部指向矢方向定义的。另外，如果指的是螺旋轴（参见图 4.1 z 方向），沿 z 方向的应用探测场将“看到”垂直分量（即 $\varepsilon_{\perp}$、$\sigma_{\perp}$、$\chi_{\perp}$ 等）。如果探测场沿垂直于 z 的方向，将有效地看到垂直分量和平行分量的平均值（即（$\varepsilon_{\perp}+\varepsilon_{/\!/}$)/2，（$\sigma_{\perp}+\sigma_{/\!/}$)/2，（$\chi_{\perp}+\chi_{/\!/}$)/2 等）。

就像在向列情况下一样，外加磁场或电场的作用会在给出的自由能中产生附加项，即

$$F_{\rm mag}=-\frac{1}{2}\Delta\chi^{\rm m}(\hat{n}\cdot\bar{H})^2 \tag{4.5a}$$

和

$$F_{\rm el}=-\frac{1}{2}\Delta\varepsilon(\hat{n}\cdot\bar{E})^2 \tag{4.5b}$$

特别地，还有一些与指向矢方向无关的项。$\Delta\chi^{\rm m}=\chi_{/\!/}^{\rm m}-\chi_{\perp}^{\rm m}$ 对于近晶相通常是非常小的（大约 10 个 cgs 单位），符号是负的。换句话说，指向矢倾向于与磁场正常排列。

4.1.2 场致效应和动力学

在纯介电相互作用图中(即没有电流流动),CLC 在外加电场或磁场中的重新排列对中源于系统趋向于使总自由能最小化。很明显,平衡构型指向矢取决于它的初始方向和应用的方向字段,以及 $\Delta\chi^{m}$ 和 $\Delta\varepsilon$ 的符号。我们不会深入探讨各种可能,因为它们都涉及相同的基本机制;也就是说,对于正介电各向异性,指向矢趋向于平行于电场;对于负介电各向异性,指向矢趋向于垂直于电场。

在正介电各向异性的情况下,场诱导的重定向过程类似于向列式的讨论(参见第 3.6 节)。然而,在胆甾相中,指向矢在施加磁场方向上的重新排列自然会影响螺旋结构。

4.1.2.1 磁场

图 4.2(a)显示了理想体中未受扰动的指向矢配置 CLC。在磁场的作用下,一些分子位于物体中区域 A、A′ 等优先沿场方向排列;其他的分子位于区域 B、B′ 等,并不会倾向于沿着磁场方向重新定位自己。因此,螺旋结构的螺距将增加,螺旋不再是理想的正弦形式。最后,当场足够高,螺距接近无穷大时,这种解扭效果完成;也就是说,CLC 被认为经历了至向列相的过渡[2]。

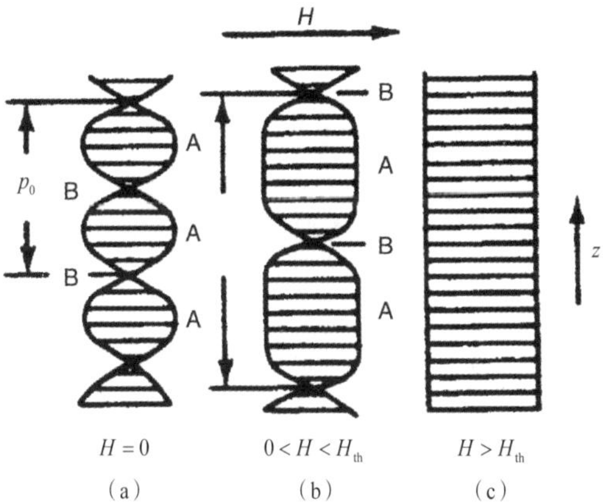

图 4.2 胆甾相液晶的场致解扭:(a)理想正弦螺旋;(b)螺距增大,偏离理想螺旋;(c)沿施加磁场和无限螺距完全对准

这个过程可以用自由能最小化过程来描述。总系统的自由能由

$$F_{\text{total}} = \frac{1}{2}\int \mathrm{d}z \left[K_2 \left(\frac{\partial \phi}{\partial z} - q_0 \right)^2 - \Delta\chi^{\mathrm{m}} H^2 \sin^2 \phi \right] \tag{4.6}$$

最小化后,得到欧拉方程:

$$K_2\frac{\mathrm{d}^2\phi}{\mathrm{d}z^2}+\Delta\chi^{\mathrm{m}}H^2\sin\phi\cos\phi=0 \tag{4.7}$$

类似于式（3.75b）。

可以定义相干长度 ξ_{H} 为

$$\xi_{\mathrm{H}}=\frac{K_2}{\Delta\chi^{\mathrm{m}}H^2} \tag{4.8}$$

则式（4.7）变为

$$\xi_{\mathrm{H}}\frac{\mathrm{d}^2\phi}{\mathrm{d}z^2}=\sin\phi\cos\phi \tag{4.9}$$

在整合后，可以得到

$$\xi_{\mathrm{H}}\left(\frac{\mathrm{d}\phi}{\mathrm{d}z}\right)^2=\sin^2\phi \tag{4.10}$$

$\phi(z)$ 的解由一个椭圆函数给出：

$$\sin\phi(z)=S_n(u,k) \tag{4.11}$$

其中，$u=z/\xi_{\mathrm{H}}k$ 和 k 分别为椭圆函数的参数和模。

最小自由能的条件为

$$q_0\xi_{\mathrm{H}}=\frac{2E(k)}{\pi k} \tag{4.12}$$

与场相关的螺距 $p(H)$ 为

$$p(H)=p_0\left(\frac{2}{\pi}\right)^2F(k)E(k)=4\xi kF(k) \tag{4.13}$$

其中，$F(k)$ 和 $E(k)$ 是第一类和第二类完全椭圆积分。当 $k=1$ 时，$E(k)=1$，$F(k)$ 呈对数发散（即 $p(H)\to\infty$）。当 $k\to1$ 时，式（4.12）变为

$$q_0\xi_{\mathrm{H}}=\frac{2}{\pi} \tag{4.14}$$

或

$$q_0\frac{K_2}{\Delta\chi^{\mathrm{m}}H^2}=\frac{2}{\pi} \tag{4.15}$$

这表明，上面的临界域 H_{c} 定义为

$$H_{\mathrm{c}}^2=\frac{\pi}{2}\left(\frac{K_2}{\Delta\chi^{\mathrm{m}}}\right)q_0=\pi^2\left(\frac{K_2}{\Delta\chi^{\mathrm{m}}}\right)\frac{1}{p_0} \tag{4.16}$$

其中，p_0 为未扰动节距，螺旋将完全不扭曲（$q\to0$, $p\to\infty$）。这个系统本质上是向列相的。对于 $K_2=10^{-6}$ 达因，$\Delta\chi^{\mathrm{m}}=10^{-6}$（cgs 单位），$p_0=20\ \mu\mathrm{m}$，$H_{\mathrm{c}}\approx15\,000\ \mathrm{G}$ 的典型值，当 $H<H_{\mathrm{c}}$ 时，p 随 H 的变化可以很好地近似表示为

$$p = p_0\left[1+\frac{(\Delta\chi^{\mathrm{m}})^2 p_0^4 H^4}{32(2\pi)^4 K_2^2}+\cdots\right] \tag{4.17}$$

在这类系统中的实验测量[3]表明与理论非常吻合。

4.1.2.2 电场

前文和后文讨论了磁场的感应效应，正如前一章所指出的，如果将 $\Delta\chi^{\mathrm{m}}$ 替换为 $\Delta\varepsilon$，H 替换为 E，则可以将 CLCs 应用于电场情况。

4.1.3 扭曲和圆锥模式松弛时间

当施加的场突然关闭时，松弛常数取决于所涉及的变形类型。通常有两种不同形式的变形，即先前讨论的纯扭转和所谓的伞形或圆锥模式[1]。第一种形式的变形涉及流体运动，而第二种形式的变形则不涉及。

胆甾相中场致扭转变形的动力学用类似于向列相方程的方程来描述：

$$\gamma_1\frac{\partial\phi}{\partial t}-K_2\frac{\mathrm{d}^2\phi}{\mathrm{d}z^2}-\Delta\chi^{\mathrm{m}}H^2\sin\phi\cos\phi=0 \tag{4.18}$$

圆锥畸变的动力学方程要复杂得多[4-5]，并且涉及另外两个弹性常数 K_3 和 K_1。

对应的松弛时间为

$$\tau_{\text{twist}}=\frac{\gamma_1}{K_2 q^2} \tag{4.19}$$

对于扭曲模式，对应的松弛时间为

$$\tau_{\text{conic}}=\frac{\gamma_1}{K_3 q_0^2 K_1 q^2} \tag{4.20}$$

对于二次模态，其中 $\bar{q}$ 是表征波矢量扭曲的波矢量。如果存在外部施加的偏置场，这些弛豫时间会被修改，并且它们取决于场和指向矢的配置[5]。

4.2 近晶相的光学性质

螺旋指向矢对中决定了 CLCs 的光学性质。这种螺旋度会引起圆偏振光的选择性反射和透射。我们从一些一般性的观察开始。

4.2.1 布拉格体制(光波长-节距)

考虑一个右旋螺旋，其螺距与光学波长相同，如图 4.3 所示。正常入射的右圆偏振光将被反射为右圆偏振光，因为光场跟随指向矢旋转；也就是说，它依旧是螺旋。(注意，右旋或左旋圆偏振是由观察者观察入射光来定义的)。

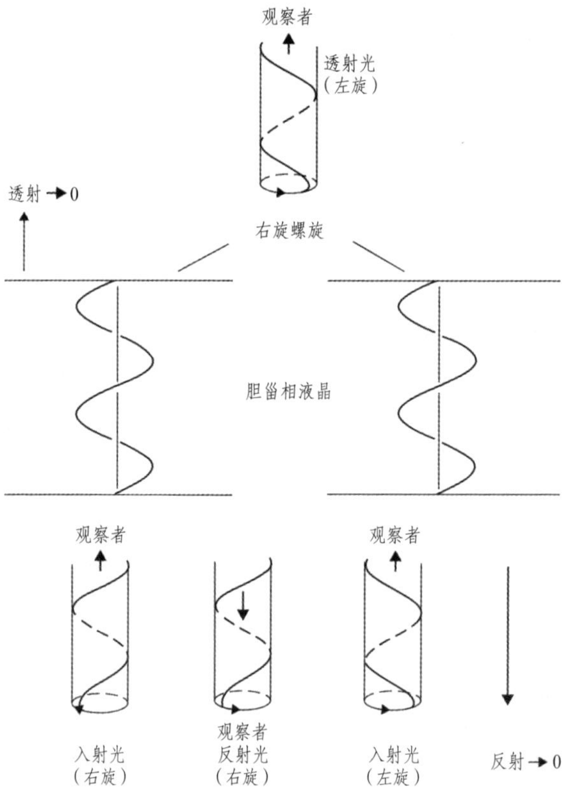

图 4.3　圆偏振光在具有正螺距的胆甾相液晶中的反射和透射(入射光为右圆偏振光,反射光为右圆偏振光,左圆偏振光完全透射)

在布拉格条件下:

$$\frac{2\pi}{q_0} = \lambda \tag{4.21}$$

反射是全反射,没有透射。

另外,入射的左圆偏振光将被完全透射如图 4.3(b)所示。在斜入射的情况下,类似的分析表明高阶衍射是可能的。布拉格衍射变为

$$p_0 \cos\gamma = m\lambda, \quad m = 1,2,3 \tag{4.22}$$

其中,γ 为 CLC 中折射光的角度。在这种情况下,偏振态是椭圆的。

下面我们将更详细地研究 CLC 中的光传播。

4.2.2　偏振光的反射和透射:正入射

考虑沿螺旋方向($\hat{z}$ 方向)传播的光波。对于局部单轴系统,电位移 $\bar{D}$ 与电场 $\bar{E}$ 有以下本构方程:

$$D=\varepsilon E=\varepsilon_{\perp}E+\varepsilon_{a}n(n\cdot E) \tag{4.23}$$

其中，$\varepsilon_a=\varepsilon_{/\!/}-\varepsilon_{\perp}$。

下面我们具体考虑沿 z 方向的传播频率为 ω 的电磁波。如果电场表示为线性偏振状态，即

$$\begin{cases}E_x(z,t)=\mathrm{Re}\{E_x(z)\mathrm{e}^{-\mathrm{i}\omega t}\}\\E_y(z,t)=\mathrm{Re}\{E_y(z)\mathrm{e}^{-\mathrm{i}\omega t}\}\end{cases} \tag{4.24}$$

麦克斯韦方程变为

$$-\frac{\mathrm{d}^2}{\mathrm{d}z^2}\begin{pmatrix}E_x\\E_y\end{pmatrix}=\left(\frac{\omega}{c}\right)^2\hat{\varepsilon}(z)\begin{pmatrix}E_x\\E_y\end{pmatrix} \tag{4.25}$$

其中，介电张量为

$$\hat{\varepsilon}(z)=\varepsilon\begin{pmatrix}1&0\\0&1\end{pmatrix}+\overline{\Delta\varepsilon}\begin{pmatrix}\cos(2q_0z)&\sin(2q_0z)\\\sin(2q_0z)&-\cos(2q_0z)\end{pmatrix} \tag{4.26}$$

且 $\varepsilon=(\varepsilon_{/\!/}+\varepsilon_{\perp})/2$，$\overline{\Delta\varepsilon}=(\varepsilon_{/\!/}-\varepsilon_{\perp})/2$（假设正各向异性），$q_0=2\pi/p$（$p$ 是 CLC 的节距）。

将式（4.26）代入式（4.25），可得

$$-\frac{\mathrm{d}^2}{\mathrm{d}z^2}\begin{pmatrix}E_x\\E_y\end{pmatrix}=\left(\frac{\omega}{c}\right)^2\begin{pmatrix}\varepsilon+\overline{\Delta\varepsilon}\cos(2q_0z)&\overline{\Delta\varepsilon}\sin(2q_0z)\\\overline{\Delta\varepsilon}\sin(2q_0z)&\varepsilon-\overline{\Delta\varepsilon}\cos(2q_0z)\end{pmatrix}\begin{pmatrix}E_x\\E_y\end{pmatrix} \tag{4.27}$$

由于我们处理的是螺旋结构，所以用右手和左手圆波表示场：

$$\begin{cases}E_{\mathrm{R}}=E_x+\mathrm{i}E_y\\E_{\mathrm{L}}=E_x+\mathrm{i}E_y\end{cases} \tag{4.28}$$

从式（4.27）和式（4.28），我们可以推出

$$-\frac{\mathrm{d}^2}{\mathrm{d}z^2}\begin{pmatrix}E_{\mathrm{R}}\\E_{\mathrm{L}}\end{pmatrix}=\omega_{\mathrm{r}}^2\begin{pmatrix}\varepsilon&\overline{\Delta\varepsilon}\mathrm{e}^{\mathrm{i}2q_0z}\\\overline{\Delta\varepsilon}\mathrm{e}^{-\mathrm{i}2q_0z}&\varepsilon\end{pmatrix}\begin{pmatrix}E_{\mathrm{R}}\\E_{\mathrm{L}}\end{pmatrix} \tag{4.29a}$$

其中，ω_{r} 为降频，$\omega_{\mathrm{r}}=\omega/c$。

式（4.29a）可以更明确地写成

$$\begin{cases}-\dfrac{\mathrm{d}^2}{\mathrm{d}z^2}E_{\mathrm{R}}=\omega_{\mathrm{r}}^2(\varepsilon E_{\mathrm{R}}+\overline{\Delta\varepsilon}\mathrm{e}^{\mathrm{i}2q_0z}E_{\mathrm{L}})\\-\dfrac{\mathrm{d}^2}{\mathrm{d}z^2}E_{\mathrm{L}}=\omega_{\mathrm{r}}^2(\varepsilon E_{\mathrm{L}}+\overline{\Delta\varepsilon}\mathrm{e}^{-\mathrm{i}2q_0z}E_{\mathrm{R}})\end{cases} \tag{4.29b}$$

为了解决这个问题，我们假设 E_{R} 和 E_{L} 的解为以下形式：

$$\begin{cases}E_{\mathrm{R}}=a\exp[\mathrm{i}(l+q_0)z]\\E_{\mathrm{L}}=b\exp[\mathrm{i}(l-q_0)z]\end{cases} \tag{4.30}$$

通过这样做，我们实际上将场变量转换为 CLC 介电螺旋在空间上旋转的坐标系。将

式(4.30)代入式(4.29b),则有

$$\begin{cases}[(l+q_0)^2-\omega_r^2\varepsilon]a-[\omega_r^2\overline{\Delta\varepsilon}]b=0\\ [-\omega_r^2\overline{\Delta\varepsilon}]a+[(l-q_0)^2-\omega_r^2\varepsilon]b=0\end{cases} \tag{4.31}$$

若式(4.31)有一个一般解,则需要:

$$\det\begin{vmatrix}(l+q_0)^2-\omega_r^2\varepsilon & -\omega_r^2\overline{\Delta\varepsilon}\\ -\omega_r^2\overline{\Delta\varepsilon} & (l-q_0)^2-\omega_r^2\varepsilon\end{vmatrix}=0 \tag{4.32}$$

即

$$[\varepsilon^2-(\overline{\Delta\varepsilon})^2]\omega_r^4-[2\varepsilon(l^2+q_0^2)]\omega_r^2+[(l^2-q_0^2)^2]=0 \tag{4.33}$$

或

$$\omega=\sqrt{\frac{\varepsilon(l^2+q_0^2)\pm\sqrt{4\varepsilon^2l^2q_0^2+(\overline{\Delta\varepsilon})^2(l^2-q_0^2)^2}}{\varepsilon^2-(\overline{\Delta\varepsilon})^2}} \tag{4.34}$$

从下一节可以看到,定量分析各种传播模式及其偏振态和其他光学参数非常复杂[1, 6]。这里我们总结一些相关的结果。

考虑图4.4(a),在ε=3和$\overline{\Delta\varepsilon}=0.4$的情况下,$\omega$是$l$的函数。其中有两个不同的分支,在典型的液晶相关文献中称为上分支(在式(4.34)中为正的平方根ω_+)和下分支(在式(4.34)中为负的平方根ω_-)。

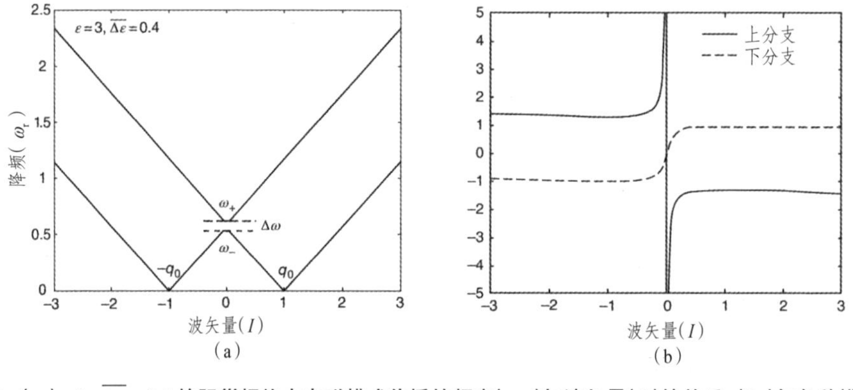

图4.4 (a)ε=3, $\overline{\Delta\varepsilon}$=0.4的胆甾螺旋中电磁模式传播的频率($\omega_r$)与波矢量($l$)的关系;(b)与各种模式相关的椭圆的轴向比及旋转符号用l表示

对于$\omega_-<\omega<\omega_+$(即$cq_0/n_{/\!/}<\omega<cq_0/n_\perp$),只有一个圆偏振波可以传播。这就是前一节讨论过的布拉格反射体系。该反射带的谱宽$\Delta\lambda$与光学介质各向异性成正比,即

$$\Delta\lambda=p_0\Delta n \tag{4.35}$$

在这个选择性反射带以外，一般在正群速度（$v_g=\partial\omega/\partial t>0$）有两个根 l_1 和 l_2；也就是说，有两个正向传播波和两个反向传播波（$-l_1$ 和$-l_2$）。这些模态结构对参数非常敏感[1]：

$$x=\frac{2q_0 l}{k_1^2} \tag{4.36}$$

其中，$k_1^2=(\omega/c)^2\overline{\Delta\varepsilon}$。

对于 $x\ll 1$（即 $\lambda\ll\Delta np_0$），光波由系统"引导"；线偏振波（普通或特殊）的电矢量跟随指向矢旋转，其旋转的角度与螺旋匝数有关。这也被称为 Mauguin 法则。

对于 n_e 和 n_o 接近的情况（即 k_1^2 比 $q_0 l$ 小，x 很大），特征模态是近似圆形的。在这种情况下，两个特征模态 l_1 和 l_2 是由参考文献[1]给出：

$$l_1=k_0+q_0+\frac{k_1^4}{8k_0q_0(k_0+q_0)}+O(k_1^3) \tag{4.37}$$

$$l_2=k_0-q_0+\frac{k_1^4}{8k_0q_0(-k_0+q_0)}+O(k_1^3) \tag{4.38}$$

其中，$k_1^2=(\omega/c)^2\varepsilon$。

$l_1-q_0=(\omega/c)n_1$ 和 $l_2-q_0=(\omega/c)n_2$ 表示单位长度的旋光度 $(\psi/d=[\omega/c][n_1-n_2])$，由以下两个等价表达式给出：

$$\frac{\psi}{d}=\frac{k_1^4}{8q_0(k_0^4-q_0^2)} \tag{4.39}$$

或

$$\frac{\psi}{d}=\frac{q_0}{32}\left(\frac{n_e^2-n_o^2}{n_e^2+n_o^2}\right)\frac{1}{\bar{\lambda}^{-2}}(1-\bar{\lambda}^{-2}) \tag{4.40}$$

其中，$\bar{\lambda}=\lambda/p$。注意，在 $\bar{\lambda}\approx 1$ 附近（对于 $\lambda\approx p$，在选择性反射带附近），单位长度的旋转可以非常大。同时，旋转在 $\bar{\lambda}=1$ 处改变符号。

4.2.3　胆甾相液晶作为一维光子晶体的光子带隙和色散

在本节中，我们将从光子晶体（PC）研究中常用的能带图的角度来分析色散关系[7]。从式（4.28）和式（4.30）可以看到，与本征模态相关的电场通常是椭圆偏振的，这取决于 a 和 b 的值。我们可以定义[1]参数 ρ 为

$$\rho=\frac{b-a}{b+a} \tag{4.41}$$

椭圆的轴向比是$|\rho|$，ρ 的符号表示旋转的符号（"+"号对应左手旋转，"−"号对应右手旋转）。从式（4.31）、式（4.34）和式（4.41），可以得到

$$\rho=\frac{-2lq_0}{\pm\sqrt{\overline{\Delta\varepsilon}^2\omega_r^4+4q_0^2l^2}-\overline{\Delta\varepsilon}\omega_r^2} \tag{4.42}$$

其中,± 对应上、下分支。图 4.4(b)显示了上(实线)和下(虚线)分支用 l 表示的 ρ 值。

利用图 4.4(b)的结果,我们可以通过区分与不同模式相关的偏振旋向性来重新绘制图 4.4(a),结果如图 4.5 所示,虚线对应左手偏振(LP)($\rho\leqslant 0$),实线对应右手偏振(RP)($\rho\geqslant 0$)。

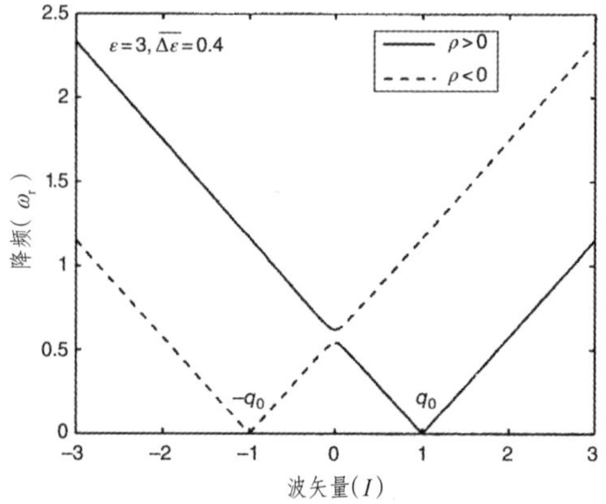

图 4.5 通过区分与不同模式相关的不同偏振旋向重新绘制图 4.4(a)(虚线对应右手偏振($\rho\leqslant 0$),实线对应左手偏振($\rho\geqslant 0$))

在典型的分析中,假设平面波的形式为 $e^{i(kz-\omega t)}$,我们可以从式(4.30)看到,k 波矢量与 l 的关系为

$$k=\begin{cases} l+q_0, E=E_R \\ l-q_0, E=E_L \end{cases} \tag{4.43}$$

利用以上 k 与 l 的关系,我们可以将图 4.5"翻译"成 ω 与 k 的关系图,从而得到 PC 文献中使用的熟悉的离散关系 $\omega(k)$,如图 4.6 所示。

现在我们想要重新审视在多种偏振手性模式 PC 的"语言",即使用 ω_r-k 波段图。由式(4.28)并考虑上述 k-l 关系,可将一般电磁波(EM)的解写成

$$E=\begin{pmatrix} E_x \\ E_y \end{pmatrix}=\begin{pmatrix} \left(\dfrac{a+b}{2}\right)\exp(ikz) \\ \left(\dfrac{a-b}{2i}\right)\exp(ikz) \end{pmatrix}=\begin{pmatrix} \left(\dfrac{b+a}{2}\right)\exp(ikz) \\ \left(\dfrac{b-a}{2}\right)\exp(ikz)\exp\left[i\dfrac{\pi}{2}\right] \end{pmatrix} \tag{4.44}$$

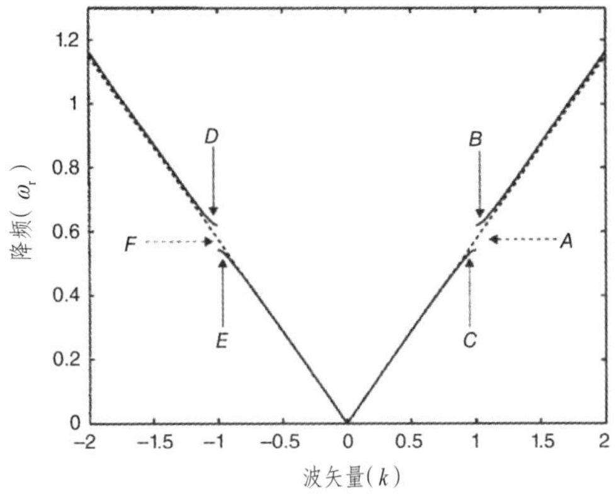

图 4.6　ε=3，$\Delta\varepsilon$=0.4 时近晶相螺旋的 ω_r-k 关系的不同分支

注意，如果(b+a)和(b−a)取相同的符号，即 E_y 超前 $E_x\pi/2$，则产生 LP，而如果(b+a)和(b−a)取相反的符号，则产生 RP。

现在我们计算图 4.6 中不同分支的(b−a)/(b+a)。

对于分支 A，有

$$\frac{b-a}{b+a}=\frac{-2(k+q_0)q_0}{-\sqrt{\overline{\Delta\varepsilon}^2\omega_r^4+4q_0^2(k+q_0)^2}-\overline{\Delta\varepsilon}\omega_r^2} \tag{4.45}$$

$$\omega_r=\sqrt{\frac{\varepsilon[(k+q_0)^2+q_0^2]-\sqrt{4\varepsilon^2(k+q_0)^2q_0^2+(\overline{\Delta\varepsilon})^2[(k+q_0)^2-q_0^2]^2}}{\varepsilon^2-(\overline{\Delta\varepsilon})^2}} \tag{4.46}$$

对于分支 B，有

$$\frac{b-a}{b+a}=\frac{-2(k+q_0)q_0}{\sqrt{\Delta\varepsilon^2\omega_r^4+4q_0^2(k+q_0)^2}-\overline{\Delta\varepsilon}\omega_r^2} \tag{4.47}$$

$$\omega_r=\sqrt{\frac{\varepsilon[(k-q_0)^2+q_0^2]+\sqrt{4\varepsilon^2(k-q_0)^2q_0^2+(\overline{\Delta\varepsilon})^2[(k-q_0)^2-q_0^2]^2}}{\varepsilon^2-(\overline{\Delta\varepsilon})^2}} \tag{4.48}$$

对于分支 C，有

$$\frac{b-a}{b+a}=\frac{-2(k-q_0)q_0}{-\sqrt{\overline{\Delta\varepsilon}^2\omega_r^4+4q_0^2(k-q_0)^2}-\overline{\Delta\varepsilon}\omega_r^2} \tag{4.49}$$

$$\omega_r=\sqrt{\frac{\varepsilon[(k-q_0)^2+q_0^2]-\sqrt{4\varepsilon^2(k-q_0)^2q_0^2+(\overline{\Delta\varepsilon})^2[(k-q_0)^2-q_0^2]^2}}{\varepsilon^2-(\overline{\Delta\varepsilon})^2}} \tag{4.50}$$

分支 D、E、F 也可以找到类似的方程。分支 A 至 F 的比率(b−a)/(b+a)的结果如图 4.7 所示。

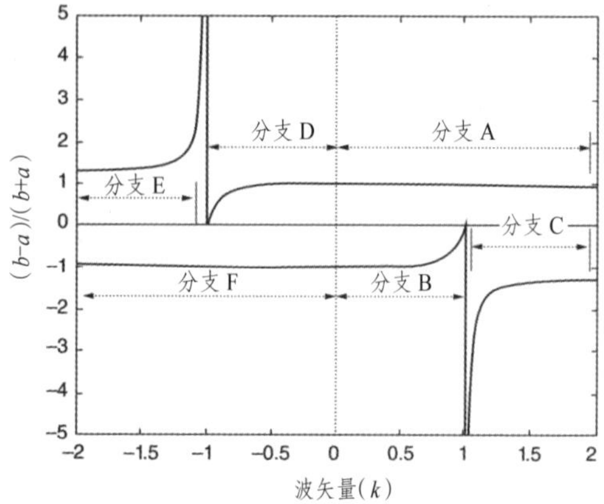

图 4.7　不同分支的(*b*−*a*)/(*b*+*a*)值

注意,当 $k \geqslant 0$(沿+z 方向传播)时,分支 B 和 C 相关联,且$(b-a)/(b+a) \leqslant 0$,使得 RP 与电磁模态出现频率间隙(图 4.6 中的实线);另外,支路 A($(b-a)/(b+a)>0$)的模态存在 LP,且没有频率间隙(图 4.6 中的虚线)。对于 $k \leqslant 0$ 的情况,也可以提出类似的论证。两种偏振(LP 和 RP)具有不同的行为:一种在 $k=\pm q_0$ 处经历频率间隙,另一种则没有这种间隙。这些证实了前面关于 CLCs 对左、右圆偏振光的反射和透射所作的陈述。

总之,沿着螺旋,一个圆偏振光(如 σ_+)与 CLC 相同的右旋"看到"一个正弦布拉格光栅,而其相反的对应物(σ_-)"看到"的是一个有平均指数的均匀介质 $n_{avg} \approx (n_e+n_o)/2$,其中 n_e 为非寻常光折射率,n_o 为寻常光折射率。如果相同手性探针的波长与螺旋节距 p(光栅周期 Λ 的两倍)相当,则介质中会发生多次局部反射,从而产生前后干涉传播波,导致传输带隙和色散典型,如图 4.8 所示。

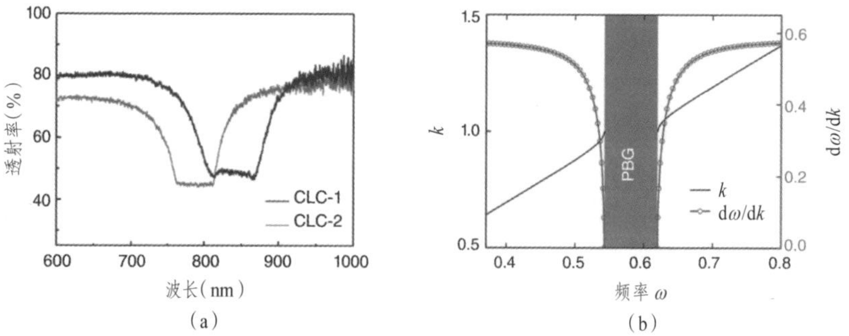

图 4.8　(a)随机偏振光(含右圆偏振光和左圆偏振光)通过第 1 章讨论的 FASA 技术制备的两个约 0.5 mm 厚胆甾相液晶的透射,这些 CLOC 的长短带边缘可以"定制",定位在可见光到近红外波段的任何波长;(b)在 CLC 光子带隙附近的波矢量 *k*(归一化为近晶相螺旋波矢量 $q=2\pi/p$)和群速度 d*ω*/d*k*(归一化为 *c*/*q*)的理论图,使用 $n_e=1.585$,$n_o=1.483$,波长长边和波长短边分别对应 $\lambda_{long}=n_e p$ 和 $\lambda_{short}=n_o p$

胆甾相液晶作为一维 PC 已经在很多情况下进行过研究[8-14]。由于可以调整折射率或节距，以及反射/透射波段，CLC 经常用于设计可调滤波器，具有非常宽的调谐范围，可跨越可见–近红外；其他光子应用涉及带边缘附近的色散特性。从图 4.8(b)所示的波矢量 k 与频率 ω 之间的色散关系可以看出，在带边缘附近光的群速度 $v_g=\mathrm{d}\omega/\mathrm{d}k$ 变化很大，与远离带的波长介质中的光速不同边缘到消失值处的带边处对应的所谓光学边缘态密度 $D=\mathrm{d}k/\mathrm{d}\omega=1/v_g$ 趋于无穷。这些特性已被用于许多光子过程，如激光产生、光速减速、相位调制导致的皮秒激光和飞秒激光脉冲的自压缩或加宽。

这里需要注意的是，$v_g=\mathrm{d}\omega/\mathrm{d}k$ 在带边减速为 0，相应的态密度接近无穷大，这仅仅是因为假设 CLC 是周期 N 接近无穷大的理想光子晶体。对于周期 N 有限的 CLC，这些奇点不会发生，并且状态的光密度是有限的[19]。

4.2.4　具有磁光活性的胆甾相液晶：负折射率

在本节，我们研究在外部静态磁场存在情况下具有磁光特性的 CLC 的光学特性的活动[15-17]：

$$\varepsilon'=\begin{pmatrix}\varepsilon+\overline{\Delta\varepsilon} & 0\\ 0 & \varepsilon-\overline{\Delta\varepsilon}\end{pmatrix}+\begin{pmatrix}0 & -\mathrm{i}\gamma\\ \mathrm{i}\gamma & 0\end{pmatrix}\tag{4.51}$$

其中，$\varepsilon=(\varepsilon_{/\!/}+\varepsilon_{\perp})/2$，$\overline{\Delta\varepsilon}=(\varepsilon_{/\!/}-\varepsilon_{\perp})/2$(假设各向异性为正)，$\varepsilon'_{12}=-\mathrm{i}\gamma=-\varepsilon'_{12}$ 来自磁光活度[17]。按照前一节的步骤，特征值问题变成

$$\begin{bmatrix}\omega_{\mathrm{r}}^2(\varepsilon+\overline{\Delta\varepsilon})-k_z^2-q_0^2 & -\mathrm{i}\omega_{\mathrm{r}}^2\gamma-2\mathrm{i}q_0k_z\\ \mathrm{i}\omega_{\mathrm{r}}^2\gamma+2\mathrm{i}q_0k_z & \omega_{\mathrm{r}}^2(\varepsilon-\overline{\Delta\varepsilon})-k_z^2-q_0^2\end{bmatrix}\begin{bmatrix}E'_1\\ E'_2\end{bmatrix}=0\tag{4.52}$$

要得到非平凡解，需要：

$$\begin{vmatrix}\omega_{\mathrm{r}}^2(\varepsilon+\overline{\Delta\varepsilon})-k_z^2-q_0^2 & -\mathrm{i}\omega_{\mathrm{r}}^2\gamma-2\mathrm{i}q_0k_z\\ i\omega_{\mathrm{r}}^2\gamma+2\mathrm{i}q_0k_z & \omega_{\mathrm{r}}^2(\varepsilon-\overline{\Delta\varepsilon})-k_z^2-q_0^2\end{vmatrix}=0\tag{4.53}$$

从而得到具有磁光活性的 CLC 的色散关系，即

$$\omega_{\mathrm{r}}^4[\varepsilon^2-(\overline{\Delta\varepsilon})^2-\gamma^2]-\omega_{\mathrm{r}}^2[2\varepsilon(k_z^2+q_0^2)-4\gamma k_zq_0]+(k_z^2-q_0^2)^2=0\tag{4.54}$$

注意，如果 γ=0(无磁光活度)，式(4.54)返回到典型的 CLC 色散关系，参见式(4.33)。正如我们将看到的，式(4.54)中的 $4\gamma k_zq_0$ 项产生非倒易光学性质。

由式(4.54)可得

$$\omega_{\mathrm{r}}^2=\frac{\varepsilon(k_z^2-q_0^2)-2\gamma k_zq_0\pm\sqrt{4\varepsilon^2k_z^2q_0^2+(\overline{\Delta\varepsilon})^2(k_z^2-q_0^2)^2+\gamma^2(k_z^2-q_0^2)^2-4\gamma k_zq_0\varepsilon(k_z^2-q_0^2)}}{\varepsilon^2-(\overline{\Delta\varepsilon})^2-\gamma^2}\tag{4.55}$$

图 4.9(a)显示了在 CLC(ε=1.7, $\overline{\Delta\varepsilon}$ =0.3)中数值计算的轴向传播光子带结构($\omega[k_z, k_x = k_y = 0]$)。其中,实线表示具有磁光活度($\gamma$=0.01)的 CLC 的能带结构,为便于比较,虚线表示 γ=0 的情况。从图 4.9(a)中可以清楚地看出,磁光活度的存在导致了非倒数色散关系,因为能带结构相对于约化布里渊区中心(k_z=0)是不对称的。这种不对称性在图 4.9(b)和(c)所示的 k_z=0 附近和带边缘(k_z=q_0)的能带结构放大图中可以更清楚地看到。

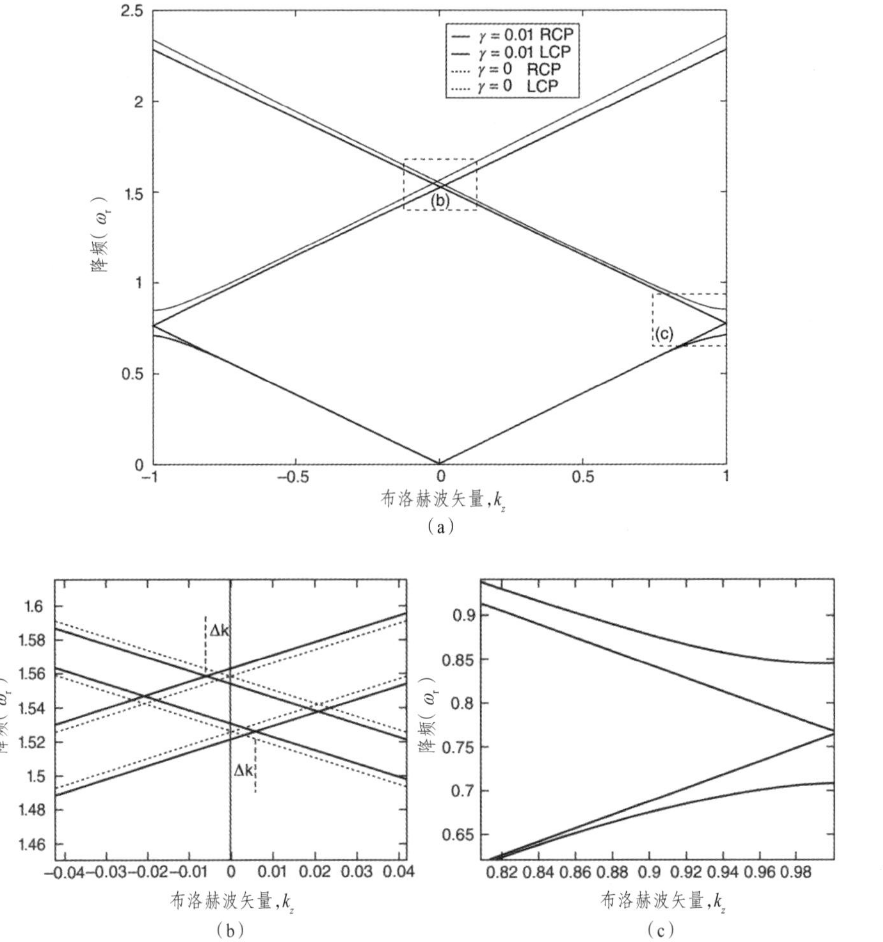

图 4.9 (a)在具有(实线 $\gamma = 0.01$)和不具有(虚线 $\gamma = 0$)磁光活度的胆甾相液晶($\varepsilon = 1.7$, $\overline{\Delta\varepsilon} = 0.3$)中轴向传播($\omega[k_z, k_x = k_y = 0]$)的光子带结构的数值计算;(b)和(c)$k_z = 0$ 和 $k_z = q_0$ 附近光子带结构的放大

除 CLC 波段结构的非互易变化外,磁光活性的存在还会导致本征模态的群速度(v_g)增加或减少,甚至改变方向,这取决于它们的偏振性和传播方向。图 4.10 显示了不同 γ 值(磁光强度)下右圆偏振(RCP)本征模态在带边缘的行为。随着 γ 值的增加,带隙边缘的带斜率(或 v_g)从 v_g=0(恒圆偏振)变化到 $v_g \neq 0$。在带边缘处群速度的变化可以产生有趣的

结果。图 4.11 所示为 γ=0 和 γ=0.2 时计算得到的 RCP 光子带结构。可以看出，对于 $\omega=\omega_a$，和 γ =0 的情况（$k=k_a$），只有一种模态，模态在+z 方向上有群速度。另外，当 γ=0.2 时，有两个模态与 $\omega=\omega_a$ 相关联。在 $k=k_{a,2}$ 处，其中一个相速度沿+z 方向的模态具有相反的群速度，指向-z 方向。这些结果表明，CLC 中某些具有足够磁光活性的 RCP 模式可以在一定频率范围内获得反平行的群速度和相速度（即所谓的负指数现象）[17]。

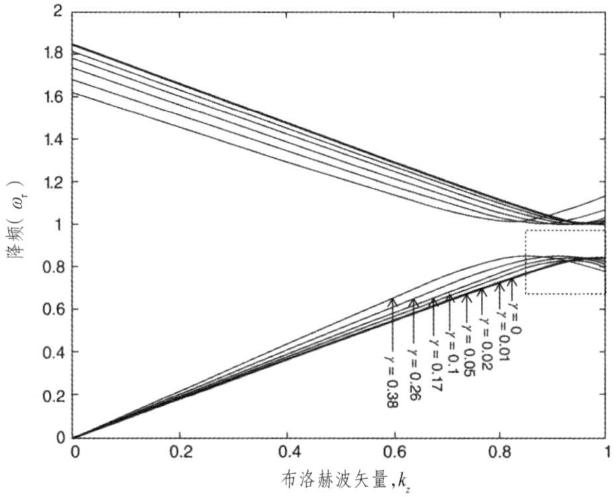

（a）

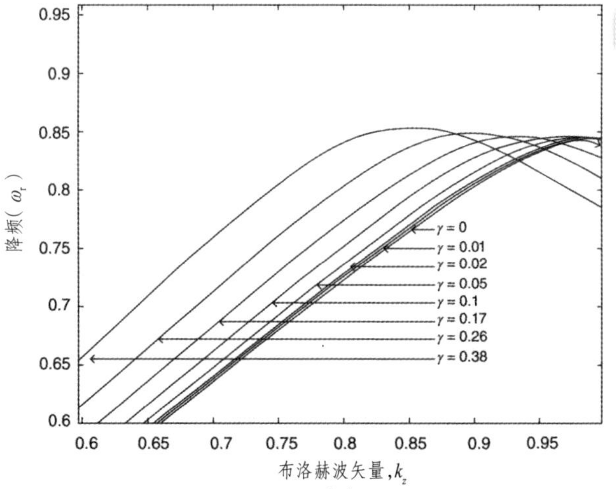

（b）

图 4.10　不同磁光活动强度（γ）下 RCP 本征模态近带边 $k_z=q_0$ 的光子带结构

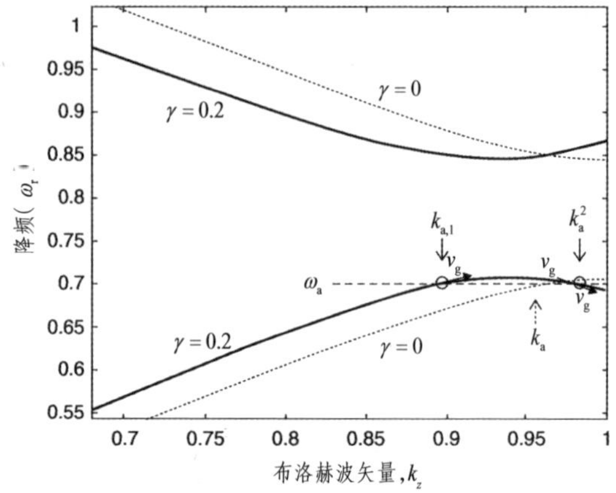

图 4.11　无(虚线)和有(实线)磁光耦合的胆甾相液晶带边缘附近色散关系(显示了后者出现负群速度的可能性)

4.2.5　高周期数 CLC:绝热旋转和圆布拉格共振的偏振旋转和开关

本节讨论晶体尺寸为无穷大情况下,CLC 光学性质的大多数处理方法。但在实际应用中,晶体厚度最多只有 10 μm,对应的周期数 N($N=d/\lambda$, λ 为光栅周期)的数量级为 100。因此, CLC 从未达到理想($N\to$无穷)一维手性 PC 的全部潜能特征。由于单薄或低 N 值,传统 CLC 的许多重要光学性能,如态密度、线性和非线性相移、偏振旋转功率等在实际应用中通常不是最优的。正如下面的讨论所述,当周期数 N 接近较高的数(500)时, CLC 将表现出充分发育的手性 PC 的许多特性。特别是参考文献[18]和[19]的理论和实验表明,这种高 N 的 CLC($N>500$)在具有复杂矢量场的激光束上具有大的偏振旋转和近统一透射。如参考文献[18]和[19]所述,对于偏振旋转和开关应用,与其他手性 PC 或基于超材料的同类产品[20-23]相比,用场辅助自组装技术(FAA)制造的高 N 的 CLC 具有许多优势,而其他手性 PC 或基于超材料的同类产品往往具有非常高的损耗和制造成本。

考虑如图 4.12 所示的线偏振光穿过 CLC 的情况。在 CLC 内部,线偏振光分裂成两个圆偏振光,即左(σ_-)和右(σ_+)圆偏振光,两者各自的指数为 n_-和 n_+。圆双折射 $\Delta n_c=n_- -n_+$在 σ_-和 σ_+之间传播后产生相位延迟(Γ)。这导致偏振矢量旋转一个角度 $\Delta\varphi=\Gamma/2=\Delta n_c\pi L/\lambda_0$,其中 L 为 CLC 中的传播长度, λ_0 为真空中的光波长。一般来说,这种偏振旋转与输入矢量方向无关。

为了确定 CLC 厚度(以及周期数 N)对其旋转功率的影响,可以应用上一节讨论的类似的传递矩阵形式。根据参考文献[24]和[25], CLC 由 $N/2$ 片片晶组成,每片片晶包含一个完整的 LC 定向器螺旋扭曲,其厚度由节距 $p=2\Lambda$ 给出。在片层的第 j 和 $j+1$ 层界面处,σ_+-偏振波的正向传播透射(用上标 f 表示)和反向传播(用上标 b 表示)的耦合方程为[19,25]

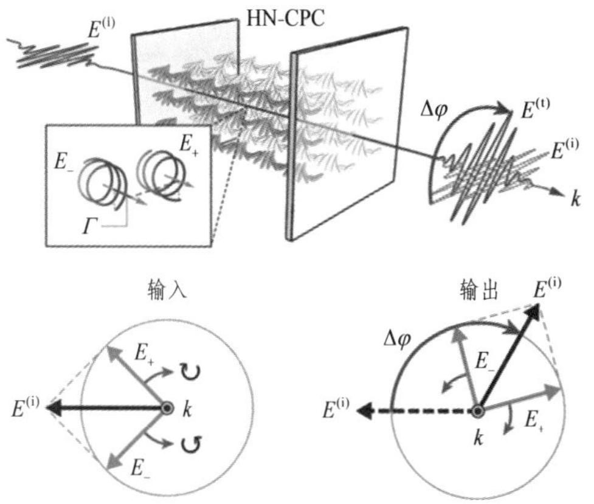

图 4.12　线性偏振光在右手 CLC 中的偏振旋转原理图

$$\begin{bmatrix} E_{j+1}^{(f)} \\ E_j^{(b)} \end{bmatrix} = \begin{bmatrix} \exp(-i\delta) & -iQ\exp(-i2\delta) \\ -iQ & \exp(-i\delta) \end{bmatrix} \begin{bmatrix} E_j^{(f)} \\ E_{j+1}^{(b)} \end{bmatrix} \tag{4.56}$$

其中，δ 为每片薄板的累积光学相位；$-iQ \approx -i(\pi(n_e - n_o)/n_{avg})\sin(\varepsilon)/\varepsilon$ 为每片薄板的反射系数；$\varepsilon = \delta - 2\pi = 2\pi(\lambda_{mid} - \lambda_0)/\lambda_0$ 表示工作波长（λ_0）与中隙波长（λ_{mid}）光之间的相位差（每片薄板）。

由式（4.56）可以推导出整个 CLC 中 σ_+ 相位的累积[19]。取两圆相位差，得到总相位延迟 $\Gamma(=2\pi L\Delta n_c/\lambda_0$，如前文所述）和偏振旋转角 $\Delta\varphi$，则旋光功率（ORP）随 N 变化的函数为[19]

$$ORP = \frac{\pi\Lambda(n_e - n_o)^2}{2\lambda_0^2} + \frac{\varepsilon - \psi}{4\Lambda} \tag{4.57}$$

其中

$$\psi = \frac{2}{N}\arctan\{\varepsilon / [\sqrt{Q^2 - \varepsilon^2}\coth(N\sqrt{Q^2 - \varepsilon^2}/2)]\} + \frac{2m\pi}{N}, \quad m = 0,1,2,\cdots \tag{4.58}$$

在 $N \to \infty$ 的极限情况下，式（4.57）变为

$$ORP = \frac{\pi\Lambda(n_e - n_o)^2}{2\lambda_0^2} + \frac{\pi(\lambda_{mid} - \lambda_0)}{2\Lambda\lambda_0}\left[1 - \sqrt{1 - \frac{Q^2}{\varepsilon^2}}\right] \tag{4.59}$$

式（4.59）右侧的第一项在短波长区域占主导地位，其中 $\lambda_0 \ll n_{avg}p$，光偏振沿扭曲的光轴发生绝热旋转；第二项描述了由圆布拉格共振（CBR）引起的偏振旋转，并在 $\lambda_0 \sim n_{avg}p$ 范围内成为偏振旋转的主要贡献。在周期数 N 从低（约 10）到高（>2 000）的范围内，CLC 偏振旋转的详细数值解和实验证实可在参考文献[19]中找到。

如图 4.13（a）所示，由于光速减慢，ORP 在靠近光子带隙两侧的带边缘附近得到增强。虽然在靠近带边缘的波长处增强明显更大，但在该区域 σ_+ 波相对于 σ_-（经历近单位传输）的低透射率会在透射光中产生椭圆性，从而导致较差的偏振性能系数（PF），即

$$PF=\frac{I_{\max}-I_{\min}}{I_{\max}+I_{\min}}=\frac{1-R_+}{1-R_+/2}$$

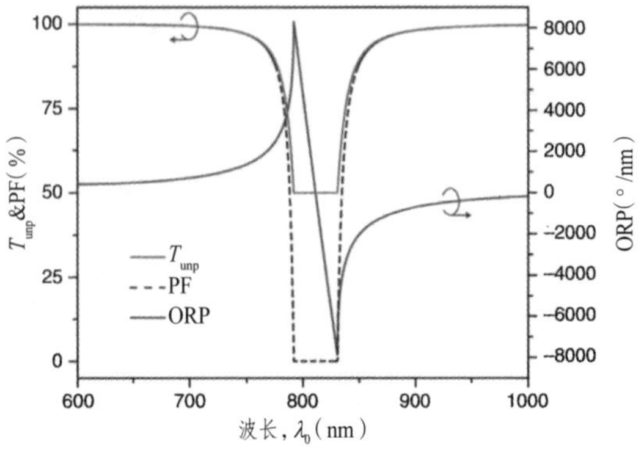

(a)

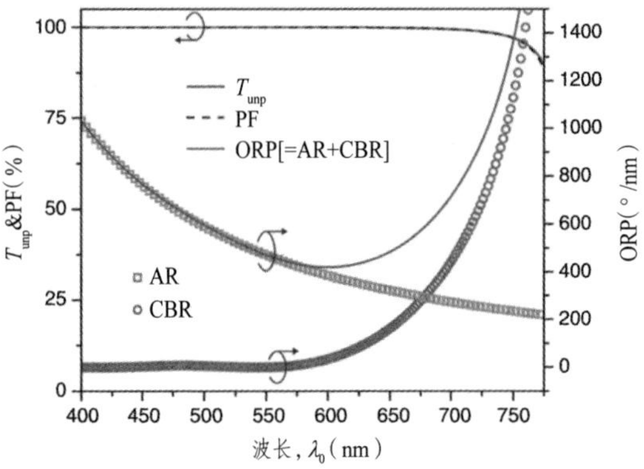

(b)

图 4.13 (a)在约 790 nm 处,透射率 T、偏振值(PF)和旋光功率(ORP)随周期数的函数图(参数为 Λ=268.4 nm, n_e=1.535 8+7 329.8/λ_0^2, n_o=1.465 5+5 359.1/λ_0^2;(b)离圆布拉格共振光谱区(λ<750 nm)的偏振旋转角、透射率 T 和透射 P 展开图(在该区域,常规低氮 CLC 的 ORP 可忽略不计(约为 0))

为了保持偏振的线性,必须在非 CBR 状态下工作。如图 4.13(b)所示, CBR 和 AR 对 ORP 贡献的光谱依赖性表明,在<700 nm 的波长范围内操作,将同时产生近单位透射率和较大的(>π)偏振旋转。

由于如 CLC 这样的手性 PC 的偏振旋转与入口表面电场矢量相对于 CLC 的指向矢的方向无关,因此这种高 N 的 CLC 也可以用于操纵具有更复杂矢量场的连续波或短脉冲激光束,如径向和方位偏振[18-19],如图 4.14 所示。在第 12 章中,我们会讨论通过机械、电气或光学手段调节 CLC 的双折射来实现动态偏振旋转的情况[8-13];后者可以在超快时间尺度上响应,具体参照参考文献[11]至[13]所示。

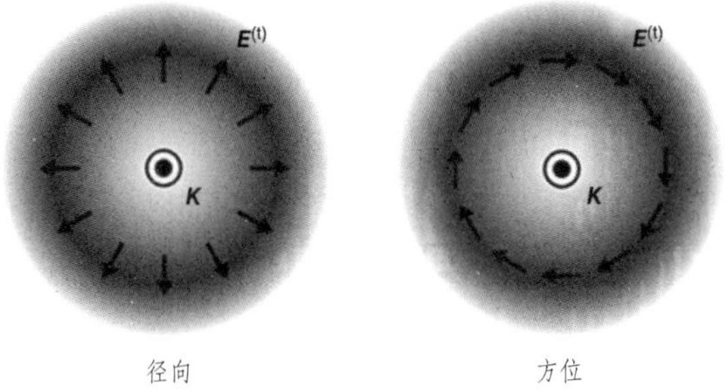

图 4.14　(左)径向偏振和(右)方位偏振的矢量激光束

通过非线性电子光学效应的光场(来自另一种所谓的泵浦激光器)调制折射率是迄今为止最快的开关方法。在这种情况下,折射率变化的形式为 $\Delta n_o = n_{2o}I$ 和 $\Delta n_e = n_{2e}I$,其中强度相关的折射率变化系数(Kerr 常数)n_{2o} 和 n_{2e} 可以根据泵浦激光波长为正或负。一般情况下(但并非总是如此),n_{2e} 比 n_{2o} 大得多。

由于 n_2 来源于分子对光场的电子响应,因此这种电子、光学非线性的响应时间通常在亚皮秒(飞秒)时间尺度。为了有效,泵浦激光波长应位于带边缘附近,以利用增强的非线性光学响应,如参考文献[12]和[13]中几项研究所示。与以慢得多的时间尺度运行的传统偏振开关相比,这种超快偏振旋转开关方案的缺点在于它涉及两个超快激光系统,并且开关效果是瞬态的——在泵浦脉冲期间,探针的偏振状态在很短的时间内切换到另一个状态。

4.3　胆甾蓝相液晶

4.3.1　外加场作用下的自由能和运动方程

BPLC 的形成是通过增加胆甾混合物中手性剂的浓度,从而形成紧密缠绕的双扭曲分子"圆柱体",其缺陷网络表现出立方对称性,如第 1 章所述。这里我们将重点关注 BPLC 的两个主要阶段,即 BPI 和 BPII,以及它们对外加电场的响应。与具有一维螺旋指向矢的单晶结构相比,双扭圆柱体与缺陷网络交织的 BPLC 在物理描述上要复杂得多[26-33]。外加电场对 BPLC 晶格的畸变和变换提出了许多理论挑战和有趣的可能性。

对于 BPLC[26-27],总自由能包含体项、介电项和畸变项。

体项

$$f_b = \frac{A_0}{2}\left(1-\frac{\gamma}{3}\right)Q_{\alpha\beta}^2 - \frac{A_0\gamma}{3}Q_{\alpha\beta}Q_{\beta\gamma}Q_{\gamma\alpha} + \frac{A_0\gamma}{4}(Q_{\alpha\beta}^2)^2 \tag{4.60}$$

介电项

$$f_e = -(\varepsilon_a / 12\pi)E_\alpha Q_{\alpha\beta}E_\beta \tag{4.61}$$

畸变项

$$f_{\mathrm{d}}=\frac{K}{2}(\partial_{\beta}Q_{\alpha\beta})^{2}+\frac{K}{2}(\varepsilon_{\alpha\zeta\delta}\partial_{\zeta}Q_{\delta\beta}+2q_{0}Q_{\alpha\beta})^{2} \tag{4.62}$$

缺陷网络在外加电场作用下的动态演化由运动方程表示：

$$(\partial_{t}+\vec{u}\cdot\nabla)Q-S(W,Q)=\Gamma H \tag{4.63}$$

其中，H 为分子场，且有

$$H=-\frac{\delta\mathcal{F}}{\delta Q}+(I/3)Tr\frac{\delta\mathcal{F}}{\delta Q} \tag{4.64}$$

在式（4.60）至式（4.64）中，Q 为有序参量张量，K 为弹性常数，γ 为黏度，E 为外加电场，ε_{a} 为介电各向异性。

4.3.2 场致晶格畸变和新的晶体结构

广泛的理论建模和模拟提高了对这种场致效应和开关动力学的理解[26-32]。如参考文献[26]模拟了缺陷网络在场不变晶格间距/尺寸的立方 BP 单元胞中的变形和重排，参考文献[27]和[28]研究了晶格间距和晶格重排随电场强度的变化。

这些研究[26-29, 33]表明，BPI 和 BPII 的场致晶格结构变化遵循明显不同的动力学。在 BPII 的情况下，施加的场将导致缺陷网络演变为非立方对称，产生如图 4.15（下）所示的光子带隙移位。然而，当电场被移除时，晶格会松弛到原来的立方形式，带隙位移消失；为了保持新的点阵结构，必须持续施加磁场。另外，在 BPI 中，场致缺陷结构将松弛到亚稳态，其缺陷排列与初始的不连续网络结构不同，并且当施加的场被移除时，BPI 中的场致光子带隙位移保持一个残差值，如图 4.15（上）所示。

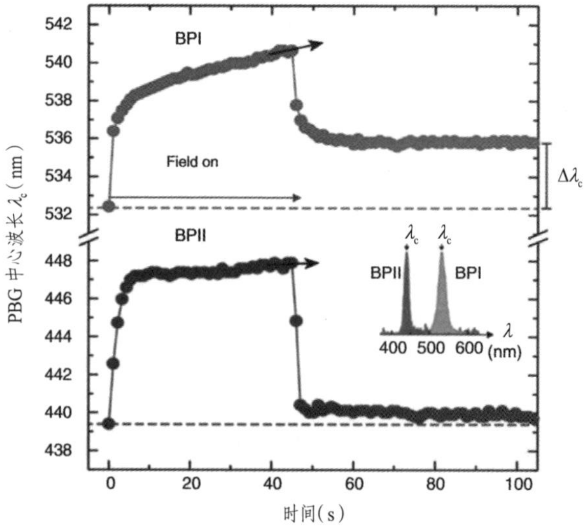

图 4.15 交流电场作用下 PBG 位移与晶体变形的时间演化（附图为 BPI 和 BPII 的 PBGs 在各自初始立方态下的反射光谱）

在 BPII 情况下，需要在连续施加的电场下保持新的晶格结构，这在光子应用中存在实际困难，并且降低了电光响应和限制了场致带隙修正的可能性。这种体系的聚合物稳定性（在打开电场的情况下）也会冻结场诱导的双折射，并产生其他不想要的影响。更希望有一个无场的新晶格结构。因此，所谓的重复应用场（RAF）技术[33]表明，可以使用多个脉冲电场，以适当的持续时间和间隔来驱动系统最终形成稳定的新非立方（四方，正交）晶体结构，该结构在施加场移除后很长时间内保持稳定。RAF 技术已被证明是一种普遍适用的方法，用于生产稳定的无场非立方 BPLC 3D PC，该 PC 具有设计好的带隙、色散和整个可见光谱的带结构。

4.3.3　非立方 BPLC 聚合物稳定性及电光性能研究

无电场的非立方 BPLC 可以通过聚合物稳定产生更大的工作温度范围（约 30 ° K）。在聚合物稳定后，交联的聚合物链保持斜位的刚性和不动性，但非反应性 LC 分子仍然可以通过施加的电场以亚毫秒的响应重新定向。初步表征[33]表明，新的晶体结构具有较大的 kerr 常数 $K\approx3.1\times10^{-10}\ \mathrm{mV}^{-2}$，与它们的立方结构相似。一般来说，靠近应用场 E 方向的双扭曲圆柱体比远离 E 方向的双扭曲圆柱体对 kerr 常数的贡献更大，因此非立方 BPLC 有望产生更大的光电响应[33]。

4.4　近晶相和铁电液晶简述

近晶相液晶比向列相液晶具有更高的有序度，它们在分子排列中表现出位置有序和方向有序。近晶相中的长程位置有序表现为层状结构，其指向矢随近晶相向不同方向排列。如近晶-A 相、近晶-B 相、近晶-C 相到近晶-I 相，按时间顺序排列[34]。有些近晶相液晶，如近晶-C*材料是铁电型，它们的分子具有永久的偶极矩[35-36]。一个很好的室温近晶-A 相的例子是 OCB（4，4′-*n*-辛基氰联苯），其分子结构如图 4.16（a）所示。这种材料也在非线性光脉冲传播和光波混频的背景下进行了研究[37-38]。液晶 *n*CB（*n*=8~12）也呈现出近晶-A 相[36]。被广泛研究的 4-*n*-辛基氧基-4′-氰基联苯（OOCBP）液晶，其分子结构如图 4.16（b）所示，随着温度的变化呈现出近晶-C 相、近晶-A 相和向列相。具有铁电性的近晶相液晶包括 HOBACPC[34]、DOBAMBC[39]、XL13654[40-41]和 SCE9[42]。一种研究得很好的铁电液晶是 DOBAMBC，其分子结构如图 4.16（c）所示。

由于这些有序度和分子排列的差异以及永久偶极矩的存在，近晶相液晶的物理性质与向列相大不相同。在本节和后面几节中，我们研究以下三种典型的单晶的相关基本物理理论和光学性质：单晶-A 相、单晶-C 相和（铁电）单晶-C*相。

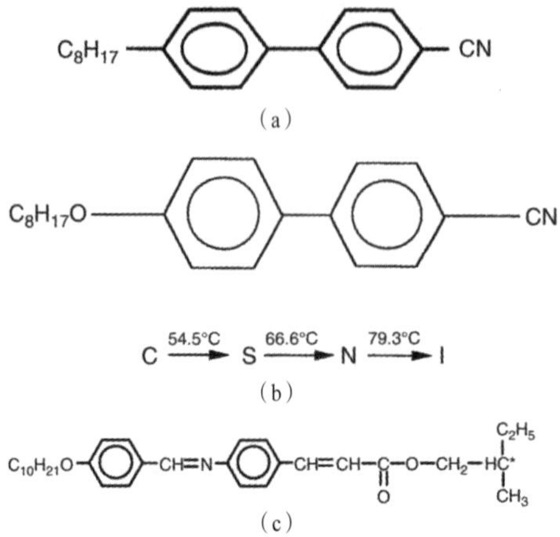

图 4.16 (a)近晶-A 相液晶;(b)一种液晶表现为近晶-C 相、近晶-A 相和向列相;(c)铁电液晶的分子结构

4.4.1 近晶-A 相液晶

4.4.1.1 自由能

SmA 的物理性质在许多方面类似于向列运算。然而,由于层状结构的存在,外加电场所引起的弹性变形在动力学和类型上有很大的不同。在理想的单畴 SmA 样品中,各层平行且等距分离,在最小畸变极限下,指向矢分量 n_x 和 n_y 与层位移 $u(x, y, z)$ 的关系如下:

$$n_x = \frac{\partial u}{\partial x} \tag{4.65a}$$

$$n_y = \frac{\partial u}{\partial y} \tag{4.65b}$$

在平衡情况下,仅需要 $u(x, y, z)$ 及其空间导数来描述 SmA 中的弹性变形。例如,一个小的定向器轴重定向可以表示为

$$\theta(\bar{r}) \sim \frac{\partial u}{\partial z} \tag{4.66}$$

与这种变形相关的能量对应于层的压缩,即

$$F_{\text{comp}} = \frac{1}{2}\bar{B}\left(\frac{\partial u}{\partial z}\right)^2 \tag{4.67}$$

这个过程类似于各向同性液晶的可压缩性。通常情况下,压缩系数 $\bar{B}$ 的数量级是 $10^7 \sim 10^8\ \text{cm}^{-3}$。进一步假设:①平面上不存在长程过渡阶;② z 和 $-z$ 是等效的(不存在铁电性);③变形很小,使得任一点的分子保持垂直于层平面。则可以导出系统的总自由能为[1]

$$F_{\text{total}} = F_0 + \frac{1}{2}\bar{B}\left(\frac{\partial u}{\partial z}\right)^2 + \frac{1}{2}K_1\left(\frac{\partial^2 u}{\partial x^2} + \frac{\partial^2 u}{\partial y^2}\right) + \frac{1}{2}\Delta\chi^{\mathrm{m}} H^2\left[\left(\frac{\partial u}{\partial x}\right)^2 + \left(\frac{\partial u}{\partial y}\right)^2\right] \tag{4.68}$$

式(4.68)右侧的第一项是无扰动自由能;第二项是与层压缩相关的能量;第三项是发散畸变能量 $\frac{1}{2}K_1(\nabla \cdot \hat{n})^2$,其在形式上和向列式是一样的;类似地,第四项是场致畸变能 $\frac{1}{2}\Delta\chi^{\mathrm{m}}(\nabla \cdot \vec{H})$,如向列式。

注意,式(4.68)只包含发散失真,它保留了层间距,如图 4.17 所示。向列线中允许的另外两种扭曲是弯曲和扭曲,在 SmA 相中是禁止的,因为它们涉及极高的扭曲能量。这也表现在向列相对应的弹性常数 K_3 和 K_2 的值随着温度接近向列态 SmA 转变而出现发散[43],如图 4.18 所示。

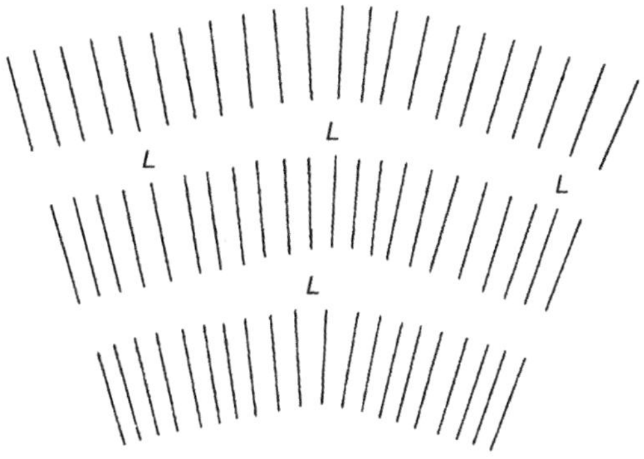

图 4.17　SmA 液晶的发散畸变

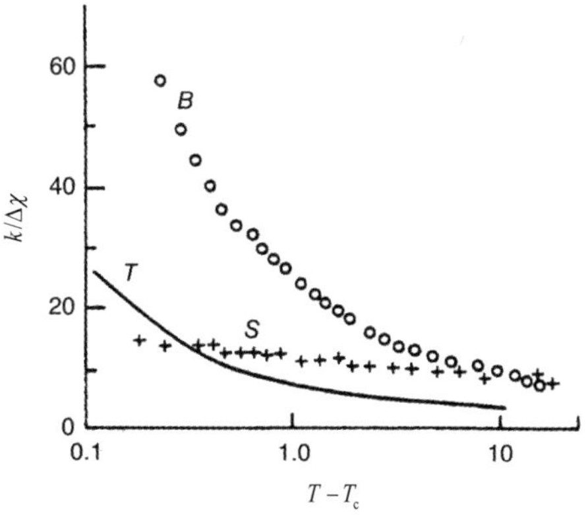

图 4.18　在 CBOOA 中向列相的弯曲和伸展弹性常数的测量值与向列到 SmA 相变附近的函数关系

4.4.1.2 SmA 液晶中的光散射

SmA 液晶中的光散射过程受层位移波动的控制,它们类似于下一章详细讨论的向列中的散射。对于层位移的傅里叶 U_q 分量,无外场时的自由能为

$$F=\sum_q \frac{1}{2}[\bar{B}q_z^2+kq_\perp^4]|u_q|^2 \tag{4.69}$$

其中,q_z 和 $q_\perp$ 分别是与 z 轴平行和垂直的散射波矢量分量。

根据第 5 章的推导,散射波的强度为

$$I(q)=\langle|\hat{i}\cdot\delta\varepsilon(q)\cdot\hat{f}|^2\rangle \tag{4.70}$$

其中,$\hat{i}$ 和 $\hat{f}$ 分别为入射波和出射波的偏振;$\delta\varepsilon(q)$ 为介电常数张量的涨落,且有

$$\delta\varepsilon=\Delta\varepsilon[\delta n:\hat{n}+\hat{n}:\delta n] \tag{4.71}$$

通过式(4.39),可以得到

$$\delta\varepsilon_{xz}=-\Delta\varepsilon\frac{\partial u}{\partial x} \tag{4.72a}$$

$$\delta\varepsilon_{yz}=-\Delta\varepsilon\frac{\partial u}{\partial y} \tag{4.72b}$$

据此,可推导出散射强度(I)为

$$I=\frac{k_B T}{B}\Delta\varepsilon^2\frac{q_\perp^2}{q_z^2+\lambda^2 q_\perp^4} \tag{4.73}$$

其中,$\lambda\equiv(K_1/B)^{1/2}$ 为层厚的数量级。

这里有两种不同的模式:① $q_z \sim q_\perp \neq 0$;② $q_z=0$。

在情形①中,注意到 $q\lambda \ll 1$,因此有

$$I=\Delta\varepsilon^2\frac{k_B T}{B}\frac{q_\perp^2}{q_z^2} \tag{4.74}$$

在 $k_B T/E_{comp}$ 数量级上,类似于各向同性液晶(参见第 5 章)。这是涉及光通过微晶膜传输的通常情况,其散射比向列相要小得多。

然而,情形②对应于大散射,如果 $q_z=0$,式(4.73)变为

$$I=\Delta\varepsilon^2\frac{k_B T}{B\lambda^2 q_\perp^4}=\frac{\Delta\varepsilon^2 k_B T}{K_1 q_\perp^2} \tag{4.75}$$

这类似于向列相中的散射,引起大散射的激发模式对应于层间距固定的纯波动。

4.4.2 近晶-C 相液晶

4.4.2.1 自由能

与 SmA 相相比,指向矢从层法线(作为 $\hat{z}$ 轴)的有限倾斜引入新的自由度,即绕 z 轴旋

转。这种旋转保留了层间距，因此不需要太多的能量即可发生。由于 $\partial u/\partial y$ 和 $\partial u/\partial x$ 分别等价于围绕 x 轴和 y 轴的旋转，我们可以用旋转分量来表示近晶-C 相（SmC）液晶中的自由能，即

$$\Omega_x = \frac{\partial u}{\partial y}, \quad \Omega_y = -\frac{\partial u}{\partial x}, \quad \Omega_z \tag{4.76}$$

考虑与指向矢旋转、层间畸变以及它们之间可能的耦合有关的所有能量项，系统的总自由能为

$$F = F_c + F_d + F_{cd} \tag{4.77}$$

其中

$$F_c = \frac{1}{2}B_1\left(\frac{\partial \Omega_z}{\partial x}\right)^2 + \frac{1}{2}B_2\left(\frac{\partial \Omega_z}{\partial y}\right)^2 + \frac{1}{2}B_3\left(\frac{\partial \Omega_z}{\partial z}\right)^2 + B_{13}\frac{\partial \Omega_z}{\partial x}\frac{\partial \Omega_z}{\partial z} \tag{4.78}$$

$$F_d = \frac{1}{2}A\left(\frac{\partial \Omega_x}{\partial x}\right)^2 + \frac{1}{2}A_{12}\left(\frac{\partial \Omega_y}{\partial x}\right)^2 + \frac{1}{2}A_{21}\left(\frac{\partial \Omega_x}{\partial y}\right)^2 + \frac{1}{2}\bar{B}\left(\frac{\partial u}{\partial z}\right)^2 \tag{4.79}$$

$$F_{cd} = C_1\frac{\partial \Omega_x}{\partial x}\frac{\partial \Omega_z}{\partial x} + C_2\frac{\partial \Omega_x}{\partial y}\frac{\partial \Omega_z}{\partial y} \tag{4.80}$$

其中，F_c 是在不改变层间距的情况下，与指向矢旋转相关的自由能；F_d 是由于层畸变引起的自由能；F_{cd} 是描述这些层畸变与自由旋转过程耦合的交叉项。

4.4.2.2　SmC 液晶的场致指向矢旋转

在实际实现或开关设备中，合乎逻辑的做法是只涉及一种或少量扭曲。如果施加外场，则应将场相关项（参见式（4.5a）和式（4.5b））添加到总自由能表达式中。

SmC 中场致指向矢畸变的过程与向列情况类似。例如，式（4.79）右侧的前三项对应于向列运算中的展开项，即

$$\frac{1}{2}K_1\left(\frac{\partial^2 u}{\partial x^2} + \frac{\partial^2 u}{\partial y^2}\right)^2 = \frac{1}{2}K_1\left(\frac{\partial \Omega_x}{\partial y} - \frac{\partial \Omega_y}{\partial x}\right)^2 \tag{4.81}$$

因此，如果只有这样的扭曲（即没有层位移或耦合效应）在 SmC 盒中由一个应用场诱导，Freedericksz 跃迁（在前一章讨论的向列式）将发生。

例如，考虑如图 4.19 所示的磁场造成的影响，外加磁场有 H_1、H_2、H_3 三个分量，抗磁化率分量分别为 χ_1^m、χ_2^m、χ_3^m；χ_3^m 对应指向矢，通常记为 C 轴；χ_2^m 沿 y 方向，χ_1^m 与三轴和 z 轴正交。

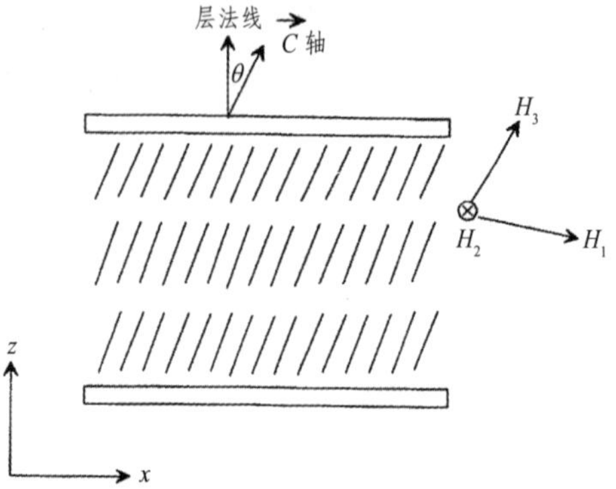

图 4.19　H 的外加场分量相对于近晶 C 轴的方向

如果应用的场沿 C 轴(即 H_3),则对于 $\chi_2^{\mathrm{m}} > \chi_3^{\mathrm{m}}$,可能出现 Freedericksz 过渡。导向器应绕 z 轴旋转,使其在强场极限下在近晶层上的投影与 y 轴重合,倾角 θ 没有变化。此流程的阈值域为

$$H_{3\mathrm{c}} = \frac{\pi \sin\theta}{d}\left(\frac{B}{\chi_2^{\mathrm{m}} - \chi_3^{\mathrm{m}}}\right)^{1/2} \tag{4.82}$$

其中,B 为式(4.78)中定义的适当弹性常数。

如果应用的场沿 y 轴(即 H_2),则 C 轴绕 z 轴旋转,如图 4.20 所示,其阈值域为

$$H_{2\mathrm{c}} = \frac{\pi \sin\theta}{d}\left(\frac{B}{\chi_1^{\mathrm{m}}\cos^2\theta + \chi_3^{\mathrm{m}}\sin^2\theta - \chi_2^{\mathrm{m}}}\right)^{1/2} \tag{4.83}$$

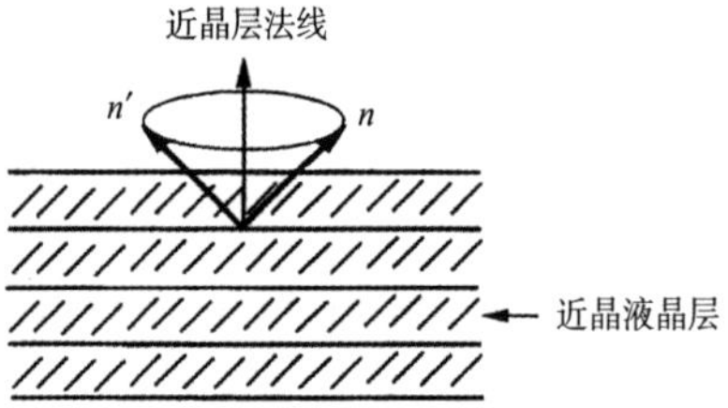

图 4.20　C 轴绕层法线旋转(层间距没有变化)

对于沿 H_1 且 $\chi_2^{\mathrm{m}} > \chi_1^{\mathrm{m}}$ 的应用域,其阈值域为

$$H_{1\mathrm{c}} = \frac{\pi \sin\theta}{d\cos\theta}\left(\frac{B}{\chi_2^{\mathrm{m}} - \chi_1^{\mathrm{m}}}\right)^{1/2} \tag{4.84}$$

通常 $\chi_3^{\mathrm{m}} > \chi_2^{\mathrm{m}} \approx \chi_1^{\mathrm{m}}$,故情形 2 涉及场强最小。

4.4.3 近晶-C*相和铁电液晶

具有非零自发偏振 $\bar{P}$ 的近晶-C*相或铁电液晶可分为两类。在未缠绕 SmC*液晶的情况下，指向轴 $\hat{n}$ 相对于层法线以固定角度 θ 倾斜。由此可知，$\bar{P}$ 的方向也是固定的，它是光学齐次的。另外，螺旋调制 SmC*液晶的指向矢在层与层之间以螺旋的方式变化，如图 4.21 所示。指向矢绕层法线进动（或旋转），其螺距远远大于层的厚度。螺距的大小在光学波长的数量级，因此螺旋调制的 SmC*液晶在光学上是不均匀的。

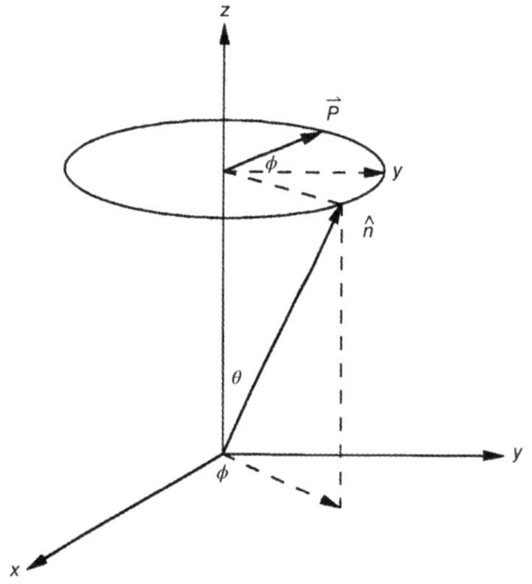

图 4.21　一种螺旋调制的单晶-C*液晶（*n* 和 *p* 的方向在空间上以螺旋的方式变化）

在螺旋调制的 SmC*液晶中，体偏振非常小，螺旋度可以通过平行于近晶层的外场展开。如果样品足够薄（厚度≪节距），它也可以通过表面效应展开，从而产生具有不消失宏观偏振的所谓表面稳定铁电液晶（SSFLC）。

倾斜角 θ 和自发偏振 $\bar{P}$ 随系统温度的升高而减小。在临界温度 T_{C^*A} 以上，会发生向未激活 SmA 相的相变[44]。

铁电液晶的自由能更为复杂，除弹性能有限元 F_E 外，其他几个在确定铁电液晶对外部场的响应方面也起着同样重要的作用，其中包括表面能密度 F_S、自发偏振密度 F_P 和与外加场的介电相互作用能密度 F_{diel}。这些相互作用已经被不同的工作者研究过，这里我们总结了主要结果。

自由能的弹性部分类似于手性向列相，由参考文献[45]导出，可表示为

$$F_K = \frac{1}{2}\{K_1(\nabla\cdot\hat{n})^2 + K_2(\hat{n}\cdot(\nabla\times\hat{n}) + Q_T)^2 + K_3[\hat{n}\times(\nabla\times\hat{n}) + Q_B]^2\} \tag{4.85}$$

其中，Q_T、Q_B 为固有扭弯波数；$b=\hat{n}\times\hat{k}$，$\hat{k}$ 为层法向单位向量。

使用图 4.10 所示的几何图形，指向矢 $\hat{n}$ 变为

$$\hat{n}=(\sin\theta\cos\phi,\sin\theta\sin\phi,\cos\theta) \tag{4.86}$$

式（4.59）变为

$$F_{\mathrm{E}}=F_0+\frac{1}{2}A(1+\nu\sin^2\phi)\left(\frac{\partial\phi}{\partial y}\right)^2+A(1+\nu)Q_0\sin\phi\left(\frac{\partial\phi}{\partial y}\right) \tag{4.87}$$

其中

$$F_0=\frac{1}{2}[K_2Q_T^2+K_3Q_B^2] \tag{4.88a}$$

$$A=K_1\sin^2\theta \tag{4.88b}$$

$$B=(K_2\cos^2\theta+K_3\sin^2\theta)\sin^2\theta \tag{4.88c}$$

$$\nu=\frac{B-A}{A} \tag{4.88d}$$

$$Q_0=\frac{K_2Q_T\sin\theta\cos\theta+K_3Q_B\sin^2\theta}{A(1+\nu)} \tag{4.88e}$$

介电相互作用能密度可简单地由 $F_{\mathrm{diel}}=-\frac{1}{2}\vec{D}\cdot\vec{E}$ 给出，对于沿 y 轴的外加电场，如在近晶层平面上，相互作用能为

$$F_{\mathrm{diel}}=-\frac{1}{2}\varepsilon_{yy}E_y^2 \tag{4.89}$$

其中

$$\varepsilon_{yy}=\varepsilon_{\perp}\cos^2\phi+\varepsilon'_{//}\sin^2\phi \tag{4.90a}$$

$$\varepsilon'_{//}=\varepsilon_{\perp}\cos^2\theta+\varepsilon_{//}\sin^2\theta \tag{4.90b}$$

一般来说，F_{diel} 可以写成

$$F_{\mathrm{diel}}=-\frac{1}{2}\varepsilon_{\perp}(1+\Delta\varepsilon'\sin^2\phi)E^2 \tag{4.91}$$

其中，$\Delta\varepsilon'=(\varepsilon'_{//}-\varepsilon_{\perp})$。

电场 $\vec{E}$ 与永久偏振 $\vec{P}$ 的相互作用简写为 $-\vec{P}\cdot\vec{E}$。对于图 4.20 所示的构型，有

$$F_{\mathrm{P}}=-P_{\mathrm{S}}E_y\cos\phi \tag{4.92}$$

与表面相互作用有关的自由能在表面稳定的铁电液晶中具有进一步的意义。这些表面相互作用已经被不同的工作者研究过[46-47]，其中表面能表示为

$$F_{\mathrm{S}}=-g_1\cos^2(\phi-\phi_{\mathrm{s}})-g_2\cos(\phi-\phi_{\mathrm{s}}) \tag{4.93}$$

其中，ϕ_{s} 为分子的预倾角；g_1，g_2 分别为非极性和极性表面相互作用项的系数。

在参考文献[45]中对表面自由能项进行了修正，得到

$$F_S(\phi)=\sum_{1,2}h^{1,2}(\phi) \tag{4.94}$$

其中

$$h^{1,2}(\phi)=-g^{1,2}\left\{C^{1,2}\exp\left[-\frac{\alpha'}{2}\sin^2(\phi-\phi^{1,2})\right]+(1-C^{1,2})\exp\left[-\frac{\alpha'}{2}\cos^2(\phi+\phi^{1,2})\right]\right\} \tag{4.95}$$

其中,上标 1 和 2 表示两个胞体边界板;α' 是表征锚定电位的参数;$C^{1,2}$ 表示 $\phi^{1,2}$ 和 $\pi-\phi^{1,2}$ 态之间的相对稳定性。这些表达式满足对称条件,即对于 $C^1=C^2=1/2$,$h^{1,2}(\pi-\phi)=h^{1,2}(\phi)$。

因此,图 4.21 所示的铁电液晶体系的总自由能为

$$G=\int_{\mathrm{vol}}F\mathrm{d}v \tag{4.96}$$

其中,$F=F_E+F_{\mathrm{diel}}+F_P+F_S$。

通过使总能量相对于 ϕ 最小,得到系统的平衡构型:

$$\frac{\partial G}{\partial\phi}=0 \tag{4.97}$$

且

$$\frac{\partial}{\partial y}(1+\Delta\varepsilon'\sin^2\phi)\frac{\partial\phi}{\partial y}=\frac{-P_S}{\varepsilon_\perp}\sin\phi\frac{\partial\phi}{\partial y} \tag{4.98}$$

分子重定向过程的动力学可由扭矩平衡方程描述:

$$\frac{\partial G}{\partial\phi}+\gamma_1\frac{\partial\phi}{\partial t}=0 \tag{4.99}$$

其中,γ_1 为旋转黏度系数。

在 FLC 的大部分中,我们有

$$\gamma_1\frac{\partial\phi}{\partial t}=A(1+v\sin^2\phi)\left(\frac{\partial^2\phi}{\partial y^2}\right)+\frac{v}{2}A\sin2\phi\left(\frac{\partial\phi}{\partial y}\right)^2+\frac{\Delta\varepsilon'}{2}\varepsilon_\perp E^2\sin2\phi+P_SE\sin\phi$$

这个方程可在一常数近似下($K_1=K_2=K_3$)得到极大的简化,即

$$K\sin^2\theta\frac{\partial^2\phi}{\partial y^2}+\frac{\Delta\varepsilon'}{2}\varepsilon_\perp E^2\sin2\phi+P_SE\sin\phi=\gamma_1\frac{\partial\phi}{\partial t} \tag{4.101}$$

由此可见,动力学是由弹性扭矩(左边第一项)、光介电扭矩(左边第二项)和偏振扭矩(左边第三项)控制的。

动力学的偏振部分由给出的时间常数控制,即

$$\tau=\frac{\gamma_1}{P_SE} \tag{4.102}$$

利用铁电液晶中 P 和 γ_1 的典型值($P\approx10^{-5}$ cm^{-2}, $\gamma_1\approx10^{-2}$ mks 单位, $E=10^7$ V/m),估计 τ 约为 100 μs。因此,铁电液晶通常比向列型反应更快。在第 6 章,我们将进一步讨论铁电液

晶的电光开关。

4.4.4 近晶-C*至近晶-A 相变

区分近晶-C*和近晶-A 的主要参数是倾斜角 θ_0。由于分子的手性特征，倾斜过程围绕法向至近晶层，并伴随横向电偏振 $\bar{P}$（图 4.21）。在描述从近晶-C*到近晶-A 的相转变理论中，倾斜角被视为系统的初级参数，就像向列相或单晶相中的指向矢 $\hat{n}$ 一样，而 $\bar{P}$ 被认为是次要参数。

将 $\bar{P}$ 和 x-y 平面上的倾斜角的写成两个分量，即 $\bar{P}=(P_x, P_y)$ 和 $\theta=(\theta_1, \theta_2)$，则系统的自由能密度 $f_0(z)$ 可以用 θ_1,θ_2,P_x 和 P_y 表示为朗道式展开，形式如下[48-49]：

$$f_0(z)=\frac{1}{2}A(\theta_1^2+\theta_2^2)+\frac{1}{4}B(\theta_1^2+\theta_2^2)^2-\\ \Lambda\left(\theta_1\frac{\mathrm{d}\theta_2}{\mathrm{d}z}-\theta_2\frac{\mathrm{d}\theta_1}{\mathrm{d}z}\right)+\frac{1}{2}K_3\left[\left(\frac{\mathrm{d}\theta_1}{\mathrm{d}z}\right)^2+\left(\frac{\mathrm{d}\theta_2}{\mathrm{d}z}\right)^2\right]+\\ \frac{1}{2\varepsilon}(P_x^2+P_y^2)-\mu\left(P_x\frac{\mathrm{d}\theta_1}{\mathrm{d}z}+P_y\frac{\mathrm{d}\theta_2}{\mathrm{d}z}\right)+C(P_x\theta_2-P_y\theta_1) \tag{4.103}$$

在此表达式中，主要参数中只有二次项的系数与温度有关，而 P^2 项的系数是常数，这是因为导致相变的不是电偏振之间的相互作用。系数 A 的形式为 $A=A_0(T-T_{CA})$，其中 T_{CA} 是单晶-C 至单晶-A 的转变温度；K_3 是弹性常数；Λ 是负责螺旋结构的所谓 Lifshitz 项的系数；μ 和 C 是倾斜和偏振之间的挠性电和压电双线性耦合系数。

系数 Λ 和 C 取决于分子的手性。对于非手性分子，Λ 和 C 为零，最小化式（4.103）中给出的自由能可以得到一个系统，其中指向矢均匀地位于转变温度 T_c 以下。倾斜角与偏振 $\bar{P}$ 之间不存在线性耦合。

对于低于 T_{CA} 的温度，即近晶-C 至近晶-A 的转变温度，倾斜角 θ 的大小由平方根依赖关系给出：

$$\theta_0=\sqrt{\frac{A_0}{B}(T-T_{CA})} \tag{4.104}$$

另外，对于手性分子，Λ 和 C 是非零的。在这种情况下，如果 θ 和 $\bar{P}$ 用螺旋函数表示，则自由能最小：

$$\theta_1=\theta_0\cos q_0 z,\quad \theta_2=\theta_0\sin q_0 z \tag{4.105}$$

$$P_x=-P_0\sin q_0 z,\quad P_y=P_0\cos q_0 z \tag{4.106}$$

注意，$\bar{P}$ 局部垂直于倾斜度，两者都绕 z 轴进动（或旋转），螺距波矢量 q_0 为

$$q_0=\frac{\Lambda+\varepsilon\mu C}{K_3-\varepsilon\mu^2} \tag{4.107}$$

自发偏振的大小 P_0 与倾斜角 θ_0 成正比：

$$P_0 = \varepsilon(C + \mu q_0)\theta_0 \tag{4.108}$$

其中，θ_0 与式（4.104）相似，即

$$\theta_0 = \sqrt{\frac{A_0}{B}(T_{\mathrm{C^*A}} - T)} \tag{4.109}$$

单晶-C* →单晶-A 的转变温度 $T_{\mathrm{C^*A}}$ 为

$$T_{\mathrm{C^*A}} = T_{\mathrm{CA}} + \frac{1}{A_0}(\varepsilon C^2 + K_3 q_0^2) \tag{4.110}$$

在 $T_{\mathrm{C^*A}}$ 以上，在单晶-A 相，P_0 和 θ_0 消失。

如前所述，如果存在外场，螺旋结构可以展开。从这个角度来看，电场的作用相当于"抵消"了式（4.110）中的弹性转矩项 $K_3 q_0^2$，从而使结果是均匀的（即非螺旋 C*系统）。因此，解绕体系的相应相变温度为

$$T_{\mathrm{C^*A}}^{\mathrm{unwound}} = T_{\mathrm{CA}} + \frac{1}{A_0}\varepsilon C^2 \tag{4.111}$$

在实验中，发现 T_{CA}、$T_{\mathrm{C^*A}}$ 和 $T_{\mathrm{C^*A}}^{\mathrm{unwound}}$ 彼此非常接近。这是预料之中的，因为自由能表达式中的手性项基本上是小扰动项。然而，由于手性和自发偏振的存在，它们的光学和电光性质有了很大的改变。如前所述，铁电液晶提供了更快的电光开关机制；在非线性光学的背景下，$\vec{P}$ 的存在打破了中心对称性，并允许产生均匀的谐波光。

参考文献

[1] P. G. deGennes, *Physics of Liquid Crystals*. Clarendon Press, Oxford, 1974.

[2] R. B. Meyer, *Appl. Phys. Lett.* 14, 208（1968）; P. G. deGennes, *Solid State Commun.* 6, 163（1968）.

[3] E. Sackmann, S. Meiboom, L. C. Snyder, *J. Am. Chem. Soc.* 89, 5982（1967）; J. Wysocki, J. Adams, W. Haas, *Phys. Rev. Lett.* 20, 1025（1968）; G. Durand, L. Leger, F. Rondele, et al. *Phys. Rev. Lett.* 22, 227（1969）; R. B. Meyer, *Appl. Phys. Lett.* 14, 208（1969）.

[4] C. Fan, L. Kramer, M. J. Stephen, *Phys. Rev. A* 2, 2482（1970）.

[5] J. D. Parson, C. F. Hayes, *Phys. Rev. A* 9, 2652（1974）.

[6] P. Yeh, C. Gu. 1999. *Optics of Liquid Crystal Displays*. New York: Wiley Interscience.

[7] J. D. Joannopoulos, R. Meade, J. Winn. 1995. *Photonic Crystals*. Princeton.

[8] T. J. White, M. E. McConney, T. J. Bunning, "Dynamic color in stimuli-responsive cho-

lesteric liquid crystals," *J. Mater. Chem.* 20, 9832–9847 (2010).

[9] T. J. White, R. L. Bricker, L. V. Natarajan, et al. "Phototunable azobenzene cholesteric liquid crystals with 2000 nm range," *Adv. Funct. Mater.* 19 (21), 3484–3488 (2009).

[10] T. -H. Lin, Y.-J. Chen, C.-H. Wu, et al. "Cholesteric liquid crystal laser with wide tuning capability." *Appl. Phys. Lett.* 86 (16), 161120 (2005).

[11] I. C. Khoo, Cholesteric and blue-phase liquid photonic crystals for nonlinear optics and ultrafast laser pulse modulations. *Liq. Cryst. Rev.* 6 (1), 53–77 (2018).

[12] Y. Liu, Y. Wu, C.-W. Chen, et al. Ultrafast pulse compression, stretching-and-recompression using cholesteric liquid crystals. *Opt. Express* 24 (10), 10458–10465 (2016).

[13] Y. Liu, H. Liang, C.-W. Chen, et al. Ultrafast switching of optical singularity eigenstates with compact integrable liquid crystal. *Opt. Express* 26 (22), 28818–28826 (2018).

[14] C.-W. Chen, X. Guo, X. Ni, et al. "Slowing sub-picosecond laser pulses with 0.55 mm-thick cholesteric liquid crystal," *Opt. Mater. Express* 7 (6), 2005–2011 (2017).

[15] K. Zvedin, V. A. Kotov, *Modern Magnetooptics and Magnetooptical Materials.* (Institute of Physics, Philadelphia, PA, 1997).

[16] S. Eritsyan, J. Exp. *Theor. Phys.* 90, 102–108 (2000).

[17] I. Bita, E. L. Thomas, Structurally chiral photonic crystals with magneto-optic activity: indirect photonic bandgaps, negative refraction, and superprism effect. *J. Opt. Soc. Am. B* 22, 1199–1210 (2005).

[18] C.-W. Chen, I. C. Khoo, "Extraordinary polarization rotation of vector beams with ultra-high-period-number chiral photonic crystals," *Opt. Lett.* 44, 5306–5309 (2019).

[19] C.-W. Chen, I. C. Khoo, "Optical vector field rotation and switching with near-unity transmission by fully developed chiral photonic crystals," . *Proc. Natl. Acad. Sci. USA* 118 (16), e2021304118.

[20] I. Hodgkinson, Q. H. Wu, B. Knight, et al. Vacuum deposition of chiral sculptured thin films with high optical activity. *Appl. Opt.* 39 (4), 642–649 (2000).

[21] M. Kuwata-Gonokami, N. Saito, Y. Ino, et al. Giant optical activity in quasitwo-dimensional planar nanostructures. *Phys. Rev. Lett.* 95 (22), 227401 (2005).

[22] A. Y. Zhu, W. T. Chen, A. Zaidi, et al., Giant intrinsic chiro-optical activity in planar dielectric nanostructures. *Light: Sci. Appl.* 7, 17158 (2018).

[23] S. Takahashi, A. Tandaechanurat, R. Igusa, et al. Giant optical rotation in a three-dimensional semiconductor chiral photonic crystal. *Opt. Express* 21 (24), 29905–29913 (2013).

[24] S. Chandrasekhar, G. Ranganath, K. Suresh, *Pramana Suppl.* 1, 341–352 (1975); G. W. Gray, J. Goodby, Smectic Liquid Crystals: Textures and Structures. London: Leonard Hill, 1984.

[25] S. Chandrasekhar, J. S. Prasad, Theory of rotatory dispersion of cholesteric liquid crystals. *Mol. Cryst. Liq. Cryst.* 14 (1–2), 115–128 (1971).

[26] A. Tiribocchi, G. Gonnella, D. Marenduzzo, et al. "Switching dynamics in cholesteric blue phases," *Soft Matter* 7, 3295 (2011).

[27] G. P. Alexander, J. M. Yeomans, "Numerical results for the blue phases," *Liq. Cryst.* 36, 1215–1227 (2009).

[28] J. Fukuda, M. Yoneya, H. Yokoyama. Simulation of cholesteric blue phases using a Landau–de Gennes theory: Effect of an applied electric field. *Phys. Rev. E* 80, 031706 (2009).

[29] A. Tiribocchi, G. Gonnella, Marenduzzo, et al. Bistable defect structures in blue phase devices. *Phys. Rev. Lett.* 107, 237803 (2011).

[30] R. M. Hornreich, S. Shtrikman, C. Sommers, Photonic bands in simple and body-centered-cubic cholesteric blue phases. *Phys. Rev. E* 47, 2067–2072 (1993).

[31] P. Etchegoin, Blue phases of cholesteric liquid crystals as thermotropic photonic crystals. *Phys. Rev. E* 62, 1435–1437 (2000).

[32] P. Pieranski, P. E. Cladis. Field-induced tetragonal blue phase (BP X). *Phys. Rev. A* 35, 355–364 (1987).

[33] D.-Y. Guo, C.-W. Chen, C.-C. Li, et al. Reconfiguration of three-dimensional liquid-crystalline photonic crystals by electrostriction, *Nat. Mater.* 19, 94–101 (2020).

[34] G. W. Gray, J. Goodby. *Smectic Liquid Crystals: Textures and Structures*. London: Leonard Hill, 1984.

[35] B. Meyer, L. Liebert, L. Strzelecki, et al. *J. Phys. Lett.* 36: 69 (1975).

[36] G. Anderson, I. Dahl, L. Komitov, et al. *J. Appl. Phys.* 66, 4983 (1989).

[37] I. C. Khoo, R. Normandin, *J. Appl. Phys.* 55, 1416 (1984).

[38] I.C. Khoo, R. R. Michael, P. Y. Yan, *IEEE J. Quantum Electron.* QE-23, 1344 (1987).

[39] N. M. Shtykov, M. I. Barnik, L. M. Blinov, et al. *Mol. Cryst. Liq. Cryst.* 124, 379 (1985).

[40] A. Taguchi, Y. Oucji, H. Takezoe, et al. *Jpn. J. Appl. Phys.* 28, 997 (1989).

[41] R. MacDonald, J. Schwartz, H. J. Eichler, *Int. J. Nonlinear Opt. Phys.* 1, 103 (1992).

[42] J. Y. Liu, M. G. Robinson, K. M. Johnson, et al. *Opt. Lett.* 15, 267 (1990).

[43] L. Cheung, R. B. Meyer, H. Gruler, *Phys. Rev. Lett.* 31, 349(1973).

[44] S. A. Pikin, V. L. Indenbom, *Ferroelectrics* 20, 151(1978).

[45] M. Nakagawa, M. Ishikawa, I. Akahane, *Jpn. J. Appl. Phys.* 27, 456(1988).

[46] M. A. Handschy, N. A. Clark, *Ferroelectrics* 59, 69(1984).

[47] Y. Yamada, T. Tsuge, N. Yamamoto, et al. *Jpn. J. Appl. Phys.* 26, 1811(1987).

[48] S. A. Pikin, V. L. Indenbom, *Uspe. Fiz. Nauk* 125, 251(1978).

[49] R. Blinc, B. Zeks, *Phys. Rev. A* 18, 740(1978).

第5章 光散射

5.1 简介

液晶介质中的光散射源于两个方面:一方面,该过程与宏观体相/晶体参数的变化有关,如指向矢取向波动、晶格变形、流动和由施加的场/刺激引起的其他流体现象;另一方面,该过程涉及分子能级之间的电子跃迁。

光散射的过程可以线性地或非线性地取决于所施加的场。在线性光学中,液晶的性质不受入射光的影响;由此产生的散射光或透射光,就其时空频谱和强度而言,反映了材料的物理特性。另外,在非线性光学系统中,入射光与液晶强烈相互作用,并改变液晶的性质。散射或透射的光将反射这些强烈的相互作用,产生新的空间(传播方向)和时间频率。

在本章中,我们主要关注线性光学散射过程。液晶的非线性光学特性和非线性光学将在第6~10章介绍。我们首先回顾和宏观光学参数(如光学介电常数)波动有关的光散射的电磁理论,随后讨论与单个分子的电子响应相关的散射,如拉曼和布里渊散射,并快速了解液晶的超大非线性光散射能力。

5.2 液晶中光散射的电磁形式

光在介质中的散射是由光学介电常数 $\delta\varepsilon(\vec{r},\ t)$的波动引起的。在各向同性液体中,$\delta\varepsilon(\vec{r},t)$主要是由密度波动引起的,而密度波动通常由温度波动引起,但也可能是由电致伸缩和分子重新定向等其他机制引起的(见第8章和第9章)。在液晶的有序相中,(双折射)结晶轴的波动、平面变形和流动产生对 $\delta\varepsilon(\vec{r},t)$的额外而重要的贡献。

光学介电常数的这些波动或变化会影响入射光的空间(k)和时间(ω)频率以及偏振态。散射光的方向、偏振和光谱受光学液晶相互作用几何结构的控制。

在单轴双折射介质(如液晶)中,介电常数张量可以写成

$$\varepsilon_{\alpha\beta}=\varepsilon_{\perp}\delta_{\alpha\beta}+(\varepsilon_{/\!/}-\varepsilon_{\perp})n_{\alpha}n_{\beta} \tag{5.1}$$

其中,n_α 和 n_β 是单位向量 $\hat{n}$(指向矢)的分量。$\varepsilon_{\alpha\beta}$ 的波动来自密度和温度波动引起的 $\varepsilon_{\perp}$ 和

$\varepsilon_{//}$的变化以及$\hat{n}$的波动[1]。

如图 5.1 所示,考虑位于距离原点$\vec{r}$位置的小体积 dV,入射场$\vec{E}_{\text{in}}=\hat{i}E\exp[\mathrm{i}(\vec{k}_i\cdot\vec{r}-\omega t)]$在该位置的诱导极化$\delta\vec{P}$(单位体积的偶极矩)由下式给出:

$$\delta\vec{P}=\varepsilon_0\bar{\bar{\chi}}:\vec{E}_{\text{in}}=\delta\bar{\bar{\varepsilon}}:\vec{E}_{\text{in}} \tag{5.2}$$

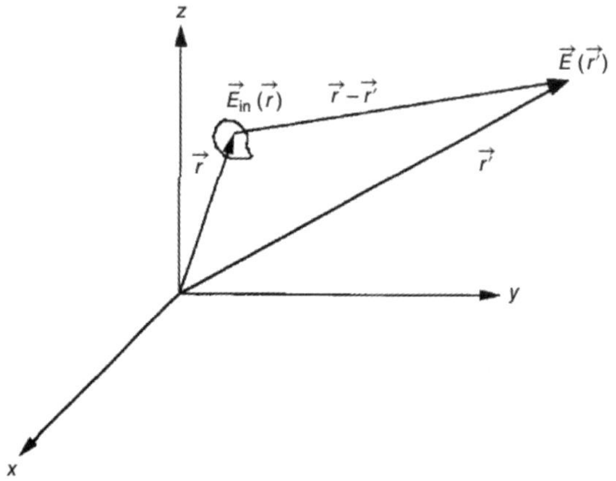

图 5.1　位于$\vec{r}$处的基本体积的光散射

其中,$\delta\bar{\varepsilon}$是介电常数张量的变化。这会导致外场$\vec{r}$处产生电场,由下式给定:

$$\vec{E}(\vec{r}')=\frac{\omega^2}{c^2R}[\exp\mathrm{i}(\vec{k}_f\cdot\vec{R}-\omega t)]\vec{P}_{\omega}(\vec{r}) \tag{5.3}$$

其中,$\vec{P}_{\omega}(\vec{r})$是垂直于方向$\vec{R}=\vec{r}'-\vec{r}$的$\delta\vec{P}$分量。在所谓的远场区$(|\vec{r}'-\vec{r}|\gg\lambda)$中的位置$\vec{r}'$处的总出射场$\vec{E}_{\text{out}}$由体积的所有辐射贡献的积分给出。

设$\hat{f}$表示出射场的偏振矢量,$\vec{k}_f$表示其波矢量;也就是说,有

$$\vec{E}_{\text{out}}=\hat{f}E_{\text{out}}\exp[\mathrm{i}(\vec{k}_f\cdot\vec{r}'-\omega t)] \tag{5.4}$$

可以得到

$$\hat{f}\cdot\vec{E}_{\text{out}}=\frac{\omega^2E}{c^2R}\exp(\mathrm{i}\vec{k}_f\cdot\vec{r}')\int_{\text{vol}}[\hat{f}\cdot\delta\bar{\bar{\varepsilon}}:\hat{i}]\exp[-\mathrm{i}(\vec{q}\cdot\vec{r})]\mathrm{d}V \tag{5.5}$$

其中,$\vec{q}=\vec{k}_f-\vec{k}_i$。散射振幅$\alpha_{fi}$定义为

$$\hat{f}\cdot\vec{E}_{\text{out}}=\alpha_{fi}\left[\frac{E}{R}\exp(\mathrm{i}\vec{k}_f\cdot\vec{r}')\right] \tag{5.6a}$$

其中

$$\alpha_{fi}=\frac{\omega^2}{c^2}\int_{\text{vol}}\delta\varepsilon_{fi}(\vec{r})\exp(-\mathrm{i}\vec{q}\cdot\vec{r})\mathrm{d}V \tag{5.6b}$$

其中,$\delta\varepsilon_{fi}(\vec{r})=\hat{f}:\delta\varepsilon:\hat{i}$,则有

$$\delta\varepsilon_{fi}(\bar{q})=\frac{1}{V}\int_{\mathrm{vol}}\delta\varepsilon_{fi}(\bar{r})\exp(-\mathrm{i}\bar{q}\cdot\bar{r})\mathrm{d}V \tag{5.7}$$

可以得到

$$\alpha_{fi}=\frac{\omega^2}{c^2}V\delta\varepsilon_{fi}(\bar{q}) \tag{5.8}$$

微分散射截面 $\mathrm{d}\sigma/\mathrm{d}\Omega=\langle|\alpha_{fi}|\rangle^2$（每立体角）由 $|\alpha_{fi}|^2$ 的热平均给出，也就是说，有

$$\frac{\mathrm{d}\sigma}{\mathrm{d}\Omega}=\langle|\alpha_{fi}|^2\rangle \tag{5.9}$$

使用热平均是因为波动归因于温度。

5.3　向列相液晶中指向矢波动引起的散射

从式（5.6）到式（5.8），我们可以看到光散射所涉及的关键参数分别是波矢量 $\bar{k}_i$ 和 $\bar{k}_f$，散射波矢量 $\bar{q}$，指向矢方向 $\hat{n}$，以及从平衡状态 $\hat{n}_0$ 开始的波动 δn。如果用指向矢 $\hat{n}_0$ 相对于散射波矢量 $\bar{q}$ 的初始方向来适当地定义坐标系[1]，那么分析向列相液晶（NLCs）中的光散射问题就可以大大简化。这里我们考虑 NLC 中光散射的典型和最具说明性的情况，其中指向矢 $\hat{n}$ 通常指向一个方向。因此，可以通过更简单的几何考虑来分析 δn 的波动，而不像其他有序相，如具有复杂定向轴构型和缺陷网络的蓝相液晶。

如图 5.2 所示，将指向矢波动沿单位矢量 $\hat{e}_1$ 和 $\hat{e}_2$ 分别分解为两个正交分量 δn_1 和 δn_2。注意，其中一个 δn_1 在由 $\bar{q}$ 和 $\hat{n}_0$ 定义的平面上（设为 $\hat{z}$），另一个 δn_2 垂直于 q-z 平面。

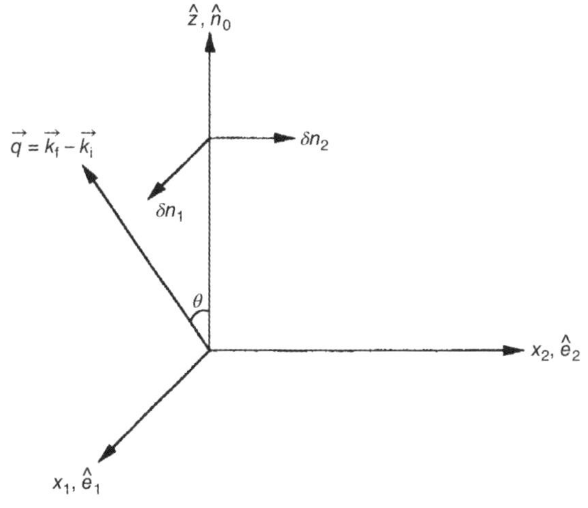

图 5.2　用两种正模态分析 NLCs 中光散射的坐标系

在这种情况下，我们可以用它们的傅里叶分量表示 $\delta n_1(\vec{r})$ 和 $\delta n_2(\vec{r})$，即

$$\delta n_{1,2}(\vec{r})=\sum_{q} n_{1,2}(\vec{q})\exp(\mathrm{i}\vec{q}\cdot\vec{r}) \tag{5.10}$$

其中

$$n_{1,2}(\vec{q})=\frac{1}{V}\int n_{1,2}(\vec{r})\mathrm{e}^{-\mathrm{i}\vec{q}\cdot\vec{r}}\,\mathrm{d}V \tag{5.11}$$

与此指向矢变形相关的总自由能为

$$F_{\text{total}}=\frac{1}{2}\int\left\{K_1\left(\frac{\partial n_1}{\partial x_1}+\frac{\partial n_2}{\partial x_2}\right)^2+K_2\left(\frac{\partial n_1}{\partial x_2}-\frac{\partial n_2}{\partial x_1}\right)^2\right\}+K_3\left[\left(\frac{\partial n_1}{\partial x_3}\right)^2+\left(\frac{\partial n_2}{\partial x_3}\right)^2\right]\mathrm{d}V \tag{5.12}$$

将式（5.10）代入式（5.12），得到

$$F_{\text{total}}=\frac{V}{2}\sum_{q}\sum_{1,2}|n_{1,2}(q)|^2\,(K_{1,2}q_1^2+K_3q_3^2) \tag{5.13}$$

总自由能是与两个正模态 δn_1 和 δn_2 相关的能量之和，这些模式彼此不耦合。从经典力学来看，在热平衡状态下，每个正模态的热平均能量为 $k_\mathrm{B}T/2$，其中 k_B 为玻尔兹曼常数。换句话说，我们有

$$\left\langle\frac{V}{2}\,|n_{1,2}(q)|^2\,[K_{1,2}q_1^2+K_3q_3^2]\right\rangle=\frac{1}{2}k_\mathrm{B}T \tag{5.14}$$

其中

$$\langle|n_{1,2}(q)|^2\rangle=\frac{k_\mathrm{B}T/V}{K_3q_3^2+K_{1,2}q_1^2} \tag{5.15}$$

由式（5.1）可知，与指向矢波动相关的 $\varepsilon_{\alpha\beta}$ 变化来自第二项，即

$$\delta\varepsilon_{\alpha\beta}=\Delta\varepsilon(n_\alpha\delta n_\beta+\delta n_\alpha n_\beta) \tag{5.16}$$

这意味着

$$\delta\varepsilon_{fi}=\Delta\varepsilon[(\hat{n}_0\cdot\hat{i})(\delta\hat{n}\cdot f)+(\hat{n}_0\cdot\hat{f})(\delta\hat{n}\cdot i)] \tag{5.17}$$

其中，$\hat{i}$ 和 $\hat{f}$ 为入射光场和出射光场的偏振方向，假设它们彼此正交，如图 5.3 所示。

如果用 $\delta n(\vec{r})$ 的傅里叶分量表示，则有

$$\delta n(\vec{q})=\hat{e}_i n_i(\vec{q})+\hat{e}_2 n_2(\vec{q}) \tag{5.18}$$

式（5.17）变为

$$\delta\varepsilon_{fi}=\Delta\varepsilon\sum_{\alpha=1,2}n_\alpha(q)[(\hat{i}\cdot\hat{n}_0)(\hat{f}\cdot\hat{e}_\alpha)+(\hat{f}\cdot\hat{n}_0)(\hat{i}\cdot\hat{e}_\alpha)] \tag{5.19}$$

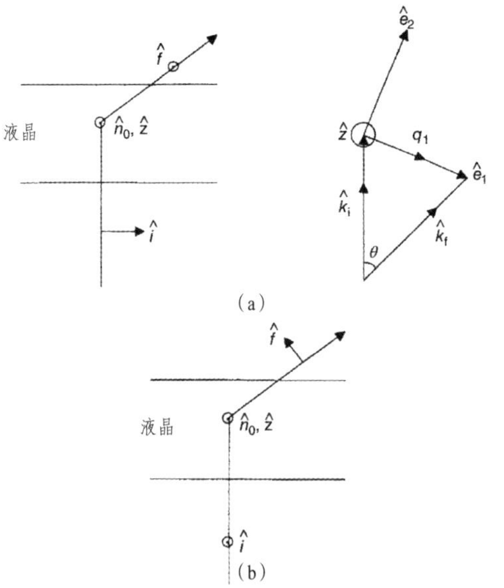

图 5.3　入射光强烈散射的几何形状(注意入射光和散射光是交叉极化的)

从式(5.8)、式(5.9)和 $\delta\varepsilon_{fi}$ 注意到交叉项的平方是解耦的,我们最终得到

$$\frac{\mathrm{d}\sigma}{\mathrm{d}\Omega}=\left(\frac{\Delta\varepsilon\omega^2}{c^2}\right)^2 V\sum_{\alpha=1,2}\langle|n_\alpha(q)|^2\rangle[(\hat{i}\cdot\hat{n}_0)(\hat{f}\cdot\hat{e}_\alpha)+(\hat{f}\cdot\hat{n}_0)(\hat{i}\cdot\hat{e}_\alpha)]^2 \tag{5.20}$$

对 $|n_{1,2}(q)|^2$ 使用式(5.15),则微分截面为

$$\frac{\mathrm{d}\sigma}{\mathrm{d}\Omega}=\left(\frac{\Delta\varepsilon\omega^2}{c^2}\right)^2 V\sum_{\alpha=1,2}\frac{k_\mathrm{B}T}{K_3q_3^2+K_\alpha q_1^2}[f_\alpha(\hat{i}\cdot\hat{n}_0)+i_\alpha(\hat{f}\cdot\hat{n}_0)]^2 \tag{5.21}$$

考虑图 5.3(a)所示的散射几何。注意,$q_1\approx 2k\sin(\theta/2)$,$q_3=0$,$i_3=f_1=f_2=0$,$f_3=1$,$i_1=\cos(\theta/2)$,$i_2=\sin(\theta/2)$。将这些参数插入式(5.21),得到

$$\frac{\mathrm{d}\sigma}{\mathrm{d}\Omega}=\frac{\Delta\varepsilon^2\omega^4}{c^4}Vk_\mathrm{B}T\left[\frac{\cos^2(\theta/2)}{K_1q_1^2}+\frac{\sin^2(\theta/2)}{K_2q_1^2}\right] \tag{5.22}$$

由 $q_1\sim 2k\sin(\theta/2)$,可给出

$$\frac{\mathrm{d}\sigma}{\mathrm{d}\Omega}\sim\cot^2\left(\frac{\theta}{2}\right)+\frac{K_1}{K_2} \tag{5.23}$$

我们可以类似地推导出其他几何形状的微分散射截面。式(5.22)和式(5.23)与实验观测结果吻合较好[3-4]:

(1)交叉极化时散射是强烈的(即当入射光和出射光电场彼此正交时);

(2)散射在小的散射波矢量 $\vec{q}$ 和小的散射角 θ 处特别强。

如果存在外场(如在 z 方向上施加的磁场),则可以减少指向矢的波动。定量来说,这

可以通过在自由能方程(式(5.12))中包含磁相互作用项来估计,即

$$F_{\mathrm{mag}}=\frac{1}{2}\int\Delta\chi^{\mathrm{m}}H^2(n_1^2+n_2^2)\mathrm{d}V \tag{5.24}$$

可以很容易地看出,这将修改 $|n_{1,2}(q)|^2$(参见式(5.15))的结果,即

$$\langle|n_{1,2}(q)|^2\rangle=\frac{k_{\mathrm{B}}T/V}{K_3q_3^2+K_{1,2}q_1^2+\Delta\chi H^2} \tag{5.25}$$

由式(5.25)可知,在高外加场(磁场)下,波动引起的散射会被减弱/淬灭[3-5]。

5.4 液晶各向同性相中的光散射

在各向同性阶段,指向矢方向是随机的。光学介电常数是一个热平均值,因此其是一个标量参数。在这种情况下,ε的波动主要是由于温度波动引起的液体密度的波动。在后面的章节中将详细介绍液晶的非线性光学响应,光学介电常数的波动也可能是由于激光诱导的单个(双折射)分子重定向、电致伸缩或分子能级之间的电子跃迁。

用 ε表示各向同性相的平均介电常数,用 $u(r)$表示局部体积变化,介电常数可表示为

$$\varepsilon=\bar{\varepsilon}+\frac{\mathrm{d}\varepsilon}{\mathrm{d}V}u(r)=\bar{\varepsilon}+\varepsilon'u(r) \tag{5.26}$$

与体积变化有关的压缩能为

$$F_{\mathrm{u}}=\frac{1}{2}\int W|u(r)|^2\mathrm{d}V=\frac{VW}{2}\sum|u(q)|^2 \tag{5.28}$$

其中,$u(q)$是 $u(r)$的傅里叶变换,类似于我们之前对 $n(r)$和 $n(q)$的分析;W是等温压缩率。

应用均分定理,我们得到

$$\langle|u(q)|^2\rangle=\frac{k_{\mathrm{B}}T}{WV} \tag{5.29}$$

由式(5.8)可知,$\delta\varepsilon_{fi}(q)\equiv\hat{f}\cdot\hat{i}\varepsilon'u(q)$,散射振幅 α_{fi} 为

$$\alpha_{fi}^2=\left(\frac{\omega^2}{c^2}V\hat{f}\cdot\hat{i}\varepsilon'\right)^2|u(q)|^2 \tag{5.30}$$

最后得到微分截面为

$$\left(\frac{\mathrm{d}\sigma}{\mathrm{d}\Omega}\right)_{\mathrm{iso}}=V\left(\frac{\varepsilon'\omega^2}{c^2}\hat{f}\cdot\hat{i}\right)^2\frac{k_{\mathrm{B}}T}{W} \tag{5.31}$$

光在各向同性相中的散射比在向列相中的散射要少,如图5.4(a)和(b)所示分别为温度低于相变温度 T_{c} 和高于相变温度 T_{c} 时,通过NLC传输的激光束。由于散射的剧烈变化,T_{c} 有时被称为清除温度。

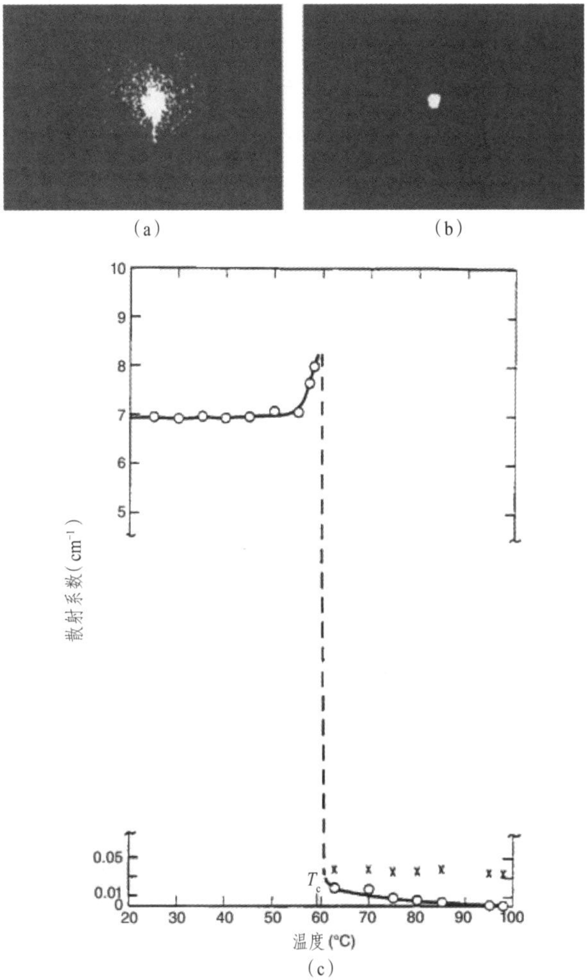

图 5.4　通过 NLC 薄膜(100 nm 厚)透射的激光束照片:(a)低于向列各向同性相变温度;(b)高于向列各向同性相变温度;(c)实验测量的未对准 E7 样品 T_c 以下和 T_c 以上的散射系数(根据 Khoo 和 Wu[6])

更定量地,可以比较相应的散射截面(参见式(5.21)和式(5.31)),$d\sigma/d\Omega$(向列)和 $d\sigma/d\Omega$(各向同性)的比值满足:

$$\sigma_R \sim \frac{\Delta\varepsilon}{\varepsilon'}\frac{W}{Kq^2} \tag{5.32}$$

设 a 为分子 u 的结合能的特征长度,我们有 $K \sim u/a$, $W \sim u/a^3$, $1/q \sim \lambda$(光波长)和 $\Delta\varepsilon/\varepsilon' \approx 1$。因此,有

$$\sigma_R \sim \left(\frac{\lambda}{a}\right)^2 \tag{5.33}$$

通常是 $\lambda \approx 5\,000$ Å 和 $a \approx 20$ Å，所以 σ_R 约为 10^6；也就是说，向列相的散射比各向同性相的散射约大 6 个数量级，如图 5.4（c）所示。这是由于膨胀导致各向同性相的密度变化，其特征为 W；在向列相中，这涉及的能量比指向矢的旋转要大得多，以 K 为特征。

当各向同性液晶温度向 T_c 方向降低时，分子相关性变得明显，由取向波动贡献的散射将开始占主导地位。散射截面与 $|\delta\varepsilon_{fi}(q)|^2$ 成正比（参见式（5.9））。忽略 ε 的关联性质，q 变量中的量 $|\delta\varepsilon(q)|^2$ 可以用 $\varepsilon(r)$ 的相关性来表示，即散射截面

$$\sigma_{\text{iso}} \sim \int \langle \varepsilon(r_1)\varepsilon(r_2) \rangle \exp[\mathrm{i}q\cdot(r_1 - r_2)]\mathrm{d}V_{1,2} \tag{5.34}$$

利用朗道理论[1,7]，有

$$\langle \varepsilon(0)\varepsilon(R) \rangle \approx \frac{\mathrm{e}^{-R/\xi}}{R} \tag{5.35}$$

其中，ξ 是所谓的相关长度，有

$$\xi = \xi_0 \left(\frac{T^*}{T - T^*} \right)^{1/2} \tag{5.36}$$

将式（5.35）代入式（5.34），可得

$$\sigma_{\text{iso}} \approx 4\pi\xi^2 \tag{5.37}$$

$$\approx (T - T^*)^{-1} \tag{5.38}$$

这与 Litster 和 Stinson[8]的实验观察一致。

5.5 温度、波长和液晶盒几何形状对散射的影响

在光学和电光应用中，向列计算具有容易散射光的特殊优势，但它是光通过液晶传播的严重损耗机制。光束所经历的散射损失的实际量取决于多种因素，包括电池厚度、几何形状、边界表面条件、外场和光学波长。这里我们总结一些一般性的观察结果。

Chatelain[4]通过实验观察到，向列相的光散射与 T_c 附近的温度显著无关（即与 $T_c - T$ 无关）。在 Landau-deGennes 理论中，尽管散射截面依赖于几个高度依赖温度的参数，如介电各向异性 $\Delta\varepsilon$ 和弹性常数 K_1，K_2 及 K_3，但 K 与有序参量 S 的平方成正比，而 $\Delta\varepsilon$ 与 S 成正比。这实际上是由于式（5.13）中 $\mathrm{d}\sigma/\mathrm{d}\Omega \sim \Delta\varepsilon^2/K$ 的偶然消去，因此不依赖于 S。换句话说，散射截面 $\mathrm{d}\sigma/\mathrm{d}\Omega$ 相对于 $T_c - T$ 的变化是相对恒定的。

在非线性散射中也注意到这种温度无关性[3]，涉及 NLCs 中两个相干激光束的混合。相干散射波强度也显示为与 $\Delta\varepsilon^2/K$ 成正比，因此与 $T_c - T$ 无关。

微分散射截面由式（5.21）和式（5.31）给出，使我们可以推导出光波长依赖关系。注意，对于向列式，有

$$\frac{d\sigma}{d\Omega} \sim \left(\frac{\omega^2}{c^2}\right)^2 \frac{1}{q^2} \sim \frac{1}{\lambda^2} \tag{5.39}$$

对于固定散射角，由于 $\omega/c=K=2\pi/\lambda$ 和 $q\sim 1/\lambda$。对于各向同性液晶，有

$$\left(\frac{d\sigma}{d\Omega}\right)_{\text{iso}} \sim \left(\frac{\omega^2}{c^2}\right)^2 \sim \frac{1}{\lambda^4} \tag{5.40}$$

这是众所周知的各向同性介质的依赖关系。

在作者的实验室中测量了 NLCs 散射截面的波长依赖性，即激光束在穿过对齐液晶盒时所经历的损失。图 5.5 显示了 E46 样品中氩和氦氖激光线的强度损失系数 α。一般来说，可以观察到 $\lambda=-n$（$n=2.39$）形式的依赖性。

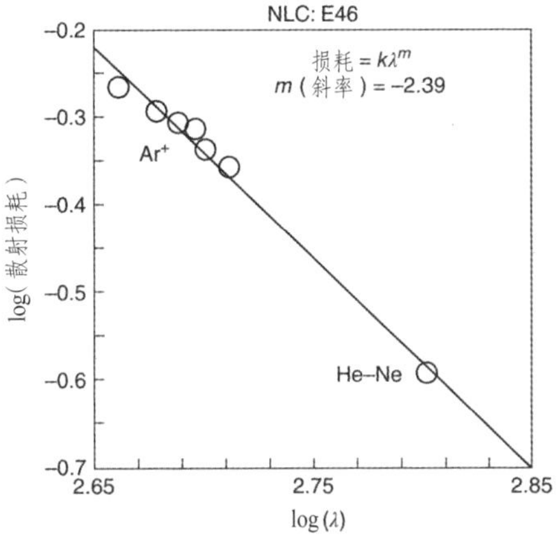

图 5.5　实验测量了同向热带排列 NLC（E46）的散射损耗（在一个 90 μm 厚的样品中，典型的散射损失被测量约为 18 cm^{-1}，损耗系数 α 定义为 $I_{\text{out}} = I_{\text{in}}e^{-\alpha d}$，其中 d 为单元格厚度）

向列相液晶盒中的光散射高度依赖于液晶盒的几何形状，特别是假设在液晶盒边界表面有强锚定的液晶盒厚度。这可以通过将边界弹性恢复能量项（在 K/d^2 数量级，其中 d 为单元厚度）纳入指向矢波动的计算中看出。当 $d>q^{-1}$（$\sim\lambda$）时，边界能项不显著。另外，如果 $d<q^{-1}$（即晶格非常薄），则边界处的强锚定会减少散射。

在有限厚度的单元中，对光刚通过单元（即所谓的近区）后的相位相干性也进行了严格的计算[9]。我们发现，一般来说，由指向轴的热波动引起的很强的横向相位波动，只有斜入射的异常波才会经历。另外，在正入射或斜入射下，对于 NLC 单元的任何排列（同向、平面或混合），普通波都不会经历相位波动。这些相位波动在光束横截面上表现为透射光束的强斑点散射，如图 5.4（a）所示。

5.6 光谱和方向波动动力学

正如散射光分布在波矢量k_f的频谱上一样,对于给定的入射光频率ω_f,散射光的频率分布在频率ω_i的频谱上,其传播频率为$\Delta\omega=\omega_f-\omega_i$,本质上与指向矢波动的动态(时间)特性有关。如第3章所示,方向波动的动力学取决于所涉及的畸变模态和相应的黏度系数。

例如,如果弛豫动力学是一个指数函数,即$\Delta n(t)=\Delta n(0)e^{-t/\tau}$,则与此过程相关的频谱,可以通过$\Delta n(t)$的傅里叶变换得到,这是洛伦兹转换。根据$\Delta\omega$和$\tau$的不确定原理,洛伦兹的半宽度$\Delta\omega$与$\tau$的关系为$\Delta\omega=2/\tau$。

对于纯扭转型变形,控制弹性恢复能和黏性力的运动方程为

$$K_2\frac{\partial^2\Delta n(q)}{\partial x^2}-\gamma_1\frac{\partial\Delta n(q)}{\partial t}=0 \tag{5.41}$$

其中,x是波动的波矢量q的方向。我们可以写为

$$\Delta n(q)=\Delta n(t)\exp(iqx) \tag{5.42}$$

式(5.41)可解得

$$\Delta n(q)\sim\Delta n(0)\exp\left(-\frac{q^2K_2}{\gamma_1}t\right)\exp(iqx) \tag{5.43}$$

扭转变形的时间常数为

$$\tau_{\text{twist}}=\frac{\gamma_1}{K_2q^2} \tag{5.44}$$

散射光将具有以ω_i为中心的半宽频谱,有

$$\Delta\omega_{\text{twist}}=\frac{2K_2q^2}{\gamma_1} \tag{5.45}$$

另外两种类型的取向变形,即弯曲变形和展开变形的动力学更为复杂,因为这种变形必然伴随着流动(即液晶的物理平移运动)。这种现象有时被称为回流效应,可以看作第3章中讨论的流动诱导的定向效应的反向效应。对这些过程的定量分析[10]表明,与纯伸展变形和纯弯曲变形相关的光谱的半宽度分别为

$$\Delta\omega_{\text{splay}}=\frac{2K_1q^2}{\gamma_1-\alpha_3^2/\eta_2} \tag{5.46a}$$

$$\Delta\omega_{\text{bend}}=\frac{2K_3q^2}{\gamma_1-\alpha_2^2/\eta_1} \tag{5.46b}$$

其中,α_2、α_3为莱斯利系数;η_1、η_2为第3章定义的黏度系数。

利用 MBBA 的典型值 $K_1 \approx 6\times10^{-7}$, $K_2 \approx 3\times10^{-7}$, $K_3 \approx 8\times10^{-7}$, $\gamma_1 \approx 76\times10^{-2}$, $\eta_2 \approx 103\times10^{-2}$, $\eta_1 \approx 41\times10^{-2}$, $\gamma_1 - \alpha_3^2/\eta_2 = 19\times10^{-2}$, $\gamma_1 - \alpha_2^2/\eta_1 = 126\times10^{-2}$,则估计这些半线宽分别为

$$\begin{cases} \Delta\omega_{\text{twist}} \sim 10^{-6} q^2 \\ \Delta\omega_{\text{splay}} \sim 10^{-5} q^2 \\ \Delta\omega_{\text{bend}} \sim 10^{-6} q^2 \end{cases} \tag{5.47}$$

根据散射波矢量 q 的值,这些频率带宽在几赫兹到 10^2 赫兹的数量级上。例如,如果光的波长 λ=0.5 μm =0.5×10^{-4} cm,散射角为 10^{-2},则有 $q^2 \approx 1.6\times10^6$,因此 $\Delta\omega_{\text{splay}} \approx 16$,而 $\Delta\omega_{\text{twist}} \sim \Delta\omega_{\text{bend}} \approx 1.6$。这些通常被称为“慢”模式频谱。

另外,与回流相关的松弛过程相对较快。该流动过程的特征是一个时间常数[11]:

$$\tau_{\text{f}} \approx \frac{p}{\eta_2 q^2} \tag{5.48}$$

因此,频率带宽 $\Delta\omega_{\text{f}}$ 为

$$\Delta\omega_{\text{f}} \sim \frac{2\eta_2 q^2}{\rho} \tag{5.49}$$

利用 $\eta_2 \approx 1\times10^{-2}$ 和 $\rho \approx 1$,我们可得到 $\Delta\omega_{\text{f}} \sim 2\times10^{-2} q^{-2}$,它比“慢”模式频谱大四五个数量级。

5.7 拉曼散射

5.7.1 简介

拉曼散射涉及入射激光与电子的相互作用,如果电子最初位于较高的振动状态,则会导致振动或旋转能级之间的跃迁。图 5.6 描述了拉曼散射所涉及的能级。频率为 ω_{f} 的入射光通过双光子跃迁与基态的电子相互作用,即吸收频率为 ω_{l} 的光,发射频率为 $\omega_{\text{s}} = \omega_{\text{l}} - \omega_{\text{R}}$ 的光,并将电子提升到较高的振动能级。其中,发出的光被称为斯托克斯光。当入射激光从该状态被吸收时,会在 $\omega_{\text{as}} = \omega_{\text{l}} + \omega_{\text{R}}$ 处产生所谓的反斯托克斯光,电子最终处于基态。由于基态($n_{\text{v}} = 0$ 能级)的占比通常大于激发态($n_{\text{v}} = 1$ 能级)的占比,因此斯托克斯散射比反斯托克斯散射更有效。

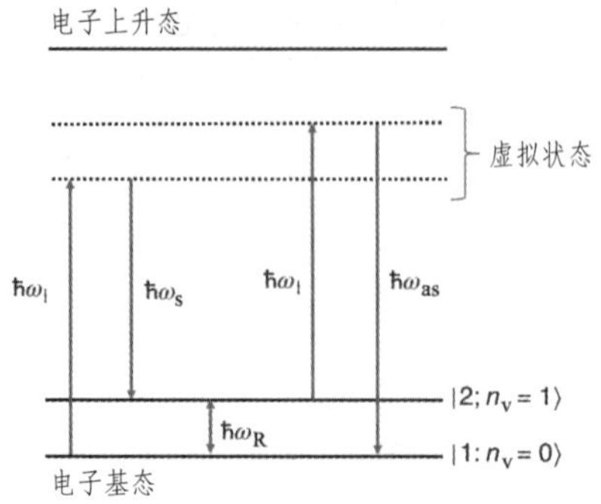

图 5.6 涉及斯托克斯光和反斯托克斯光产生的拉曼散射(能量分离没有按比例绘制,在许多基态振动能级中,只有两个被用来说明所涉及的跃迁,虚线表示转换中涉及的虚拟中间级别)

在斯托克斯散射和反斯托克斯散射中,如果频率 ω_l 不与任何高电子态共振,则入射光吸收进入的第一能级通常表示为虚态。这种非共振双光子跃迁的散射截面非常小,除非入射光非常强。随着可见光到红外光谱波长范围内具有高单色性(窄光谱带宽)的高功率激光器的出现,拉曼散射已经成为一种非常有用的光谱技术,可以通过调整入射激光频率来满足电子共振,从而研究获得分子电子、振动和旋转结构信息[12]。

5.7.2 自发和受激拉曼散射的量子理论:散射截面

光发射可以自发发生,也可以通过刺激发生[13]。本书从量子力学的角度讨论自发和受激拉曼散射过程。第 9 章将给出更多关于非线性光学背景下受激拉曼(以及布里渊)散射过程的讨论。

拉曼散射是由于电场和与材料振动相关的感应极化(单位体积感应偶极子)的偶极相互作用造成的。设 q 为法向振动坐标,$U(q)$ 为与该模态相关的势能。由于在 q 上的光场位移 q_v,构成材料分子的极化率 $\alpha(q)$ 变为

$$\alpha(q) = \alpha(q_0) + \left(\frac{\partial \alpha}{\partial q}\right)_{q_0} q_v \tag{5.50}$$

这就可以得到感应偶极矩为

$$d_{ind} = \left[\varepsilon_0 \left(\frac{\partial \alpha}{\partial q}\right)_{q_0} q_v\right] E \tag{5.51}$$

偶极相互作用哈密顿为

$$H_R = -d_{ind} \cdot E = -\varepsilon_0 \left(\frac{\partial \alpha}{\partial q}\right)_{q_0} q_v E \cdot E \tag{5.52}$$

在量子化谐振表示法[13]中,q_v 和 E 可以用湮灭算符(a)和产生算符(a^+)表示:

$$q_{\mathrm{v}} \sim (a_{\mathrm{v}}^{+} + a_{\mathrm{v}}) \tag{5.53a}$$

$$E \sim \sqrt{\omega_{\mathrm{l}}}(a_{\mathrm{l}}^{+} - a_{\mathrm{l}}) + \sqrt{\omega_{\mathrm{s}}}(a_{\mathrm{s}}^{+} - a_{\mathrm{s}}) \tag{5.53b}$$

式(5.53b)右侧的第一项来自入射激光场 E_{l},第二项来自产生的斯托克斯场 E_{s}。

令 $|n_{\mathrm{l}}\rangle$、$|n_{\mathrm{s}}\rangle$ 和 $|n_{\mathrm{v}}\rangle$ 分别表示激光、斯托克斯和分子振动的能量态；n_{l}、n_{s} 和 n_{v} 是整数，范围从 0、1、2 到无穷,表示存在于振荡器中的量子数。系统的总波函数由激光、斯托克斯态和振动态的乘积表示,即

$$|\psi\rangle = |n_{\mathrm{l}}\rangle|n_{\mathrm{s}}\rangle|n_{\mathrm{v}}\rangle. \tag{5.54}$$

湮灭算符 a 和产生算符 a^{+}的作用如下：$a_{\mathrm{l}}|n_{\mathrm{l}}\rangle \to |n_{\mathrm{l}}-1\rangle$，$a_{\mathrm{l}}^{+}|n_{\mathrm{l}}\rangle \to |n_{\mathrm{l}}+1\rangle$；$a_{\mathrm{s}}|n_{\mathrm{s}}\rangle \to |n_{\mathrm{s}}-1\rangle$；$a_{\mathrm{s}}^{+}|n_{\mathrm{s}}\rangle \to |n_{\mathrm{s}}+1\rangle$；$a_{\mathrm{v}}|n_{\mathrm{v}}\rangle \to |n_{\mathrm{v}}-1\rangle$；$a_{\mathrm{v}}^{+}|n_{\mathrm{v}}\rangle \to |n_{\mathrm{v}}-1\rangle$。换句话说，$a$ 和 a^{+} 分别减少或增加分子或光学相应能态的激发数。

由式(5.52)和式(5.53)可知,拉曼散射的相互作用哈密顿 H_{R} 一般由 a' 和 $a^{+'}$ 的三重积组成。特别是,斯托克斯散射与一项 $a_{\mathrm{l}}a_{\mathrm{s}}^{+}a_{\mathrm{v}}^{+}$ 对系统 $|i\rangle_{\mathrm{s}} = |n_{\mathrm{l}}\rangle|n_{\mathrm{s}}\rangle|0\rangle_{\mathrm{v}}$ 的初始总波函数的作用有关,这产生了一个最终状态,其中振动状态(最初是真空状态)增加了一个单位,而光子从入射激光中移除,并产生斯托克斯光子:

$$\underset{\{|i_{\mathrm{s}}\rangle\}}{a_{\mathrm{l}}a_{\mathrm{s}}^{+}a_{\mathrm{v}}^{+}\{|n_{\mathrm{l}}\rangle|n_{\mathrm{s}}\rangle|n_{\mathrm{v}}=1\rangle\}} \to \underset{\{|f_{\mathrm{s}}\rangle\}}{\{|n_{\mathrm{l}}-1\rangle|n_{\mathrm{s}}+1\rangle|n_{\mathrm{v}}=1\rangle\}} \tag{5.55}$$

同样,逆散射过程对应于 $a_{\mathrm{l}}^{+}a_{\mathrm{s}}a_{\mathrm{v}}$ 对初始状态 $|i\rangle_{\mathrm{a}} = |n_{\mathrm{l}}\rangle|n_{\mathrm{s}}\rangle|1\rangle$ 的作用,即

$$\underset{\{|i_{\mathrm{a}}\rangle\}}{a_{\mathrm{l}}^{+}a_{\mathrm{s}}a_{\mathrm{v}}\{|n_{\mathrm{l}}\rangle|n_{\mathrm{s}}\rangle|n_{\mathrm{v}}=1\rangle\}} \to \underset{\{|f_{\mathrm{a}}\rangle\}}{\{|n_{\mathrm{l}}+1\rangle|n_{\mathrm{s}}-1\rangle|n_{\mathrm{v}}=0\rangle\}} \tag{5.56}$$

根据摄动理论[13],这些转变的概率与这些过程的矩阵元素的平方模成正比。

对于斯托克斯散射,有

$$W_{\mathrm{s}} \alpha |\langle f_{\mathrm{s}}|a_{\mathrm{l}}a_{\mathrm{s}}^{+}a_{\mathrm{v}}^{+}|i_{\mathrm{s}}\rangle^{2} = Dn_{\mathrm{l}}(n_{\mathrm{s}}+1) \tag{5.57}$$

对于逆散射,有

$$W_{\mathrm{s}} \alpha |\langle f_{\mathrm{a}}|a_{\mathrm{l}}^{+}a_{\mathrm{s}}a_{\mathrm{v}}|i_{\mathrm{a}}\rangle|^{2} = D(n_{\mathrm{l}}+1)n_{\mathrm{s}} \tag{5.58}$$

其中,D 为比例常数,可以通过严格的量子力学计算[13]来证明这两个过程是相同的。

考虑斯托克斯光子的时间增长,并使用式(5.57)和式(5.58),有

$$\frac{\mathrm{d}n_{\mathrm{s}}}{\mathrm{d}t} = DN_{1}n_{\mathrm{l}}(n_{\mathrm{s}}+1) - DN_{2}n_{\mathrm{s}}(n_{\mathrm{l}}+1) \tag{5.59}$$

其中,N_{1} 和 N_{2} 分别为占据基态 $|1\rangle$($n_{\mathrm{v}}=0$)和激发态 $|2\rangle$($n_{\mathrm{v}}=1$)的概率。

5.7.3 自发拉曼散射

在普通(自发)拉曼散射中,$n_{\mathrm{s}} \ll 1$ 和 $N_{2} \ll N_{1}$,则有

$$\frac{dn_s}{dt} \sim DN_1 n_1 \tag{5.60}$$

由于光子数是守恒的,$dn_s/dt=-dn_1/dt$,由式(5.60)可得

$$\frac{dn_1}{dt} = -DN_1 n_1 \tag{5.61}$$

或者

$$\frac{dn_1}{dz} = -\frac{D}{c/n(\omega_1)} N_1 n_1 \tag{5.62}$$

其中,$n(\omega_1)$为折射率。且有

$$n_1(z) = n_1(0)e^{-\beta_1 z} \tag{5.63}$$

其中

$$\beta_1 = \frac{DN_1 n(\omega_1)}{c} \tag{5.64}$$

为入射激光在ω_1处的衰减常数。注意,β_1不依赖于入射激光强度。此外,由式(5.60)可知,在任何给定时间,散射的斯托克斯光子数与入射激光强度成正比。考虑斯托克斯光子散射到微分立体角$d\Omega$中的数量,式(5.64)中的比例常数D与微分截面$d\sigma/d\Omega$的关系为[13]

$$\left.\frac{d\sigma}{d\Omega}\right|_{90°,\phi} = \frac{3v_s^3 n^3(\omega_s) n(\omega_1) DV\Delta v N_1}{v_1 N c^4} \tag{5.65}$$

其中,N为分子密度;V为体积;$N(\omega_s)$和$N(\omega_1)$分别为斯托克斯和入射激光频率下的折射率;Δv为跃迁的自然线宽。

5.7.4 受激拉曼散射

由式(5.60)可以看出,斯托克斯光子的产生速率与入射激光强度成正比(即与n_1成正比)。因此,如果入射激光足够强,斯托克斯光子数n_s可以很大($\gg 1$)。在这种情况下,散射过程将采取完全不同的形式,斯托克斯波将呈指数增长。要了解这一点,对式(5.59)考虑n_1,$n_s \gg 1$,则有

$$\frac{dn_s}{dt} = D(N_1 - N_2) n_1 n_s \tag{5.66}$$

这给出

$$\frac{dn_s}{dz} = \frac{Dn(\omega_s)}{c}(N_1 - N_2) n_1 n_s \tag{5.67}$$

或者,就斯托克斯的强度而言,有

$$I_s(z) = I_s(0)e^{g_s,z} \tag{5.68}$$

其中

$$g_s = \frac{Dn(\omega_s)}{c}(N_1 - N_2)n_1 \tag{5.69}$$

由 n_1 和 I_1 的关系为

$$n_1 = \frac{n(\omega_1)I_1}{h\nu_1 c}$$

则有

$$g_s = \frac{Dn(\omega_s)n(\omega_1)}{h\nu_1 c^2}(N_1 - N_2)I_1 \tag{5.70}$$

换句话说,斯托克斯波经历一个指数增益常数(如果 $N_1>N_2$),与入射激光强度成正比。如果这个增益大于斯托克斯波由于吸收、随机散射等所造成的损耗,就有可能产生激光振荡(即斯托克斯激光器)。这样的过程被称为受激拉曼散射。

5.8 布里渊散射和瑞利散射

一般来说,对于纯非吸收介质,以 ω_1 为中心的入射激光发出的自发散射光的光谱如图 5.7 所示。拉曼-斯托克斯辐射($\omega=\omega_1-\omega_R$)和反斯托克斯辐射($\omega=\omega_1+\omega_R$)远离中心频率的两侧。

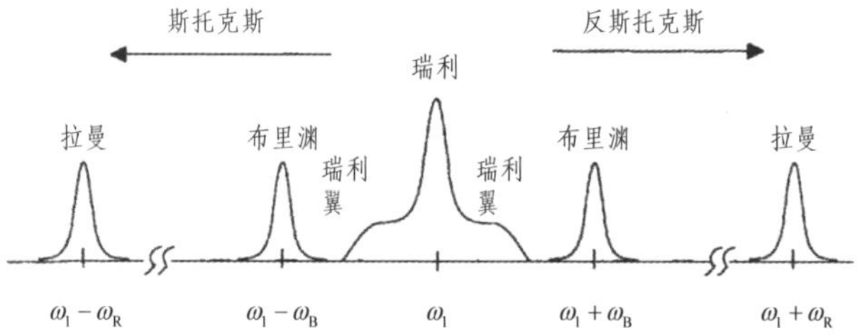

图 5.7 从液体或液晶中自发散射的典型光谱

在中心频率 ω_1 附近,一般由一个以 ω_1 为中心的瑞利散射峰和两个以($\omega_1 \pm \omega_B$)为中心的布里渊散射峰组成,还有两个一般称为瑞利翼的宽背景。

布里渊散射是由传播的压力波(声音)对光的散射引起的。入射激光可以通过所谓的电致伸缩效应产生频率为 ω_B 的共传播或反传播声波(见第 9 章)。因此,散射光的光谱由一个以 $\omega_1 \pm \omega_B$ 为中心的双重波组成。另外,瑞利散射是由于熵或温度的波动,从而导致非传播密度(即介电常数)波动。

瑞利翼散射是由各向异性分子(如液晶分子)的取向波动引起的。在普通液体中,波动是由单个分子的运动引起的,发生在很短的时间尺度(约 10^{-12} s)。因此这个范围相当广泛。液晶中单个分子取向动力学的研究表明,弛豫时间尺度在皮秒量级[14-15],所谓的液晶瑞利翼谱也相当广泛。

根据前几章的讨论,另一种散射机制来自集体或相关的定向波动。这些过程比单个分子运动慢得多,弛豫时间常数在毫秒级(10^{-3} s)。因此,这些相关或集体定向波动的光谱非常尖锐,并嵌入瑞利峰的中心区域。

下面我们讨论布里渊散射和瑞利散射的机理。这些散射过程的起因是介电常数变化$\Delta\varepsilon$,与密度变化$\Delta\rho$有关,即

$$\Delta\varepsilon=\frac{\partial\varepsilon}{\partial\rho}\Delta\rho \tag{5.71}$$

密度的基本自变量是压强P和熵S。因此,我们可以把$\Delta\rho$表示为

$$\Delta\rho=\left(\frac{\partial\rho}{\partial P}\right)_S\Delta P+\left(\frac{\partial\rho}{\partial S}\right)_P\Delta S \tag{5.72}$$

式(5.72)右侧的两项分别对应绝热和等压密度波动。

5.8.1 布里渊散射

压力波ΔP的运动方程为[15]

$$\frac{\partial^2\Delta P}{\partial t^2}-\Gamma\nabla^2\frac{\partial\Delta P}{\partial t}-v_{\mathrm{s}}^2\nabla^2\Delta P=0 \tag{5.73}$$

其中,v_{s}为声速;Γ为阻尼常数。

声速可以用压缩系数C_{s}或体积模量β表示:

$$C_{\mathrm{s}}=\frac{1}{\beta}=-\frac{1}{v}\frac{\partial V}{\partial P}=\frac{1}{\rho}\left(\frac{\partial\rho}{\partial P}\right)_{\mathrm{s}} \tag{5.74}$$

而

$$v_{\mathrm{s}}^2=\left(\frac{\partial P}{\partial\rho}\right)_{\mathrm{s}}=\frac{1}{C_{\mathrm{s}}\rho} \tag{5.75}$$

阻尼常数可进一步表示为

$$\Gamma=\frac{1}{\rho}\left(\frac{4}{3}\eta_{\mathrm{s}}+\eta_{\mathrm{b}}\right) \tag{5.76}$$

其中,η_{s}为剪切黏度系数;η_{b}为体黏度系数。

在有声波的介质的散射波中,布里渊重态的存在可以描述如下。为了简单起见,我们将忽略这个问题的所有张量特征。设压力波为

$$\Delta P=\Delta P_0\mathrm{e}^{\mathrm{i}(qz-\omega_{\mathrm{B}}t)}+\mathrm{c.c.} \tag{5.77}$$

由于压力的变化,介电常数也发生变化,即有

$$\Delta\varepsilon=\left(\frac{\partial\varepsilon}{\partial\rho}\right)\Delta\rho=\left(\frac{\partial\varepsilon}{\partial\rho}\right)\left(\frac{\partial\rho}{\partial P}\right)_{\mathrm{s}}\Delta P \tag{5.78}$$

利用电致伸缩系数 $\gamma^{e}=\rho(\partial\varepsilon/\partial\rho)$ 和 $C_s=1/\rho(\partial\varepsilon/\partial\rho)$ 的定义，我们得到

$$\Delta\varepsilon = C_s\gamma^{e}\Delta P \tag{5.79}$$

将入射光电场写成

$$E_{inc} = E_0[e^{i(k\cdot r-\omega t)} + c.c.] \tag{5.80}$$

我们可以看到介电常数会引起感应极化，即

$$P = \Delta\varepsilon E_{inc} = C_s\gamma^{e}\Delta P E_{inc} \tag{5.81}$$

从式(5.77)和式(5.80)中，可以很容易地验证散射波包含两个分量。一个分量具有以 $\omega-\omega_B$ 频率振荡的波矢量 $k_-=k-q$，对应于光从后退的声波中的散射光。另一个分量的特征是波矢量 $k_+=k+q$ 以频率 $\omega+\omega_B$ 振荡，对应于迎面而来的声波的光散射。这两个分量在大小上非常接近。

入射光和散射光的波矢量 k_1、k_2 与声波矢量 q 的关系满足如图 5.8 所示的两个过程的波矢量相加规则。

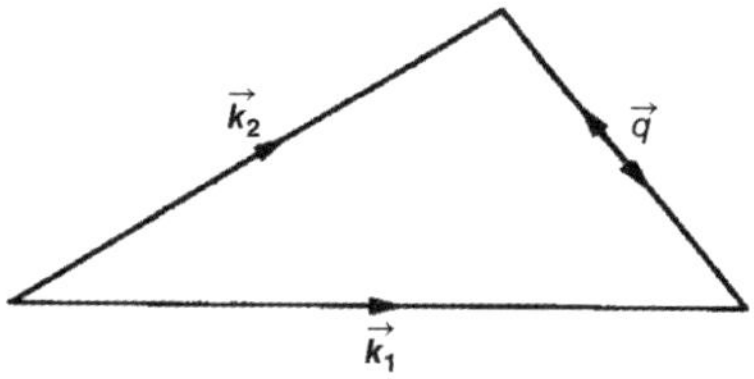

图 5.8　布里渊散射过程的波矢量相加规则

对于斯托克斯散射，$\omega_2=\omega_1-\omega_B$，$k_2=k_1-q$；对于反斯托克斯散射，$\omega_2=\omega_1+\omega_B$，$k_2=k_1+q$。

由于 $|k_1|\approx|k_2|$ 和 $|q|=2|k_1|\sin(\theta/2)$，因此声波的频率 ω_B 为

$$\omega_B = |q|v_s = 2n\omega\frac{v_s}{c}\sin\left(\frac{\theta}{2}\right) \tag{5.82}$$

散射线的谱宽与声阻尼常数有关。将式(5.77)代入式(5.73)即可得到

$$\omega_B^2 = q^2(v_s^2 - i\omega_B\Gamma) \tag{5.83}$$

或者

$$q^2 = \frac{\omega_B^2}{v_s^2 - i\omega_B\Gamma} \simeq \frac{\omega_B^2}{v_s^2}\left(1+\frac{i\omega_B\Gamma}{v_s^2}\right) \tag{5.84}$$

$$q \sim \frac{\omega_B}{v} + \frac{i\Gamma q^2}{2v_s} \tag{5.85}$$

如果 $\omega_B\Gamma \ll v_s^2$（通常是这种情况），表明声波的特征是一个阻尼常数，即

$$\Gamma_B = \frac{\Gamma q^2}{2} \tag{5.86}$$

它的倒数，即 $\tau_{\mathrm{p}}=1/\Gamma_{\mathrm{B}}$，通常被称为声子寿命。布里渊重态的光谱被拓宽一些，即

$$\delta\omega=\frac{1}{\tau_{\mathrm{p}}}=\Gamma_{\mathrm{B}} \tag{5.87}$$

利用 $|q|=2|k_1|\sin(\theta/2)$，我们得到

$$\delta\omega=2n^2\Gamma\frac{\omega^2}{c^2}\sin^2\left(\frac{\theta}{2}\right) \tag{5.88}$$

5.8.2 瑞利散射

熵涨落 ΔS 遵循与温度涨落类似的扩散方程：

$$\rho C_p\frac{\partial\Delta S}{\partial t}-\kappa\nabla^2 S=0 \tag{5.89}$$

其中，C_p 是恒压比热；κ 是导热系数。

扩散方程的解是具有如下形式的非传播函数：

$$\Delta S=\Delta S_0\mathrm{e}^{-\Gamma_T t-\mathrm{i}q\cdot r} \tag{5.90}$$

其中，热阻尼常数 Γ_T 为

$$\Gamma_T=\frac{k}{\rho C_p}q^2 \tag{5.91}$$

根据前面的分析，我们可以看到，由熵波动引起的散射并不会使频率发生移位。相反，由于指数衰减依赖性，$\mathrm{e}^{-\Gamma_T t}$ 使光变宽了 $\delta\omega=\Gamma_T$。由于 $q=2|k_1|\sin(\theta/2)$，则有

$$\delta\omega=\frac{4k}{\rho C_p}|k_1|^2\sin^2\left(\frac{\theta}{2}\right) \tag{5.92}$$

5.9 非线性光散射的简单介绍

前面几节主要讨论了液晶的线性光散射过程，其中液晶特性的变化会引起散射光的时间和空间（方向）频率。入射光或散射光不会对液晶特性产生显著的变化。另外，还有所谓的非线性光散射过程，其中入射光与液晶的相互作用足够强，以改变其晶体性质（如定向轴方向、晶体结构、流动）或分子能级种群（拉曼散射、多光子吸收）。这些激光在液晶中引起的物理变化引起非线性偏振和折射率/双折射变化，这些变化改变了光的强度、偏振态、频率和其他特性。非线性光学过程将在第 9 至 12 章详细描述。在这里，我们首先快速浏览一下。

非线性散射与液晶的线性光散射能力有复杂的关系，它们都源于 LC 分子与光电场之间的偶极相互作用。由于其在前面章节中讨论了非常大的光散射能力，NLCs 可以说是迄今为止研究过的最非线性的光学材料。

20 世纪 70 年代末的研究也迎来了以折射率变化系数 n_2=1~10 cm^2/W 为特征的超非线性时代。(n_2 定义为 $n_2=\Delta n / I$,其中 Δn 为光致折射率变化,I 为光强)。相比之下,曾经被称为高度非线性各向异性的液体,如 CS_2,其特征是低约 10 个数量级的 n_2。这种非线性首先在掺杂甲基红染料分子或 C60 和碳纳米管的 NLCs 中被发现[16-18];随后报道[19],对于类似的甲基红掺杂 NLC,n_2 可高达约 1 000 cm^2/W。人们自然会问,这种超非线性的极限是什么?通过考虑图 5.9 所示的基本光-液晶(LC)相互作用,可以对这一点略见一斑。将 LC 轴重新定向一个角度 θ 所涉及的能量密度为

$$U\left(\frac{\text{erg}}{\text{cm}^2}\right) \approx K\left(\frac{\partial\theta}{\partial x}\right)^2 L \tag{5.93}$$

其中,L 是相互作用长度;K 是 LC 弹性常数。

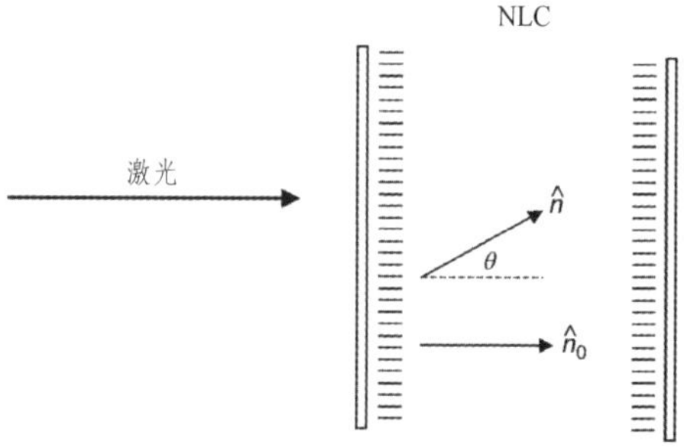

图 5.9 测量 NLC 中非线性折射率变化的混波实验中典型的激光-向列指向矢相互作用几何[17-19](注意,外部直流或交流电压可以与光场一起施加,通过在液晶中掺入光敏分子或纳米颗粒来提高液晶的非线性散射效率)

如前所示,重定向角 θ 的形式为

$$\theta = \theta_0 \sin(qx) \tag{5.94}$$

其中,$q=2\pi/\Lambda$。因此,有

$$U_{\text{LC}} \sim K\pi^2\theta^2 \frac{L}{\Lambda^2} \tag{5.95}$$

另外,光束提供的能量为

$$E_n = I\tau(1-\mathrm{e}^{-\alpha L}) \sim \alpha L I \tau \tag{5.96}$$

其中,α 是吸收系数;τ 是响应时间。

令 E_n 和 U_{LC} 相等,即假设吸收的光能完全转换为定向,可以得到

$$\frac{K\pi^2\theta^2}{\alpha\Lambda^2} \approx I\tau \tag{5.97}$$

对于如图 5.9 所示的相互作用几何,e 波所经历的指数变化为

$$\Delta n \sim (n_e - n_o)\theta^2 \sim (n_e - n_o)\frac{I\tau\alpha\Lambda^2}{K} \tag{5.98}$$

由 $\Delta n = n_2 I$，得到非线性指标系数 n_2 为

$$n_2 \sim (n_e - n_o)\frac{\tau\alpha\Lambda^2}{K\pi^2} \tag{5.99}$$

在 NLC 中，τ 在 10 ms(10^{-2} s)的数量级，而 Λ 约为 20 μm（参见第 3 章）。使用 $K \approx 10^{-7}$ erg/cm，($n_e - n_o$) ≈ 0.2，$\alpha \approx 100\ \text{cm}^{-1}$，我们得到 $n_2 \approx 1\ \text{cm}^2/\text{W}$。再如，若 $\Lambda \approx 100$ μm，$\tau \approx 1$ s，$K \approx 10^{-7}$，($n_e - n_o$) ≈ 0.4，$\alpha \approx 200\ \text{cm}^{-1}$，我们将得到 $n_2 \approx 1\,000\ \text{cm}^2/\text{W}$，与参考文献[19]相似。

参考文献

[1] P. G. deGennes, *The Physics of Liquid Crystals*. Clarendon, Oxford Press, 1974.

[2] L. D. Landau, E. M. Lifshitz, *Electrodynamics of Continuous Media*. Pergamon, London, 1960; J. D. Jackson, *Classical Electrodynamics*. Wiley, New York, 1963.

[3] I. C. Khoo, *Phys. Rev. A* 27, 2747 (1983).

[4] P. Chatelain, *Ada Crystallogr.* 1, 315 (1948).

[5] J. C. Filippini, *Phys. Rev. Lett.* 39, 150 (1977); B. Malraison, Y. Poggi, E. Guyon, *Phys. Rev. A* 21, 1012 (1980).

[6] I. C. Khoo, S. T. Wu, *Optics and Nonlinear Optics of Liquid Crystals*. World-Scientific, Singapore, 1993.

[7] L. D. Landau, E. M. Lifshitz, *Statistical Physics*. Pergamon, London, 1975.

[8] J. D. Litster, T. Stinson, *Phys. Rev. Lett.* 30, 688 (1973); T. W. Stinson, J. D. Litster, *Phys. Rev. Lett.* 25, 503 (1970).

[9] B. Y. Zeldovich, N. V. Tabiryan, *Sov. Phys.—JETP* (*Engl. Transl.*) 54, 922 (1981).

[10] A. Saupe, *Annu. Rev. Phys. Chem.* 24, 441 (1973).

[11] Orsay Liquid Crystal Group, *J. Chem. Phys.* 51, 816 (1969).

[12] S. Jen, N. A. Clark, P. S. Pershan, *J. Chem. Phys.* 66, 4635 (1977).

[13] A. Yariv, *Quantum Electronics*. Wiley, New York, 1985.

[14] J. R. Lalanne, B. Martin, B. Pouligny, *Mol. Cryst. Liq. Cryst.* 42, 153 (1977); C. Flytzanis, Y. R. Shen, *Phys. Rev. Lett.* 33, 14 (1974).

[15] I. L. Fabelinskii, *Molecular Scattering of Light*. Plenum, New York, 1968.

[16] I. C. Khoo, S. Slussarenko, B. D. Guenther, et al. "Optically induced space charge fields, DC voltage, and extraordinarily large nonlinearity in dye-doped nematic liquid crystals," *Opt. Lett.* 23, 253–255 (1998).

[17] I. C. Khoo, "Holographic grating formation in dyeand fullerene C60-doped nematic liquid crystal film," *Opt. Lett.* 20, 2137 (1996).

[18] I. C. Khoo, J. Ding, Y. Zhang, et al. "Supra-nonlinear photorefractive response of single-wall carbon nanotubeand C60-doped nematic liquid crystals," *Appl. Phys. Lett.* 82, 3587–3589 (2003).

[19] L. Lucchetti, M. Di Fabrizio, O. Francescangeli, et al. "Colossal optical nonlinearity in dye-doped liquid crystals," *Opt. Commun.* 233, 417 (2004).

第 6 章　液晶光学与电光效应

6.1　引言

液晶以其巨大的双折射而著称，可以很容易地通过外部磁场或刺激进行调制，从而控制穿过液晶的光波的相位，并与其他偏振光学器件结合，实现各种光学传输、反射、开关、调制和传感设备的运行[1-3]。图 6.1 描述了电脑、电视和手机等无处不在的电子光学设备的(彩色图像)显示面板的典型像素元件。其中，偏振(白色)背光首先经过薄膜晶体管(Thin Film Transistor, TFT)电路，然后经过液晶(Liquid Crystal, LC)层和彩色滤光片，最后到达输出偏光片。它的传输受输入信号电压(施加在薄膜晶体管电路和前透明电镀玻璃面板之间)的调制，从而使液晶重新定向，并对偏振背光产生相应的相移。

由于外加交流电场与液晶之间的相互作用本质上是介电相互作用，因此开关的功耗极低。此外，由于液晶具有较大的双折射，因此只需在微米级厚的液晶层上施加几伏电压，就能产生最大的调制效果。

偏振光在各向异性介质(如液晶)中的传播问题可能相当复杂，这是因为外加电压和表面排列及锚定配置所施加的边界条件会导致指向矢重新定向的不均匀分布。目前，已开发出许多分析和数值建模技术，每种技术都有其能力和局限性。

在本章中，我们将回顾电光调制的一些基本原理，并处理解析或概念上可解的情况，即首先回顾电光的基本原理以及示例性的光学调制和开关过程，然后对典型的液晶电光开关器件和一些潜在有用的光学传感及路由器件进行概述。

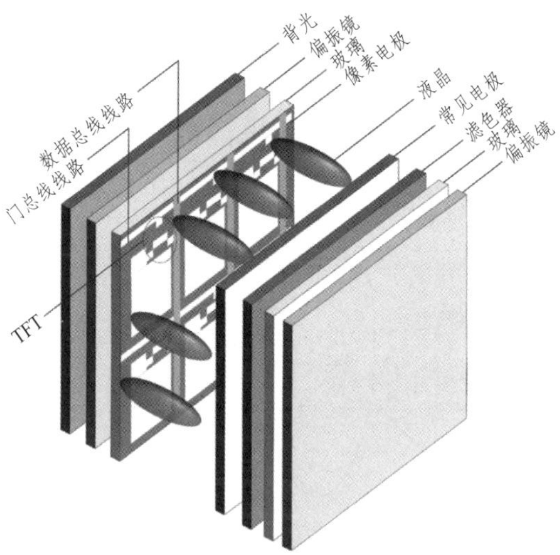

图 6.1　由电子驱动电路、偏光片、液晶盒、滤光片和相位板（未显示）组成的典型液晶显示像素的示意图

6.2　各向异性和双折射晶体的电光研究进展

6.2.1　各向异性、单轴和双轴光学晶体

所有晶体都具有光学各向异性，因为它们是由不同晶体对称性的大原子/分子组成的。入射到晶体上的偏振光会根据其偏振状态“看到”不同的折射率。如果我们用 1、2 和 3 表示晶轴，那么沿 x、y、z 偏振的光的折射率分别为 n_1、n_2 和 n_3。一般来说，n_1、n_2 和 n_3 是由折射率椭球联系在一起的，即有

$$\frac{x^2}{n_1^2}+\frac{y^2}{n_2^2}+\frac{z^2}{n_3^2}=1 \tag{6.1}$$

在实际环境/设备中，晶体的取向使其传播方向与晶体的一条主轴重合，通常表示为 z 轴，因此光的偏振矢量位于 x-y 平面上。z 轴通常称为晶体轴，被选为对称轴。如果 n_1 和 n_2 不相等，这种晶体称为双轴晶体。在这种情况下，如果 $n_3>n_1$ 和 n_2，则称为正单轴晶体，而如果 $n_3<n_1$ 和 n_2，则称为负单轴晶体。

在单轴晶体（$n_1=n_2$）的情况下，如向列相液晶（Nematic Liquid Crystal，NLC），通常用 n_o 表示，而 n_3 则用 n_e 表示。下一节我们将讨论光在双折射晶体中是以寻常光线还是非寻常光线传播时，下标 o 和 e 的含义将变得更加清晰。

考虑这样一种情况，即光在 y-z 平面上沿着一个方向 S（通常用于表示电磁波的坡印廷矢量的符号；在光学术语中，通常用符号 k 表示波矢量的方向）传播，且与 z 轴成 θ 角，如图

6.2 所示。在垂直于 S 的平面上，通过原点可以得到两个正交的偏振矢量，一个是位于 x-z 平面上的寻常偏振光，另一个是位于 y-z 平面上的非寻常偏振光。

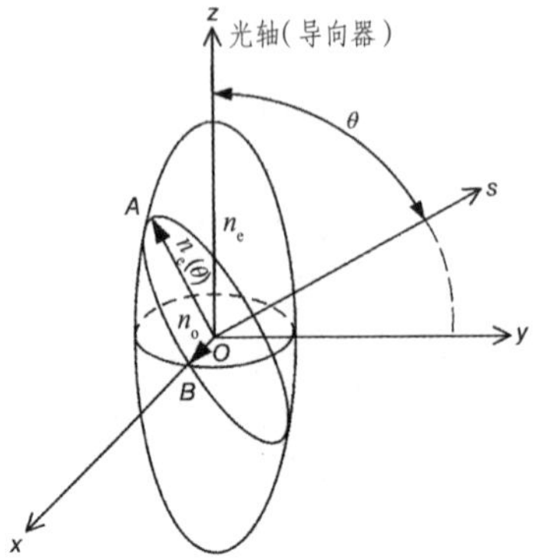

图 6.2　单轴晶体中沿 S 传播的平面偏振光波的折射率椭球（$n_e(\theta)$ 和 n_o 分别是非寻常分量和寻常分量的折射率）

从图 6.2 所示的折射率椭球可以看出，所谓的寻常光的折射率与传播角 θ 无关，即

$$n_o(\theta)=n_o \tag{6.2}$$

另外，非寻常光的折射率取决于传播角 θ。根据式（6.1）中给出的折射率椭球，可以简单地计算出与 θ 有关的折射率，即

$$n_e(\theta)=n_e n_o/[n_e^2\cos^2\theta+n_o^2\sin^2\theta]^{1/2} \tag{6.3}$$

6.2.2　存在电场-电光效应的折射率椭球面

由于外加电场会影响晶体的内部电子结构，因此会引起光学折射率的变化，而引起这些变化的基本机制差别很大。在典型的无机电光晶体（如铌酸锂）中，折射率的变化是由 Pockels 效应引起的，折射率的变化与外加电场矢量 E 成正比（$\Delta n\sim r_{eo}E$，其中 r_{eo} 是电光系数）。铁电液晶（Ferroelectric Liquid Crystals，FLCs）也是如此，其指数变化取决于外加电场的大小和方向。另外，在 NLC 中，折射率的变化是由指向矢的重新定向造成的，这种重新定向与外加电场成二次方关系，即所谓的 Kerr 效应（$\Delta n\sim n_2|E|^2$，其中 n^2 是所谓的 Kerr 常数）。

在本节，我们将讨论 Pockels 效应的情况。在外加磁场的作用下，指数椭球会变成[1]：

$$\left(\frac{1}{n^2}\right)_1x^2+\left(\frac{1}{n^2}\right)_2y^2+\left(\frac{1}{n^2}\right)_3z^2+2\left(\frac{1}{n^2}\right)_4yz+2\left(\frac{1}{n^2}\right)_5xz+2\left(\frac{1}{n^2}\right)_6xy=1 \tag{6.4}$$

其中，变量 $(1/n^2)_i$（i=1，2，…，6）取决于所施加的电场 E。

在一个方向上施加的电场会影响在其他两个横向方向上的晶体电子云，导致折射率椭球中坐标 x、y、z 的“混合”，在式（6.4）中产生了三个新项（与式（6.1）相比）。当所施加的电场 E=0 时，对于 i=1，2，3 系数 $(1/n^2)_i$ 对应 $1/n_1^2$，$1/n_2^2$，$1/n_3^2$，然而对于 i=4，5，6，系数

$(1/n^2)_i=0$。

在表现出线性电光效应的晶体中，系数$(1/n^2)$在外加电场$E=E(E_1$、E_2和$E_3)$上的变化为

$$\Delta\left(\frac{1}{n^2}\right)_i=\sum_{j=1}^{3} r_{ij}E_j \quad (i=1,2,\cdots,6;j=1,2,3) \tag{6.5}$$

更明确地说，有

$$\begin{vmatrix}\Delta(1/n^2)_1\\ \Delta(1/n^2)_2\\ \Delta(1/n^2)_3\\ \Delta(1/n^2)_4\\ \Delta(1/n^2)_5\\ \Delta(1/n^2)_6\end{vmatrix}=\begin{vmatrix}r_{11} & r_{12} & r_{13}\\ r_{21} & r_{22} & r_{23}\\ r_{31} & r_{32} & r_{33}\\ r_{41} & r_{42} & r_{43}\\ r_{51} & r_{52} & r_{53}\\ r_{61} & r_{62} & r_{63}\end{vmatrix}\begin{vmatrix}E_1\\ E_2\\ E_3\end{vmatrix} \tag{6.6}$$

例如，$\Delta(1/n^2)_3=r_{31}E_1+r_{32}E_2+r_{33}E_3$，当沿着一个方向施加电场，三个方向的折射率都会发生变化，这是因为折射率的变化是由外加电场对总电子波函数的扰动造成的。由于相邻原子/分子之间存在密切的相互作用，电光系数r_{ij}的值取决于晶体结构和对称性。考虑到对称性，还可以指定哪些特定矩阵元素r_{ij}应或不应为非零。

对于广泛使用的电光晶体，如铌酸锂（$LiNbO_3$），其电光系数[1]$r_{33}=30.8$（单位为10^{-12} m/V），$r_{13}=8.6$，$r_{22}=3.4$，$r_{42}=28$，且$n_e=2.29$，$n_o=2.20$（在$\lambda=550$ nm 处）。值得注意的是，这些只是一些典型的值，它们可能会因为杂质（或掺杂剂）的存在和生长这些晶体的方法等因素不同而有很大的变化。对于这些电光系数值（约10^{-11} m/V），需要施加约 10 000 V 的直流电压和厘米级的晶体尺寸来产生约 π 的相移。相比之下，在以 Kerr 效应操作的液晶电光器件中，所需的典型交流电压约为 1 V，并且液晶厚度为几微米。

6.2.3　偏光片和延迟片

大多数电光设备都是利用双折射晶体与其他光学元件相结合来控制、调节或切换光线[1-3]。图 6.3 展示了一个典型的电光开关装置，其中电光晶体夹在偏光片和延迟（相位）片之间。

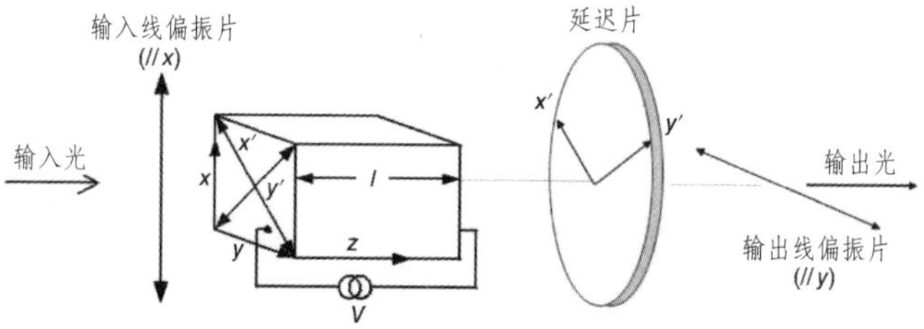

图 6.3　典型的电光调制方案（偏振分析器夹着电光晶体和延迟片之间）

线偏光片通常由各向异性的吸收材料制成,其中沿晶轴的吸收比正交轴(通常称为透射轴)强得多;入射到偏光片上的非偏振光将以沿透射轴偏振的形式出现。

圆偏光片通常是由一个线偏光片和一个双折射延迟片串联而成,偏振矢量被延迟片的"快"(低折射率值)轴和"慢"轴(高折射率值)一分为二(参见图 6.3,不含电子光学晶体)。由于"快"轴和"慢"轴相关的折射率不同,这两个分量将产生不同的相移,穿过延迟片的光将根据相移情况获得不同的偏振状态。

图 6.4 显示了穿过线偏光片以及具有不同"快"分量和"慢"分量相位差的延迟片时产生的光的偏振态。对于+π/2 或−π/2(四分之一波)相移,两个分量相加形成圆偏振光。对于π 或−π 相移,光再次线性偏振,但其方向与入射线性偏振方向成 90°。对于其他相位差值,光转变为椭圆偏振。

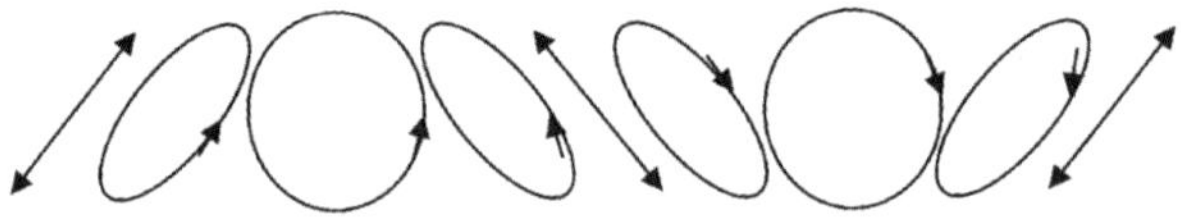

图 6.4 偏振光的两个正交分量相加后产生的各种相对相移的偏振状态

关于平面波表示形式的说明:在本章中,我们采用了大多数书籍/出版物所采用的惯例,即从观察者的角度,用光向观察者传播来表示圆偏振或椭圆偏振的手性。此外,我们将平面传播波表示为正比于 $e^{i(\omega t-kz)}$,其中 ω 是频率, k 是波矢量,与参考文献[1]类似,这一惯例受到工程师的青睐。不过,在第 7 章中,我们在讨论超材料或激光材料时会用 $e^{i(kz-\omega t)}$来表示平面波,因为大多数涉及这一主题的文献都是由物理学家撰写的,他们倾向于使用这种平面波表示法。

对于折射率为实数、平面波幅度为常数的情况,这两种表示法中传播波矢量 k 前面的符号变化都不重要。然而,在一般情况下,折射率是一个复数,其虚部可正可负,导致指数吸收或放大;在超材料[4-5]中,实部也可负可正。因此,在研究或解释所报告的结果或结论之前,必须牢记首先确定大量有关超材料或超表面的参考文献[6]中使用的平面波形式。

6.2.4 基本电光调制

考虑图 6.3 所示的电光开关/调制方案,输入偏光片产生的线性偏振平面波可表示为

$$E = A_i \exp[i(\omega t - kz)] \tag{6.7}$$

其中, A_i 是其振幅; $(\omega t - kz)$ 是相位, ω 是光的频率, k 是由 $k=n2\pi/\lambda$ 给出的波矢量, n 是折射率。

偏振矢量在 45° 处被定向到结晶轴 x' 和 y' 。在进入晶体时,光波分解成两个正交分

量，一个沿着 x' 轴（具有波矢量 k_1），另一个沿着 y' 轴（具有波向量 k_2）。

沿着 x' 轴，有

$$E_{x'} = (A_i \cos 45°)\exp[i(\omega t - k_1 z)] = A\exp(i\varphi_1) \tag{6.8}$$

其中，$k_1=n_1 2\pi/\lambda$。

沿着 y' 轴，有

$$E_{y'} = (A_i \sin 45°)\exp[i(\omega t - k_2 z)] = A\exp(i\varphi_2) \tag{6.9}$$

其中，$k_2=n_2 2\pi/\lambda$。

在长度为 l 的晶体的出射平面上，这些电场分量变为

$$E_{x'}(l) = A\cos(\omega t - k_1 l) \tag{6.10}$$

$$E_{y'}(l) = A\cos(\omega t - k_2 l) = A\cos(\omega t - k_1 l - \Gamma_{\text{crystal}}) \tag{6.11}$$

其中，$\Gamma_{\text{crystal}}=\varphi_1-\varphi_2$ 是 x' 和 y' 之间的相位差，有

$$\Gamma_{\text{crystal}} = (n_2 - n_1) l 2\pi / \lambda \tag{6.12}$$

在电光晶体之后的延迟片会产生进一步的相移（如对于四分之一波（$\lambda/4$）片，相移为 $\pi/2$）。因此，x' 分量和 y' 分量之间的总相移 Γ 为

$$\Gamma = \Gamma_{\text{crystal}} + \text{延迟片相移} \tag{6.13}$$

延迟片之后的电场分量变为

$$E_{x'}(d) = A\cos(\omega t - k_1 l) \tag{6.14}$$

$$E_{y'}(d) = A\cos(\omega t - k_1 l - \Gamma) \tag{6.15}$$

根据 Γ 值的不同，电场矢量 $E = E_{x'} + E_{y'}$ 穿过延迟片后的偏振状态可能是椭圆形、线形或圆形，如图 6.4 所示。将输出偏振器透射轴（透射轴沿 y 轴）上的 $E_{x'}$ 和 $E_{y'}$ 分量相加，即可得出输出强度的直接分析结果，即

$$I_o = A_i^2 \sin^2(\Gamma/2) \tag{6.16}$$

因此，输出偏振器输出光束的强度会随 Γ 值的变化而变化，而 Γ 值可通过电光晶体传递的相移 Γ_{crystal} 进行电调制。

6.3　向列相液晶的电光特性

一般来说，外加电场对液晶分子电子波函数的扭曲不会对其折射率产生明显的影响，参见第 10 章。然而，外加磁场会极大地改变指向矢的方向和晶格结构（参见第 3 章和第 4 章），从而导致液晶光学特性发生巨大变化，这是大多数基于液晶的电光设备所采用的主要机制。下面我们讨论与向列相液晶中场诱导的指向矢定向相关的 Kerr 效应。

6.3.1 垂面和平面液晶盒中的指向矢调整和双频液晶

以图 1.19 所示的两个典型向列相液晶盒为例进行说明,在这两个液晶盒中,指向矢分别处于均匀(平面)和各向同性状态。在电光应用中,液晶盒窗口涂有透明导体,如氧化铟锡(ITO),以便在液晶盒上施加电压(场)。一般来说,采用交流电压是为了避免电流、加热、液晶取向不稳定性[7]以及会导致液晶降解的电化学效应。

向列液体的指向矢对外加电场的响应取决于介电各向异性。对于正向单轴液晶(即 $n_e>n_o$),指向矢会倾向于沿电场排列,而在负向单轴液晶中,指向矢会远离电场倾斜。要产生电场诱导的指向矢重新定向,可以采用正向单轴向列相液晶进行平面排列,或采用负向单轴向列相液晶进行各向同性排列。在后一种情况下,由于分子可以在远离各向同性状态的任何(事实上是随机)方向上自由旋转,因此通常会在液晶盒表面施加一些小的预倾斜,这样当施加电场时,就会“引导”方向朝预倾斜方向重新定向。

通过使用特殊的掺杂剂或混合不同的液晶,可以最终获得具有更理想的物理、光学和电光特性的“化合物”,以满足实际应用的需要。例如,在液晶中掺入可改变弹性常数或介电各向异性 $\Delta\varepsilon$(通常不影响其他理想特性,如温度范围、耐热性和耐湿性)的微量材料,则可实现更好的响应时间和更低的开关阈值[2]。

图 6.5 显示了平面排列的 5CB 盒和掺杂硒化镉纳米棒的 5CB 盒的测量电容[8]。对于平面样品,电容 C 与夹在两个导电电极(板)之间的液晶的有效介电常数成正比,即 $C=\varepsilon_0\varepsilon_{LC}(A/d)$,其中 A 是板的面积, d 是盒间隙。对于平面样品,低电压下的 ε_{LC} 为 $\varepsilon_{\perp}$,高电压下接近 $\varepsilon_{/\!/}$。该图清楚地表明,掺杂硒化镉的 LC 具有更大的介电各向异性,这就降低了 Freedericksz 转变的开关阈值,也降低了光折射效应等其他场诱导的指向矢重新定向效应的开关阈值[9]。

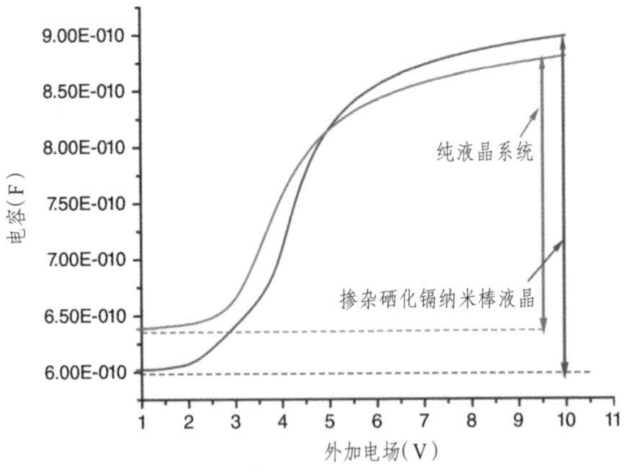

图 6.5　未掺杂 5CB 和掺杂硒化镉的 5CB 平面排列盒的电容随外加交流电压的变化(电池厚度单位为 mm,交流频率单位为 Hz,电容值分别对应于低压和高压时的 C_p 和 C_{para})

由于介电各向异性与频率有关(参见图 3.5),可以创建具有不同介电分散度的液晶混合物,从而产生的所谓双频液晶(Dual-Frequency Liquid Crystal, DFLC)在所施加的交流电场的一个频率下具有有效的正各向异性,但在另一个交流频率下具有负各向异性[10]。在这种情况下,如在平面排列的单元中,通过切换施加场的频率,可以在均匀(平面)和同向同性状态之间切换方向轴的排列。由于指向矢的响应时间取决于施加的电压,双频液晶可以允许以比指向矢自然(未施加电压)弛豫速率更快的速率在这两种对准状态之间切换。

6.3.2　重新审视 Freedericksz 转变

如图 6.6 所示,考虑具有平面、垂面和扭曲指向矢排列的向列相液晶盒。在这些具有正介电各向异性的向列相液晶盒中,在所示方向的外加电场作用下,指向矢将出现纯粹或混合的“伸展(Splay)”、“弯曲(Bend)”和“扭转(Twist)”变形。在图 6.6(a)和(b)所示的第一种和第二种情况中,大量的指向矢重新定向涉及一些以弹性常数 K_{11} 和 K_{33} 分别表征的伸展和弯曲变形的组合;单纯伸展和弯曲变形只发生在较小的重新定向中。只有在图 6.6(c)所示的第三种情况下,我们才会看到主体中的指向矢发生纯扭转变形的例子,这种变形只涉及一个弹性常数 K_{22}。

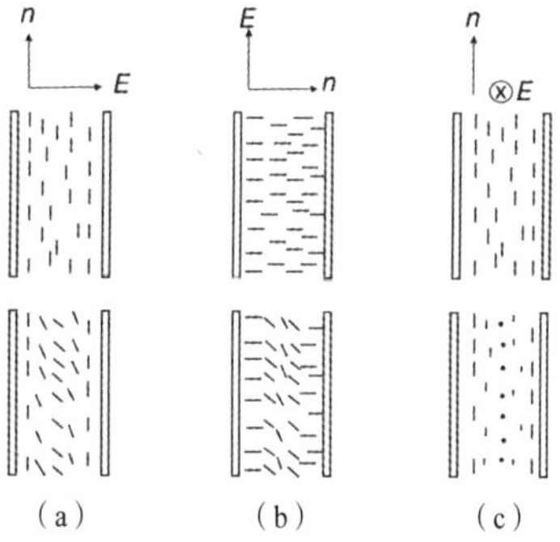

图 6.6　向列相液晶(a)伸展、(b)弯曲和(c)扭转形变时的外加电场与指向矢相互作用几何图形(上行显示初始取向,下行显示当电场超过阈值时的块体变形,在硬边界条件下,盒边界的指向矢是固定的)

6.3.2.1　情形 1:一个弹性常数近似

在单弹性常数近似和强边界锚定条件下的最简单情况下,向列相液晶层的自由能可通过对样品厚度 d 的积分求得(假定指向矢方向仅是 z 的函数):

$$G=\frac{1}{2}\int_0^d\left[K\left(\frac{\mathrm{d}\theta}{\mathrm{d}z}\right)^2-\frac{\Delta\varepsilon}{4\pi}E^2\sin^2\theta\right]\mathrm{d}z \tag{6.17}$$

其中,θ 是重新定向角;K 是弹性常数;E 是外加磁场;$\Delta\varepsilon=\varepsilon_{/\!/}-\varepsilon_{\perp}$。

利用自由能的标准变化法,θ 的控制方程变为

$$K\frac{\partial^2\theta}{\partial z^2}+\frac{\Delta\varepsilon}{4\pi}E^2\sin\theta\cos\theta=0 \tag{6.18}$$

对式(6.18)进行积分,可以得出重新定向角与外部磁场之间的关系,即

$$d=\int_0^{\theta_m}\left[c+\frac{\Delta\varepsilon E^2}{8\pi K}\cos(2\theta)\right]^{1/2}\mathrm{d}\theta \tag{6.19}$$

其中,θ_m是最大重新定向角;常数 c 可以通过最小化能量 G 来确定。

关于 θ 和 E 的最终表达式为

$$\frac{Ed}{2}\left(\frac{\Delta\varepsilon}{4\pi K}\right)^{\frac{1}{2}}=\int_0^{\theta_m}\frac{\mathrm{d}\theta}{(\sin^2\theta_m-\sin^2\theta)^{\frac{1}{2}}}=F(k) \tag{6.20}$$

式(6.19)的右侧是第一类椭圆积分,其值为 $k=\sin\theta_m\leqslant 1$。对于小的重新定向角,椭圆积分可以展开为级数。对于小指向矢方位角,式(6.19)可以近似为二阶(包含 θ 的第一个不消失项),并得出

$$E=\left(\frac{4\pi K}{\Delta\varepsilon}\right)^{\frac{1}{2}}\frac{\pi}{d}\left(1+\frac{1}{4}\sin^2\theta_m+\cdots\right) \tag{6.21}$$

式(6.21)表明,只有当外部磁场超过阈值($E>E_F$)时,才会发生 $\theta_m>0$ 的形变,且有

$$E_F=\left(\frac{4\pi K}{\Delta\varepsilon}\right)^{\frac{1}{2}}\frac{\pi}{d} \tag{6.22}$$

因此,Freedericksz 阈值电压 $V_F=E_Fd=(4\pi K/\Delta\varepsilon)^{1/2}\pi$ 与样品厚度无关,可以根据施加的电压 V 重新表示式(6.21),即

$$\frac{V}{V_F}=1+\frac{1}{4}\sin^2\theta_m+\cdots \tag{6.23}$$

6.3.2.2 情形 2:Freedericksz 转变电压(包括弹性各向异性)

考虑到弹性常数的各向异性(即 K_{11}、K_{22} 和 K_{33} 不同),受外加场影响的重新定向方程变为(见第 3 章)

$$\frac{\mathrm{d}}{\mathrm{d}z}\left[(K_{11}\cos^2\theta+K_{33}\sin^2\theta)\frac{\mathrm{d}\theta}{\mathrm{d}z}\right]-(K_{33}-K_{11})\sin\theta\cos\theta\left(\frac{\mathrm{d}\theta}{\mathrm{d}z}\right)^2=-\frac{\Delta\varepsilon}{4\pi}E^2\sin\theta\cos\theta \tag{6.24}$$

按照情形 1 中的类似步骤,可得

$$\frac{V}{V_F}=1+\frac{1}{4}\left(1+\kappa+\frac{\Delta\varepsilon}{\varepsilon_\perp}\right)\theta_m^2+\cdots \tag{6.25}$$

其中

$$\kappa = \frac{K_{33} - K_{11}}{K_{11}} \tag{6.26}$$

且 Freedericksz 转变电压 $V_F=(4\pi K/\Delta\varepsilon)^{1/2}\pi$。

6.3.2.3　情形 3:Freedericksz 转变电压(包括电导率)

如果由于掺杂剂或杂质的存在,向列相液晶层是导电的,则式(6.24)需要进行大量修改,以考虑介电和导电各向异性。详细的推导可以在参考文献[8]中找到,我们在这里给出与 θ_m 和施加电压 V 相关的结果:

$$\frac{V}{V_F} = 1 + \frac{1}{4}(1+\kappa+a)\theta_m^2 + \cdots \tag{6.27}$$

其中,$V_F=(4\pi K/\Delta\varepsilon)^{1/2}\pi$,$\kappa=(K_{33}-K_{11})/K_{11}$ 解释了弹性各向异性,且

$$a = \left[\frac{\sigma_{/\!/} - \sigma_\perp}{\sigma_\perp} + \left(\frac{\omega}{\omega_c}\right)^2 \frac{\varepsilon_{/\!/} - \varepsilon_\perp}{\varepsilon_\perp}\right]\left[1 + \left(\frac{\omega}{\omega_c}\right)^2\right]^{-1} \tag{6.28}$$

其中,$\omega_c = 4\pi\,\sigma_\perp/\varepsilon_\perp$。

Freedericksz 转变电压与非导电向列相液晶层的情况相同。然而,导电性的存在确实会影响高于阈值的外加电压的方向。当电压高于阈值 V_F 时,液晶变形取决于弹性常数 K_{33}/K_{11} 的比率、电导率和外加频率。对于非常高的频率 $\omega\to\infty$,系数 $a\to\Delta\varepsilon/\varepsilon_\perp$,向列相液晶层变为不导电。但对于非常低的频率 $\omega\to 0$,系数 $a\to\Delta\sigma/\sigma_\perp$,电导率占主导地位。

值得注意的是,在上述处理中,我们忽略了流动和其他可能的传导引起的效应,以及如果使用直流电场会出现的指向矢排列的不稳定性。出于这些和其他实际原因,交流场始终是液晶器件的首选。

6.3.3　场致折射率变化与相移

一般来说,指向矢重新定向角 θ 随进入液晶盒的传播距离而变化,参见图 6.7,在上一节考虑的情况下,液晶盒中心的方向角最大。例如,偏振光作为非寻常光通过向列相液晶盒时,会“看到”折射率的变化,因此会发生相移。因此,光穿过液晶盒后所经历的总相移由以下形式的积分给出:

$$\Delta\phi = \int_0^d \frac{2\pi}{\lambda}[n_e(z,\theta) - n_o]\mathrm{d}z \tag{6.29}$$

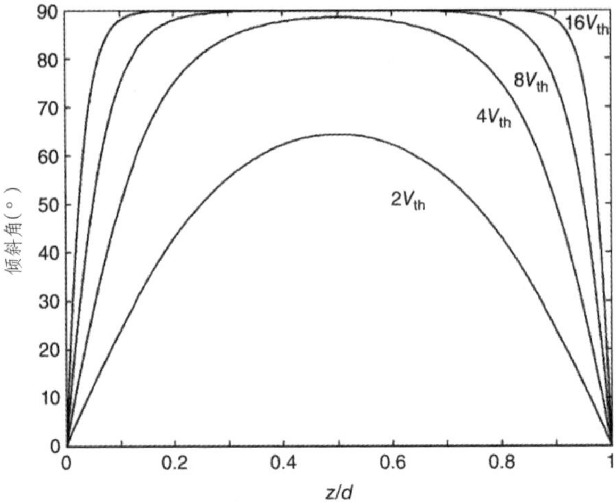

图 6.7　在 Freedericksz 转变中不同施加电压条件下,液晶盒中的指向矢重新定向轮廓

在需要精确值的实际设备中,通过对指向矢重新定向轮廓的数值模拟来计算实际相移。对于遵循硬边界条件(在边界表面处 θ=0°)的电压分析估计,由厚度依赖性,指向矢重新定向轮廓可以通过以下形式的正弦函数近似:

$$\theta = \theta_0 \sin\left(\frac{\pi z}{d}\right) \tag{6.30}$$

许多液晶显示设备都使用了指向矢的扭曲排列,如 90° 扭曲盒中的两个盒基板表面经过处理,有利于指向矢的平面排列,指向矢从一个盒窗口向另一个盒窗口旋转 90°。在超扭曲向列(Super Twist Nematic,STN)中,指向矢从一个表面到另一个表面的旋转可以是 180° 或 270° [11-12]。超扭曲向列指向矢排列是通过加入手性掺杂剂和具有较大的预倾斜角来实现的。

第一个阈值 V_{tilt},由以下公式给出:

$$V_{tilt} = \pi\left[\frac{K_{11} + (K_{33} - 2K_{22})/4}{\varepsilon_0 \Delta\varepsilon}\right]^{1/2} \tag{6.31}$$

指向矢将沿外加磁场方向倾斜,同时总体上保持原来的扭曲曲线(θ 保持不变)。在这种情况下,对于图 6.3 中使用的光学装置,入射光的主要影响只是相位调制。当施加的电压更高时,旋转角 θ 也会发生变化。最终,在施加电压远大于 V_{tilt} 时,向列轴松开,$\theta \to 0°$ 出现在盒的主体中。

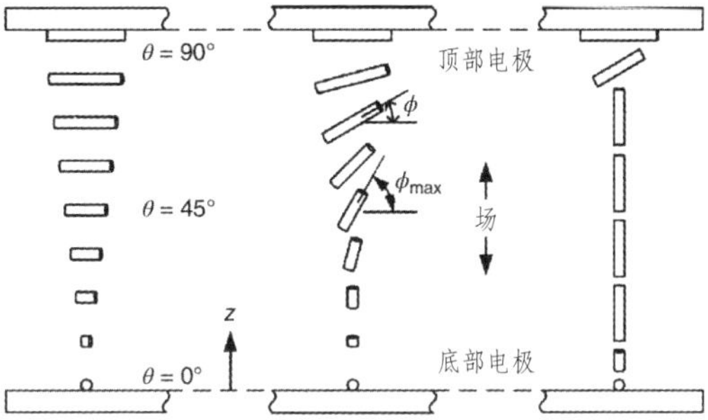

图 6.8　在外加场的作用下，90° 扭曲的向列相液晶盒的指向矢的倾斜和展开

对于超扭曲向列盒，类似的研究已经确定各种预倾斜角和初始扭曲角的相应阈值电压[14]。

6.4　向列相液晶开关的显示应用

液晶显示技术正在突飞猛进地发展，业界正努力实现更高的分辨率、更快的响应速度、更宽的视场、更大的显示面积以及每个显示像素的更多功能，这与其他光电子、微电子或纳米电子技术的快速发展是并驾齐驱的，这需要一篇（不断更新的）论文来探索和更新各种展示设计的细节。因此，与本书其他章节一样，本章的重点是在示例配置和单元设计中指导液晶电光效应的基本原理。希望这些基本原理和下一章介绍的计算方法能让我们不受时间推进的影响，以应用于特定的设计或配置。

液晶显示器有两种不同的工作模式：透射式和反射式。这两种模式都是利用液晶的双折射特性，结合偏光片和相位（延迟）片来实现的。由于液晶具有很大的双折射性，因此只需要非常薄的单元就能产生光学设备所需的相移。例如，在可见光区域（$\lambda \approx 500$ nm）工作时，当 $\Delta n \approx 0.2$，产生 π 相移所需的液晶盒厚度 $d \approx 1.5$ μm，所需的电压 $V_\pi \approx 1$ V。

6.4.1　考虑扭曲、平面和各向同性排列液晶盒轴向的液晶开关

在第 6.1.4 节中，我们讨论了用于电光强度调制的偏光片+电光晶体装置。现在考虑用一个 90° 扭曲排列的液晶盒来代替电光晶体。在常黑（Normally Black，NB）工作状态下，液晶盒被放置在两个平行偏光片之间（两个偏光片的透光轴均沿 x 方向），且不带延迟片。光的偏振矢量最初沿 x 方向指向液晶盒，在通过液晶盒时，偏振矢量将沿指向矢方向移动，并以沿 y 方向的偏振矢量离开液晶盒。因此，如果输出偏振器的传输轴沿 x 方向，则偏振矢量将被输出偏光片阻断。另外，如果输出偏光片的传输轴沿 y 轴方向（即与输入偏光片的传输轴正交），那么 y 偏振光将得到最大程度的传输，即所谓的常白（Normally White，NW）模式。

对于这两种类型的偏光片方向(正交或平行),如果扭曲单元的指向矢在足够强的外加场作用下被“松开”到垂面状态,则透射状态可以从一种切换到另一种。垂面状态保留了轴向光的偏振,因此出射光将保持 x 偏振。因此,NB 像素将切换到亮状态,NW 像素将切换到暗状态。

垂面或平面排列液晶盒的功能与电光晶体非常相似。首先,如果将液晶盒置于两个正交偏光片之间,e 光和 o 光的折射率相同(同轴传播),因此输出光强度为零。随着外加场对指向矢的重新定向,在 e 光和 o 光之间产生相移 Γ,传输将相应地受到“调制”,参见式(6.16)。在光电设备使用的液晶显示面板中,这种强度调制作用控制着所谓的灰度级。

6.4.2 离轴传输、视角和双折射补偿

前面关于液晶电光开关的讨论是针对典型的激光束调制的轴向光传播。对于涉及背板漫射照明和前面板宽视角的显示应用,必须考虑光在液晶盒中的离轴传播。对于离轴光线,传输函数不再是轴向相移的简单函数,而是许多变量的函数。

如图 6.6(c)所示,扭曲液晶盒处于常黑(NB)工作状态。对于轴向光,初始透射率为 0。然而,对于离轴光, e 光和 o 光会因为穿过液晶盒的额外光路长度而产生额外的相移。因此,离轴光的初始(电压关断)透射率是非渐变的,通常称为漏光效应。电压开启后,透射率取决于光的入射角和波长,以及外加电压 V 作用下的指向矢重新定向角 θ 和倾斜度 ϕ,即 $T=T(\theta,\phi,\lambda,V)$。

这种离轴的考虑显然也适用于较简单的各向同性对齐液晶盒的情况。在这种情况下,偏离轴线的光线会“捕捉”到与输出分析器不完全对齐(或垂直)的偏振矢量。

由于漏光问题是由通过双折射液晶传播的光所经历的相移引起的,因此引入双折射补偿膜[15]来校正这种效应的方法层出不穷。一种简单而有效的方法是在液晶膜旁边放置双折射膜(其各向异性与液晶的各向异性相反),当偏振光穿过液晶层和双折射补偿膜时,它实际上经历了净零相移。

例如,考虑图 6.9 所示的布置,对于给定的入射角(由 θ 定义)和指向矢方向(由 θ 定义),非寻常光的有效折射率可由下式得出:

$$n_e(\theta,\phi)=n_e n_o/[n_e^2\cos^2(\phi+\theta)+n_o^2\sin^2(\phi+\theta)]^{1/2} \tag{6.32}$$

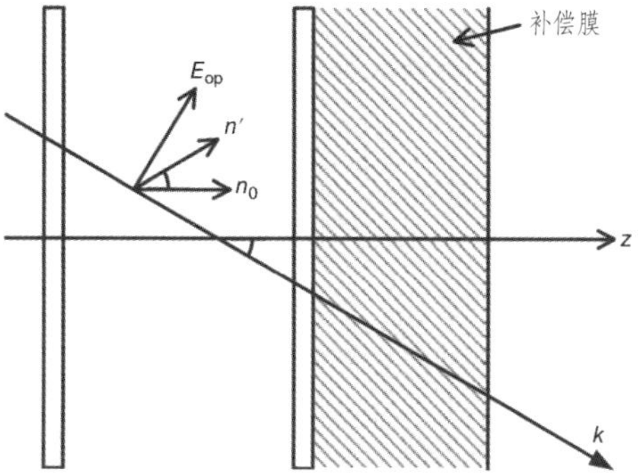

图 6.9　光在初始各向同性液晶盒中传播(指向矢相对于初始排列倾斜 ϕ,传播方向相对于 z 轴倾斜 θ)

非寻常光和寻常光之间的相移 $\Delta\phi$ 为

$$\Delta\phi=\left(\frac{2\pi}{\lambda}\right)\left(\frac{d}{\cos\theta}\right)[n_e(\theta,\phi)-n_o] \tag{6.33}$$

考虑 ϕ=0 的极限情况,相当于扭曲液晶盒在高外加电压下或垂面液晶盒在 $V=0$ 时的指向矢重新定向。在这种情况下,有

$$\Delta\phi=\left(\frac{2\pi}{\lambda}\right)\left(\frac{d}{\cos\theta}\right)\left[\frac{n_e n_o}{(n_e^2\cos^2\theta+n_o^2\sin^2\theta)^{1/2}}-n_o\right] \tag{6.34}$$

显然,相移取决于薄膜厚度 d、波长 λ 和入射角 θ。由于 θ 可以是正值或负值,这取决于光线是否来自 z 轴的两侧,因此相移与入射角是不对称的。因此,补偿膜应具有相应的非对称角度相位延迟特性,以及与液晶相反的双折射($n_e(\theta)-n_o$)。

对于任意角度 ϕ 或指向矢方向上的角度和空间分布以及更复杂的液晶盒结构,相移以及光通过液晶盒和其他伴随的偏振选择元件的传输都无法进行简单的分析处理。要解决这类复杂的传播问题,需要更复杂的琼斯矩阵方法或有限差分时域(FDTD)数值方法等数值技术。

6.4.3　液晶显示电子

参照图 6.1 中液晶显示面板像素的典型构成,在直接寻址或矩阵寻址方案下,通过液晶加偏振光学器件接收来自电子电路的信号电压调制光传输,从而显示图像等信息[16]。

在直接寻址方案中,分段基板的外部电极直接连接到显示区域的每个元素,而其他基板则具有公共接地电极。由于多像素操作的成本非常高,故这种方法只适用于低信息内容的显示器。

矩阵寻址方案有无源和有源两种类型。无源矩阵寻址要求行电极和列电极作用在每个单独的像素上。该方案适用于双稳态设备,如铁电液晶显示器和双稳态扭转向列显示器,因为它们不需要控制单元来实现灰度功能。有源矩阵寻址是液晶显示器中发展最快、应用最广泛的一种寻址方式。在该方案中，每个像素都与一个小型电子开关或由非晶硅、多晶硅或碲化镉制成的薄膜晶体管相连。这种切换方案不仅能使像素保持视频信息直到被刷新，还能防止相邻寻址像素之间的串扰。

6.5 液晶其他相中的电光效应

第4章讨论的近晶相、胆甾相（包括蓝相胆甾）和“混合系统”（如聚合物分散液晶）也被用于显示器和其他电光应用；场诱导指向矢重新定向的基本机制与向列类似，即响应类似于Kerr效应。另外，FLC的工作原理与Pockels盒非常相似，它们的响应与外加电场矢量（即电场的大小和方向）呈线性关系。与典型的向列反应时间（几毫秒）相比，它们的切换速度通常比向列相液晶盒更快，响应时间可短至约1 μs或更短。

6.5.1 表面稳定铁电液晶（FLC）

为便于说明，我们假设一个弹性常数近似，即 $K_{11}=K_{22}=K_{33}=K$。因此，参照图4.21，外加磁场作用下重新定向 ϕ 的动力学方程（4.101）可写为

$$K\sin^2\theta\frac{\partial^2\phi}{\partial y^2}+\frac{e}{2}\varepsilon_\perp E^2\sin 2\phi+P_{\mathrm{s}}E\sin\phi=\gamma_1\frac{\partial\phi}{\partial t} \tag{6.35}$$

对于典型的FLC材料和设备，有 $K\approx10^{-11}$ N，$\theta\approx20°$，$\varepsilon_\perp\approx10^{-11}$ F/m，$P_{\mathrm{S}}\approx10^{-5}$ C/m²，$e=\cos^2\theta+(\varepsilon_{/\!/}/\varepsilon_\perp)\sin^2\theta-1$。在外加电场 $E\approx10^6$ V/m 条件下，介电项（式（6.35）左侧第二项）的大小与自发极化项（式（6.35）左侧第三项）的大小相当，而弹性恢复项（式（6.35）左侧第一项）变得最小，可以忽略不计，则式（6.35）变为

$$\frac{1}{2}\Delta\varepsilon E^2\sin 2\phi+P_{\mathrm{S}}E\sin\phi=\gamma_1\frac{\partial\phi}{\partial t} \tag{6.36}$$

式（6.36）的解为[17]

$$\frac{t}{\tau}=\frac{1}{1-a^2}\left[\ln\frac{\tan(\phi/2)}{\tan(\phi_0/2)}+a\ln\frac{(1+a\cos\phi)\sin\phi_0}{(1+a\cos\phi_0)\sin\phi}\right] \tag{6.37}$$

其中，$a=\Delta\varepsilon E\sin^2\theta/(2P_{\mathrm{S}})$；$\phi_0=\phi(t=0)$；$\tau$ 为响应时间，且

$$\tau=\gamma_1/P_{\mathrm{S}}E \tag{6.38}$$

在实际应用中，如图6.10（a）所示，表面稳定铁电液晶（Surface Stabilized Ferroelectric Liquid Crystal，SSFLC）薄膜的布置方式是使输入光的偏振平行于导向器，并保持在双稳态之一，如“上”态，输入和输出偏振器交叉，即暗态。当电场符号反转时，导向器会从“上”态旋转到“下”态，从而产生一些透射光，即亮态，如图6.10（b）所示。归一化透射率与倾斜角

(θ)和相位延迟 $\delta(=2\pi d\Delta n/\lambda)$成正比：

$$T_{\perp} = \sin^2(4\theta)\sin^2(\delta/2) \tag{6.39}$$

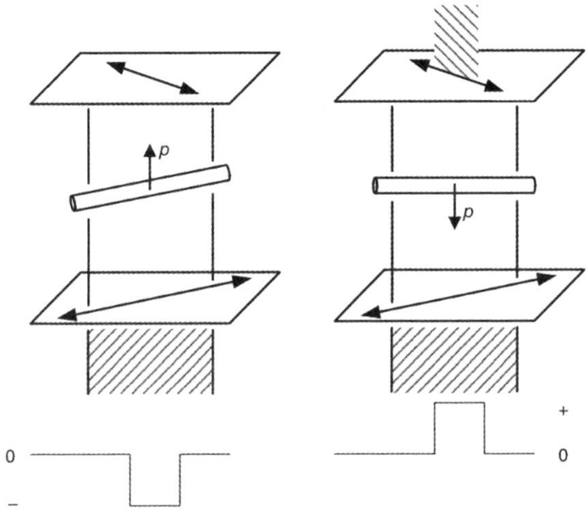

图 6.10　铁电液晶光开关示意图(带有偏振光和夹在液晶盒中的交叉偏光片，适用于两个方向相反的外加电场)

为了实现均匀旋转，SSFLC 层厚度通常被限制在 2 μm 左右。如前所述，FLC 盒一般比向列相液晶盒切换更快，响应时间 $\gamma_1/P_{\mathrm{S}}E$ 从 1 μs 到 10 μs 不等，这主要归功于较低的旋转黏度、较大的自发极化和外加场强。

6.5.2　软模式 FLC

软模式 FLC(Soft-mode FLC，SMFLC)的引入[18]是为了实现另一种切换方式。在这种情况下，在 SMFLC 中，人们不再像在 SSFLC 中那样在保持恒定倾斜度(θ)的同时改变倾斜锥周围的方位角(ϕ)，而是在 ϕ 保持恒定的同时改变倾斜度(θ)。因此，SMFLC 能够实现连续的强度变化，而 SSFLC 则表现出双稳态操作。SMFLC 采用近晶-A*相，与采用近晶-C*相的 SSFLC 相比，SMFLC 更容易获得均匀排列。

实现软模式铁电效应的典型实验装置如图 6.11 所示。对于这种几何形状，自由能密度为[18]

$$F = \frac{1}{2}a\theta^2 + \frac{1}{4}b\theta^4 - \mu E\theta\cos\phi - \frac{1}{2}\varepsilon_0\Delta\varepsilon E^2 \tag{6.40}$$

其中，$a=\mu/\alpha(T-T_{\mathrm{c}})$，$\mu$ 是结构系数，相当于单位倾斜角下单位体积的偶极矩；a 和 b 是膨胀系数，对于二阶转变，a 和 b 均为正值；ϕ 是电场和铁电极化方向之间的角度；最后一项是介电自由能。

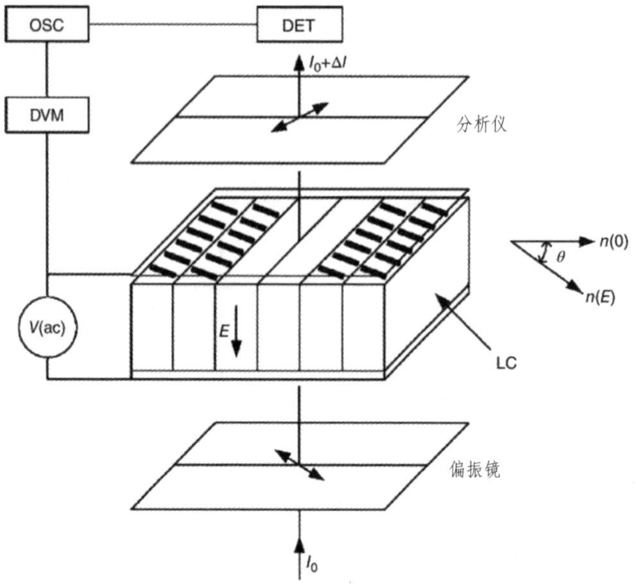

图 6.11 SMFLC 切换设置

在小角度近似中,θ^4 项可以忽略。若选择 ϕ=0,则 θ 的解为

$$\theta = e_c E \tag{6.41}$$

$$e_c = \frac{\mu}{\alpha(T - T_c)} \tag{6.42}$$

其中,e_c 被称为电斜系数。在给定温度下,场致倾斜角与外加电场 E 成正比。

SMFLC 的动态特性受制于黏性扭矩:

$$\Gamma^v = -\gamma_\theta \frac{\partial\theta}{\partial t} \tag{6.43}$$

以及弹性扭矩:

$$\Gamma^\theta = -\frac{\partial F}{\partial\theta} = -\alpha(T - T_c)\theta - b\theta^3 + \mu E \tag{6.44}$$

进一步,可得

$$\Gamma_\theta \frac{\partial\theta}{\partial t} = \mu E - \alpha(T - T_c)\theta - b\theta^3 \tag{6.45}$$

在低电场极限中,θ^3 项可以忽略,则式(6.45)可写为

$$\theta(t) = \frac{\mu E}{\alpha(T - T_c)}\{1 - 2\exp[-\alpha(T - T_c)t / \gamma_\theta]\} \tag{6.46}$$

表征 $\theta(t)$ 的响应时间 τ 可由以下公式给出:

$$\tau = \frac{\gamma_\theta}{\alpha(T - T_c)} \tag{6.47}$$

在高电场条件下，必须考虑 $b\theta^3$ 项，以给出响应时间的场相关贡献：

$$\tau = \frac{\gamma_\theta}{\alpha(T - T_c)} + O(E^2) \qquad (6.48)$$

相关研究[19]表明，在近晶-A*至近晶-C*的相转变附近，响应时间取决于温度和外加磁场：$\tau \sim E^{-2X}$，且 $1/3 \leqslant X \leqslant 1$；响应时间约为 1 μs。

制作 SSFLC 和 SMFLC 的方法有很多，使用 FLC 单元进行开关操作的“模式”也有很多，如可变形螺旋效应模拟开关[20]、V 形开关[21]、连续导向旋转（CDR）半 V 形开关[22]，以及制作具有 V 形开关特性的 SSFLC 双稳态单元的其他各种方法[23-26]。

6.6　液晶的非显示应用

除显示类设备外，液晶在其他电光设备中的应用也日益广泛（从近紫外到远红外再到微波）。液晶的流动性以及与大多数电光材料的兼容性，使其可以很容易地以各种配置、形式、形状和尺寸集成到其他设备元件中。因此，出现大量可调透镜、滤波器、开关和光束/图像处理设备也就不足为奇[27-30]。由于液晶具有有机性质，因此最近也成为生物化学传感应用的理想候选材料[31-34]。

6.6.1　液晶空间光调制器

空间光调制器可以通过将液晶与高光敏材料（如 CdS、ZnS、CdSe 和氢化非晶硅（α-Si: H）等光导半导体）集成来制造。如图 6.12 所示，在反射模式下工作的光寻址液晶空间光调制器（Optically Addressed Liquid Crystal Spatial Light Modulator，OALCSLM）由夹在透明电极之间的对齐液晶层和邻近的光导半导体层（α-Si: H）以及涂有阻挡读取光束的电介质镜组成。

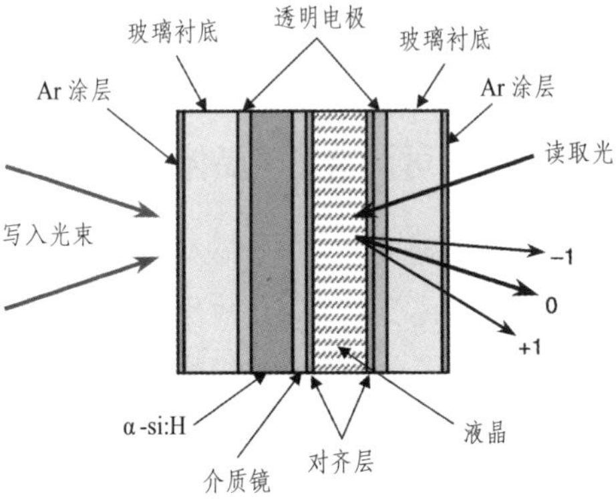

图 6.12　典型反射模式 OALCSLM 的结构示意图

在没有光的情况下,半导体层的电阻率很高,因此施加在电极上的偏置电压在该层上的压降最大,而在液晶层上的压降要小得多。当有光线照射时,半导体层变成导电层,大部分压降跨过液晶层,与该电压相关的电场导致指向矢重新定向,并导致与其相关的光学特性变化(如折射率变化和相移)。因此,入射光强度的空间分布(如图 6.6 所示由两束相干的所谓写入光束产生的图像或干涉图案/条纹)将被记录为方向(和相关的折射率变化)空间剖面图。从另一侧射入的探针或读取光束将感应到空间相移,并相应地进行反射和/或衍射。

图 6.12 显示了 OALCSLM 如何用作“实时”全息成像设备[35]。入射信号是介质镜左侧光敏层上的干涉图案,由两束相干写入光束干涉形成,其中一束作为参考光束,另一束作为输入图像/信号光束。在全息术的语言中,这种干涉图案可称为全息图。全息干涉图案通过外加场引起的指向矢重新定向转移到液晶层上。当用观察光(读取光束)照射全息图时,就会产生输入图像的+1 侧和−1 侧衍射信号或复制信号,并出现在介质镜的反射中。注意,介质镜有特殊涂层,以防止读取光束到达光敏层。

正如关于非线性光学的第 11 章和第 12 章将详细解释的那样,这种 OASLM 操作一般称为光波混合,其基本机制是光学诱导的折射率变化。从这个角度来看, OALCSLM 是有史以来最先进的非线性光学设备之一,尽管有外加交流场的帮助,我们可以从下面的估算中看到这一点。在写入光束光强 I=500 μW/cm^2 的情况下,典型的 OASLM 可以产生 10%的一阶衍射,这相当于探测光束的相移 $\delta\phi=2\pi d\Delta n/\lambda=n_2 I 2\pi d/\lambda\approx 0.1\pi$。对于厚度为 5 μm 的 SLM 液晶层来说, $\delta\phi$、I 和 d 的值意味着在光波长 λ=0.5 μm 时,非线性系数 $n_2\approx 10$ cm^2/W。虽然 OALCSLM 是电辅助(通过偏置电压)和光增强(通过光导半导体层)的,但它可以说是最适合实际图像/信息处理应用的非线性光学器件。

随着纳米电子技术的进步和具有大双折射和低黏度的液晶的发展,具有不断提高的性能特性(如更快的响应、更高的分辨率和灵敏度以及更宽的光谱响应)的新型 LCSLM 和类似的图像观看及处理设备正迅速出现,并在高速和高信息含量的光电设备中发挥越来越大的作用。

6.6.2 具有液晶渗透纳米结构的可调谐光子晶体

由各种光电材料制成的一维、二维和三维光子晶体在材料组成、晶格结构及其电子和光学特性方面具有丰富的可能性,因此受到了广泛的研究关注[36-38]。通过使用活性可调谐材料,光子晶体可用作可调滤波器、开关和激光设备。特别是在涉及蛋白石和反蛋白石结构的许多研究中[39-41]都采用了液晶;然而,由于可调谐材料的体积分数相对较小,其调谐范围相当有限。在浸渍了向列相液晶的非紧密封装反蛋白石光子晶体结构中[42](图 6.13),由于浸渍向列相液晶的体积分数较高,因此布拉格反射峰的调谐范围(>20 nm)要大得多(图

6.14）。

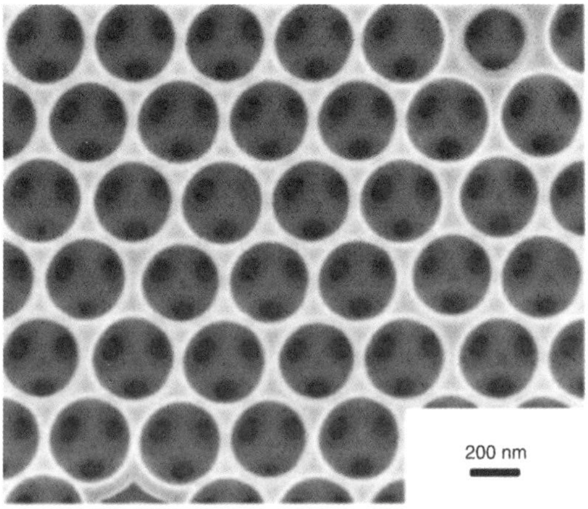

图 6.13　非紧密堆积反蛋白石光子晶体结构

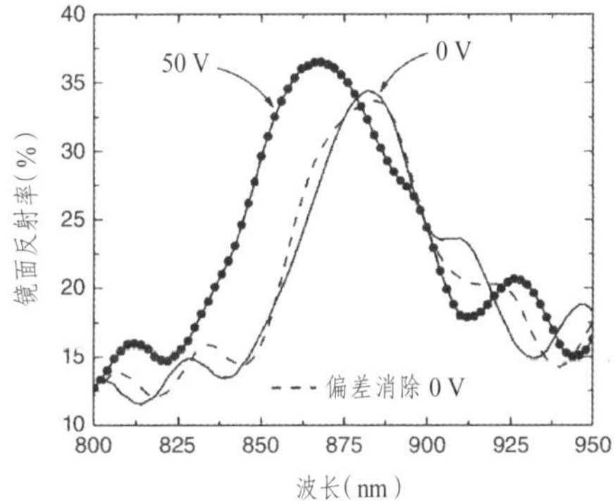

图 6.14　向列相液晶填充非紧密堆积反蛋白石光子晶体布拉格反射峰的电调谐

从文献中可以看出，先用传统的自上而下的纳米技术制造光子晶体，然后用低浓渗透技术赋予其可调性，过程相当烦琐；光学全息技术[43-45]提供了一种一步到位的快速工艺，但这种方法只适用于 PDLC 或可以用光学方法写入结构的系统。由于写入光束的强烈吸收/损耗，光子晶体的穿透深度和厚度最多只能达到约 100 μm。一般来说，这些液晶渗透光子晶体在实际应用中光学质量较差。在这方面，胆甾型液晶和蓝相液晶（参见第 4 章和第 1 章）是最理想的具有高可调谐性和可重构性一维和三维光子晶体。在第 4 章中，我们讨论了超厚但透明的高 N 值 CLCs 如何实现全面发展的光子晶体的潜力和独特性能[46-47]。

6.6.3 可调谐频率选择性结构、超材料和超表面

在微波和电磁天线设计领域，二维图案结构通常被称为频率选择性表面（Frequency Selective Surfaces，FSS）[48]。它是由金属贴片或孔径元件组成的二维周期性阵列，对入射电磁波具有低通、高通、带通或多波段滤波特性。当波长与周期性频率选择表面（Periodic FSS，PFSS）滤波元件的“谐振长度”一致时，就会发生全反射或全透射。

为了实现低损耗的可见/红外 FSS，需要用合适的电介质材料代替屏幕的金属部分。图 6.15（a）给出了一个示例结构设计[44]，特别适合作为 600 THz（0.5 μm）的光学滤波器使用。FSS 的单元尺寸为 0.393 μm×0.393 μm，厚度为 0.172 μm，由同层的两种不同介电材料组成，ε_{r1}=1.82 和 ε_{r2}=2.82。这种与偏振无关的全介质 PFSS 的响应如图 6.15（b）所示，它显示了以所需波长 0.5 μm 为中心的尖锐传输凹陷或阻带。

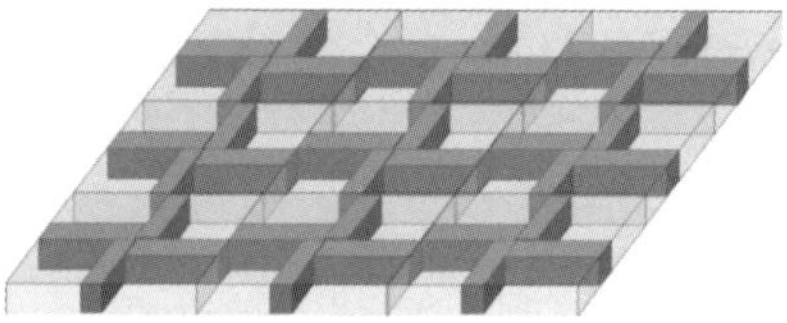

（a）

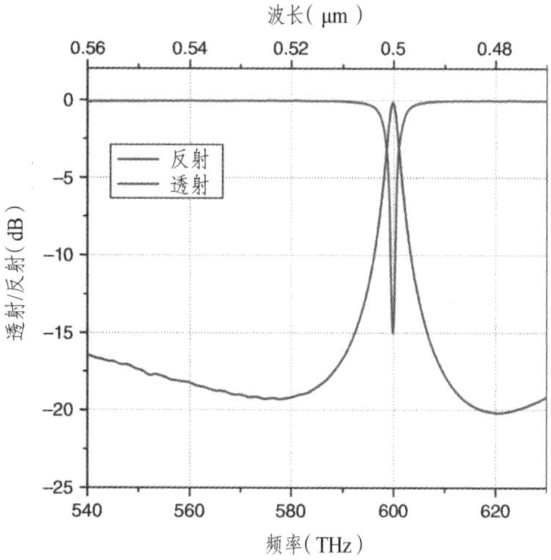

（b）

图 6.15 （a）在可见光区域（λ=0.5 μm，600 THz）作为阻带滤波器工作的全介质偏振无关 FSS 的单元结构；（b）全电介质 FSS 的透射（上曲线）和反射（下曲线）光谱

FSS 的平面几何形状便于在层上加入液晶。如图 6.16 中插图所示，单元尺寸为 3.04 μm×3.04 μm。FSS 由聚酰亚胺块（ε_{r1}=2.6）（1.14 μm×1.52 μm）组成，嵌在一层二氧化

硅(ε_{r2}=3.9)中，1 μm 厚的液晶层覆于其上，聚酰亚胺块和二氧化硅的厚度均为 1.0 μm。通过将液晶的介电常数从 2(n_o=1.414)变为 4(n_e=2)，传输响应中的阻带可从 92 THz(约 3.26 μm)变为 83 THz(3.64 μm)，即双折射 Δn 为 0.6 时的调谐范围为 380 nm。

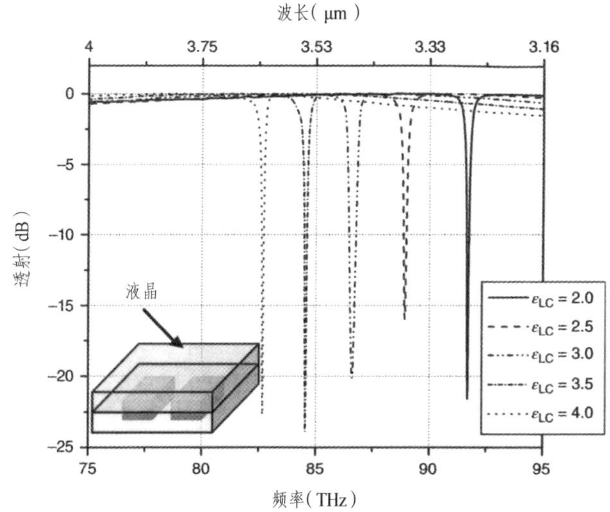

图 6.16　具有液晶覆盖层的全介质 FSS 的透射光谱(当液晶的介电常数从 2 调谐到 4 时，该结构表现出可调谐的滤波作用)

正如第 1 章所述，纳米技术的飞速发展已将单元尺寸由微米推进到亚微米光学领域；再加上所谓的质子纳米结构材料的进步，产生了具有负介电常数和负磁导率的材料，从而开创了光学超材料的新纪元，这些材料具有与自然对应材料无法比拟的新特性，如负折射率、零折射率和亚单元折射率，能以非常规方式引导/反射和折射光[5, 49-52]。最近的进步将制造极限推向了亚波长维度，使每个亚单元结构都能改变入射光波的相位，从而产生了具有非凡特性和功能的所谓超表面。显然，如果在制造过程中加入液晶，这些超表面还能表现出可调谐特性[53]。

6.6.4　用于分子传感和检测的液晶

液晶非凡的物理特性还使其成为许多其他类型应用的独特选择。例如，胆甾型液晶随温度变化而产生的颜色变化现已广泛应用于温度传感/显示领域，传感和检测也可以在分子水平上进行[32, 54-56]。这些方法基于液晶的宏观特性(如指向矢排列和有序参量)，主要取决于组成分子的电子结构和特性，而液晶的电子结构和特性又对其他微量分子的存在极为敏感。

例如，将液晶盒暴露在传感目标上，配准表面上微量吸附分子的存在会引起指向矢取向剖面的宏观变化，如图 6.17 所示[54]。指向矢重新定向反过来又表现为液晶盒光学特性的整体变化。配体-受体和有机胺-羧酸结合的检测也采用了类似的方法。

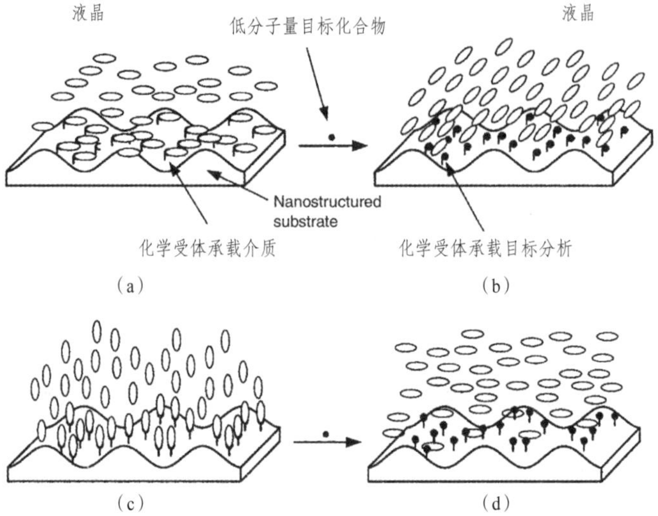

图 6.17　用于化学传感的排列液晶示意图：（a）在纳米结构基底上的液晶平面排列，其中有承载介质的受体；（b）目标化合物使平面配向产生平面旋转；（c）纳米结构基底上的液晶与介质受体的同向配位；（d）目标化合物将各向同性排列旋转为平面排列

另一项研究利用表面等离子体共振装置[55]监测分析物浓度的微小变化。在一定的分析物浓度下，液晶会发生相变，出现两个表面等离子体共振，波长偏移可与分析物的相对浓度和结构/形状相关联。另一种方法[56]使用双波导干涉测量技术监测固液界面上吸收层的密度和厚度，使用一个 FLC 来切换输入光束的偏振，而不会造成明显的光束移动。

6.6.5　光束转向、路由、可调谐微环谐振器和高功率激光光学器件

在本章的最后，进一步讨论了液晶作为光电和其他光子应用的首选材料是因为其具有独特的物理特性，而且几乎与所有光电材料、聚合物和有机材料兼容。除前面章节[5, 32, 44, 47-56]中提到的手机、电脑和电视等无处不在的设备中的显示屏、液晶和光子应用外，它们还被集成到许多其他形式、形状和功能各异的微型或纳米结构中[57-70]。

液晶的一个相对鲜为人知的特性是能够承受强脉冲激光或高功率连续波激光[71]，因此其是制造激光硬化光学器件的绝佳材料选择。研究表明，液晶可承受约 10 J/cm^2 的纳秒激光脉冲（相当于约 10^{10} W/cm^2 的强度），并已用于制造偏振旋转器、波板、光隔离器和激光阻挡陷波滤波器等高功率激光光学器件。在数 kW/cm^2 的连续波激光强度下对液晶（E7 或 5CB）进行长时间照射时，如在聚焦激光的受激取向散射中，液晶不会受到任何结构/化学损

伤。随着高功率激光系统技术的快速发展,液晶的这些激光硬化特性可能会越来越多地用于超快(亚皮秒、飞秒)激光脉冲压缩、调制和偏振操作[46-47,72-75]。

参考文献

[1] A. Yariv, *Optical Electronics in Modern Communications* (Oxford University Press, New York, 1997) 5th ed.

[2] I. C. Khoo, S. T. Wu, *Optics and Nonlinear Optics of Liquid Crystals* (World Scientific Publishing Inc., Hoboken, NJ, 1993).

[3] P. Yeh, C. Gu, *Optics of Liquid Crystal Displays* (Wiley InterScience, New York, 1999).

[4] I. C. Khoo, D. H. Werner, X. Liang, et al. "Nano-sphere dispersed liquid crystals fortunable negative-zero-positive indexof refraction in the optical and Terahertz regimes," *Opt. Lett.* 31, 2592 (2006).

[5] I. C. Khoo, A. Diaz, J. Liou, et al. "Liquid crystal stunable optical metamaterials," *IEEE J. Sel. Top. Quantum Electron*. Special Issue, 16, 410–417 (2010).

[6] A. Lininger, A. Y. Zhu, J.-S. Park, et al. Optical properties of metasurfaces infiltrated with liquid crystals. *Proc. Natl. Acad. Sci. U. S. A.* 117(34), 20390–20396 (2020).

[7] W. Helfrich, *J. Chem. Phys.* 51, 4092 (1969).

[8] I. C. Khoo, Y. Z. Williams, B. Lewis et al. "Photorefractive CdSe and gold nanowire-doped liquid crystals and polymer-dispersed-liquid-crystal photonic crystals," *Mol. Cryst. Liq. Cryst.* 446, 233–244 (2005).

[9] I. C. Khoo, K. Chen, Y. Z. Williams, "Orientational photorefractive effect in undoped and CdSe nano-rods doped nematic liquid crystal–bulk and interface contributions," *J. Sel. Top. Quantum Electron.* 12(3), 443–450(2006).

[10] A. K. Kirby, G. D. Love, "Fast, large and controllable phase modulation using dual frequency liquid crystals," *Opt. Express*, 12, 1470–1475 (2004).

[11] T. Scheffer, J. Nehring, "Twisted nematic and supertwisted nematic mode LCDs," In *Liquid Crystals–Applications and Uses*, B. Bahadur, ed., Hoboken, NJ: World Scientific, 1993.

[12] K. Kataoh, Y. Endo, M. Akatsuka, et al. "Application of retardation compensation: A new highly multiplexable black-white liquid crystal display with two super twisted nematic layers," *Jpn. J. Appl. Phys.* 26, L1784 (1987).

[13] N. Konforti, E. Marom, S. T. Wu, "Phase-only modulation with twisted nematic liquid

crystal spatial light modulators," *Opt. Lett.* 13, 251(1988).

[14] E. P. Raynes, "The theory of supertwist transitions," *Mol. Cryst. Liq. Cryst. Lett.* 4, 1 (1996).

[15] J. L. Fergason, "Liquid crystal display with improved angle of view and response times," US Patent #4,385,806(5/31/1983) for TN cell.

[16] E. Lueder, *Liquid Crystal Displays: Addressing Schemes and Electro-Optical Effects*, John Wiley & Sons Ltd, New York, 2001.

[17] J. Z. Xue, M. A. Handschy, N. A. Clark, "Electrooptical switching properties of uniform layer tilted surface stabilized ferroelectric liquid crystal devices," *Liq. Cryst.* 2, 707(1987).

[18] G. Anderssen, I. Dahl, W. Kuczynski, et al. "The soft mode ferroelectric effect," *Ferroelectric*, 84, 285(1988).

[19] S. D. Lee, J. S. Patel, "Temperature and field dependence of the switching behaviour of induced molecular tilt near the smectic-A-C* transition," *Appl. Phys. Lett.* 55, 122–124 (1989).

[20] L. A. Beresnev, V. G. Chigrinov, D. I. Dergachev, et al. "Deformed helix ferroelectric liquidcrystal display–A new electrooptic mode in ferroelectric chiral smectic-C liquid-crystals," *Liq. Cryst.* 5(4), 1171–1177(1989).

[21] K. Nito, H. Takanashi, A. Yasuda. "Dynamics of FLCs with a tilted bookshelf structure using time-resolved FTIR spectroscopy," *Liq. Cryst.* 19(5), 653–658(1995).

[22] T. Nonaka, J. Li, A. Ogawa, et al. "Material characteristics of an active-matrix LCD based upon chiral smectics," *Liq. Cryst.* 26(11), 1599–1602(1999).

[23] S. Inui, N. Iimuro, T. Suzuki, et al. "Thresholdless antiferroelectricity in liquid crystals and its application to displays," *J. Mater. Chem.* 6(4), 671–673(1996).

[24] J. E. Maclennan, P. Rudquist, R. F. Shao, et al. "V-shaped switching in ferroelectric liquid crystals," In *Liquid Crystals III*, I. C. Khoo, ed. SPIE-Int. Soc. Opt. Eng: Denver, CO, 136–139(1999).

[25] N. A. Clark, D. Coleman, J. E. Maclennan. "Electrostatics and the electro-optic behaviour of chiral smectics C: 'block' polarization screening of applied voltage and 'V-shaped' switching," *Liq. Cryst.* 27(7), 985–990(2000).

[26] P. Rudquist, D. Krüerke, J. E. Lagerwall, et al. "The hysteretic behavior of 'V-shaped switching' smectic materials," *Ferroelectrics*, 246, 21–33(2000).

[27] Y.-H. Lin, Y.-J. Wang, V. Reshetnyak, "Liquid crystal lenses with tunable focal length,"

Liq. Cryst. Rev. 5, 111–143 (2018).

[28] N. Gat, “Imaging spectroscopy using tunable filters: a review,” *Proc. SPIE* 4056, 50–64 (2000), *Wavelet Applications VII*, H. H. Szu, M. Vetterli, W. J. Campbell, et al., ed.

[29] P. F. McManamon, T. A. Dorschner, D. L. Corkum, et al., “Optical phase array technology,” *Proc. IEEE* 84, 268–298 (1996).

[30] A. Zhang, K. T. Chan, “Integrated liquid crystal optical switch based on total internal reflection,” *Appl. Phys. Lett.* 86, 211108 (2005).

[31] G. Ramssy (ed.), “*Commercial Biosensors: Applications to Clinical, Bioprocess, and Environmental Samples*,” (Wiley, New York, 1998).

[32] J. M. Brake, M. K. Daschner, Y. Y. Luk, et al. “Biomolecular interactions at phospholipiddecorated surfaces of liquid crystals,” *Science*, 302(5653), 2094–2097 (2003).

[33] G. M. Koenig, Jr., I.-H. Lin, N. L. Abbott, “Chemoresponsive assemblies of microparticles at liquid crystalline interfaces,” *Proc. Natl. Acad. Sci. U.S.A.* 107, 3998–4003 (2010).

[34] J. P. F. Lagerwall, G. Scalia, “A new era for liquid crystal research: Applications of liquid crystals in soft matter nano-, bioand microtechnology,” *Curr. Appl. Phys.* 12, 1387–1412 (2012).

[35] M. T. Gruneisen, J. M. Wilkes, “Compensated Imaging by real-time holography with optically addressed spatiallightmodulators,” In “*SpatialLightModulators*,” OSATOPS, 14(1997)(ed. G. Burdge, S. C. Esener). Washington, DC: Optical Society of America.

[36] P. Mach, P. Wiltzius, M. Megens, et al. *Phys. Rev. E*, 65, 031720 (2002).

[37] G. Mertens, T. Röder, R. Schweins, et al. *Appl. Phys. Lett.* 80, 1885–1887 (2002).

[38] T. T. Larsen, A. Bjarklev, D. S. Hermann, et al. *Opt. Express*, 11, 2589–2596 (2003).

[39] K. Yoshino, Y. Shimoda, Y. Kawagishi, et al. *Appl. Phys. Lett.* 75, 932 (1999).

[40] S. Kubo, Z.-Z. Gu, K. Takahashi, et al. *Chem. Mater.* 17, 2298 (2005).

[41] D. Kang, J. E. Maclennan, N. A. Clark, et al. *Phys. Rev. Lett.* 86, 4052 (2001).

[42] E. Graugnard, J. S. King, S. Jain, et al. “Electric field tuning of the Bragg peak in large-pore TiO_2 inverse shell opals,” *Phys. Rev. B* 72, 233105 (2005).

[43] V. P. Tondiglia, L. V. Natarajan, R. L. Sutherland, et al. “Holographic formation of electrooptical polymer-liquid crystal photonic crystals,” *Adv. Mater.* 14, 187–191 (2002).

[44] I. C. Khoo, Y. Williams, A. Diaz, et al. “Liquid-crystals for optical filters, switches and tunable negative index material development,” Mol. *Cryst. Liq. Cryst.* 453, 309–319 (2006).

[45] I. Divliansky, T. S. Mayer, "Three-dimensional low-index-contrast photonic crystals fabricated using a tunable beam splitter," *Nanotechnology*, 17, 1241–1244 (2006).

[46] C.-W. Chen, I. C. Khoo, "Extraordinary polarization rotation of vector beams with ultra-high-period-number chiral photonic crystals," *Opt. Lett.* 44, 5306–5309 (2019).

[47] C.-W. Chen, I. C. Khoo, "Optical vector field rotation and switching with near-unity transmission by fully developed chiral photonic crystals," *Proc. Natl. Acad. Sci. U.S.A.* 118(16), e2021304118(2021).

[48] T. K. Wu, ed., *Frequency Selective Surface and Grid Array*, Wiley & Sons, New York, 1995.

[49] I. C. Khoo, "Nonlinear optics, active plasmonics and metamaterials with liquid crystals," *Prog. Quantum Electron.* 38(2), 77–117(2014).

[50] J. A. Bossard, X. Liang, L. Li, et al. "Tunable frequency selective surfaces and negative-zeropositive index metamaterials based on liquid crystals," *IEEE Trans. Antennas Propag.* 56, 1308–1320 (2008).

[51] S. Xiao, U. K. Chettiar, A. V. Kildishev, et al. "Tunable magnetic response of metamaterials," *Appl. Phys. Lett.* 95, 3033115 (2009).

[52] T. J. Huang, Y. J. Liu, B. Yue, et al. "All-optical modulation of localized surface plasmon coupling in a hybrid system composed of photo-switchable gratings and Au nanodisk arrays," *J. Phys. Chem.* 115, 15, 7717–7722 (2011).

[53] A. Liningera, A. Y. Zhub, J.-S. Parkb, et al. "Optical properties of metasurfaces infiltrated with liquid crystals," *Proc. Natl. Acad. Sci. U.S.A.* 117(34), 20390–20396 (2020).

[54] R. R. Shah, N. L. Abbott, "Principles for measurement of chemical exposure based on recognition-driven anchoring transitions in liquid crystals," *Science*, 293, 1296–1298 (2001).

[55] B. Kiser, D. Pauluth, G. Gauglitz, "Nematic liquid crystals as sensitive layers for surface plasmon resonance sensors," *Anal. Chim. Acta* 434, 231–237 (2001).

[56] G. H. Cross, A. Reeves, S. Brand, et al. "The metrics of surface adsorbed small molecules on the Young's fringe dual-slab waveguide interferometer," *J. Phys. D: Appl. Phys.* 37, 74–80 (2004).

[57] J. L. D. DeLa Tocnaye, "Engineering liquid crystals for optimal uses in optical communication systems," *Liq. Cryst.* 31, 241–269 (2004).

[58] J. Ptasinski, I.-C. Khoo, Y. Fainman. "Enhanced optical tuning of modified-geometry resonators clad in blue phase liquid crystals," *Opt. Lett.* 39, 5435–5438 (2014).

[59] J. Ptasinski, S. W. Kim, L. Pang, et al. "Optical tuning of silicon photonic structures with nematic liquid crystal claddings," *Opt. Lett.* 38, 2008–2010(2013).

[60] R. Luo, Y. Gu, X. Li, et al. "Mode recombination and alternation of surface plasmonsin anisotropic medium," *Appl. Phys. Lett.* 102, 011117(2013).

[61] B. Zhang, Y. Zhao, Q. Hao, et al. "Polarization-independent dual-band infrared perfect absorber based on a metal-dielectric-metal elliptical nanodisk array," *Opt. Express*, 19, 15221–15228(2011).

[62] Y. J. Liu, Y. B. Zheng, J. Liou, et al. "All-optical modulation of localized surface plasmon coupling in a hybrid system composed of photoswitchable gratings and Au nanodisk arrays," *J. Phys. Chem. C* 115(15), 7717–7722(2011).

[63] Y. Zhao, Q. Hao, Y. Ma, et al. "Light-driven tunable dual-band plasmonic absorber using liquid-crystal-coated asymmetric nanodisk array," *Appl. Phys. Lett.* 100(5), 053119 (2012).

[64] H. Hao, J. Ren, H. Chen, et al. "Tunable enhanced spontaneous emission in plasmonic waveguide cladded with liquid crystal and low-index metamaterial," *Opt. Express*, 25 (4), 3433–3444(2017).

[65] A. d'Alessandro, R. Asquini, M. Trotta, et al., "All-optical intensity modulation of near infrared light in a liquid crystal channel waveguide," *Appl. Phys. Lett.* 97(9), 093302 (2010).

[66] D. H. Werner, D. H. Kwon, I. C. Khoo, et al. Liquid crystal clad near-infrared metamaterials with tunable negative-zero-positive refractive indices. *Opt. Express*, 15 (6), 3342–3347(2007).

[67] A. Komar, R. Paniagua-Domínguez, A. Miroshnichenko, et al. "Dynamic beam switching by liquid crystal tunable dielectric metasurfaces," *ACS Photonics*, 5(5), 1742–1748(2018).

[68] R. L. Sutherland, V. P. Tondiglia, L. V. Natarajan, et al. "Switchable orthorhombicF photonic crystals formed by holographic polymerization-induced phase separation of liquid crystal," *Opt. Express*, 10(20), 1074–1082(2002).

[69] M. Decker, C. Kremers, A. Minovich, et al. "Electro-optical switching by liquid-crystal controlled metasurfaces," *Opt. Express*, 21, 8879–8885(2013).

[70] S. B. Glybovski, S. A. Tretyakov, P. A. Belov, et al. "Metasurfaces: From microwaves to visible," *Phys. Rep.* 634, 1–72(2016).

[71] S. D. Jacobs, K. A. Cerqua, K. L. Marshall, et al., "Liquid-crystal laser optics–design,

fabrication and performance," *J. Opt. Soc. Am. B* 9, 1962–1979(1988).

[72] Y. Liu, Y. Wu, C.-W. Chen, et al., "Ultrafast pulse compression, stretching-and-recompression using cholesteric liquid crystals," *Opt. Express*, 24(10), 10458–10465 (2016).

[73] Y. Liu, S. Fu, B. A. Malomed, et al. "Ultrafast optical signal processing with Bragg structures," *Appl. Sci.* 7, 556(2017).

[74] Y. Liu, H. Liang, C.-W. Chen, et al. "Ultrafast switching of optical singularity eigenstates with compact integrable liquid crystal structures," *Opt. Express* 26(22), 28818–28826 (2018).

[75] I. C. Khoo, "Cholesteric and blue-phase liquid photonic crystals for nonlinear optics and ultrafast laser pulse modulations," *Liq. Cryst. Rev.* 6, 53–77(2018).

第 7 章　各向异性材料中的光传播

7.1　光传播的电磁形式

解决光在介质中传播问题的方法取决于光与物质的相互作用是线性的还是非线性的。在线性光学中，光场（电场或磁场）的强度不足以在介质的光学特性（如折射率、吸收或散射截面等）中产生明显的变化，因此其在介质中的传播主要由介质的特性决定，则只需要求解以材料参数为常数的麦克斯韦波方程。

在非线性光学中，光与物质的相互作用非常强烈，因此介质的光学特性会受到光场的影响。例如，在高度非线性的液晶介质中，中等强度的光场在其他材料中不会产生变化，但却足以引起定向轴重新定向或晶格畸变。因此，当光在介质中传播时，由于相互作用，光经历一个不断变化的折射率。在这种情况下，人们必须求解耦合麦克斯韦波方程和光致材料光学性质变化的方程。

在本章中，我们将结合典型的光学相移或偏振光元件，讨论液晶单元和结构的线性光学。我们以前已经讨论了各向异性介质光学的一些方面，涉及简单的定向轴重新定向几何，允许解析解或概念理解。然而，在大多数情况下，需要精确定量地确定具有偏置场的液晶盒中光的偏振状态和定向轴重新定向曲线。在这里我们将回顾和研究一些通常用于液晶（LC）电光器件的理论形式和技术。为了完整起见，我们还将深入研究复杂各向异性介质（包括超材料）的电磁理论。

7.1.1　各向异性介质中的麦克斯韦方程和波动方程

在液晶等各向异性介质中，我们所感兴趣的物理参数是场矢量以及由这些场引起的材料极化和功率流。假设无源和无电流，即 $\rho=0$，$J=0$，这些场变量可由麦克斯韦方程组描述[1-2]：

$$\frac{\partial \vec{D}}{\partial t}=\nabla\times\vec{H} \tag{7.1}$$

$$\mu_0\frac{\partial \vec{H}}{\partial t}=\nabla\times\vec{E} \tag{7.2}$$

$$\nabla \cdot D = 0 \tag{7.3}$$

$$\nabla \cdot B = 0 \tag{7.4}$$

由本构方程补充:

$$D = \varepsilon_0 E + P = \varepsilon E \tag{7.5}$$

$$B = \mu_0 (H + M) = \mu H \tag{7.6}$$

其中,E(V/m)和H(A/m)分别为电场和磁场;D(C/m^2)和B(Wb/m^2)分别为电位移矢量和磁位移矢量;ε_0(8.854×10^{-12} F/m)为介电常数;μ_0($4\pi\times10^{-7}$ H/m)为真空磁导率;P和M为材料中电场和磁场感应的相应电、磁极化,在线性各向同性介质中,$P=\varepsilon_0\chi_e E$,$M=\mu_0\chi_m H$。

在无源、无电流且各向同性的介质中,式(7.1)至式(7.6)可以通过连续的微分和替换组合在一起,从而得到线性光学介质的波动方程:

$$\nabla^2 E - \mu\varepsilon \frac{\partial^2 E}{\partial t^2} = 0 \tag{7.7a}$$

$$\nabla^2 H - \mu\varepsilon \frac{\partial^2 H}{\partial t^2} = 0 \tag{7.7b}$$

线性介质的介电常数$\varepsilon=\varepsilon_0(1+\chi_e)$,磁导率$\mu=\mu_0(1+\chi_m)$,折射率 $n=(\varepsilon\mu/\varepsilon_0\mu_0)^{1/2}$。与大多数电光材料一样,液晶不具有磁性,因此$\mu=\mu_0$,但有一个例外[3]。

7.1.2 复折射率及其实分量和虚分量

材料最重要的光学性质就是它的折射率,或者更准确地说是特定偏振矢量的光所经历的折射率,该偏振矢量指定了电场矢量的方向。为简单起见,我们将把注意力集中在液晶等晶体材料上。在晶体的参考系中,介电张量和磁导率张量是对角线的,沿三个主晶轴定义三个分量,即有

$$P = \varepsilon_0 \chi_e E \tag{7.8}$$

和

$$\boldsymbol{\varepsilon} = \begin{pmatrix} \varepsilon_1 & 0 & 0 \\ 0 & \varepsilon_2 & 0 \\ 0 & 0 & \varepsilon_3 \end{pmatrix} = \varepsilon_0 \begin{pmatrix} n_1^2 & 0 & 0 \\ 0 & n_2^2 & 0 \\ 0 & 0 & n_3^2 \end{pmatrix} \tag{7.9}$$

介电常数张量ε(及其对应的磁导率μ)通常是复数,具有一个虚分量,用于计算损耗/增益。相对介电常数ε_r可表示为

$$\varepsilon_r = \frac{\varepsilon}{\varepsilon_0} = 1 + \chi_e = 1 + \chi_e' + i\chi_e'' = \varepsilon_r' + i\varepsilon_r'' \tag{7.10}$$

类似地,我们有

$$\frac{\mu}{\mu_0}=1+\chi_{\mathrm{m}}=1+\chi_{\mathrm{m}}'+\mathrm{i}\chi_{\mathrm{m}}''=\mu_{\mathrm{r}}'+\mathrm{i}\mu_{\mathrm{r}}'' \tag{7.11}$$

将上面得到的表达式代入介质的介电常数和渗透率，可以得到折射率为

$$n_+=\sqrt{\frac{\mu\varepsilon}{\mu_0\varepsilon_0}}=\sqrt{(\varepsilon_{\mathrm{r}}'+\mathrm{i}\varepsilon_{\mathrm{r}}'')(\mu_{\mathrm{r}}'+\mathrm{i}\mu_{\mathrm{r}}'')}=\sqrt{(\varepsilon_{\mathrm{r}}'\mu_{\mathrm{r}}'-\varepsilon_{\mathrm{r}}''\mu_{\mathrm{r}}'')+\mathrm{i}(\varepsilon_{\mathrm{r}}'\mu_{\mathrm{r}}''+\varepsilon_{\mathrm{r}}''\mu_{\mathrm{r}}')}=n'+\mathrm{i}n'' \tag{7.12}$$

其中，n_+表示选择虚部 n'' 为正的平方根的符号。这种符号的选择是由于平面极化波在正 z 方向上传播的假设形式，即

$$E\sim \mathrm{e}^{\mathrm{i}(k_0nz-\omega t)} \tag{7.13}$$

为了使系统具有因果关系（光传播在正 z 方向上的功率流），介电常数和磁导率的虚部都需要为正。例如，在有损介质中，正虚部在传播方向上引起场的指数衰减。

在处理可能具有负折射率的超材料时，正确选择平方根的符号（无论是正的还是负的）尤为重要[4-14]。

7.1.3 负折射率材料

当 $\mathrm{Re}\{n_+\}<0$ 时，将出现一个负索引。从式（7.12）可以看出，实现这一点的充分（但不是必要）条件是 $\varepsilon_{\mathrm{r}}'<0$ 和 $\mu_{\mathrm{r}}'<0$。但即使介电常数或磁导率的实部为正，$\mathrm{Re}\{n_+\}$仍可能为负，如果

$$\varepsilon_{\mathrm{r}}'\mu_{\mathrm{r}}''+\varepsilon_{\mathrm{r}}''\mu_{\mathrm{r}}'<0 \tag{7.14}$$

例如，考虑一个实际相对磁导率 μ_{r}' 为正的材料，只要式（7.14）仍然成立，则有

$$\varepsilon_{\mathrm{r}}'<-\frac{\varepsilon_{\mathrm{r}}''\mu_{\mathrm{r}}'}{\mu_{\mathrm{r}}''} \tag{7.15}$$

因此，定义的负折射率材料的存在将主要取决于相对介电常数和磁导率的虚部之比。

这个想法最早是在几十年前提出的[4]，并首先在微波区和后来的光学区进行了实验证明。实际上，负折射率材料发展的主要问题是降低与 ε 的大虚部相关的高损耗。

由于等离子体共振，金属在红外/可见频率处出现负的 ε'，但在这些频率处没有自然产生的材料呈现负的 μ'。一对紧密间隔的平行金属纳米棒是实现负折射率的金属纳米谐振器的一个简单例子，如图 7.1 所示。当用高频电磁波照射平行杆时，电流沿每根杆产生，并通过杆之间的位移电流形成一个“闭合”回路。平行纳米棒结构在频率上表现出电磁共振，这取决于金属的等离子体共振以及棒的尺寸和间距[5-6]。可以设计尺寸为（L, w, d），使 $\varepsilon'(\omega)$ 和 $\mu'(\omega)$ 在所需频率处同时为负，从而产生有效的负折射率。对于光学应用，这些尺寸在亚微米到 1 μm 之间。

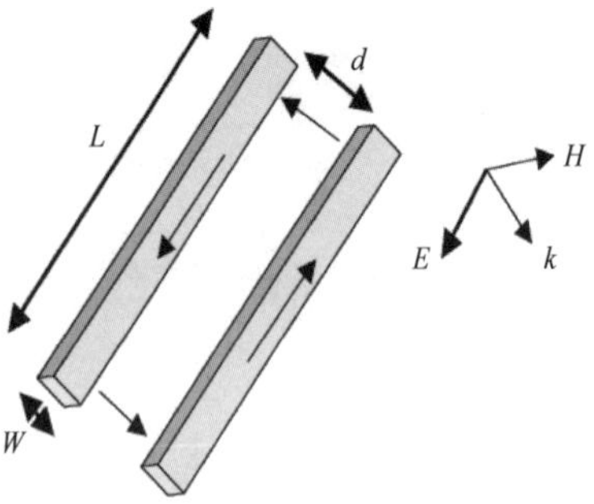

图 7.1　在可见光谱中呈现负折射率的一对平行金属纳米棒

在许多方面,这种结构类似于在远红外和微波环境中进行的研究,其平面结构由纳米图形金属介电或全介电薄膜阵列组成,即第 6.6.3 节讨论的所谓的频率选择表面(FSS)。这些结构在可见光-近红外波段具有选择性和负折射率特性。在这些 FSS 平面结构上加入一层向列相液晶可以实现有效折射率的电光调谐,从而控制透射和反射特性[8-11]。实现可调谐超材料的另一种方法是在大块液晶中嵌入等离子体纳米粒子[7, 12-16],如图 7.2 所示。在第 4 章中,我们讨论了在具有电磁耦合的胆甾相液晶等光子晶体中实现负折射率特性的可能性;参考文献[17]证明了一般手性材料的折射率为负。

7.1.4　无损各向同性介质中的正态模式、功率流和传播矢量

再次考虑频率为 ω 的单色平面波,其电磁波矢量分别为 $\vec{E}$ 和 $\vec{H}$:

$$E\exp[\mathrm{i}(kr-\omega t)] \tag{7.16a}$$

$$H\exp[\mathrm{i}(kr-\omega t)] \tag{7.16b}$$

其中, k 是传播波矢量,其大小由 $k=n(\omega/c)$ 给出,且 n 是介质的折射率。我们还假设介质是无损的,其中 n 为实数和正数。

将式(7.16)代入麦克斯韦方程式(7.1)至式(7.4),可以得到

$$k\times E=\omega\mu H \tag{7.17}$$

$$k\times H=-\omega\varepsilon E=-\omega D \tag{7.18}$$

从这些方程中消去 $\boldsymbol{E}$ 或 $\boldsymbol{H}$,将得到 $\boldsymbol{H}$ 和 $\boldsymbol{E}$ 的解耦方程:

$$k\times(k\times H)+\omega^2\mu\varepsilon H=0 \tag{7.19}$$

$$k\times(k\times E)+\omega^2\mu\varepsilon E=0 \tag{7.20}$$

由式(7.17)和式(7.18)可知,传播波矢量 $\boldsymbol{k}$、电场 $\boldsymbol{E}$ 和磁场 $\boldsymbol{H}$ 相互正交,如图 7.3 所示。从电磁能量考虑,可以推断出与电磁波相关的功率流用坡印廷的矢量 $\boldsymbol{S}$ 来描述[2]:

$$S=E\times H \tag{7.21}$$

式(7.17)和式(7.18)可以写成

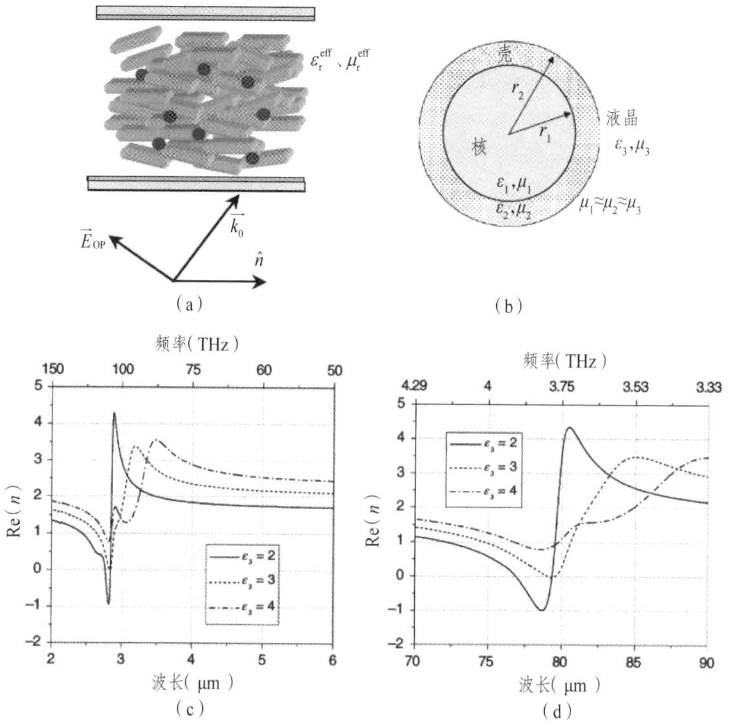

图 7.2　(a)含有核壳纳米球的平面排列向列相液晶;(b)核(μ_1,ε_1)壳(μ_2,ε_2)纳米球与液晶主体(μ_3,ε_3)的截面图;(c)纳米球分散液晶在光学区的可调谐折射率随液晶主介电常数的变化;(d)可调谐折射率与液晶主介电常数在太赫兹区域的关系

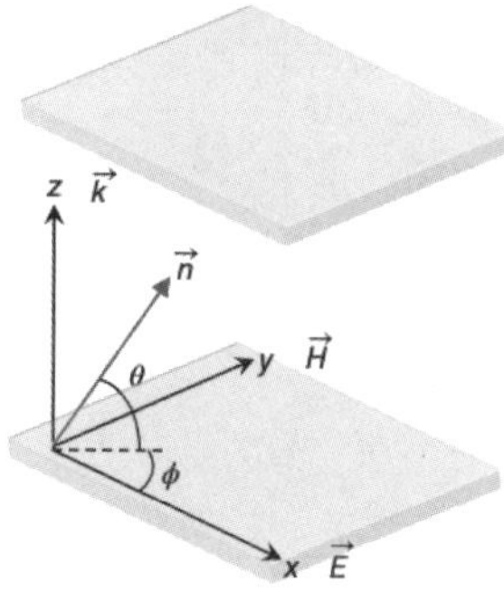

图 7.3　平面光波沿 z 轴传播的示意图(通过被限制在两个平面窗内的向列相液晶,电场 $\boldsymbol{E}$ 是沿 x 轴的,磁场 $\boldsymbol{H}$ 是沿 y 轴的,$\boldsymbol{k}$ 是沿 z 轴的,$\boldsymbol{D}$ 在 x-z 平面上)

$$H=\left(\frac{n}{\mu c}\right)k\times E \tag{7.22}$$

$$D=-\left(\frac{n}{c}\right)k\times H \tag{7.23}$$

将这些方程结合起来，可以得到

$$D=-\left(\frac{n^2}{c^2\mu}\right)k\times(k\times E)=\left(\frac{n^2}{c^2\mu}\right)[k^2E-k(k\cdot E)] \tag{7.24}$$

注意，因为 $Dk=0$，$D^2=(n^2/c^2\mu)(E\cdot D)$。

由式（7.24）可知，D、k、E 均在同一平面内，即在 x-z 平面内（参见图 7.3），D、E、k 均与 H 正交。当考虑光在各向异性介质中的传播时，这些点是很重要的。特别是，当考虑斜入射到双折射介质中的偏振光时，各种场矢量的法向分量和切向分量以及它们在界面和传播方向上的连续性都将发挥作用。

7.1.5 无损各向异性介质中的正态模式和传播矢量

电磁（光）波的一般形式、极化状态、功率流和传播模式等，在各向异性介质中比在各向同性介质中更复杂，这是可以理解的。因此，讨论特定传播方向的功率流更有指导意义。再次考虑式（7.19），将 k，E 写成

$$\boldsymbol{k}=k_1\boldsymbol{i}+k_2\boldsymbol{j}+k_3\boldsymbol{k}$$

$$\boldsymbol{e}=E_1\boldsymbol{i}+E_2\boldsymbol{j}+E_3\boldsymbol{k}$$

式（7.19）可写为

$$\begin{pmatrix}\omega^2\mu\varepsilon_1-k_2^2-k_3^2 & k_1k_2 & k_1k_3\\ k_2k_1 & \omega^2\mu\varepsilon_2-k_1^2-k_3^2 & k_2k_3\\ k_3k_1 & k_3k_2 & \omega^2\mu\varepsilon_2-k_1^2-k_2^2\end{pmatrix}\begin{pmatrix}E_1\\E_2\\E_3\end{pmatrix}=0 \tag{7.25}$$

我们用晶体的主轴来表示介电张量，则有

$$\boldsymbol{\varepsilon}=\varepsilon_0\begin{pmatrix}n_1^2 & 0 & 0\\ 0 & n_2^2 & 0\\ 0 & 0 & n_3^2\end{pmatrix}=\begin{pmatrix}\varepsilon_1 & 0 & 0\\ 0 & \varepsilon_2 & 0\\ 0 & 0 & \varepsilon_3\end{pmatrix} \tag{7.26}$$

如果矩阵乘以 E 的行列式为零，则存在 E 的非平凡解，即介质中波的特征模态，即

$$\det\begin{vmatrix}\omega^2\mu\varepsilon_1-k_2^2-k_3^2 & k_1k_2 & k_1k_3\\ k_2k_1 & \omega^2\mu\varepsilon_2-k_1^2-k_3^2 & k_2k_3\\ k_3k_1 & k_3k_2 & \omega^2\mu\varepsilon_2-k_1^2-k_2^2\end{vmatrix}=0 \tag{7.27}$$

对于给定的频率 ω，式（7.27）描述了 $\boldsymbol{k}(k_1,k_2,k_3)$ 空间中的三维曲面（标准曲面）。一般来说，对于给定的传播方向 $\boldsymbol{S}$，$\boldsymbol{k}$ 有两个解对应于 $\boldsymbol{S}$ 与法向曲面的交点。

这些考虑导致了用于确定本征模态及其偏振态和折射率的折射率椭球法。对于在 1-2（x-y）平面上的传播，矩阵的两个本征模态（一个沿 z 偏振，一个在 x-y 平面偏振）由参考文献[18]给出：

$$\boldsymbol{E}_1=\begin{pmatrix}0\\0\\1\end{pmatrix},\quad k_1=\frac{n_3\omega}{c} \tag{7.28a}$$

和

$$\boldsymbol{E}_2=\begin{pmatrix}\dfrac{s_1}{n^2-n_1^2}\\\dfrac{s_2}{n^2-n_2^2}\\0\end{pmatrix},\quad k_2=\frac{\omega}{c}\left[\frac{n_1^2n_2^2}{n_1^2\cos^2\theta+n_2^2\sin^2\theta}\right]^{1/2} \tag{7.28b}$$

对于在 2-3（y-z）平面（即 $k_1=0$）上的传播，有

$$\boldsymbol{E}_1=\begin{pmatrix}1\\0\\0\end{pmatrix},\quad k_1=\frac{n_1\omega}{c} \tag{7.29a}$$

$$\boldsymbol{E}_2=\begin{pmatrix}0\\\dfrac{s_2}{n^2-n_2^2}\\\dfrac{s_3}{n^2-n_3^2}\end{pmatrix},\quad k_2=\frac{\omega}{c}\left[\frac{n_2^2n_3^2}{n_2^2\cos^2\theta+n_3^2\sin^2\theta}\right]^{1/2} \tag{7.29b}$$

对于在 3-1（z-x）平面（即 $k_2=0$）上的传播，有

$$\boldsymbol{E}_1=\begin{pmatrix}0\\1\\0\end{pmatrix},\quad k_1=\frac{n_2\omega}{c} \tag{7.30a}$$

$$\boldsymbol{E}_2=\begin{pmatrix}\dfrac{s_1}{n^2-n_1^2}\\0\\\dfrac{s_3}{n^2-n_3^2}\end{pmatrix},\quad k_2=\frac{\omega}{c}\left[\frac{n_1^2n_3^2}{n_1^2\cos^2\theta+n_3^2\sin^2\theta}\right]^{1/2} \tag{7.30b}$$

对于单轴材料，如液晶，其特征为 $n_o(\varepsilon_1=\varepsilon_2=\varepsilon_0 n_o^2)$ 和 $n_e(\varepsilon_3=\varepsilon_0 n_e^2)$，从法向表面可以推断出它由两部分组成：普通（o）波的球体和特殊（e）波的椭球。

o 波

$$n=n_o \tag{7.31a}$$

e 波

$$\frac{1}{n^2}=\frac{\cos^2\theta}{n_o^2}+\frac{\sin^2\theta}{n_e^2} \tag{7.31b}$$

其中,θ 为传播方向与光轴(晶轴)之间的夹角,如图 7.4 所示。

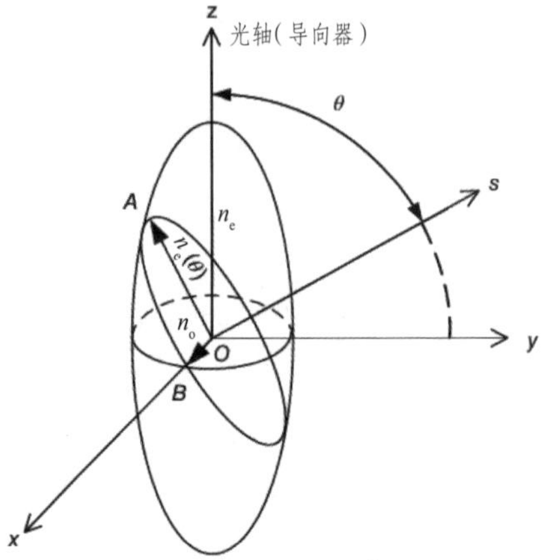

图 7.4 单轴介质(如向列相液晶)的折射率椭球(s 为传播方向,在 y-z 平面上)。

利用上面讨论的方程,可以推导出以下典型情况下的传播波矢量和电场。

对于垂直于 z 轴的传播,单位矢量 $\boldsymbol{s}$ 变为

$$\boldsymbol{s}=\begin{pmatrix}\cos\phi\\ \sin\phi\\ 0\end{pmatrix} \tag{7.32a}$$

其中,ϕ是传播方向与 x-y 平面的夹角。

普通波和特殊波的偏振矢量分别为

$$\boldsymbol{E}_{\mathrm{o}}=\begin{pmatrix}\sin\phi\\ -\cos\phi\\ 0\end{pmatrix},\quad \boldsymbol{E}_{\mathrm{e}}=\begin{pmatrix}0\\ 0\\ 1\end{pmatrix} \tag{7.32b}$$

在 x-z 平面上传播时,$\boldsymbol{s}$ 为

$$\boldsymbol{s}=\begin{pmatrix}\sin\theta\\ 0\\ \cos\theta\end{pmatrix} \tag{7.33a}$$

其中,θ 为从 z 轴测得的 $\boldsymbol{s}$ 角。普通波的折射率为 $n_{\mathrm{o}}=n_0$,特殊波的折射率为

$$n_{\mathrm{e}}(\theta)=\left[\frac{\cos^2\theta}{n_{\mathrm{o}}^2}+\frac{\sin^2\theta}{n_{\mathrm{e}}^2}\right]^{-1/2} \tag{7.33b}$$

而它们的偏振矢量分别为

$$\boldsymbol{E}_{\mathrm{o}}=\begin{pmatrix}0\\ 1\\ 0\end{pmatrix},\quad \boldsymbol{E}_{\mathrm{e}}=\begin{pmatrix}\cos\theta\\ 0\\ -\sin\theta\end{pmatrix} \tag{7.33c}$$

对于沿 z 轴（单轴液晶的对称轴）传播的最简单情况，沿 x 和 y 轴方向存在两种折射率相等的传播模式，即 $n_1 = n_2 = n_0$。

7.2　偏振光在液晶显示面板中的传播

液晶显示器件是由许多光学偏振、相移、偏振旋转和吸收/传输元件组成的。此外，从排列液晶盒的均匀指向矢开始，在外加场作用下，指向矢的再取向分布通常是不均匀的。在本节和下一节中，我们将讨论为解决这些问题而发展起来的各种理论形式。

7.2.1　窗格极化波和琼斯矢量

我们将首先讨论处理偏振光的基本形式。考虑一个平面偏振光的单色光波，它的电场矢量可以写成

$$E = A\cos(\omega t - k\cdot r) \tag{7.34}$$

沿 z 方向传播时，两个横向分量可写成

$$\begin{aligned} E_x &= A_x\cos(\omega t + \delta_x) \\ E_y &= A_y\cos(\omega t + \delta_y) \end{aligned} \tag{7.35}$$

其中，δ_x 和 δ_y 是由 $\delta_x = -k_x$，$x = n_x 2\pi x/\lambda$ 和 $\delta_y = -k_y$，$y = -n_y 2\pi y/\lambda$ 定义的空间相移。

光的电场矢量可以呈现各种偏振态。琼斯演算是一种处理偏振态在各向异性晶体中的传播和演化的方法，这种晶体会使电场分量沿主轴方向产生各种相移。我们首先定义琼斯向量：

$$\boldsymbol{J} = \begin{pmatrix} A_x e^{i\delta_x} \\ A_y e^{i\delta_y} \end{pmatrix} \tag{7.36}$$

琼斯向量是在任意给定时间 t 的 x 分量和 y 分量的数学表示，如 $E_x(t) = \mathrm{Re}(J_x e^{i\omega t})$ $= \mathrm{Re}(A_x e^{i[\omega t - kx]})$。

在无损介质中，并假设电场振幅为一个单位（即 A=1），有

$$\boldsymbol{J}^* \cdot \boldsymbol{J} = 1 \tag{7.37}$$

对于与 x 轴成 ψ 夹角的线偏振光（$\delta_x = \delta_y$），$A_x = \cos\psi$，$A_y = \sin\psi$，即有

$$\boldsymbol{J} = \begin{pmatrix} \cos\psi \\ \sin\psi \end{pmatrix} \tag{7.38}$$

例如，x 方向的线偏振光（对应于 $\psi = 0$）和 y 方向的线偏振光（$\psi = \pi/2$）的琼斯矢量分别描述为

$$x = \begin{pmatrix} 1 \\ 0 \end{pmatrix},\quad y = \begin{pmatrix} 0 \\ 1 \end{pmatrix} \tag{7.39}$$

对于其偏振平面与上述正交的线偏振光,即 $\psi \to \psi + \pi/2$,我们有

$$J = \begin{pmatrix} -\sin\psi \\ \cos\psi \end{pmatrix} \tag{7.40}$$

同样,左圆偏振光和右圆偏振光的 x 分量相位差为 $\pi/2$ 的琼斯矢量为

$$R = \frac{1}{\sqrt{2}}\begin{pmatrix} 1 \\ +\mathrm{i} \end{pmatrix}, \quad L = \frac{1}{\sqrt{2}}\begin{pmatrix} 1 \\ -\mathrm{i} \end{pmatrix} \tag{7.41}$$

注意,左、右圆偏振光是相互正交的,即 $R^* \cdot L = 0$,且有

$$R = \frac{1}{\sqrt{2}}(x + \mathrm{i}y), \quad L = \frac{1}{\sqrt{2}}(x - \mathrm{i}y), \quad x = \frac{1}{\sqrt{2}}(R + L), \quad y\frac{-\mathrm{i}}{\sqrt{2}}(R - L) \tag{7.42}$$

注意:在上述左、右圆偏振光的定义中,我们采用了光学中常用的惯例,即从观察者的角度正面看光。对于 $\boldsymbol{R}$,观察者会看到电场矢量的顺时针旋转;而对于 $\boldsymbol{L}$,观察者会看到电场矢量的逆时针旋转。这也是我们在第 4 章讨论胆甾相液晶光学性质的圆偏振光时使用的惯例。

为了描述一般的偏振状态,我们将 x 分量和 y 分量之间的相移 δ 归因于此,参见第 6 章。因此,一般椭圆偏振态的琼斯矢量为[1,18]

$$J(\psi,\delta) = \begin{pmatrix} \cos\psi \\ \mathrm{e}^{\mathrm{i}\delta}\sin\psi \end{pmatrix} \tag{7.43}$$

我们现在考虑应用琼斯矩阵法来解决偏振光通过双折射相位板或延迟板的简单问题,如图 7.5 所示。如前一章所述,根据延迟板在快(x')轴和慢(y')轴分量上传递的相移,出射光将具有不同的偏振状态。为了应用琼斯矩阵法,我们用琼斯列向量表示入射偏振态:

$$V = \begin{pmatrix} V_x \\ V_y \end{pmatrix} \tag{7.44}$$

其中,V_x 和 V_y 是两个复数,表示实验室坐标系中沿 x 轴和 y 轴方向的复场振幅。

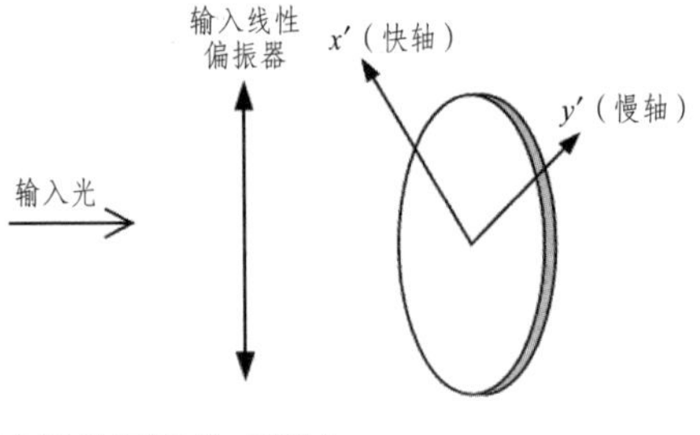

图 7.5 偏振光通过双折射相位板的传播(快、慢轴)

为了确定光如何在延迟板中传播,我们需要将其分解成沿晶体快、慢轴的分量,即绕 z 轴旋转一个角度 ψ,则有

$$\begin{pmatrix} V_s \\ V_f \end{pmatrix} = \begin{pmatrix} \cos\psi & \sin\psi \\ -\sin\psi & \cos\psi \end{pmatrix} \begin{pmatrix} V_x \\ V_y \end{pmatrix} = \boldsymbol{R}(\psi) \begin{pmatrix} V_x \\ V_y \end{pmatrix} \tag{7.45}$$

其中，V_s 和 V_f 分别为慢速分量和快速分量。

设 V_s 和 V_f 分别为慢速分量和快速分量的折射率，因此在晶体坐标系中出现的光束的偏振态可表示为

$$\begin{pmatrix} V_s' \\ V_f' \end{pmatrix} = \begin{pmatrix} \exp\left(-\mathrm{i}n_s \dfrac{\omega}{c} l\right) & 0 \\ 0 & \exp\left(-\mathrm{i}n_f \dfrac{\omega}{c} l\right) \end{pmatrix} \begin{pmatrix} V_s \\ V_f \end{pmatrix} \tag{7.46}$$

其中，l 为延迟板的厚度；ω 为光束的角频率。

由于折射率的差异，这两个分量在通过晶体后会经历相位延迟，即有

$$\Gamma = (n_s - n_f)\frac{\omega l}{c} \tag{7.47}$$

令 $\phi = \dfrac{1}{2}(n_s + n_f)\dfrac{\omega l}{c}$，式(7.46)变为

$$\begin{pmatrix} V_s' \\ V_f' \end{pmatrix} = \mathrm{e}^{-\mathrm{i}\phi} \begin{pmatrix} \mathrm{e}^{-\mathrm{i}\Gamma/2} & 0 \\ 0 & \mathrm{e}^{\mathrm{i}\Gamma/2} \end{pmatrix} \begin{pmatrix} V_s \\ V_f \end{pmatrix} \tag{7.48}$$

利用 $-\psi$ 代替 ψ 的旋转矩阵，给出了实验框架中新兴光束偏振态的琼斯向量，即

$$\begin{pmatrix} V_x' \\ V_y' \end{pmatrix} = \begin{pmatrix} \cos\psi & -\sin\psi \\ \sin\psi & \cos\psi \end{pmatrix} \begin{pmatrix} V_e' \\ V_f' \end{pmatrix} \tag{7.49}$$

则有

$$\begin{pmatrix} V_x' \\ V_y' \end{pmatrix} = \boldsymbol{R}(-\psi)\boldsymbol{W}_0\boldsymbol{R}(\psi) \begin{pmatrix} V_x \\ V_y \end{pmatrix} \tag{7.50}$$

其中

$$\boldsymbol{R}(\psi) = \begin{pmatrix} \cos\psi & \sin\psi \\ -\sin\psi & \cos\psi \end{pmatrix} \tag{7.51}$$

$$\boldsymbol{W}_0 = \mathrm{e}^{-\mathrm{i}\phi} \begin{pmatrix} \mathrm{e}^{-\mathrm{i}\Gamma/2} & 0 \\ 0 & \mathrm{e}^{\mathrm{i}\Gamma/2} \end{pmatrix} \tag{7.52}$$

因此，在琼斯矩阵形式中，延迟板用一个矩阵 $\boldsymbol{W}(\psi,\Gamma)$ 来描述，其特征为相位延迟 Γ 和方位角 ψ，则有

$$\begin{aligned} \boldsymbol{W}(\psi,\Gamma) \equiv \boldsymbol{W} &= \boldsymbol{R}(-\psi)\boldsymbol{W}_0\boldsymbol{R}(\psi) \\ &= \begin{vmatrix} \mathrm{e}^{-\mathrm{i}\Gamma/2}\cos^2\psi + \mathrm{e}^{-\mathrm{i}\Gamma/2}\sin^2\psi & -\mathrm{i}\sin\dfrac{\Gamma}{2}\sin(2\psi) \\ -\mathrm{i}\sin\dfrac{\Gamma}{2}\sin(2\psi) & \mathrm{e}^{-\mathrm{i}\Gamma/2}\sin^2\psi + \mathrm{e}^{-\mathrm{i}\Gamma/2}\cos^2\psi \end{vmatrix} \end{aligned} \tag{7.53}$$

注意,波片的琼斯矩阵是一个酉矩阵,即

$$W^{+}W = 1 \tag{7.54}$$

其中,$(W^{+})_{ji} = W_{ij}^{*}$。

使用这些变换矩阵,可以推导出光(沿 z 轴)通过各种偏振器和相位延迟元件(如第 6 章中描述的那些)传播的偏振向量。

7.2.2 琼斯矩阵法

考虑一个典型的情况,即光通过一组由输入(或入口)偏振器、输入端指向矢沿 x 轴方向的扭曲向列相液晶盒和输出偏振器(图 7.6)组成的装置传播。在输出端,从输出偏振器出来前,指向矢与 x 轴定向成 θ 角。

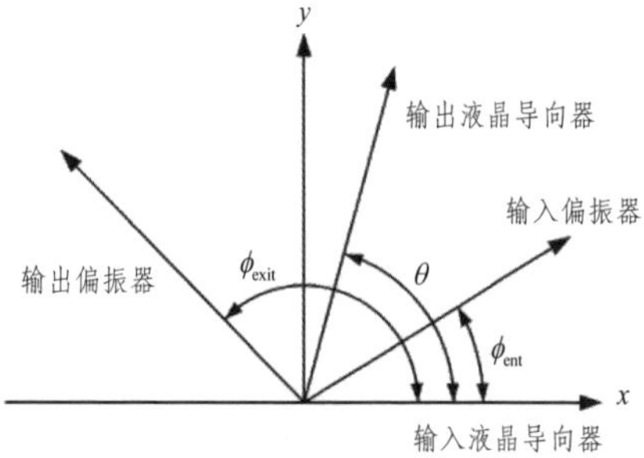

图 7.6 一个像素元件的示意图(该像素元件由一个输入和一个输出偏光镜夹在一个 LC 单元中,在输入端指向矢沿 x 轴方向取向,在输出端从输出偏振器出来前,指向矢与 x 轴定向为 θ 角度)

使用前一节概述的琼斯矩阵方法,光通过这样一个像素元件的透射率计算为[19]

$$\begin{aligned} T = {} & \cos^2(\theta - \phi_{\text{exit}} - \phi_{\text{ent}}) + \sin^2(\theta\sqrt{1+u^2})\sin 2(\theta - \phi_{\text{exit}})\sin 2\phi_{\text{ent}} + \\ & \frac{1}{2\sqrt{1+u^2}}\sin(2\theta\sqrt{1+u^2})\sin 2(\theta - \phi_{\text{exit}} + \phi_{\text{ent}}) - \\ & \frac{1}{1+u^2}\sin^2(\theta\sqrt{1+u^2})\cos 2(\theta - \phi_{\text{exit}})\cos 2\phi_{\text{ent}} \end{aligned} \tag{7.55}$$

其中

$$u = \left(\frac{\pi d}{\theta\lambda}\right)\left(\frac{n_{\text{e}}}{\sqrt{1+\nu\sin^2\theta_\delta}} - n_0\right), \quad \nu = \left(\frac{n_{\text{e}}}{n_0}\right)^2 - 1 \tag{7.56}$$

且 θ_δ 是预倾角。

在参考文献[19]中已经处理了对应于各种偏振器配置、LC 指向矢方向的极限情况。我们在这里回顾一些在实践中使用的典型配置的结果。

在平面排列样本的情况下,即 $\theta = 0°$,我们有

$$T=\cos^2(\phi_{\mathrm{ent}}-\phi_{\mathrm{exit}})-\sin 2\phi_{\mathrm{ent}}\sin 2\phi_{\mathrm{exit}}\times\sin^2\left[\left(\frac{\pi d}{\lambda}\right)\left(\frac{n_{\mathrm{e}}}{\sqrt{1+\nu\sin^2\theta_\delta}}-n_0\right)\right] \tag{7.57}$$

对于正交定向的输入-输出偏振器,使 $\phi_{\mathrm{ent}}=45°$ 和 $\phi_{\mathrm{exit}}=135°$,我们有

$$T_\perp=\sin^2\left(\frac{\pi d\Delta n}{\lambda}\right) \tag{7.58}$$

对于一个 90° TN 盒($\theta=90°$),我们有

$$T_\perp=1-\frac{\sin^2\left(\frac{\pi}{2}\sqrt{1+u^2}\right)}{1+u^2}\quad \text{垂直偏振器} \tag{7.59a}$$

$$T_{/\!/}=1-T_\perp\quad \text{平行偏振器} \tag{7.59b}$$

对于 180° STN 盒,我们有

$$T_\perp=\frac{\sin^2(\pi\sqrt{1+u^2})}{1+u^2} \tag{7.60}$$

对于 270° STN 盒,我们有

$$T_\perp=1-\frac{\sin^2\left(\frac{3\pi}{2}\sqrt{1+u^2}\right)}{1+u^2} \tag{7.61}$$

其中,$u=3d\Delta n/\lambda$。

7.2.3 斜入射的 4×4 矩阵方法

上面的讨论适用于光在光学元件的平面上正常入射的情况(图 7.5),琼斯矩阵是有两个分量的向量。然而,对于离轴或斜入射光,这不能解释各种物理效应。例如,光在界面处的菲涅耳折射和反射,使光分解为普通分量和特殊分量,最重要的是,在折射率不连续的界面处的多次反射,如空气和玻璃之间以及玻璃和偏振器之间等。在每个界面处,需要四个电场和磁场切向场分量 (E_x,E_y,H_x,H_y) 来充分描述透射和反射[20-21]。

4×4 矩阵方法将这些场矢量在出口(Z_2)处的切向分量与进口(Z_1)处的输入联系起来,即

$$\boldsymbol{\psi}(Z_2)=\boldsymbol{M}(Z_2,Z_1)\boldsymbol{\psi}(Z_1) \tag{7.62}$$

其中,$\boldsymbol{\psi}=(E_x,H_y,E_y,-H_x)$;$\boldsymbol{M}$ 是所谓的传递矩阵,$\boldsymbol{M}$ 取决于介电各向异性 $(\varepsilon_{/\!/}-\varepsilon_\perp)$、层厚 (Z_2-Z_1) 和入射光的传播波矢量。

对于光以角度 θ_{in} 从玻璃(折射率为 n_{g})入射到 LC 界面的情况,并且定向轴相对于 z 轴由欧拉角 $\theta(z)$ 和 $\phi(z)$ 取向[20],则有

$$\boldsymbol{M}=\beta_0\boldsymbol{I}+\beta_1\boldsymbol{\Delta}+\beta_2\boldsymbol{\Delta}^2+\beta_3\boldsymbol{\Delta}^3 \tag{7.63}$$

其中,$\boldsymbol{I}$ 是单位矩阵;$\boldsymbol{\Delta}$ 是一个 4 ×4 矩阵,即

$$\boldsymbol{\Delta}=\begin{bmatrix}\Delta_{11} & \Delta_{12} & \Delta_{13} & 0\\ \Delta_{21} & \Delta_{22} & \Delta_{23} & 0\\ 0 & 0 & 0 & \Delta_{34}\\ \Delta_{23} & \Delta_{13} & \Delta_{43} & 0\end{bmatrix} \tag{7.64}$$

在这些方程中,有

$$\begin{cases}\Delta_{11}=\dfrac{-(\Delta\varepsilon\sin\theta\cos\theta\sin\phi)X}{\varepsilon_{33}}\\ \Delta_{12}=\dfrac{1-X^2}{\varepsilon_{33}}\\ \Delta_{13}=\dfrac{(\Delta\varepsilon\sin\theta\cos\theta\cos\phi)X}{\varepsilon_{33}}\\ \Delta_{21}=\left(\dfrac{\varepsilon_{\perp}}{\varepsilon_{33}}\right)(\varepsilon_{/\!/}-\sin^2\theta\cos^2\phi)\\ \Delta_{23}=-\left(\dfrac{\varepsilon_{\perp}}{\varepsilon_{33}}\right)(\Delta\varepsilon\sin^2\theta\sin\phi\cos\phi)\\ \Delta_{34}=1\\ \Delta_{43}=\left(\dfrac{\varepsilon_{\perp}}{\varepsilon_{33}}\right)(\varepsilon_{/\!/}-\Delta\varepsilon\sin^2\theta\sin^2\phi)-X^2\\ \varepsilon_{33}=\varepsilon_{\perp}+\Delta\varepsilon\cos^2\theta\\ X=n_{\mathrm{g}}\sin\theta_{\mathrm{in}}\end{cases} \tag{7.65}$$

和

$$\begin{cases}\beta_0=-\sum\limits_{i=1}^{4}\lambda_j\lambda_k\lambda_l\dfrac{f_i}{\lambda_{ij}\lambda_{ik}\lambda_{il}}\\ \beta_1=-\sum\limits_{i=1}^{4}(\lambda_j\lambda_k+\lambda_j\lambda_l+\lambda_k\lambda_l)\dfrac{f_i}{\lambda_{ij}\lambda_{ik}\lambda_{il}}\\ \beta_2=-\sum\limits_{i=1}^{4}(\lambda_j+\lambda_k+\lambda_l)\dfrac{f_i}{\lambda_{ij}\lambda_{ik}\lambda_{il}}\\ \beta_3=\sum\limits_{i=1}^{4}\dfrac{f_i}{\lambda_{ij}\lambda_{ik}\lambda_{il}}\end{cases} \tag{7.66}$$

其中,$\lambda_{ij}=\lambda_i-\lambda_j\lambda_i$,$f_i=\exp(-\mathrm{i}k_0\lambda_i d)$,$j,k,l=1,2,3,4$,且有

$$\lambda_{1,2}=\pm\sqrt{\Delta\varepsilon-X^2} \tag{7.67}$$

和

$$\lambda_{3,4}=-\sqrt{\frac{\varepsilon_{13}}{\varepsilon_{33}}}X\pm\sqrt{\frac{\varepsilon_{/\!/}\varepsilon_{\perp}}{\varepsilon_{33}}}\left[\varepsilon_{33}-\left(1-\frac{\Delta\varepsilon}{\varepsilon_{/\!/}}\sin^2\theta\cos^2\phi\right)X^2\right]^{1/2} \tag{7.68}$$

一旦找到 $\boldsymbol{M}$,就可以得到发射场分量[20-21]。

7.3 扩展琼斯矩阵法

与上一节描述的 4×4 矩阵方法不同,如果可以忽略多次反射的影响,就可以使用所谓的扩展琼斯矩阵法[22-23]来处理斜入射。为了避免混淆,我们使用这些作者采用的 CGS 单位,而不是式(7.1)至式(7.4)中给出的 MKS 单位。注意,关于 MKS 和 CGS 系统中使用的方程、物理常数和单位的更多讨论和比较将在后面给出。

在 CGS 系统中,麦克斯韦方程为

$$\begin{aligned}&\nabla\cdot\boldsymbol{D}=0\\&\nabla\times\boldsymbol{H}=\left(\frac{1}{c}\right)\left(\frac{\partial D}{\partial t}\right)\\&\nabla\times\boldsymbol{E}=-\left(\frac{1}{c}\right)\left(\frac{\partial B}{\partial t}\right)\\&\nabla\cdot\boldsymbol{B}=0\end{aligned} \tag{7.69}$$

其中

$$\boldsymbol{D}=\boldsymbol{\varepsilon}\boldsymbol{E}$$
$$\boldsymbol{\varepsilon}=\begin{bmatrix}\varepsilon_{xx}&\varepsilon_{xy}&\varepsilon_{xz}\\\varepsilon_{yx}&\varepsilon_{yy}&\varepsilon_{yz}\\\varepsilon_{zx}&\varepsilon_{zy}&\varepsilon_{zz}\end{bmatrix} \tag{7.70}$$

和

$$\begin{cases}\varepsilon_{xx}=n_0^2+(n_e^2-n_0^2)\cos^2\theta\cos^2\phi\\\varepsilon_{xy}=\varepsilon_{yx}=(n_e^2-n_0^2)\cos^2\theta\sin\phi\cos\phi\\\varepsilon_{xz}=\varepsilon_{zx}=(n_e^2-n_0^2)\sin\theta\cos\theta\cos\phi\\\varepsilon_{yy}=n_0^2+(n_e^2-n_0^2)\cos^2\theta\sin^2\phi\\\varepsilon_{yz}=\varepsilon_{zy}=(n_e^2-n_0^2)\sin\theta\cos\theta\sin\phi\\\varepsilon_{zz}=n_0^2+(n_e^2-n_0^2)\sin^2\theta\end{cases} \tag{7.71}$$

考虑形式为 $\exp(\mathrm{i}[\boldsymbol{k}\cdot\boldsymbol{r}-\omega t])$ 的平面波入射到液晶盒上,如图 7.7 所示。对于 x-z 平面上的 θ_k 角度传播,我们有 $\boldsymbol{k}=(k_0\sin\theta_k,0,k_0\cos\theta_k)$。

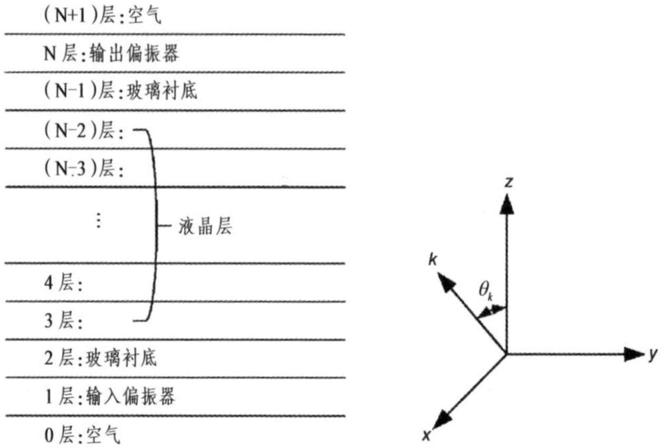

图 7.7 用于转移矩阵计算的偏光片之间的液晶盒的 N+1 层表示

在扩展琼斯矩阵法中,液晶单元被划分为 N 层(为了精确计算通常是几百层),每层的介电张量与相邻层不同。输入和输出偏振器被认为是两个独立的层,其特征为满足式(7.70)的介电张量。在每一层中,有四个本征波,即两个透射波和两个反射波。在每个界面处,适用的边界条件是电场的切向分量是连续的。

对于如图 7.7 所示的液晶像素,扩展琼斯矩阵变为

$$\boldsymbol{J}=\boldsymbol{J}_N\boldsymbol{J}_{N-1}\cdots\boldsymbol{J}_1 \tag{7.72}$$

对于每一层,琼斯矩阵为

$$\boldsymbol{J}_n=(\boldsymbol{SGS}^{-1})_n \tag{7.73}$$

其中,$\boldsymbol{S}=\begin{bmatrix}1 & C_2\\ C_1 & 1\end{bmatrix}$,$\boldsymbol{G}=\begin{bmatrix}\exp(\mathrm{i}k_{z1}d) & 0\\ 0 & \exp(\mathrm{i}k_{z1}d)\end{bmatrix}$,$\boldsymbol{D}$ 为相应的层厚,且有

$$C_1=\frac{\left[\left(\frac{k_x}{k_0}\right)^2-\varepsilon_{zz}\right]\varepsilon_{yx}+\left(\frac{k_zk_{z1}}{k_0^2}+\varepsilon_{zx}\right)\varepsilon_{yz}}{\left[\left(\frac{k_{z1}}{k_0}\right)^2+\left(\frac{k_x}{k_0}\right)^2-\varepsilon_{yy}\right]\left[\left(\frac{k_x}{k_0}\right)^2\varepsilon_{zz}\right]-\varepsilon_{yz}\varepsilon_{zy}} \tag{7.74}$$

$$C_2=\frac{\left[\left(\frac{k_x}{k_0}\right)^2-\varepsilon_{zz}\right]\varepsilon_{xy}+\left(\frac{k_xk_{z2}}{k_0^2}+\varepsilon_{xz}\right)\varepsilon_{zy}}{\left[\left(\frac{k_{z2}}{k_0}\right)^2-\varepsilon_{xx}\right]\left[\left(\frac{k_x}{k_0}\right)^2-\varepsilon_{zz}\right]-\left(\frac{k_xk_{z2}}{k_0^2}+\varepsilon_{zx}\right)\left(\frac{k_xk_{z2}}{k_0^2}+\varepsilon_{xz}\right)} \tag{7.75}$$

$$\frac{k_{z1}}{k_0}=\sqrt{n_0^2-\left(\frac{k_x}{k_0}\right)^2} \tag{7.76}$$

$$\frac{k_{z2}}{k_0}=\frac{\varepsilon_{xz}}{\varepsilon_{zz}}\frac{k_x}{k_0}+\frac{n_0 n_e}{\varepsilon_{zz}}\sqrt{\varepsilon_{zz}-\left(1-\frac{n_e^2-n_0^2}{n_e^2}\cos^2\theta\sin^2\phi\right)\left(\frac{k_x}{k_0}\right)^2} \tag{7.77}$$

设 $E_x^{(0)}$ 和 $E_y^{(0)}$ 为入射场,则透射场 $E_x^{(N+1)}$,$E_y^{(N+1)}$ 为

$$\begin{bmatrix}E_x^{(N+1)}\\E_y^{(N+1)}\end{bmatrix}=\boldsymbol{J}\begin{bmatrix}E_x^{(0)}\\E_y^{(0)}\end{bmatrix} \tag{7.78}$$

对于如图 7.7 所示的斜入射光,透射率为

$$T_{\text{opt}}=\frac{|E_x^{(N+1)}|^2+\cos^2\theta_{\text{p}}|E_y^{(N+1)}|^2}{|E_x^{(0)}|^2+\cos^2\theta_{\text{p}}|E_y^{(0)}|^2} \tag{7.79}$$

其中,$\theta_{\text{p}}=\arcsin(\sin\theta_k/\text{Re}(n_{\text{p}}))$ 为光离开偏光镜的出射角,$\text{Re}[n_{\text{p}}]$ 为 n_{o} 和 n_{e} 偏光镜的平均实部。

包括输入处和输出处的空气-玻璃界面处的透射,“像素”的净光透射率变为

$$T'_{\text{opt}}=T_{\text{ent}}T_{\text{opt}}T_{\text{exit}} \tag{7.80}$$

对于法向入射(即 $\theta_k=0°$),有

$$T_{\text{ent}}=T_{\text{exit}}=\frac{4\text{Re}(n_{\text{p}})}{[1+\text{Re}(n_{\text{p}})]^2} \tag{7.81}$$

而对于 $\theta_k\neq0°$,有

$$T_{\text{ent}}=T_{\text{p}}\cos^2\alpha_{\text{ent}}+T_{\text{v}}\sin^2\alpha_{\text{ent}} \tag{7.82}$$

$$T_{\text{exit}}=T_{\text{p}}\cos^2\alpha_{\text{exit}}+T_{\text{v}}\sin^2\alpha_{\text{exit}} \tag{7.83}$$

其中,α_{ent} 和 α_{exit} 分别为玻璃-空气界面处的射入角和射出角。

最后,透射的平行和垂直分量的透射率分别为

$$T_{\text{p}}=\frac{\sin(2\theta_k)\sin(2\theta_{\text{p}})}{\sin^2(\theta_k+\theta_{\text{p}})\cos^2(\theta_k-\theta_{\text{p}})} \tag{7.84}$$

$$T_{\text{v}}=\frac{\sin(2\theta_k)\sin(2\theta_{\text{p}})}{\sin^2(\theta_k+\theta_{\text{p}})} \tag{7.85}$$

其中

$$\cos\alpha_{\text{ent}}=\frac{E_x^{(0)}}{\sqrt{|E_x^{(0)}|^2+\cos^2\theta_k|E_y^{(0)}|^2}} \tag{7.86}$$

$$\cos\alpha_{\text{exit}}=\frac{E_x^{(N+1)}}{\sqrt{|E_x^{(N+1)}|^2+\cos^2\theta_k|E_y^{(N+1)}|^2}} \tag{7.87}$$

参考文献[22]已经计算了各种几何形状、指向矢方向、预倾角等的液晶盒的透射率。

7.4 时域有限差分法

随着计算能力和速度的进步,许多其他传统上用于无线电和长波长区域的数值方法,原本对于涉及短波电磁波(光)的应用过于烦琐和耗时,现在也变得可行。一种被越来越多使用的数学方法是所谓的时域有限差分法。

时域有限差分(FDTD)法提供了麦克斯韦方程在空间和时间域的直接数值解[24-25],被广泛用于研究电磁辐射和散射,特别是涉及复杂的非均匀几何的情况。FDTD 法也可用于分析光波在液晶(LC)结构中的传播[26-27]。在简单的分层结构(即介电张量沿显示表面法向变化的结构)中,矩阵型方法,如扩展的 Jones 矩阵方法[22]和 Berreman 矩阵方法[28]可以令人满意地用于光传播的分析。然而,由于底层的多维控制器变形[29],这些方法不能提供具有较小像素、平面内电极或多域的高级显示器所需的精确光学信息。相比之下,FDTD 法非常适合解决这些复杂的传播问题,已经成功地实现应用,如光学纹理 LCs[30]、衍射光栅[31]、光交互与 LCs[32]以及其他二维和三维光学传播通过非均匀各向异性介质的复杂几何。

7.5 液晶中的非线性光传播初探

当光场与材料的相互作用强到足以使材料的光学性质发生"实质性"变化时,由于光场与材料的相互反应,光场通过这种所谓的非线性光学材料的传播呈现出几个有趣而深刻的特征。简单来说,诱导极化 $\boldsymbol{P}$ 不再仅线性依赖于光电场 $\boldsymbol{E}$,参见式(7.8)$\boldsymbol{P}=\varepsilon_0\chi_e\boldsymbol{E}$,但现在它包含一个非线性依赖于光电场的项 $\boldsymbol{P}_{nl}(\boldsymbol{E})$,则有

$$\boldsymbol{P}=\varepsilon_0\chi_e\boldsymbol{E}+\boldsymbol{P}_{nl}(\boldsymbol{E}) \tag{7.88}$$

其中,$\boldsymbol{P}$ 和 $\boldsymbol{E}$ 是局部变量,即 $\boldsymbol{P}=\boldsymbol{P}(z,t)$ 和 $\boldsymbol{E}=\boldsymbol{E}(z,t)$。

在这种情况下,麦克斯韦波动方程变为

$$\nabla^2\boldsymbol{E}-\mu\varepsilon\frac{\partial^2\boldsymbol{E}}{\partial t^2}=\mu_0\frac{\partial^2\boldsymbol{P}_{nl}(\boldsymbol{E})}{\partial t^2} \tag{7.89}$$

回想一下,$\boldsymbol{P}(\boldsymbol{P}=\varepsilon_0\chi_e\boldsymbol{E})$ 的线性部分已被吸收到式(7.89)左侧的 ε 中。

在液晶中,入射光场可以诱导单个分子或集体晶体的重定向、密度调制、流动以及电子波函数的修改、跃迁和多光子吸收等,从而产生对局部光电场的许多高阶非线性依赖。由这种相互作用引起的非线性极化的细节将在第 8 至 10 章中讨论。一般来说,光通过非线性光学介质(如沿 z 维)传播的完整处理涉及求解 $\boldsymbol{P}(z, t)$(描述场致效应)和波动方程 $\boldsymbol{E}=\boldsymbol{E}(z, t)$ 的耦合方程的自洽解。第 8 至 10 章和第 12 章将详细讨论液晶介质中的一些非线性光学过程。

7.6 单位制

光学物理和技术的一个令人困惑且几乎无法补救的方面是普遍使用不同的单位制,如MKS(SI)和CGS(静电)单位[1-2]。在由物理学家、工程师和化学家组成的液晶研究界尤其如此。因此,在涉及激光和液晶相互作用的研究中经常出现混淆和误解。我们在这里提供了相关材料、光学(电磁)和物理参数在这两种最常用的转换系统中表达的总结。

从麦克斯韦方程和本构方程开始,在 MKS 系统中,有

$$\begin{cases}\nabla\cdot E=\rho/\varepsilon_0, \quad D=\varepsilon_0 E+P\\ \nabla\cdot B=0, \quad P=\varepsilon_0\chi_e E\\ \nabla\times E=-\mathrm{d}B/\mathrm{d}t, \quad D=\varepsilon E\\ \nabla\times H=\mathrm{d}D/\mathrm{d}t, \quad \varepsilon=\varepsilon_0[1+4\pi\chi_e]\end{cases} \tag{7.90}$$

另外,在 CGS 系统中,有

$$\begin{cases}\nabla\cdot E=4\pi\rho, \quad D=E+4\pi P\\ \nabla\cdot B=0, \quad P=\chi_e E\\ \nabla\times E=-(1/c)\mathrm{d}B/\mathrm{d}t, \quad D=\varepsilon E\\ \nabla\times H=(1/c)\mathrm{d}D/\mathrm{d}t, \quad \varepsilon=1+4\pi\chi_e\end{cases} \tag{7.91}$$

也许决定材料光学性质的最重要的物理参数是场致极化 $\boldsymbol{P}$(定义为感应偶极子 d 的数密度)。

在 SI 单位中,偏振 $\boldsymbol{P}$ 与光电场 $\boldsymbol{E}$ 的关系为

$$\boldsymbol{P}=\varepsilon_0[\chi^{(1)}\boldsymbol{E}+\chi^{(2)}\boldsymbol{E}^2+\chi^{(3)}\boldsymbol{E}^3+\cdots] \tag{7.92}$$

其中,ε_0 为真空介电常数,有

$$\varepsilon_0=8.85\times10^{-12}\,\mathrm{F/m} \tag{7.93}$$

$\boldsymbol{P}$ 和 $\boldsymbol{E}$ 的单位为

$$\{\boldsymbol{P}\}_{\mathrm{unit}}=\mathrm{C/m^2} \tag{7.94}$$

$$\{\boldsymbol{E}\}_{\mathrm{unit}}=\mathrm{V/m} \tag{7.95}$$

因为 $F=1\,\mathrm{C/V}$,所以磁化率的单位为

$$\chi^{(1)}\ \text{无量纲} \tag{7.96}$$

$$\{\chi^{(2)}\}_{\mathrm{unit}}=\{1/\boldsymbol{E}\}_{\mathrm{unit}}=\mathrm{m/V} \tag{7.97}$$

$$\{\chi^{(3)}\}_{\mathrm{unit}}=\{1/\boldsymbol{E}^2\}_{\mathrm{unit}}=\mathrm{m^2/V^2} \tag{7.98}$$

另外,在高斯系统中,极化 $\boldsymbol{P}$ 与光电场 $\boldsymbol{E}$ 的关系为

$$\boldsymbol{P}=\chi^{(1)}\boldsymbol{E}+\chi^{(2)}\boldsymbol{E}^2+\chi^{(3)}\boldsymbol{E}^3 \tag{7.99}$$

而且,P 和 E 都有相同的单位 statvolt/cm = $(\mathrm{erg/cm^3})^{1/2}$。相应地,各自磁化率的单位为

$$\chi^{(1)} \text{无量纲} \tag{7.100}$$

$$\{\chi^{(2)}\}_{\text{unit}} = (\text{erg/cm}^3)^{-1/2}\text{或cm/statvolt} \tag{7.101}$$

$$\{\chi^{(3)}\}_{\text{unit}} = (\text{erg/cm}^3)^{-1}\text{或(cm/statvolt)}^2 \tag{7.102}$$

除 SI 和 CGS 单位外,文献中还出现了其他“混合”单位制。例如,在 SI 中,激光强度以 W/m^2 为单位,则非线性折射率系数 $n_2(I)$ 应以 m^2/W 为单位。然而,更多时候,激光的强度 I 是以 W/cm^2 的“混合”单位来表示的,而 $n_2(I)$ 对应的单位是 cm^2/W。

为了方便特定物理参数(如非线性磁化率)的两种单位制之间的转换,表 7.1 列出了光子学中常用的一些物理常数的值。

例如,在 MKS 或 SI 单位中,光的强度由坡印廷矢量的时间平均值给出:

$$I = \langle ExH\rangle I = nE^2/2\eta \tag{7.103}$$

另外,在 CGS 单位中,有

$$I = ncE^2/8\pi \tag{7.104}$$

其中,E 为光电场振幅,有

$$E = E\cos\omega t = (E\mathrm{e}^{\mathrm{i}\omega t} + \mathrm{c.c})/2 \tag{7.105}$$

表 7.1 物理常数及其 SI(MKS)单位

常数	常用符号	数值	CGS	SI
电子静止质量	m_e	9.109	10^{-28} g	10^{-31} kg
质子静止质量	m_p	1.673	10^{-24} g	10^{-27} kg
普朗克常数	h	6.626	10^{-27} erg s	10^{-34} J·s
电子电荷	e	1.602		10^{-19} Coulomb
		4.803	10^{-10} esu	
介电常数(真空)	ε_o			8.85×10^{-12} F/m
渗透率(真空)	μ_o			8.85×10^{-7} H/m
光速(真空)	c	2.998	10^{10} cm/s	10^8 m/s
波尔兹曼常数	k_B	1.381	10^{-16} erg/°K	10^{-23} J/°K
电子伏特	eV	1.602	10^{-12} erg	10^{-19} J

根据表 7.1,还可以给出两种体系中磁化率对应的换算系数如下:

$$\begin{cases} \chi^{(1)}(\text{MKS}) = 4\pi\chi^{(1)}(\text{G}) \\ \chi^{(2)}(\text{MKS}) = \dfrac{4\pi}{3\times10^4}\chi^{(2)}(\text{G}) = 4.189\times10^{-4}\chi^{(2)}(\text{G}) \\ \chi^{(3)}(\text{MKS}) = \dfrac{4\pi}{(3\times10^4)^2}\chi^{(3)}(\text{G}) = 1.40\times10^{-8}\chi^{(3)}(\text{G}) \end{cases} \tag{7.106}$$

参考文献

[1] A. Yariv, "*Optical Electronics in Modern Communications*" [Oxford University Press, New York, 1997] 5th ed.

[2] J. D. Jackson, "*Classical Electrodynamics*," p. 119. Wiley, New York, 1963.

[3] S. Xiao, U. K. Chettiar, A. V. Kildishev, et al. "Tunable magnetic response of metamaterials," *Applied Physics Letters*, 95(3), 033115(2009).

[4] V. G. Veselago, "The electrodynamics of substances with simultaneously negative values of ε and μ," *Soviet Physics Uspekhi*, 10(4), 509–514(1968).

[5] V. M. Shalaev, W. S. Cai, U. K. Chettiar, et al. "Negative index of refraction in optical metamaterials," *Optics Letters*, 30, 3356–3358(2005).

[6] R. A. Shelby, D. R. Smith, S. Schultz, "Experimental verification of a negative index of refraction," *Science*, 292, 77(2001).

[7] I. C. Khoo, D. H. Werner, X. Liang, et al. "Nano-sphere dispersed liquid crystals fortunable negative-zero-positive indexof refraction in the optical and Terahertz regimes," *Optics Letters*, 31, 2592(2006).

[8] D. H. Werner, D.-H. Kwon, I. C. Khoo, et al. "Liquid crystal-clad near-infrared metamaterials with tunable negative-zero-positive refractive indices," *Optics Express*, 15(6), 3342–3347(2007).

[9] I. C. Khoo, A. Diaz, J. Liou, et al. "Liquid crystal stunable optical metamaterials," *IEEE Journal of Selected Topics in Quantum Electronics*, 16, 410–417(2010).

[10] X. Wang, D. H. Kwon, D. H. Werner, et al. 'Tunable optical negative-index metamaterials employing anisotropic liquid crystals," *Applied Physics Letters*, 91, 143122 (2007).

[11] J. A. Bossard, X. Liang, L. Li, et al. "Tunable frequency selective surfaces and negative-zero-positive index metamaterials based on liquid crystals," *IEEE Transactions on Antennas and Propagation*, 56, 1308–1320(2008).

[12] I. C. Khoo, A. Diaz, S. Kubo, et al. "Nano-dispersed organic liquid and liquid crystals for alltime-scales optical switching and tunable negativeand zeroindex materials," *Molecular Crystals Liquid Crystals*, 485(1), 934–944(2008).

[13] I. C. Khoo, Y. Williams, A. Diaz, et al. "Liquid-crystals for optical filters, switches and tunable negative index material development," *Molecular Crystal Liquid Crystal*, 453,

309–319(2006).

[14] I. C. Khoo, "Designing liquid crystalline nonlinear optical meta-materials with large birefringence and sub-unity refractive index," *Molecular Crystal Liquid Crystal*, 488, 488–499(2008).

[15] I. C. Khoo, "Nonlinear optics, active plasmonic and metamaterials with liquid crystals," *Progress in Quantum Electronics*, 38, 77–117(2014).

[16] G. Pawlik, W. Walasik, K. Tarnowski, et al. "Liquid crystal hyperbolic metamaterial for wideangle negative-positive refraction and reflection," *Optics Letters*, 39(7), 1744–1747(2014).

[17] I. Bita, E. L. Thomas, "Structurally chiral photonic crystals with magneto-optic activity: indirect photonic bandgaps, negative refraction, and superprism effect," *JOSA B*, 22, 1199–1210(2005).

[18] P. Yeh, C. Gu, "*Optics of Liquid Crystal Displays*," (Wiley Interscience, New York, 1999).

[19] H. L. Ong, "Origin and characteristics of the optical properties of general twisted nematic liquid crystal displays," *Journal of Applied Physics*, 64, 614–628(1988).

[20] H. Wohler, G. Haas, M. Fritsch, et al. "Faster 4 × 4 matrix method for uniaxial inhomogeneous media," *Journal of the Optical Society of America A*, 5, 1554(1988).

[21] K. H. Yang, "Elimination of the Fabry Perot effect in the 4 × 4 matrix method for inhomogeneous uniaxial media," *Journal of Applied Physics*, 68, 1550(1990).

[22] A. Lien, "Extended Jones matrix representation for the twisted nematic liquid crystal display at the oblique incidence," *Applied Physics Letters*, 57, 2767(1990).

[23] H. L. Ong, "Electro-optics of electrically controlled birefringence liquid crystal display by 2 × 2 propagation matrix and analytical expression at oblique angle," *Applied Physics Letters*, 59, 155–157(1991).

[24] K. S. Yee, "Numerical solution of initial boundary value problems involving Maxwell's equations in isotropic media", *IEEE Transactions on Antennas and Propagation*, 14(3), 302(1966).

[25] A. Taflove, S. C. Hagness, *Computational Electrodynamics: The Finite-Difference Time-Domain Method.* 2nd ed., Artech House, MA.

[26] B. Witzigmann, P. Regli, W. Fuchtner, "Rigorous electromagnetic simulation of liquid crystal displays", *Journal of the Optical Society of America A*, 15(3), 753(1998).

[27] E. E. Kriezis, S. J. Elston, "Finite-difference time domain method for light wave proga-

tion within liquid crystal devices", *Optics Communication*, 165, 99(1999).

[28] D. W. Berreman, "Optics in stratified and anisotropic media 4×4 matrix formulation", *Journal of the Optical Society of America*, 62, 502(1972).

[29] C. M. Titus, P. J. Bos, J. R. Kelly, et al. "Comparison of analytical calculations to finite-difference time-domain simulations of one-dimensional spatially varying anisotropic liquid crystal structures", *Japanese Journal of Applied Physics*, 38, 1488(1999).

[30] D. K. Hwang, A. D. Rey, "Computational studies of optical textures of twist disclination loops in liquid-crystal films by using the finite-difference time-domain method", *Journal of the Optical Society of America A*, 23(2), 483(2006).

[31] B. Wang, D. B. Chung, P. J. Bos, "Finite-difference time-domain optical calculations of polymer-liquid crystal composite electrodiffractive device. *Japanese Journal of Applied Physics*, 43(1), 176(2004).

[32] V. Ilyina, S. J. Cox, T. J. Sluckin, "FDTD method for light interaction with liquid crystals", *Molecular Crystals and Liquid Crystals*, 422, 1–10(2004).

第 8 章　光致重新取向非线性光学效应

8.1　引言

在前面章节描述的线性和电光过程中，液晶的物理性质，如分子结构、单个或多个分子取向、温度、密度、电子能级数量等，均不受光场的影响。液晶对入射光场的传输方向、振幅、光强和相位具有单向影响。当通过某些外加直流或低频电场进行控制或调制时，液晶的光学性质也是如此。如第 6 章所详述，液晶的双折射特性可通过调制产生用于显示和信号/图像处理等应用的各种电光效果，其中透过仪器的光由液晶控制，但不会影响液晶。

液晶也是具有高度非线性特性的光学材料，因为它的物理性质，特别是折射或双折射特性，会受到入射光场的影响[1–9]。这些变化来自许多具有广泛动态特性的物理机制。与光致取向、温度和密度变化、流动和晶格变形等相关的物理特性，其响应时间通常很短，从毫秒级到纳秒级不等，我们称之为非电子机制[1–6]。另外，由于光致单分子的电子波函数的微扰，折射率的变化发生在亚皮秒的时间范围内。以上即所谓的电光非线性效应，将在第 10 章中详细讨论[7–9]。

在本章和接下来的第 9 章中，我们将重点讨论向列型以及胆甾型、蓝相型液晶中的非电子非线性光学机制。

8.2　各向同性相液晶中的光致分子重新取向

8.2.1　各向异性液体中的单分子重新取向

在各向同性相位中，液晶分子由于热运动而随机取向，就像在传统的各向异性液体中一样。强激光通过偶极相互作用迫使各向异性分子在光场方向上排列整齐，以使能量最小化。这种过程通常被称为光致有序，也就是在其他随机系统中，光致一定程度的择优取向，如图 8.1 所示。由于分子具有双折射特性，这种局部排列会引起有效光学介电常数的变化[10]。

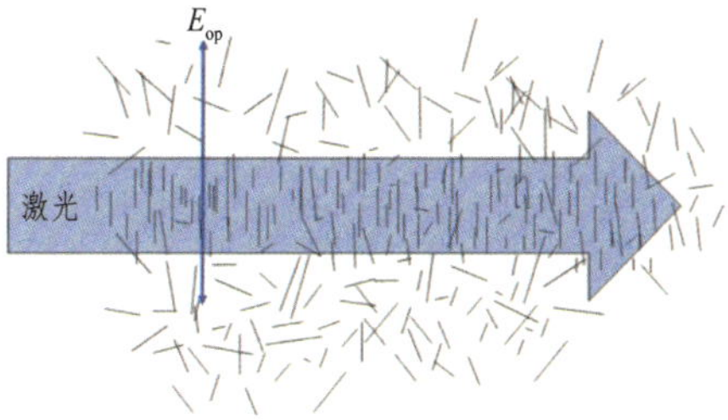

图 8.1　在各向异性液体中光致分子沿光电场方向排列

考虑如图 8.2 所示的激光场-分子相互作用，其中作用在各向异性分子上的光电场分别沿分子的两个主轴 x_1 和 x_2 产生激发极化场 P_1 和 P_2。因此，x 方向上的激发极化场为：

$$P_x = P_2 \cos\theta + P_1 \sin\theta \tag{8.1}$$

其中

$$P_1 = \varepsilon_0 \chi_{11} E_1 = \varepsilon_0 \chi_{11} E_x \sin\theta \tag{8.2}$$

$$P_2 = \varepsilon_0 \chi_{22} E_2 = \varepsilon_0 \chi_{22} E_x \cos\theta \tag{8.3}$$

且 χ_{11} 和 χ_{22} 为相应的磁化率。

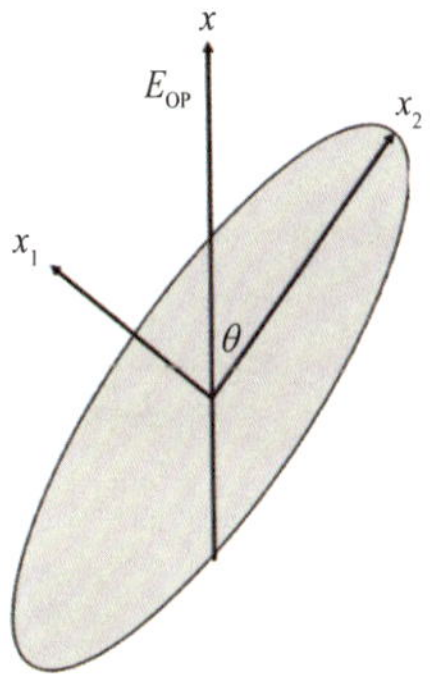

图 8.2　线偏振光与各向异性(双折射)分子的相互作用

因此

$$P_x = \varepsilon_0 \Delta\chi_{xx}^{op} E_x \tag{8.4}$$

由此得到

$$\Delta\chi_{xx}^{op} = \chi_{22} \cos^2\theta + \chi_{11} \sin^2\theta \tag{8.5}$$

平均磁化率可以表示为

$$\bar{\chi} = \frac{1}{3}(\chi_{22} + 2\chi_{11}) \tag{8.6}$$

磁化率各向异性可以表示为

$$\Delta\chi = \chi_{22} - \chi_{11} \tag{8.7}$$

$$\Delta\chi^{\mathrm{op}} = \bar{\chi} + \Delta\chi\left\langle\left(\cos^2\theta - \frac{1}{3}\right)\right\rangle \tag{8.8}$$

在式(8.8)中,包含因子$\left(\cos^2\theta - \frac{1}{3}\right)$的尖括号表示$\Delta\chi^{\mathrm{op}}$是宏观参数和系综平均值,它可以表示为光致有序参数$Q \equiv \left\langle \frac{3}{2}\cos^2\theta - \frac{1}{2}\right\rangle$,则有

$$\Delta\chi_{xx}^{\mathrm{op}} = \bar{\chi} + \frac{2}{3}\Delta\chi Q \tag{8.9}$$

因此,我们有

$$P_x = \left(\varepsilon_0\bar{\chi} + \varepsilon_0\frac{2}{3}\Delta\chi Q\right)E_x = P_x^{\mathrm{l}} + P_x^{\mathrm{nl}} \tag{8.10}$$

其中,线性极化场$P_x^{\mathrm{l}} = \varepsilon_0\bar{\chi}E_x$来自稳定系统的贡献,非线性极化场

$$P_x^{\mathrm{nl}} = \frac{2}{3}\varepsilon_0\Delta\chi Q E_x \tag{8.11}$$

产生于光致分子取向或在其他随机介质中的有序排列。

从式(8.11)可以看出,分子重新取向的贡献与光致有序参数Q成正比。在典型的各向异性液体(如CS_2或温度远高于T_c的液晶)中,Q值可通过统计力学方法获得。在完全随机系统中,平均方向由分布函数$f(\theta)$描述,即

$$Q = \left\langle \frac{3}{2}\cos^2\theta - \frac{1}{2}\right\rangle = \int_0^{\pi} f(\theta)\left(\frac{3}{2}\cos^2\theta - \frac{1}{2}\right)\mathrm{d}\theta \tag{8.12}$$

在稳定状态下,$f(\theta)$的平衡值为

$$f(\theta) = \frac{\mathrm{e}^{-\varepsilon/k_{\mathrm{B}}T}}{\int_0^{\pi} f(\theta)\mathrm{d}\cos\theta} \tag{8.13}$$

其中,ε为分子相互作用能$(\varepsilon = \varepsilon_0(\Delta\alpha/2)|E|^2)$,$\Delta\alpha$为分子极化各向异性$(\Delta\alpha = \Delta\chi/N)$;$k_{\mathrm{B}}$是玻尔兹曼常数。

各向同性液晶中的光致分子取向已经被几个小组研究过[11–15]。单分子运动的特征是响应时间为几皮秒[11–13],这些单分子的波动会在瑞利散射测量中产生一个宽的波峰,这通常被称为瑞利翼散射分量,且通常存在于各向异性流体中。另外,相关分子重新取向效应[13–15]的特征是响应时间为10~100 ns。这使得瑞利散射谱中的中心分量更窄,通常也被称为瑞利翼分量,因为它也来源于方向起伏。

除分子的重新取向外,光场还可以导致原子核的取向产生各向异性。这一过程有时被称为原子核的光学克尔效应,因为它导致光介电常数随强度变化。Deeg和Fayer[12]研究了

液晶中的这种效应。通常,这些原子核运动的特征是上升时间为几皮秒,衰减时间约为 100 ps。这些原子核运动的动态也比单分子的重新取向效应更为复杂。

8.2.2 相关分子重新取向动态

一般来说,需要短脉冲激光,才能在液体中产生明显的分子排列。为了定量描述脉冲激光的光致效应,需要采用与时间相关的方法。在这种情况下, $f(\theta)$ 遵循 Debye 旋转扩散方程[14]:

$$\eta\frac{\partial f}{\partial t}=\frac{1}{\sin\theta}\frac{\partial}{\partial\theta}\left[\sin\theta\left(\frac{\partial f}{\partial\theta}+2\Delta\alpha\frac{|E|^2}{K_{\mathrm{B}}T}\sin\theta\cos\theta f\right)\right] \tag{8.14}$$

其中, η 为黏滞系数。

将式(8.12)代入式(8.14),可以得到 Q 的动力学方程:

$$\frac{\partial Q}{\partial t}=-\frac{Q}{\tau_{\mathrm{D}}}+\frac{2\Delta\alpha|E|^2}{3\eta} \tag{8.15}$$

其中,弛豫时间 τ_{D} 的计算公式为

$$\tau_{\mathrm{D}}=\frac{\eta}{5KT} \tag{8.16}$$

式(8.15)表明 $Q\sim|E|^2$,因此式(8.11)的非线性极化形式为

$$P_x^{\mathrm{nl}}\sim|E|^2E \tag{8.17}$$

在非线性光学术语(参见第 11 章)中,这被称为三阶非线性偏振,因为它涉及光电场 E 的三重乘积。式(8.17)给出的非线性极化项的特殊形式可以表示为不同的形式:

$$P_x^{\mathrm{nl}}\sim\Delta\varepsilon E \tag{8.18}$$

其中, $\Delta\varepsilon$ 可视为光致介电常数的变化,其与 $|E|^2$ 成正比, $\Delta\varepsilon$ 对应于随强度变化的折射率变化 Δn,其通常表示为 $\Delta n=n_2I$,且 n_2 为非线性折射率系数, I 为光强。

当各向同性液体的温度降低到相变温度 T_{c} 时,分子相关性和预相变现象开始以光致折射率变化和响应时间对温度的临界依赖性的形式表现出来。这些临界现象可由 de-Gennes[17]提出的 Landau 二阶相变理论[16]描述,参见第 2 章。

液晶各向同性相的单位体积自由能以一般阶次参数张量 Q_{ij} 表示,其计算公式为

$$F=F_0+\frac{1}{2}AQ_{ij}Q_{ji}-\frac{1}{4}\chi_{ij}E_i^*E_j \tag{8.19}$$

$$A=a(T-T^*) \tag{8.20}$$

其中, A 和 T^* 是第 2 章中定义的常数。

根据式（8.15），Q_{ij} 的动力学方程变为[14]

$$\eta\frac{\partial Q_{ij}}{\partial t}+AQ_{ij}=f_{ij} \tag{8.21}$$

其中

$$f_{ij}=\frac{1}{6}\Delta\chi\left(E_i^*E_j-\frac{1}{3}|E|^2\delta_{ij}\right) \tag{8.22}$$

则 Q_{ij} 的解为

$$Q_{ij}(t)=\int_{-\infty}^{t}\left[\frac{f_{ij}(t')}{\eta}\mathrm{e}^{-(t-t')/\tau}\right]\mathrm{d}t' \tag{8.23}$$

其中

$$\tau=\frac{\eta}{A}=\frac{\eta}{a(T-T^*)} \tag{8.24}$$

显然，Q_{ij} 的弛豫时间常数为 τ；$(T-T^*)^{-1}$ 的相关性表明，当系统接近 T^* 时，重新取向会出现临界放缓，如图 8.3 所示。

当然，$Q_{ij}(t)$ 的确切形式取决于光场 $E(t')$ 的时间特性。为简单起见，我们假设入射激光在 i 方向偏振，并且是持续时间为 τ_p 的方形脉冲。因此，我们得到 $f_{ij}=f_{ii}=\dfrac{1}{9}\Delta\chi E^2$。对于 $0<t<\tau_\mathrm{p}$，有

$$Q_{ii}=\frac{1}{9}\left(\frac{\Delta\chi}{\eta}\right)\int_0^t E^2\mathrm{e}^{-(t-t')/\tau}\mathrm{d}t'=\frac{\tau}{9}\left(\frac{\Delta\chi}{\eta}\right)E^2(1-\mathrm{e}^{-t/\tau}) \tag{8.25}$$

激光脉冲结束后，即 $t>\tau_\mathrm{p}$ 时，有序参数按照指数函数自由弛豫，即

$$Q_{ii}(t)=\frac{\tau}{9}\frac{\Delta\chi}{\eta}E^2[1-\mathrm{e}^{-\tau_\mathrm{p}/\tau}]\mathrm{e}^{-t/\tau} \tag{8.26}$$

由于 P^{nl} 与 Q 成正比（见式（8.11）），而 Q 与 τ 成正比（见式（8.25）），因此 P^{nl} 与 τ 成正比，而 τ 与 $(T-T^*)^{-1}$ 成正比。这种对温度的依赖性表明，当接近 T^* 时，各向同性相液晶的非线性将大大增强，就像其响应时间会大大延长一样。这些现象，即临界弛豫的减慢和接近 T_c 时光学非线性的增强，已在实验中观察到[14]。例如，在 MBBA 中，观察到的弛豫时间从 $T-T^*>10^\circ$ 时的约 100 ns 到 $T-T^*<1^\circ$ 时的 900 ns 不等（参见图 8.3）；而非线性度 χ_{1122} 变为 $2.2\times10^{-10}(\mathrm{esu})/(T-T^*)$（参见图 8.4）。

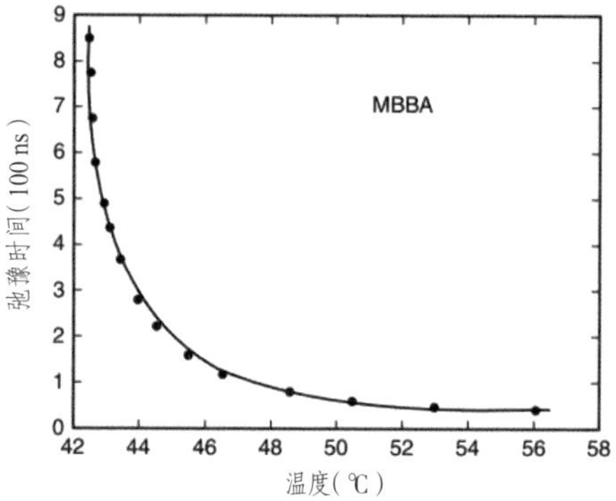

图 8.3　观察到的取向弛豫时间与 T_c 以上温度的函数关系(根据 Wong 和 Shen[14])

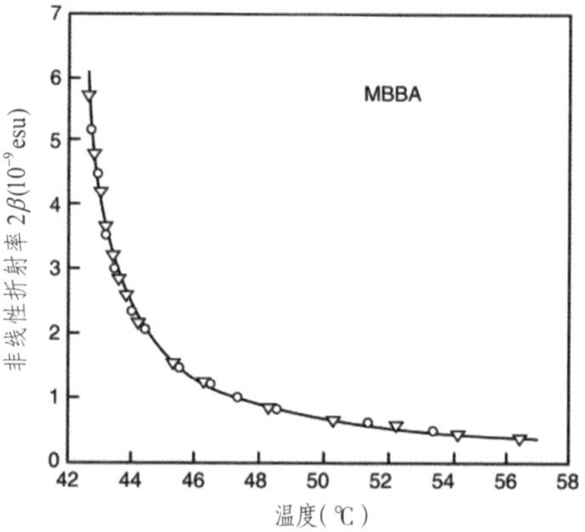

图 8.4　测量到的光学非线性度与 T_c 以上温度的函数关系(根据 Wong 和 Shen[14])

8.2.3　分子结构对各向同性相液晶定向非线性的影响

正如第 1 章所述,分子结构决定了分子间和分子内的场,而分子间和分子内的场又反过来影响液晶的所有物理性质。因此,正如瞬变态四波混合研究[18]所示,分子结构预计会影响光学重新取向非线性的大小和响应时间。观察到的与分子重新取向相关的光学非线性可以用参数 $C(t,k)$ 来表示:

$$C(t,k)=\left\langle\left(\frac{\mathcal{L}}{k_{\mathrm{B}}T}\right)\left(\sum_i \alpha_{xz}^i(t)\mathrm{e}^{\mathrm{i}k\cdot r^i(t)}\right)\left(\sum_j \alpha_{xz}^j(0)\mathrm{e}^{\mathrm{i}k\cdot r^j(0)}\right)^*\right\rangle \tag{8.27}$$

其中,α^i 和 r^i 分别是分子 i 的极化率和位置;$\mathcal{L}$ 是局部场校正因子;k_{B} 是玻尔兹曼常数;T 是温度;$C(t,k)$ 是液晶极化傅里叶分量的时间相关函数。

注意,在式(8.27)中,只有当不同分子的取向存在相关性时,$i\neq j$ 项才会起作用。液晶中的分子取向相关性会影响 $C(0,k)$ 的振幅及其弛豫行为。

在分子取向与液晶动量密度横向分量之间存在微弱耦合的情况下[19-20],有

$$C(t,k) \equiv C(t) = \rho \mathcal{L} \frac{2\gamma^2}{15k_B T} g e^{-t/\tau} \tag{8.28}$$

其中,γ是分子极化各向异性;ρ是数量密度;τ是弛豫时间;g 是静态取向相关性,且有

$$g \equiv \left\langle \alpha_{xz}^i(0) \sum_j \alpha_{xz}^j(0) \right\rangle \Big/ \langle \alpha_{xz}^i(0) \alpha_{xz}^j(0) \rangle \tag{8.29}$$

在普通各向同性流体中,$g \approx 1$。另外,对于温度接近 T_c 的液晶分子,$g \approx k_B T / A(T - T^*)$,其中 A 来自上一节讨论的自由能的 Landau 展开。利用液晶的 g 和式(8.28),可以得出

$$C(t) = 2/15 \rho e^{-t/\tau} (\ell \gamma^2 / A) \tag{8.30}$$

从式(8.30)可以得出结论:由于二次方依赖关系,影响光学非线性的一个重要因素是 γ,即分子极化各向异性。如果分子的其他特性保持不变,显然 γ越大意味着光学非线性越大。例如,氰基联苯(nCBs)是一种稳定的液晶,因极化率各向异性大而闻名。一般来说,同源系列中较重的成分(即较大的 n 数)会增加分子的尺寸和各向异性,从而增加 γ。因此,我们可以预测观察到的非线性 $C(0)$ 也会出现相应的趋势。

然而,这与实验测量结果相矛盾[18]。表 8.1 显示了观察到的结果,当 n 从 3 增加到 10 时,γ增加,系数 $\ell\gamma^2/A$ 和光学非线性度反而下降。这种与预期趋势的"偏离"可以用这样一个事实来解释:一般来说,在合成更重(更大的 n)的液晶时,除 γ 外,许多其他物理参数也会发生变化。如表 8.1 所示,即使 γ增加,ℓ 和 A 也会导致光学非线性的反向变化。其他参数,如黏度、形状参数和分子体积,也会随着 nCB 系列中更重的液晶分子的增加而发生很大变化,它们可能会对非线性光学响应产生不利影响。

表 8.1　T_c 附近液晶取向的非线性

液晶	$\ell\gamma^2/A$	观察到的非线性 $(T-T^*)\chi^{(3)}$(esu)
10 CB	0.49	1.36×10^{-9}
5 CB	0.84	2.71×10^{-9}
3 CB	1.51	5.0×10^{-9}

8.3　向列相中的分子重新取向

在向列相中,由于整个系统倾向于采用自由能最小的新构型,因此会产生场诱导的指向矢的重新取向[1-5]。系统的总自由能由畸变能 F_d 和光学偶极相互作用能 F_{op} 组成,且有

$$F_{\mathrm{d}}=\frac{1}{2}K_1(\nabla\cdot\hat{n})^2+\frac{1}{2}K_2(\hat{n}\cdot\nabla\times\hat{n})^2+\frac{1}{2}K_3(\hat{n}\times\nabla\times\hat{n}) \tag{8.31}$$

$$F_{\mathrm{op}}=-\frac{1}{4\pi}\int D\cdot\mathrm{d}E=-\frac{\varepsilon_{\perp}}{8\pi}E^2-\frac{\varepsilon_{\mathrm{a}}\langle(\hat{n}\cdot E)^2\rangle}{8\pi} \tag{8.32}$$

其中,角括号〈 〉表示时间平均值,这是光电场的超高频率所必需的。如果光场 E 是简单的正弦平面波,则 $\langle E_{\mathrm{op}}^2\rangle=|E|^2/2$。

注意,在式(8.32)中,自由能以 CGS 单位表示。在光学研究中,也通常使用 MKS 单位(见第 7.6 节),因此 F_{op} 以及其他光学和电磁方程或参数的表达式也应相应修改。

式(8.31)右侧的第一项与指向矢方向无关,因此在考虑重新定向过程时可以忽略;第二项表示系统(如果 $\varepsilon_{\mathrm{a}}>0$)在光学力矩的作用下有利于指向矢沿光场方向重新取向,即

$$\Gamma_{\mathrm{op}}=\frac{\Delta\varepsilon}{4\pi}\langle(\hat{n}\cdot E)(\hat{n}\times E)\rangle \tag{8.33}$$

类似于与弹性自由能项相关的弹性力矩。下面举例说明光致指向矢重新取向的过程。

8.3.1　简化处理光致指向矢重新取向

如图 8.5 所示的相互作用几何图形,线性偏振光作为异常波入射到顺向排列的向列相液晶(NLC)上。激光的传播矢量 $\boldsymbol{K}$ 与指向矢 $\boldsymbol{n}$ 成 β 角,并导致对光电场 $\boldsymbol{E}_{\mathrm{op}}$ 的重新取向角 θ。如果重新取向角 θ 较小,则只涉及一个弹性常数 K_1(用于测量倾斜变形)。将系统的总自由能最小化,就得到扭矩平衡方程:

$$K_1\frac{\mathrm{d}^2\theta}{\mathrm{d}z^2}+\frac{\Delta\varepsilon\langle E_{\mathrm{op}}^2\rangle}{8\pi}\sin2(\beta+\theta)=0 \tag{8.34}$$

当 θ 较小时,可近似写成

$$2\xi^2\frac{\mathrm{d}^2\theta}{\mathrm{d}z^2}+(2\cos2\beta)\theta+\sin2\beta=0 \tag{8.35}$$

其中,$\xi^2=4\pi K_1/(\Delta\varepsilon\langle E_{\mathrm{op}}^2\rangle)$。

利用所谓的硬边界条件(即指向矢在边界处没有扰动,当 $z=0$ 和 $z=d$ 时,$\theta=0°$),式(8.35)的解为

$$\theta=\frac{1}{4\xi^2}\sin2\beta(dz-z^2) \tag{8.36}$$

也就是说,重新取向在中心处最大,在边界处较小直至消失,如图 8.6 所示。

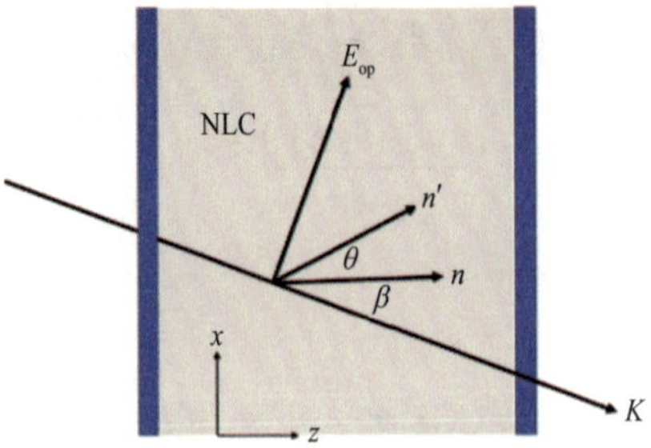

图 8.5　线性偏振(非常规射线)光斜入射到顺向排列的 NLC 单元上的相互作用几何示意图

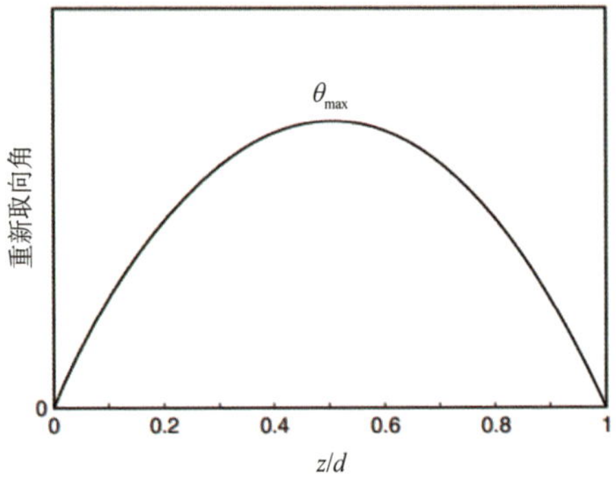

图 8.6　向列型薄膜在外加电场强度不断增加时的指向矢重取向剖面示意图

重新取向的结果是入射激光(异常波)的折射率变化与 z 有关,其值为

$$\Delta n = n_e(\beta+\theta) - n_e(\beta) \tag{8.37}$$

其中,$n_e(\beta+\theta)$ 是异常射线折射率,且有

$$n_e(\beta+\theta) = \frac{n_{/\!/} n_{\perp}}{[n_{/\!/}^2 \cos^2(\beta+\theta) + n_{\perp}^2 \sin^2(\beta+\theta)]^{1/2}} \tag{8.38}$$

对于较小的 θ,折射率变化 Δn 与光电场的模数平方成正比,即

$$\Delta n = n_2(z)\langle E_{op}^2 \rangle \tag{8.39}$$

或者

$$\Delta n = \alpha_2(z) I \tag{8.40}$$

且有

$$\alpha_2(z) = \frac{(\Delta\varepsilon)^2 \sin^2(2\beta)}{4Kc}(dz - z^2) \tag{8.41}$$

由于 NLC 具有很大的双折射现象,因此小的指向矢重新取向就会引起大的折射率变化。与大多数其他非线性光学材料相比, NLC 的真正独特之处在于具有较大的 α_2。用 $\overline{\alpha_2}$

表示 α_2 在单元厚度上的平均值，则对于薄膜厚度 $d = 100\ \mu\text{m}$，$\Delta\varepsilon \approx 0.6$，$K = 10^{-6}$，$\beta = 45°$，可以得到

$$\bar{\alpha}_2 = 5\times10^{-3}\,\text{cm}^2/\text{w} \tag{8.42}$$

以静电单位计算，这相当于约 5×10^{-2} esu 数量级的三阶磁化系数 $\chi^{(3)}$（参见第 7 章中的单位等效）。这一非线性系数比 CS_2 的非线性系数大 8 个数量级，比上一节讨论的各向同性相液晶重新取向非线性系数大 7 个数量级。

8.3.2　更精确地处理光致指向矢重新取向

如果考虑双折射向列型薄膜中弹性常数和光场传播特性的各向异性，则所得到的光场、弹性和光力矩等方程将变得更加复杂。该分析的起点是与小指向矢重新取向角 $\theta(z)$ 相关的 Euler-Lagrange 方程：

$$\frac{\partial F}{\partial \theta} - \frac{\text{d}}{\text{d}z}\frac{\partial F}{\partial \theta} = 0 \tag{8.43}$$

其中，$F = F_\text{d} + F_\text{op}$ 是系统的总自由能，参见式（8.31）和式（8.32）。

在允许邻近边界对齐表面的低浓度分子移动的情况下，我们还需要考虑表面锚定能。不过，在目前的处理中，我们将假设通常情况下的硬边界条件（边界表面的分子不动），并忽略表面相互作用项。

我们还假设入射光场是平面波，因此重新取向是在 x-z 平面上进行的。在这种情况下，只涉及与伸展（K_1）和弯曲（K_3）相关的弹性能量。

由 $\hat{n} = \sin\theta''\hat{x} + \cos\theta''\hat{z}$，我们得到

$$(\nabla\cdot\hat{n})^2 = \sin^2\theta''\left(\frac{\partial\theta}{\partial z}\right)^2 \tag{8.44}$$

和

$$(\hat{n}\times\nabla\times\hat{n}) = \cos^2\theta''\left(\frac{\text{d}\theta}{\text{d}z}\right)^2 \tag{8.45}$$

其中，$\theta'' = \theta + \beta$。

光场传播的一般麦克斯韦方程为

$$\nabla(\nabla\cdot E_\text{op}) - \nabla^2 E_\text{op} - \frac{\omega^2}{c^2}\bar{\bar{\varepsilon}}E_\text{op} = 0 \tag{8.46}$$

需要注意的是，介电张量 ε 是光场 $\boldsymbol{E}_\text{op}$ 的函数，也是光致指向矢重新取向的结果，与线性介质中的传播不同，它不受光场影响。换句话说，式（8.43）和式（8.46）必须以自洽的方式求解，才能得到 $\theta(z)$ 和 $\boldsymbol{E}_\text{op}(z)$。

因此，我们首先用 x 和 z 分量来表示光电场：

$$E_{\text{op}}=(E_x\hat{x}+E_z\hat{z})\tag{8.47}$$

由式（8.43）得出

$$(K_1\sin^2\theta''+K_3\cos^2\theta'')\frac{\mathrm{d}^2\theta}{\mathrm{d}z^2}-(K_3-K_1)\sin\theta''\cos\theta''\left(\frac{\mathrm{d}\theta}{\mathrm{d}z}\right)^2+$$

$$\frac{\Delta\varepsilon}{16\pi}[\sin2\theta''(|E_x|^2-|E_y|^2)+\cos2\theta''(E_xE_z^*+E_z^*E_x)]=0\tag{8.48}$$

这些方程中 E_{op} 和 $\theta(z)$ 的自洽解相当复杂[21]。不过，值得注意的是，在极小的指向矢重新取向极限下，即 $\theta\ll1$，使 $\sin\theta\approx\theta$ 和 $\cos\theta\approx1$ 时，式（8.48）简化为上一节给出的简化公式。

在光场垂直于样品入射的情况下，即 $\beta=0$，式（8.48）得到极大的简化，并产生一个有趣的结果，类似于低频电场的 Freedericksz 转变（见第 3 章）。设 $\beta=0$，我们得到

$$K_3\frac{\mathrm{d}^2\theta}{\mathrm{d}z^2}+\frac{\Delta\varepsilon}{16\pi}[2\theta(|E_x|^2-|E_z|^2)+|E_xE_z|+|E_xE_z|]=0\tag{8.49}$$

由 $\nabla\cdot\boldsymbol{D}=0$，我们得到

$$E_z\simeq-E_x\left(\frac{\Delta\varepsilon}{\varepsilon_{/\!/}}\right)\theta\tag{8.50}$$

和

$$K_3\frac{\mathrm{d}^2\theta}{\mathrm{d}z^2}+\frac{\Delta\varepsilon}{8\pi}\frac{\varepsilon_\perp}{\varepsilon_{/\!/}}|E_x|^2\theta=0\tag{8.51}$$

式（8.51）类似于交流场导致 Freedericksz 转变的方程。因此，我们可以定义所谓的光学 Freedericksz 场 E_{F} 为

$$|E_{\text{F}}|^2=\frac{8\pi^2K_3e_{/\!/}}{\Delta\varepsilon\varepsilon_\perp}\left(\frac{1}{d^2}\right)\tag{8.52}$$

当 $|E_x|<|E_{\text{F}}|$ 时，$\theta=0$；当 $|E_x|>|E_{\text{F}}|$ 时，指向矢将重新取向。

8.3.3 非局部指向矢重新取向和非局部光学非线性

前面的讨论假设入射激光是平面波，因此指向矢的重新取向仅是 z 的函数。如果激光是一束高斯光束，其光束尺寸与薄膜厚度相当或更小，那么位于激光光束“外部”的分子将对光束“内部”的分子施加扭矩；反之，光束“内部”的分子也可能对光束“外部”的分子施加扭矩。其结果是重新取向剖面的横向依赖性将不是高斯函数。换句话说，我们可以认识到式（8.51）基本上是一个扩散方程，其中弹性项扮演着扩散机制的角色。由于这种扩散效应，式（8.51）对重新取向的空间剖面的解与激励源的空间剖面并不相同。这些方程并不适合明确的分析解，因此必须采用数值技术[22]。在此，我们总结了主要的发现和观测结果。

（1）对于斜入射，即 $\beta \neq 0$，光致重新取向不涉及阈值强度。在顺向排列的向列相低密度聚合体上正常入射光线的情况下，即当 $\beta = 0$ 时，有限的重新取向有一个阈值强度。该阈值强度取决于薄膜厚度和光束尺寸 ω_0。对于 $\omega_0 \gg d$，阈值强度近似于式（8.52）中给出的 Freedericksz 过渡阈值。对于 $\omega_0 \ll d$，阈值强度会急剧增加，这是因为激光束外的分子产生的力矩远大于单元窗口产生的力矩。

（2）一般来说，重新取向曲线不是高斯曲线，尽管它仍然是一个半宽为 ω_θ 的钟形函数。如图 8.7（a）中 $\beta \neq 0$ 的情况所示，在所有 ω_0 值下，半宽 ω_θ 始终大于 ω_0，这是因为对有限重新取向没有阈值要求，因此重新取向遵循激光强度曲线，尽管并非完全一致。当激光的束腰增大时，ω_θ 会变小，当束腰与厚度之比 ω_0/d 非常大时，ω_θ 会接近 ω_0（类似于平面波的响应）。另外，在 $\beta = 0$ 的情况下，只有强度大于阈值的激光中心区域会产生有限的重新取向，一般来说重新取向剖面的宽度 ω_θ 小于激光束腰 ω_0，如图 8.7（b）所示。

在研究液晶介质中的自相位调制、自聚焦、自导向和空间孤子时，指向矢重新取向的这种非局部横向依赖性以及由此产生的非局部折射率变化变得非常重要（见第 12 章）。

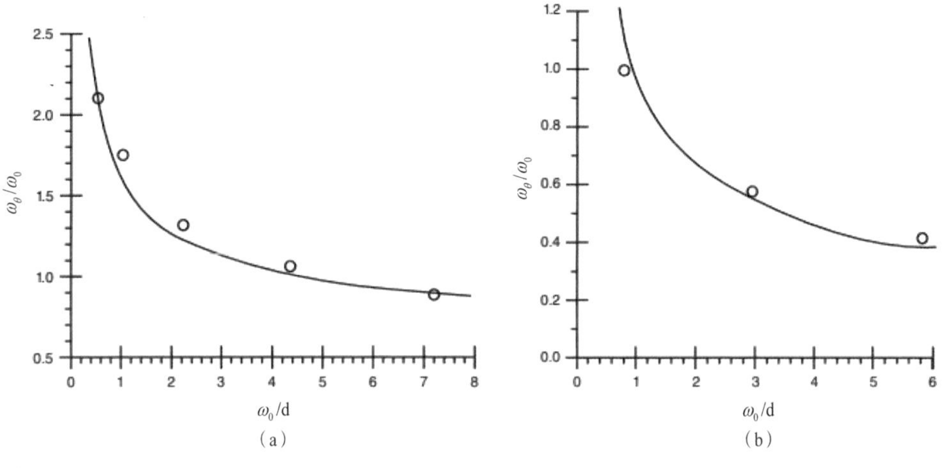

图 8.7　（a）当 $\beta \neq 0$ 时，ω_θ/ω_0 与 ω_0/d 的函数关系图；（b）当 $\beta = 0$ 时，ω_θ/ω_0 与 ω_0/d 的函数关系图

8.4　向列相重新取向动力学

分子重新取向的动力学方程是将重新取向过程中作用于指向矢的所有主要力矩相等化来描述的。对于图 8.5 所示的相互作用几何体，重新取向涉及黏性力矩、弹性力矩和光学力矩，其动力学方程为

$$\gamma \frac{\partial \theta}{\partial t} = K \frac{\partial^2 \theta}{\partial z^2} + \frac{\Delta\varepsilon \langle E_{\mathrm{op}}^2 \rangle}{8\pi} \sin(2\beta + 2\theta) \tag{8.53}$$

其中,我们在L.H.S上的黏性力矩项中引入了有效黏性系数 γ。

为简单起见,我们再次假设 θ 较小(即有 $\sin\theta\approx\theta$, $\cos\theta\approx 1$),并使用单弹性常数近似求解。则(8.53)变为

$$\gamma\frac{\partial\theta}{\partial t}=K\frac{\partial^2\theta}{\partial z^2}+\frac{\Delta\varepsilon\langle E_{op}^2\rangle}{8\pi}\sin 2\beta+\theta\frac{\Delta\varepsilon\langle E_{op}^2\rangle}{4\pi}\cos 2\beta \tag{8.54}$$

对于给定的相互作用几何形状,指向矢重新取向的动态范围取决于激光的时间特性 $\boldsymbol{E}(t)$ [6, 23-24]和偏振矢量[25-26],偏振矢量可以是线性的、圆形的、径向的、切向的等。下面我们将讨论两个典型案例,以说明其中的要点。

8.4.1 平面波光场

假设 E_{op}^2 是线性偏振平面波,我们可以写出 $\theta(t,z)=\theta(t)\sin(\pi z/d)$,并将其代入式(8.54),可以得到

$$\gamma\dot{\theta}=-\frac{K\pi^2}{d^2}\theta+\frac{\Delta\varepsilon\langle E_{op}^2\rangle\sin 2\beta}{8\pi}+\theta\frac{\Delta\varepsilon\langle E_{op}^2\rangle}{4\pi}\cos 2\beta \tag{8.55}$$

如果我们将其分为两种情况,就能很好地理解重新取向的动态范围。

(1)光学扭矩≫弹性扭矩,即

$$\left|\frac{\Delta\varepsilon\langle E_{op}^2\rangle}{8\pi}\sin(2\beta+2\theta)\right|\gg\left|K\frac{\partial^2\theta}{\partial z^2}\right|$$

(2)光学扭矩≪弹性扭矩,即

$$\left|\frac{\Delta\varepsilon\langle E_{op}^2\rangle}{8\pi}\sin(2\beta+2\theta)\right|\ll\left|K\frac{\partial^2\theta}{\partial z^2}\right|$$

对于情况(1),我们可以忽略式(8.55)中的弹性项,得到 $\dot{\theta}$ 的方程形式为

$$\dot{\theta}=a+b\theta \tag{8.56}$$

其中,

$$a=\frac{\Delta\varepsilon\langle E_{op}^2\rangle}{8\pi\gamma}\sin 2\beta \tag{8.57}$$

$$b=\frac{\Delta\varepsilon\langle E_{op}^2\rangle}{4\pi\gamma}\cos 2\beta \tag{8.58}$$

为简单起见,考虑激光是方形脉冲的情况:当 $t<0$ 时,$E_{op}^2=0$;当 $0<t<\tau_p$ 时,$E_{op}^2=E_0^2$。因此,θ 为

$$\theta(t)=\frac{a}{b}(e^{bt}-1) \tag{8.59}$$

从式(8.59)可以看出,只有当 $b\tau_p$ 可观时,$\theta(\tau_p)$ 才可观。激光脉冲长度越短,光致明显

的重新取向所需的 b 值（以及激光强度 E_{op}^2）就越大[27]。在这方面，由于不涉及表面弹性扭矩，NLC 的动态响应与其各向同性相位类似。不过，对几何因子 $\sin 2\beta$ 和 $\cos 2\beta$ 的依赖提醒我们，向列相是一种（有序）排列相，其整体的响应取决于激光的入射方向和偏振方向。

与稳态值相比，瞬态情况下的有效光学非线性可由式（8.59）估算。

在短时限内（即 $bt \ll 1$），$\theta(t) \sim at$。因此，我们有

$$\frac{\theta(t)}{\langle\theta\rangle} = \frac{12}{\pi^2}\left(\frac{K_1\pi^2}{rd^2}\right)t \tag{8.60}$$

其中，$\langle\theta\rangle$ 是式（8.36）中给出的稳态情况下（如连续激光）θ 的平均值（样品厚度）。也可以用另一种方式表示：

$$\frac{\theta(t)}{\langle\theta\rangle} = \frac{12}{\pi^2}\frac{t}{\tau_r} \sim \frac{t}{\tau_r} \tag{8.61}$$

其中，τ_r 是向列轴重新取向时间，$\tau_r = \gamma d^2/K\pi^2$。

使用式（8.45）中 $\bar{\alpha}_2$ 估计值的典型值，即 $\gamma = 0.1P$，$d = 100\ \mu m$，$K = 10^{-6}$ 达因，则 $\tau_r \approx 1\,s$。如果我们为瞬态方向非线性定义一个所谓的有效非线性系数 α_2^t，则有

$$\alpha_2^t = \left(\frac{t}{\tau_r}\right)\bar{\alpha}_2 \tag{8.62}$$

对于 10 ns 的激光脉冲，估计有效非线性度为 5×10^{-11} esu，需要 100 MW/cm^2 的激光强度才能产生可观察到的非线性光学效应[27]。

对于情况（2），即激光脉冲结束时指向矢的自然弛豫，我们可以得出

$$\gamma\dot{\theta} = -\frac{K\pi^2}{d^2}\theta \tag{8.63}$$

也就是说

$$\theta = \theta_{max}e^{-t/\tau_r} \tag{8.64}$$

其中

$$\theta_{max} = \frac{a}{b}(e^{b\tau_p} - 1) \tag{8.65}$$

前面的讨论和结果适用于异常波激光斜入射（各向同性）到样品（即 $\beta \neq 0$）的情况。对于正常入射（$\beta = 0$）到样品上的激光，其光电场垂直于指向矢，会有一个临界光场 E_F，即所谓的 Freedericksz 过渡场（参见式（8.53）），低于该临界光场时不会发生分子重新取向。分子重新取向的开启时间取决于 E_F 以上的场强（即 $E_{op} - E_F$），在 $E_{op} - E_F$ 较小的情况下，对于典型的向列参数，开启时间可接近数分钟。

8.4.2 正弦光学强度

在许多涉及两束相干同偏振方向的激光束干涉的过程中，液晶上产生的光强是一个正弦函数[28]。这自然会引起空间振荡的指向矢重新取向效应。位于强度最大值处的分子会发生方向调整，而位于“暗区”（强度最小值处）的分子则相对不受干扰。与上一节末尾讨论的激光横向强度效应类似，这些区域中的分子相互施加扭矩，由此产生的弛豫时间常数将受正弦变化的特征长度以及向列薄膜厚度 d 的制约。

如图 8.8 所示，将两束同偏振方向的相干激光束干涉到 LC 单元上，可得到形式为 $\langle E_{\mathrm{op}}^2 \rangle \sim E^2(1+\cos qy)$ 的光强函数。光致重新取向角具有相应的空间均匀分量和调制分量。由于均匀取向并不会产生指示光栅，因此我们将重点讨论调制分量，其形式如下：

$$\theta \sim \theta(t)\sin\left(\frac{\pi z}{d}\right)\cos qy \tag{8.66}$$

除来自 $z=0$ 和 $z=d$ 边界表面的弹性力矩外，还有一个额外的力矩来自形式为 y 方向项的调制项，即

$$K\frac{\partial^2\theta}{\partial y^2} - Kq^2\theta \tag{8.67}$$

因此，考虑所有弹性恢复力矩，支配指向矢重新取向的动力学方程变为

$$\gamma\dot{\theta} = -K\left(\frac{\pi^2}{d^2}+q^2\right)\theta \tag{8.68}$$

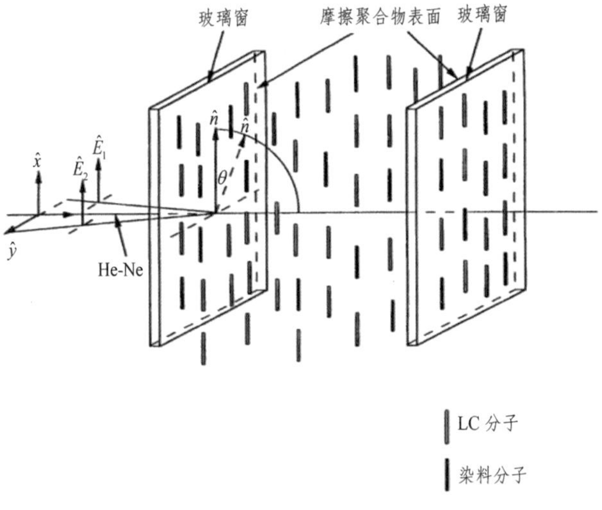

图 8.8 平面排列的染料掺杂液晶中的光场及其传播方向示意图[24]（E_1 和 E_2 是来自同一激光器泵浦的相干激光束，它们在液晶盒上重叠产生光强或偏振光栅，E_3 是探测光束）

在这种情况下，取向弛豫时间常数被修改为

$$\tau_{\mathrm{r}}=\frac{\gamma}{K}\left(\frac{1}{(\pi^2/d^2)+q^2}\right) \tag{8.69}$$

将波矢 q 写成光栅常数 $\Lambda=2\pi/q$，可以得出

$$\tau_{\mathrm{r}}=\frac{\gamma}{K}\left(\frac{1}{(\pi^2/d^2)+(4\pi^2/\Lambda^2)}\right) \tag{8.70}$$

从式(8.70)可以看出，如果 $\Lambda \ll d$，则取向弛豫动态范围由 Λ(即分子间力矩)主导；反之，如果 $d \ll \Lambda$，则取向弛豫动态范围由边界弹性力矩决定[28]。

值得注意的是，与向列指向矢重新取向相关的光学非线性与热激发取向波动产生的线性散射截面(见式(5.22))的系数 $\Delta\varepsilon^2/K$(见式(8.41))成正比。虽然 $\Delta\varepsilon$ 和 K 都与温度密切相关，但 $\Delta\varepsilon^2/K$ 的组合却与温度无关。这是因为 $\Delta\varepsilon$ 与有序参数 S 成正比，而 K 与 S^2 成正比，因此其对温度的依赖性被抵消了。

对非线性衍射的温度依赖性的实验研究[28]证实了这一点，如图 8.9 所示。当温度接近 T_c 时，(取向分量)信号在 1 附近保持平缓；当温度接近 T_c 时，指向矢排列开始紊乱，信号减弱至消失。因子 $\Delta\varepsilon^2/K$ 也会出现在与指向矢波动相关的线性散射中，详见第 5 章。另外，我们可以看到当温度接近 T_c 时，热分量会随着热指数的变化而发散，参见第 2 章和第 3 章。

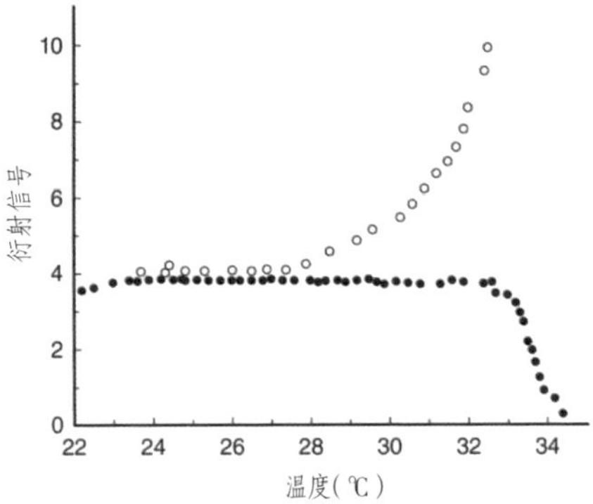

图 8.9　在纯非吸收性液晶盒中观察到的向列轴重新取向效应引起的非线性衍射的典型温度依赖性(点)(圆圈是吸收性液晶中光吸收产生的热指数变化引起的衍射信号[28])

8.4.3　光强均匀的偏振光栅

如图 8.8 所示，当两束偏振正交(偏振矢量 $\boldsymbol{E}_1$ 沿 x 轴，$\boldsymbol{E}_2$ 沿 y 轴)的相干光束在液晶盒上重叠时，就会产生强度均匀的偏振光栅[6]。根据两束相干激光束之间的相位延迟，所产生的光电场的偏振态会从线性到椭圆形、圆形，再回到线性，而激光强度在重叠区域是均匀的，参见图 6.4。因此，由光电场矢量与指向矢的介电相互作用所决定的指向矢的重新取向

轮廓会跟随偏振矢量的这种空间演变(光栅)而变化,并产生能探测光衍射的指示光栅。另外,依赖于激光强度的过程不会表现出任何光栅依赖性,因为激光强度以及与激光加热相关的折射率变化在整个重叠区域都是均匀的,而均匀的折射率变化不会导致探测光的衍射。因此,这种相互作用几何形状是光栅衍射实验中的首选[6],在这种情况下可以排除热效应。偏振光栅也是由NLC受激定向散射中向前传播的异常波和寻常波之间的干涉,以及第11章[29-30]讨论的CLC飞秒激光脉冲中向前和向后传播的圆偏振光之间的干涉产生的。

8.5 掺染液晶中光致指向矢的重新取向

如果激光波长位于液晶的吸收波段内,或者非吸收性液晶掺杂了一些吸收性染料分子,那么就会出现几种机制,导致折射率或双折射效应发生变化。激光加热引起的温度和密度波动是所有吸收材料的共同机理,将在下一章单独讨论。这里我们重点讨论光电场导致的指向矢重新取向。

8.5.1 分子间转矩引起的重新取向

在掺杂了某些吸收性染料分子的NLC中,相关研究[31-40]表明,光激发的染料分子会对液晶分子产生分子间力矩Γ_{mol},这种力矩可能比光学力矩Γ_{op}更强(式(8.33));在某些情况下,Γ_{mol}可能比Γ_{op}大两个数量级以上,由此产生的n_2(如果激光是异常波,则为正号)也同样大于仅由光电场获得的结果,参见式(8.42)。其他研究[32-33]发现,在长时间照射下,掺染液晶会沿着与光电场和波矢量传播方向正交的方向(即图8.8中的y或z方向)排列,因此会产生负的光学非线性(n_2为负号)。这种与光电场正交的指向矢重新取向的方法在第1章中讨论的液晶盒制造过程中被用作表面对准程序。

有趣的是,即使是在这种高吸收性材料中,定向效应在光功率较低时也是占主导地位的。正如相关文献[33-39]所报道的,观察到的与这种光致指向矢重新取向相关的非线性现象接近于所谓的超非线性尺度,其特征为$n_2 \gg 1\,\text{cm}^2/\text{W}$;而观察到的非线性现象比在未掺杂染料的液晶中观察到的所谓巨光非线性大几个数量级。特别是,首次观察到掺有甲基红染料的非线性液晶[34]的非线性指数n_2大到$6\,\text{cm}^2/\text{W}$。掺杂磁共振染料的样品中非线性响应的一个重要而有用的特征是,它的指向矢重新取向可以在应用低频交流场时得到增强,而在高频场时则被淬灭[38]。在$V_{pp}=20\,\text{V}$条件下,当外加交流场频率在300 Hz和30 kHz之间来回切换时,对薄膜衍射的开关动态范围进行的研究表明,导通时间约为12 ms,关闭时间约为17 ms。如果V_{pp}值较高,或使用黏度较低和介电各向异性较高的向列相,则响应速度可能更快。这种对交流场频率的依赖可能对全息光栅的双频切换/调制有用[38]。

8.5.2　掺染液晶中光致反式-顺式异构现象

众所周知，染料分子和有机材料（如偶氮苯和偶氮苯液晶）[32, 35]在光激发时也会表现出所谓的反式-顺式异构现象，如图 8.10 所示。在这些材料中，基态偶氮染料分子呈反式构型，形状为长圆形，并符合指向矢的有序排列。当它们被光激发成弯曲的顺式构型时，会导致其周围的指向矢排列紊乱，并引起有序参数的负变化（$-\Delta S$），从而导致双折射的负变化[35-36]，这也是产生巨光非线性的有效机制。此外，由于反式-顺式同分异构反应发生得相当快，因此所产生的有序参数变化以及折射率变化的非线性的产生速度要快于其他光致指向矢重新取向过程。我们将在第 8.7 节讨论蓝相液晶的非线性光学响应，并在第 9 章讨论非电子的非线性。

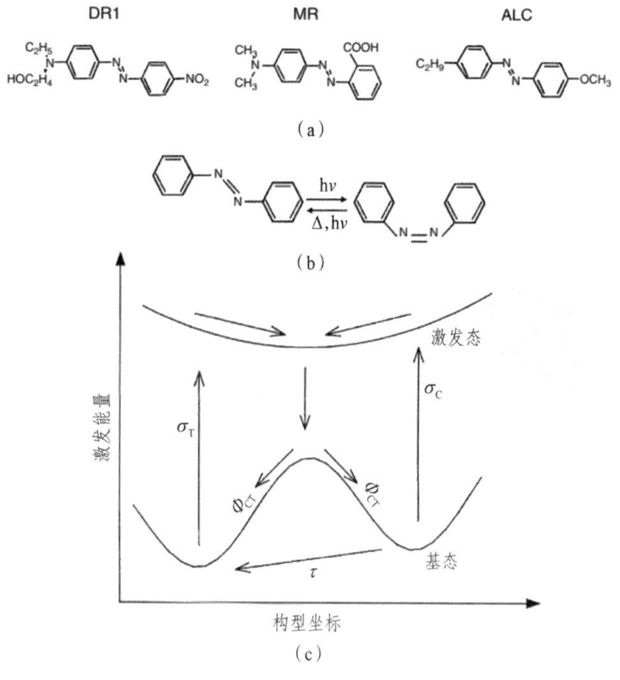

图 8.10　（a）商用 DR1、MR 染料和偶氮苯液晶（ALC）的分子结构；（b）光照下与反式-顺式异构化相关的分子结构变化；（c）激发能量与分子构型坐标的关系，以及反式和顺式状态下分子的吸收截面和转换率

8.6　直流电场辅助液晶中的光致非线性光学效应——光折变

从前面的讨论中可以看出，光场对指向矢施加的力矩与作用在液晶上的总电场成二次方关系。因此，如果有两个或两个以上的电场作用在指向矢上，那么指向矢上产生的力矩以及由此导致的重新取向与总电场的振幅的平方成正比。除对光介电常数 $\varepsilon(\omega)$ 的色散影响外,电场的频率与重新取向过程无关。因此,可以通过偏置低频交流或直流电场来增强光致效应,就像第 6 章中讨论的光寻址液晶空间光调制器(OALCSLM)一样。在 OALCSLM 中,施加在 LC 层上的偏置场是由导电薄膜上的光吸收产生的,它能有效地在 LC 层上产生较大的电压降。

在本节中,我们将讨论光致电荷和电场发生在液晶内部的情况,液晶中含有可电离的杂质或产生电荷的掺杂剂,如染料、碳纳米管、富勒烯 C60 或碲化镉纳米颗粒[40-50]。如图 8.11 所示,施加在液晶上的正弦光会在液晶边界表面附近和液晶内部产生空间电荷场。这些空间电荷场与外加直流电场一起,通过任意一种场致折射率变化效应引起折射率变化,即类似于 OALCSLM 的直流电场辅助光学非线性。

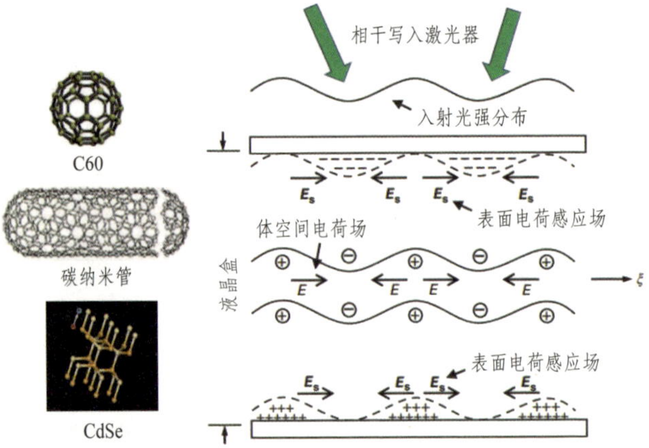

图 8.11　两束相干激光干涉产生的正弦光在液晶上产生的表面和体空间电荷场示意图

这种光致带电载流子生成、空间电荷场和折射率变化的过程类似于在无机折射率(PR)材料中观察到的光折射(PR)效应。然而,两者之间存在的重要区别是,在无机 PR 材料[51](如 $BaTiO_3$)中,折射率变化 Δn 与存在的总电场 E 呈线性关系:

$$\Delta n = \gamma_{\text{eff}} E \tag{8.71}$$

其中,有效电光系数 γ_{eff} 的符号和大小取决于晶体的对称性和电场的方向。

而向列相液晶则具有中心对称性,电场引起的折射率变化与电场成二次方关系,即

$$\Delta n = n_2 E^2 \tag{8.72}$$

这种二次方依赖性的一个有用特征是,它允许外加直流电场与空间电荷场混合,以增强指向矢重新取向效应。

自其被发现以来[42-43],已有大量研究关注在液晶系统中掺杂各种电荷产生剂的定向光折射率的各个方面,这些电荷产生剂既可以掺杂在液晶盒中,也可以掺杂在液晶盒基板上。

该效应的一个有趣方面是由于空间电荷场和光强光栅函数之间的相移，非线性是非局部的。由于向列相具有较大的光学双折射和介电各向异性，而且指向矢方向容易受到外部磁场的影响，因此这种非局部特性在应用直流电压和光功率很低的情况下就会产生很强的双光束耦合效应。与此过程相关的非线性指数系数 $n_2(I)$ 为 $10^{-3}\sim10^{-1}\ \mathrm{cm^2/W}$，具体取决于所使用的掺杂剂。在含有光敏剂和光电荷产生剂的聚合物[52]中也观察到了类似的定向光折射效应，它们需要极高（在某些情况下高得危险）的外加电压才能产生，大约为 10 000 V。

8.6.1　定向光折射率及体积效应

在本节中，我们将总结液晶中产生定向光折射的基本理论和主要机制。特别是，我们考虑了入射光强为正弦波的情况，如双波混合配置（图 8.12）以及两束功率相等、互为相干的 p 型偏振泵浦光束和观测光束重叠在垂面排列的液晶盒上，且两束光以较小的混波角斜入射到样品上，参见图 8.5。在液晶盒基板上施加一个较小的直流电压，即与初始指向矢平行。考虑所有直流电场和光场，系统的总自由能为[44,50]

$$F=\frac{k}{2}\left\{[\vec{\nabla}\cdot n(\vec{r})]^2+[\vec{\nabla}\times n(\vec{r})]^2\right\}-\frac{\Delta\varepsilon}{8\pi}[\vec{E}\cdot n(\vec{r})]^2-\frac{\Delta\varepsilon_{\mathrm{op}}}{8\pi}[\vec{E}_{\mathrm{op}}\cdot n(\vec{r})]^2 \tag{8.73}$$

其中，k 是弹性常数（假设为单常数近似值）；$\Delta\varepsilon$ 是直流电场各向异性；$\Delta\varepsilon_{\mathrm{op}}$ 是光介质各向异性。

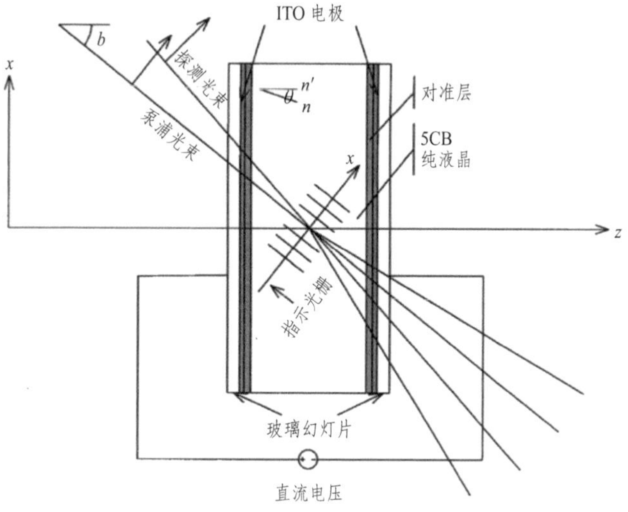

图 8.12　研究直流偏压下 NLC 的定向光折射特性的光波混合配置示意图

用 $\hat{n}=(\sin\theta,0,\cos\theta)$ 表示重新取向的指向矢，并使自由能与重新取向角 θ 的关系最小化，就可得到著名的关于 θ 的 Euler-Lagrange 方程：

$$k\frac{d^2\theta}{dz^2}+k\frac{d^2\theta}{d\xi^2}+\frac{\Delta\varepsilon}{4\pi}[\sin\theta\cos\theta(E_x^2-E_z^2)+\cos(2\theta)E_xE_z]+\frac{\Delta\varepsilon_{op}\cdot E_{op}^2}{8\pi}\sin 2(\beta+\theta)=0 \tag{8.74}$$

由于液晶盒中存在杂质和其他产生电荷的物质,因此在液晶盒内部会产生三种形式的空间电荷场:典型的 PR 分量E_{ph}和另外两种分量$E_{\Delta\varepsilon}$及$E_{\Delta\sigma}$[53],后两种分量是由电介质和电导各向异性[42-44]以及重新取向的指向矢共同造成的(图 8.11(b))。

电荷分离引起的光折射空间电荷场可表示为

$$E_{ph}=E_{ph}^{(0)}\cos(q\xi)=\left[\frac{mk_BT}{2e}qv\frac{\sigma-\sigma_d}{\sigma}\right]\cos(q\xi) \tag{8.75}$$

其中,m是光调制因子;k_B是玻尔兹曼常数;σ是照度下的电导率;σ_d是暗态电导率;$v=(D^+-D^-)/(D^++D^-)$,且D^+和D^-分别是正离子和负离子的扩散常数;$q=2\pi/\Lambda$是光栅波矢量,Λ是光栅常数。注意,$E_{ph}\sim\cos(q\xi)$与传导光强光栅$E_{op}^2\sim\sin(q\xi)$相差$\pi/2$。

与此同时,沿z方向的外加场E_{dc}与电导率和介电各向异性以及重新取向(角度θ)的指向矢共同产生了一个横向(沿x方向)电场分量[42, 44, 50, 53],这反过来又会进一步调整指向矢。这些空间电荷场的形式如下:

$$E_{\Delta\sigma}=-\frac{[(\sigma_{/\!/}-\sigma_\perp)\sin\theta\cos\theta]}{\sigma_{/\!/}\sin^2\theta+\sigma_\perp\cos^2\theta}E_{dc},\quad E_{\Delta\varepsilon}=-\frac{[(\varepsilon_{/\!/}-\varepsilon_\perp)\sin\theta\cos\theta]}{\varepsilon_{/\!/}\sin^2\theta+\varepsilon_\perp\cos^2\theta}E_{dc} \tag{8.76}$$

对于小角度的近似值,上述方程可以线性化为

$$E_{\Delta\sigma}\approx-\frac{\Delta\sigma}{\sigma}\theta E_{dc},\quad E_{\Delta\varepsilon}\approx-\frac{\Delta\varepsilon}{\varepsilon_\perp}\theta E_{dc} \tag{8.77}$$

这样,总电场就变成

$$\begin{aligned}E_{total}&=\left[-\left(\frac{\Delta\sigma}{\sigma_\perp}+\frac{\Delta\varepsilon}{\varepsilon_\perp}\right)E_{dc}\theta\cos\beta-E_{ph}\cos\beta,0,E_{dc}-\left(\frac{\Delta\sigma}{\sigma_\perp}+\frac{\Delta\varepsilon}{\varepsilon_\perp}\right)E_{dc}\theta\sin\beta-E_{ph}\sin\beta\right]\\&=[-(E_\Delta\cdot\theta+E_{ph})\cos\beta,0,E_{dc}-(E_\Delta\cdot\theta+E_{ph})\sin\beta]\end{aligned} \tag{8.78}$$

其中

$$E_\Delta=\left(\frac{\Delta\sigma}{\sigma_\perp}+\frac{\Delta\varepsilon}{\varepsilon_\perp}\right)E_{dc} \tag{8.79}$$

因此,扭矩平衡方程变为

$$\begin{aligned}&k\frac{d^2\theta}{dz^2}+k\frac{d^2\theta}{d\xi^2}+\frac{\Delta\varepsilon}{4\pi}[E_\Delta E_z\cos(\beta)\cdot\theta+E_zE_{ph}\cos(\beta)]+\\&\frac{\Delta\varepsilon\cdot E_{op}^2}{8\pi}[\sin(2\beta)+2\cos(2\beta)\cdot\theta]=0\end{aligned} \tag{8.80}$$

假设存在“硬”边界条件，θ的求解形式为

$$\theta=\theta_0\sin\left(\frac{\pi z}{d}\right)\cos\left(q\xi\right) \tag{8.81}$$

其中，d是样品厚度；θ_0是 NLC 的最大方向角。

将式（8.81）代入式（8.80），可得[50]

$$\theta_0=\frac{\dfrac{\Delta\varepsilon_{op}\cdot E_{op}^2}{8\pi}\sin(2\beta)+\dfrac{\Delta\varepsilon\cdot E_{dc}E_{ph}^{(0)}}{4\pi}\cos(\beta)}{\left[\dfrac{\Delta\varepsilon}{4\pi}E_{\Delta}E_{dc}\cos(\beta)+\dfrac{\Delta\varepsilon_{op}}{4\pi}E_{op}^2\cos(2\beta)\right]-\left[\left(\dfrac{\pi}{d}\right)^2+q^2\right]k} \tag{8.82}$$

这一解法与之前得到的解法类似[42-43]，其中来自E_{op}^2的项被忽略，因为与涉及E_{dc}的第二项相比，它的量级相对要小得多。

根据 Freedericksz 转换电压 $V_F=\pi\sqrt{\dfrac{k}{\varepsilon_0\Delta\varepsilon}}=E_f d$，$\theta$的解法可写为

$$\theta_0=\frac{\dfrac{1}{2}\dfrac{\Delta\varepsilon_{op}}{\Delta\varepsilon}E_{op}^2\cdot\sin(2\beta)+E_{ph}^{(0)}E_{dc}\cos\beta}{\left[E_{\Delta}E_{dc}\cos(\beta)+\dfrac{\Delta\varepsilon_{op}}{\Delta\varepsilon}E_{op}^2\cos(2\beta)\right]-E_F^2\left[1+\left(\dfrac{qd}{\pi}\right)^2\right]} \tag{8.83}$$

为了得到稳定的解，我们要求式（8.83）中的分母为正数，即

$$E_{dc}\geqslant E_F\left[\frac{[1+(qd/\pi)^2]-(\Delta\varepsilon_{op}/\Delta\varepsilon)(E_{op}/E_F)^2\cos(2\beta)}{\left(\dfrac{\Delta\sigma}{\sigma_1}+\dfrac{\Delta\varepsilon}{\varepsilon_1}\right)\cdot\cos\beta}\right]^{\frac{1}{2}} \tag{8.84}$$

这样，我们就能确定阈值场E_{th}和阈值电压，即

$$E_{th}=\alpha\cdot E_F=\left[\frac{[1+(qd/\pi)^2]-(\Delta\varepsilon_{op}/\Delta\varepsilon)(E_{op}/E_F)^2\cos(2\beta)}{\left(\dfrac{\Delta\sigma}{\sigma_\perp}+\dfrac{\Delta\varepsilon}{\varepsilon_\perp}\right)\cdot\cos\beta}\right]^{\frac{1}{2}}\cdot E_F \tag{8.85a}$$

$$V_{th}=\alpha\cdot E_F=\left[\frac{\left[1+\left(\dfrac{qd}{\pi}\right)^2\right]-\left(\dfrac{\Delta\varepsilon_{op}}{\Delta\varepsilon}\right)\left(\dfrac{E_{op}}{E_F}\right)^2\cos(2\beta)}{\left(\dfrac{\Delta\sigma}{\sigma_\perp}+\dfrac{\Delta\varepsilon}{\varepsilon_\perp}\right)\cdot\cos\beta}\right]\cdot V_F \tag{8.85b}$$

由于所使用的光强通常为$\mathrm{mW/cm^2}$$(E_{op}/E_F\ll 1)$，因此可以忽略式（8.85）中的第二项，即$\alpha$基本上与光强无关。对于 5CB，$k\approx 10^{-11}\,\mathrm{N}$，$\Delta\varepsilon\approx 11(\varepsilon_{/\!/}\approx 16,\varepsilon_\perp\approx 5)$，$\varepsilon_0=8.85\times 10^{-12}\,\mathrm{F/m}$，$\Delta\sigma/\sigma_\perp\approx 0.5$。在典型的合束设置中，$qd\approx 2\pi$，内角$\beta=22.5°$，由式（8.85a）和式（8.85b）得

到 $\alpha \approx 1.5$，$V_F \approx 1\ V$(参见式(8.83)上的 V_F 表达式)和 $V_{th} = \alpha V_F \approx 1.5\ V$。

这里需要指出的是，上述约 1 V 的 V_F 值适用于外加电场为交流场的情况，而在 PR 效应的研究中使用的是直流场。其他研究[54-55]表明，直流 Freedericksz 转换电压 V_F^{DC} 一般高于 V_F(交流电压)，这主要是由于直流场诱导电荷载流子分离而在对准表面附近形成电双层。V_F^{DC} 值的范围从具有非光导对准层的 LC 液晶盒的 1.5 V[54]到具有光导对准层的 4 V[55]。因此，对于具有非导电配向层的 NLC 液晶盒，我们预计阈值电压会高出 50%，即 $V_{th} = \alpha V_F \approx 2.25\ V$，这与实验观察结果确实一致。

8.6.2 实验结果和表面电荷/场贡献

虽然早期工作已经报告并支持了所观察到的 PR 效应的大多数特征，但这里有必要强调并进一步证实前一节所介绍理论的实验结果。我们在此引用参考文献[50]中报告的一项研究结果。在图 8.12 所示的实验装置中，通过氩离子激光器($\lambda = 514.5\ nm$)分光获得的两束相干光束以合束角 $\theta \approx 1.5°$ 重叠在同向排列的 NLC 液晶盒上，并产生光栅周期 $\Lambda \approx 20\ \mu m$ 的光强光栅。入射光束斜入射到向列相液晶盒上，与液晶盒法线成 45° 的外角(内角 $\beta \approx 22.5°$)。

如图 8.13(a)所示，当施加的直流电压大于某个阈值(约 3 V)时，开始出现可观察到的一阶自衍射现象。

只有 p 型偏振激光(非寻常波)才会产生自衍射效应，而 s 型偏振激光(电场方向垂直于指向矢的普通波)则不会产生衍射，这表明只有指向矢重新取向才会产生衍射。考虑到计算中的一些近似值以及所用液晶的 k、ε_s'、σ_s'、$\Delta\sigma$、$\Delta\varepsilon$ 等值的不确定性，观察到的 3.4 V 阈值电压实际上与理论估计值 2.3 V 非常吻合。观察到的衍射功率与刚好高于阈值的直流电压的二次方关系也证实了体积理论。支持体积-空间-电荷-场模型作用的其他观察结果包括 $qd \approx 2\pi$ 时出现的最大衍射效率(图 8.13(b))、双光束耦合效应及其与所施加直流电场方向的相关性(图 8.13(c))，这是由于相移诱导光栅造成的。

然而，许多研究小组的研究[45-48]表明，需要考虑表面效应，特别是在涉及光活性表面配向膜的情况下，以补充上述体积理论；这些研究表明，光致表面空间电荷场可降低启动 PR 效应时所需的阈值电压。

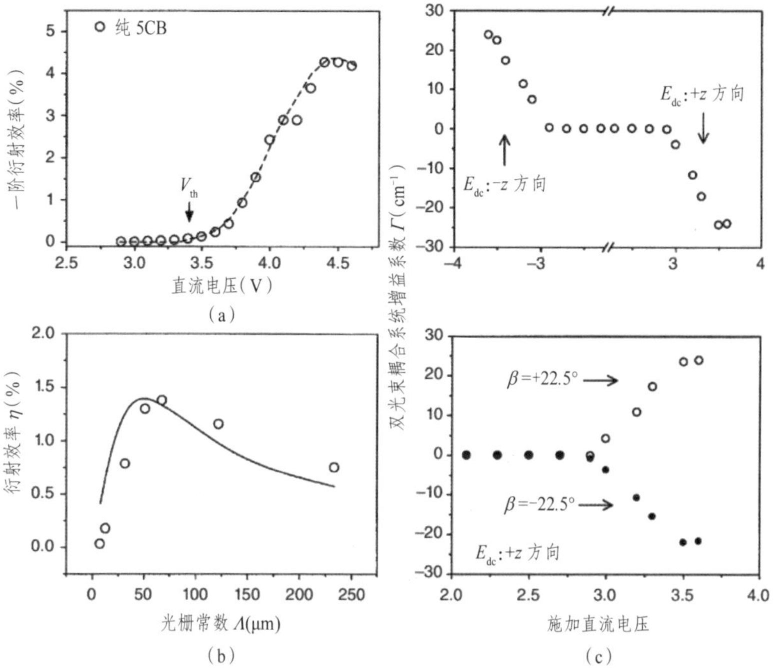

图 8.13 (a)PR 自衍射效率与外加直流电压的典型关系;(b)PR 自衍射效率与光栅常数的关系,样品为 25 μm 厚的各向同性 C60 掺杂 5CB 的液晶盒,光功率为 10 mW(光束尺寸为 2 mm);(c)NLC 中通过 PR 效应产生的双光束耦合效应(一束光向另一束光的单向能量转移),上图描述了对直流电场方向的依赖,对于固定的直流电场方向,下图显示了耦合对角度 β(通过倾斜液晶盒改变)符号的依赖,样品为 25 μm 厚的各向同性 5CB 液晶盒,光功率为 1.5 mW(光束尺寸为 2 mm)

8.7 原始(未掺杂)液晶其他相的重新取向

有关光致指向矢重新取向和非线性光学效应的大多数研究都是在纯液晶或未掺杂的非线性液晶中进行的,因为它们具有较大的双折射和对外部场的敏感性。虽然在其他相中,如果液晶掺杂了光敏剂,就会产生高度非线性光学效应(见参考文献[5]和下一章),但在其他相中的原始非吸收液晶中,由场引起的指向矢重新取向即使不是不可能的,也是极其困难的。在此,我们总结了一些关于近晶相和胆甾相的值得注意的问题。

8.7.1 近晶相

一般来说,近晶相液晶具有很高的黏性,不像线性液晶那样容易流动。分子在一个平面上的位置有序化使它们趋向于具有分层结构,这就严重限制了外加电场对指向矢的重新取向,尽管较高的有序化程度意味着分子取向波动较小,并且在近晶相中的光散射损耗也小得多。

人们首次从理论上研究了光致近晶相指向矢重新取向的可能性[21]。在近晶-A 相和近晶-B 相中,指向矢的重新取向涉及层间距的变化。这种变形需要巨大的能量,因此在有限场强下无法观察到。然而,在近晶-C 相中,分子指向矢的方位角分量可以重新取向,如图 8.14 所示。这种转变只涉及分子指向矢对分子层法线的旋转,并不涉及分子层间距的变形。据估计,尽管存在外部定向直流磁场,与这一过程相关的光学非线性和向列相的光学非线性相当。根据纯光致重新取向效应的详细理论[56-57],参考文献[58]报道了在自由悬浮的近晶-C 相中观察到的这种重新取向过程。

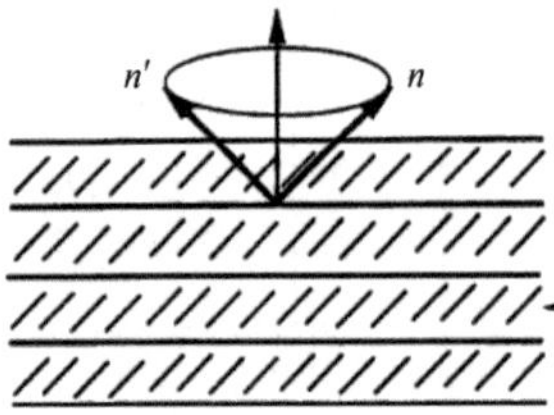

图 8.14　近晶-C 相液晶轴在外部磁场作用下的方位旋转

参考文献[58]报道了光致手性近晶-C*相(铁电相)液晶中指向矢重新取向的详细理论和实验观测。这项研究是在平面定向“书架状”构型的表面稳定铁电相液晶中进行的,在这种构型中,分子的指向矢平行于液晶盒,而近晶层垂直于液晶盒,如图 8.15 所示。通常情况下,强度为 3 000 W/cm^2 的光致重新取向角约为 23°,切换时间约为 1 ms 或更短。在如此强烈的激光照射下,作者还注意到样品受到激光加热的强烈影响。

8.7.2　胆甾相和蓝相液晶

参考文献[21]首次从理论上研究了胆甾相液晶中的指向矢的重新取向。胆甾相中光致指向矢畸变的基本物理原理与向列相类似。参考文献[59]介绍了具有高斯径向光强分布的激光束产生的光学反自聚焦效应的理论和一些定性证实实验,这种效应会诱导径向变化的螺距扩张效应。另一项研究[60]报告了由两个相反圆偏振(右旋和左旋)的反向传播波引起的指向矢的重新取向。信号光起源于泵浦光的散射噪声,并通过受激辐射进行放大。在他们的实验中,需要 800 μs 左右的激光脉冲(能量高达几百毫焦,聚焦到 35 μm 的光斑直径)才能产生可观察到的受激辐射效应,这相当于 10^6 W/cm^2 左右的激光强度。在参考文献[61]中,理论模拟表明,在所谓的螺旋型 CLC 中,在厚度约为 20 μm 的样品上施加 2 V/μm 量级的偏置电压,就能使激光改变间距并产生非线性指数变化,然而激光强度仍在 10^6 W/cm^2 范围内。

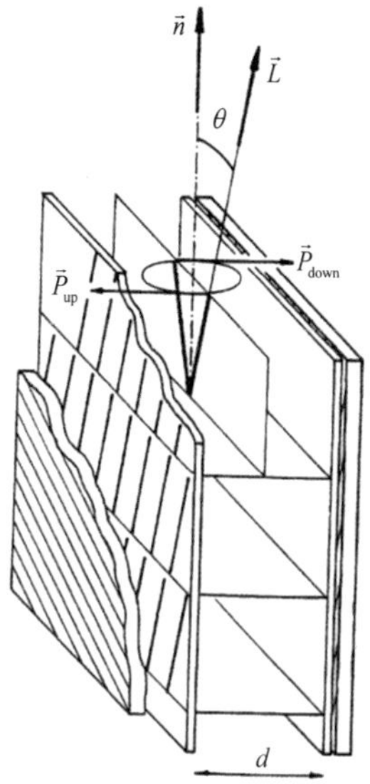

图 8.15　用于光致指向矢旋转效应的铁电相液晶薄膜的"书架状"结构[58]

稍掺杂染料或偶氮分子[62-63],就会发现产生 CLC 间距变化所需的激光强度可以降低几个数量级,这与前面章节中讨论的类似掺杂的向列相中的指向矢重构非常相似。

第 9 章将详细讨论染料掺杂蓝相液晶中的非线性光学效应[64]。

参考文献

[1] I. C. Khoo, "Optically induced molecular reorientation and third order nonlinear optical processes in nematic liquid crystal," *Phys. Rev. A* 23, 2077 (1981).

[2] S. D. Durbin, S. M. Arakelian, Y. R. Shen, *Phys. Rev. Lett.* 47, 1411 (1981).

[3] R. M. Herman, R. J. Serinko, Nonlinear-optical processes in nematic liquid crystals near Freedericksz transitions. *Phys. Rev. A* 19, 1757 (1979).

[4] I. C. Khoo, R. G. Lindquist, R. R. Michael, et al. "Dynamics of picosecond laser-induced density, temperature, and flow-reorientation effects in the mesophases of liquid crystals," *Appl. Phys.* 69, 3853 (1991).

[5] I. C. Khoo, "Nonlinear optics of liquid crystalline materials," *Phys. Rep.* 471, 221–267 (2009).

[6] H. J. Eichler, R. MacDonald, Flow alignment and inertial effects in picosecond laserinduced reorientation phenomena of nematic liquid crystals. *Phys. Rev. Lett.* 67, 2666 (1991).

[7] J. Hwang, J. W. Wu, Determination of optical Kerr nonlinearity of a photonic bandgap structure by Z-scan measurement. *Opt. Lett.* 30(8), 875–877(2005).

[8] L. Song, S. Fu, Y. Liu, et al. Direct femtosecond pulse compression with miniature-sized Bragg cholesteric liquid crystal. *Opt. Lett.* 38(23), 5040–5042(2013).

[9] Y. Liu, Y. Wu, C. W. Chen, et al. Ultrafast pulse compression, stretching-and-recompression using cholesteric liquid crystals. *Opt. Express*, 24(10), 10458–10465(2016).

[10] I. C. Khoo, Y. R. Shen, "Liquid crystals: nonlinear optical properties and processes," *Opt. Eng.* 24(4), 244579(1985).

[11] J. Prost, J. R. Lalanne, Laser-induced optical Kerr effect and the dynamics of orientational order in the isotropic phase of a nematogen. *Phys. Rev. A* 8, 2090 (1973); J. R. Lalanne, B. Martin, B. Pouligny, Direct observation of picosecond reorientation of molecules in the isotropic phases of nematogens. *Mol. Cryst. Liq. Cryst.* 42, 153 (1977).

[12] F. W. Deeg, M. D. Fayer, "Analysis of complex molecular dynamics in an organic liquid by polarization selective sub-picosecond transient grating experiments," *Chem. Phys.* 91, 2269(1989).

[13] C. Flytzanis, Y. R. Shen, Molecular theory of orientational fluctuations and optical Kerr effect in the isotropic phase of a liquid crystal. *Phys. Rev. Lett.* 33, 14(1974).

[14] G. K. L. Wong, Y. R. Shen, "Study of pretransitional behavior of laser-field-induced molecular alignment in isotropic nematic substances." *Phys. Rev. A* 10, 1277(1974).

[15] D. V. G. L. N. Rao, S. Jayaraman, Pretransitional behaviour of self-focusing in nematic liquid crystals. *Phys. Rev. A* 10, 2457(1974).

[16] L. D. Landau, *in* "Collected Papers of L. D. Landau" (D. Ter Haar, ed.). Gordon & Breach, New York, 1965.

[17] P. G. deGennes, "*The Physics of Liquid Crystals*." Clarendon Press, Oxford, 1974.

[18] P. A. Madden, F. C. Saunders, A. M. Scott, "Degenerate four-wave mixing in the isotropic phase of liquid crystals: The influence of molecular structure," *IEEE J. Quantum Electron.* QE-22, 1287(1986).

[19] J. Berne, R. Pecora, "*Dynamic Light Scattering with Applications to Chemistry, Biology, and Physics*." Wiley Interscience, New York, 1976.

[20] I. H. Ibrahim, W. Haase, "On the molecular polarizability of nematic liquid crystals." *Mol. Cryst. Liq. Cryst.* 66, 189(1981); G. R. Luckhurst, G. W. Gray, "*The Molecular Physics of Liquid Crystals*." Academic Press, London, 1979.

[21] N. V. Tabiryan, A. V. Sukhov, B. Y. Zel'dovich, The orientational optical nonlinearity of

liquid crystals. *Mol. Cryst. Liq. Cryst.* 136, 1(1986).

[22] I. C. Khoo, P. Y. Yan, T. H. Liu, Nonlinear transverse dependence of optically induced director axis reorientation of a nematic liquid crystal film—theory and experiment. *Opt. Soc. Am. B* 4, 115(1987).

[23] I. C. Khoo, R. R. Michael, P. Y. Yan, "Theory and experiment on optically induced nematics axis reorientation and nonlinear effects in the nanosecond regime," *IEEE J. Quantum Electron.* QE23, 267(1987).

[24] I. C. Khoo, S. Zhao, "Multiple time scales optical nonlinearities of liquid crystals for optical-terahertz-microwave applications," *Prog. Electromagn. Res. PIER*, 147, 37–56 (2014).

[25] A. Holleczek, A. Aiello, C. Gabriel, et al. "Classical and quantum properties of cylindrically polarized states of light," *Opt. Express*, 19(10), 9714–9736(2011).

[26] C.-W. Chen, I. C. Khoo, "Optical vector field rotation and switching with near-unity transmission by fully developed chiral photonic crystals," *Proc. Natl. Acad. Sci. U.S.A.* 118(16), e2021304118(2021).

[27] I. C. Khoo, R. R. Michael, P. Y. Yan, Theory and experiment on optically induced nematics axis reorientation and nonlinear effects in the nanosecond regime. *IEEE J. Quantum Electron.* QE23, 267(1987).

[28] I. C. Khoo, Reexamination of the theory and experimental results of optically induced molecular reorientation and nonlinear diffraction in nematic liquid crystals: Spatial frequency and temperature dependence. *Phys. Rev. A* 27, 2747(1983).

[29] I. C. Khoo, J. Ding, "All-optical cw laser polarization conversion at 1.55 micron by two beam coupling in nematic liquid crystal film," *Appl. Phys. Lett.* 81, 2496–2498(2002).

[30] L. Song, S. Fu, Y. Liu, et al. "Direct femtosecond pulse compression with miniature-sized Bragg cholesteric liquid crystal," *Opt. Lett.* 38, 5040–5042(2013).

[31] I. Janossy, L. Csillag, A. D. Lloyd, Temperature dependence of the optical Freedericksz transition in dyed nematic liquid crystals. *Phys. Rev. A* 44, 8410–8413(1991). I. Janossy, T. Kosa, "Influence of anthraquinone dyes on optical reorientation of nematic liquid crystals," *Opt. Lett.* 17, 1183–1185(1992).

[32] W. M. Gibbons, P. J. Shannon, S.-T. Sun, et al., Surface-mediated alignment of nematic liquid crystals with polarized laser light. *Nature* 351, 49–50(1991); A. G.-S. Chen, D. J. Brady, Surface-stabilized holography in an azo-dye-doped liquid crystal. *Opt. Lett.* 17, 1231–1233(1992).

[33] I. C. Khoo, H. Li, Y. Liang, "Optically induced extraordinarily large negative orientational nonlinearity in dye-doped liquid crystal," *IEEE J. Quantum Electron.* QE-29, 1444 (1993).

[34] I. C. Khoo, S. Slussarenko, B. D. Guenther, et al. "Optically induced space charge fields, DC voltage, and extraordinarily large nonlinearity in dye-doped nematic liquid crystals." *Opt. Lett.* 23, 253–255 (1998).

[35] I. C. Khoo, P. H. Chen, M. Y. Shih, et al. "Supra optical nonlinearities of methyl-red and azobenzene liquid crystal–doped nematic liquid crystals," *Mol. Cryst. Liq. Cryst.* 358, 1–13 (2001); 364, 141–149 (2001).

[36] I. C. Khoo, M. Y. Shih, A. Shishido, et al. "Liquid crystal photorefractivity–Towards supraoptical nonlinearity," *Opt. Mater.* 18, 85–90 (2001).

[37] I. C. Khoo, M. Y. Shih, M. V. Wood, et al. "Extremely nonlinear photosensitive nematic liquid crystal film," *Synth. Met.* 7413, 1–6 (2000).

[38] I. C. Khoo, M. Y. Shih, M. V. Wood, et al. "Dye-doped photorefractive liquid crystals for dynamic and storage holographic grating formation and spatial light modulation," *Proc. IEEE*, 87 (11), 1987–1911 (1999).

[39] L. Lucchetti, M. Di Fabrizio, O. Francescangeli, et al. "Colossal optical nonlinearity in dyedoped liquid crystals," *Opt. Commun.* 233, 417 (2004).

[40] I. C. Khoo, Y. Z. Williams, B. Lewis, et al. "Photorefractive CdSe and gold nanowire-doped liquid crystals and polymer-dispersed-liquid-crystal photonic crystals," *Mol. Cryst. Liq. Cryst*, 446, 233–244 (2005).

[41] A. T. Shishido, O. Tsutsumi, A. Kanazawa, et al. "Rapid optical switching by means of photoinduced change in refractive indexof azobenzene liquid crystals detected by reflection-mode analysis," *J. Am. Chem. Soc.* 119, 7791–7796 (1997).

[42] I. C. Khoo, H. Li, Y. Liang, Observation of orientational photorefractive effects in nematic liquid crystals, *Opt. Lett.* 19, 1723 (1994).

[43] E. V. Rudenko, A. V. Sukhov, "Optically induced spatial charge separation in a nematic and the resultant orientational nonlinearity", *JETP*, 78 (6), 875–882, 1994.

[44] I. C. Khoo, "Orientational photorefractive effects in nematic liquid crystal films," *IEEE J. Quantum Electron.* 32, 525–534 (1996).

[45] N. V. Tabiryan, C. Umeton, "Surface-activated photorefractive and electro-optic phenomena in liquid crystals", *J. Opt. Soc. Am. B*, 15 (7), 1912–1917 (1998).

[46] J. Mun, C. S. Yoon, H.-W Kim, et al. "Transport and trapping of photocharges in liquid

crystals placed between photoconductive polymer layers", *Appl. Phys. Lett.* 79(13), 1933–1935(2001).

[47] M. Kaczmarek, A. Dyadyusha, S. Slussarenko, et al. "The role of surface charge field in twobeam coupling in liquid crystal cells with photoconducting polymer layers", *J. Appl. Phys.*, 96(5), 2616–2623(2004).

[48] P. Pagliusi, G. Cipparrone, "Surface-induced photorefractive-like effect in pure liquid crystals", *Appl. Phys. Lett.*, 80(2), 168–170(2002); P. Pagliusi, G. Cipparrone, "Charge transport due to photoelectric interface activation in pure nematic liquid-crystal cells", *J. Appl. Phys.*, 92(9), 4863–4869(2002); P. Pagliusi, G. Cipparrone, "Extremely sensitive light induced reorientation in nondoped nematic liquid crystal cells due to photoelectric activation of the interface", *J. Appl. Phys.*, 93(11), 9116–9122 (2003).

[49] G. P. Wiederrecht, B. A. Yoon, M. R. Wasielewski, "High photorefractive gain in nematic liquid crystals doped with electron donor and acceptor molecules," *Science*, 270, 1794–1797(1995).

[50] I. C. Khoo, K. Chen, Y. Williams, "Orientational photorefractive effect in undoped and CdSe nano-rods doped nematic liquid crystal–Bulk and interface contributions," *J. Sel. Top. Quantum Electron.* 12(3), 443–450(2006).

[51] P. Gunter, J. P. Huignard, ed., "*Photorefractive Materials and Their Applications*," Vol. I and II, Springer-Verlag, Berlin, 1989.

[52] P. A. Blanche, A. Bablumian, R. Voorakaranam, et al. Holographic threedimensional telepresence using large-area photorefractive polymer. *Nature*, 468, 80–83(2010).

[53] W. Helfrich, "Conduction-induced alignment of nematic liquid crystals: Basic model and stability consideration," *J. Chem. Phys.* 51, 4092(1969).

[54] A. Sugimura, O.-Y. Zhong-can, "Anomalous photocurrent transients in nematic liquid crystals: the nonlinear optical Pockel's effect induced by the Freedericksz transition", *Phys. Rev. A*, 45(4), 2439–2448(1992).

[55] V. Boichuk, S. Kucheev, J. Parka, et al. "Surface-mediated light-controlled Freedericksz transitionin a nematic liquid crystal cell," *J. Appl. Phys.* 90, 5963–5967(2001).

[56] H. L. Ong, C. Y. Young, "Optically induced molecular reorientation in smectic-C liquid crystal," *Phys. Rev. A* 29, 297(1984).

[57] P. H. Lippel, C. Y. Young, Observation of optically induced molecular reorientation in films of smectic-C liquid crystal. *Appl. Phys. Lett.* 43, 909(1983).

[58] R. Macdonald, J. Schwartz, H. J. Eichler, Laser-induced optical switching of a ferroelectric liquid crystal. *Int. J. Nonlinear Opt. Phys.* 1, 119 (1992).

[59] J.-C. Lee, S. D. Jacobs, A. Schmid, Retro-self-focusing and pinholing effect in a cholesteric liquid crystal. *Mol. Cryst. Liq. Cryst.* 150B, 617 (1987).

[60] T. V. Galstyan, A. V. Sukhov, R. V. Timashev, Energy exchange between optical waves counterpropagating in a cholesteric liquid crystal. *Sov. Phys.—JETP* (*Engl. Transl.*) 68 (5), 1001 (1989).

[61] F. Simoni, "Nonlinear optical propagation near the Bragg resonance in heliconical cholesteric liquid Crystals," *Opt. Lett.* 40, 6510–6512 (2020).

[62] U. A. Hrozhyk, S. V. Serak, N. V. Tabiryan, et al., "Photo-induced isotropic state of cholesteric liquid crystals: Novel dynamic photonic materials," *Adv. Mater.* 19, 3244–3247 (2007).

[63] A. Chanishvili, G. Chilaya, G. Petriashvili, et al. "Light induced effects incholesteric mixtures with a photosensitive nematic host," *Mol. Cryst. Liq. Cryst.* 409, 209–218 (2010).

[64] I. C. Khoo, "Cholesteric and blue-phase liquid photonic crystals for nonlinear optics and ultrafast laser pulse modulations," *Liq. Cryst. Rev.* 6, 53–77 (2018).

第 9 章　向列相、胆甾相和蓝相液晶中的热、密度和晶格畸变光学非线性

9.1　引言

现在有大量光敏材料，如染料、偶氮分子、等离子体和半导体纳米粒子，每种材料都有其特殊或独特的性质，可用于加入液晶，以增强其电光和非线性光学响应。在本章中，我们将深入探讨由于有序参数、温度和密度的变化而引起的其他激光诱导的指数或双折射变化，这些变化会导致流动、指向矢重新定向和晶格畸变。

在大部分讨论中，为了简单说明液晶参数的作用，我们忽略了介电常数、折射率、电导率、黏度系数等液晶参数的各向异性。如果液晶处于各向同性液相，或者胆甾相液晶（CLCs）和蓝相液晶（BPLCs）处于光子带隙之外，这种处理方法是可以接受的。否则，对于特定的场-液晶相互作用几何形状，必须使用适当的各向异性参数。

这些过程大多源于液晶或某些光敏掺杂剂的光吸收，例外情况是非吸收材料中的电致伸缩引起的密度变化。液晶的典型（线性单光子）吸收特性如图 9.1 所示，在可见光谱中表现为透明，在紫外（UV）和近红外（IR）区域则表现为中等强度的吸收[1]。线性吸收常数 α 取决于波长位置，从近紫外区的约 1 cm^{-1} 到紫外区的约 10 cm^{-1} 或更高。同样，近红外区域存在某些吸收带也会增加吸光度。

需要注意的是，在强烈的激光照射下，会出现双光子和多光子转换，如图 9.2 所示。在这种情况下，传统单光子图中所谓的非吸收材料实际上会表现出高度非线性的强度依赖吸收特性，详见第 10 章和第 12 章。

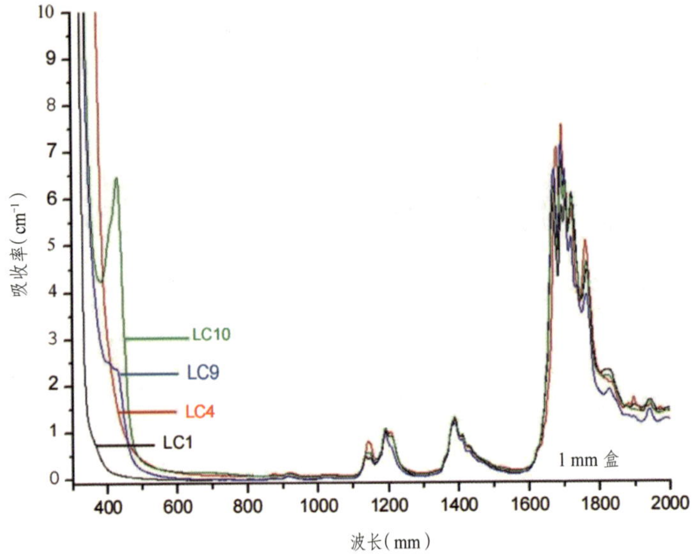

图 9.1　四种液晶的吸收光谱

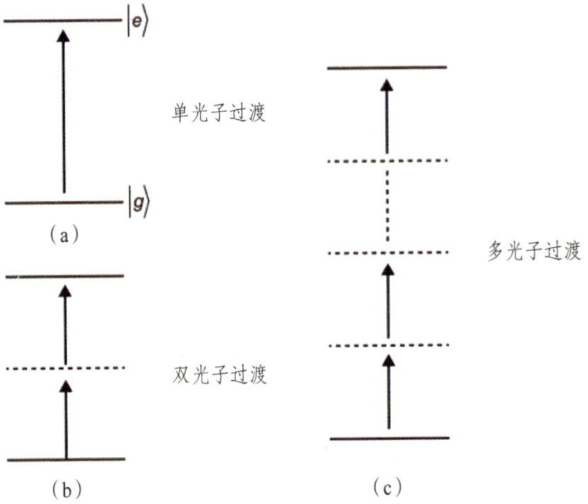

图 9.2　(a)单光子吸收过程;(b)双光子吸收过程;(c)多光子吸收过程

9.2　非吸收液晶中的电致伸缩和流动综述

如前所述,我们暂时忽略了液晶参数的各向异性,因为在对特定有序相进行最终分析时,这些参数应被由光场偏振矢量和指向矢配置决定的适当值所取代。

考虑一个液晶(LC)分子位于一个被光场 E 照亮的区域。该场诱导了一个偏振

$\boldsymbol{p}=\alpha\boldsymbol{E}$，其中 α 是分子的偏振率。因此，消耗在分子上的电磁能量为

$$u_E=-\int_0^E p\cdot \mathrm{d}E=-\frac{1}{2}\alpha(E\cdot E) \tag{9.1}$$

因此，所谓的麦克斯韦应力[2-5]就是

$$F_{\text{molecule}}=-\nabla u_E=\frac{1}{2}\alpha\nabla(E\cdot E) \tag{9.2}$$

如果电场的空间变化如图 9.3（a）所示，电场梯度产生的电致伸缩力会将分子拉向电场强度不断增加的区域。因此，高电场区域的密度会增加 $\Delta\rho$，这种密度的增加会导致介电常数的增加，即

$$\Delta\varepsilon=\rho\frac{\partial\varepsilon}{\partial\rho}\left(\frac{\Delta\rho}{\rho}\right)=\gamma^{\mathrm{e}}\left(\frac{\Delta\rho}{\rho}\right) \tag{9.3}$$

其中

$$\gamma^{\mathrm{e}}=\rho\frac{\partial\varepsilon}{\partial\rho} \tag{9.4}$$

是电致伸缩常数。正如参考文献[4]至[7]所报道的，电致伸缩引起的分子运动还可能导致流动和指向矢重新定向，如图 9.3（b）所示。

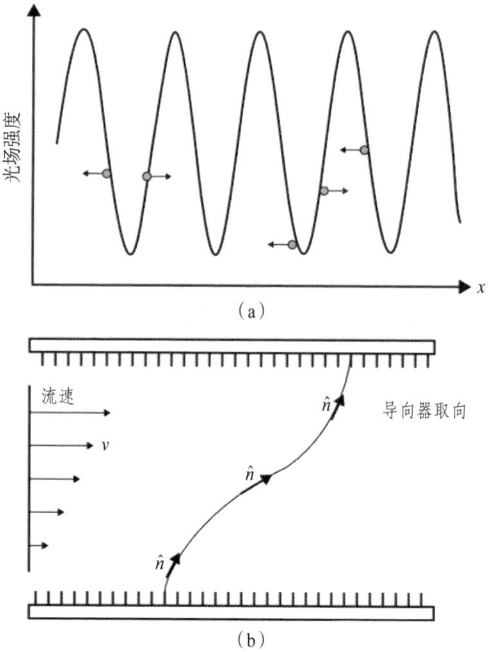

图 9.3　（a）分子被电场梯度产生的电致伸缩力拉向场强较高的区域；（b）在向列相中，流动引起的指向矢重新定向效应的一个例子，v 表示流速

电致伸缩效应在很大程度上取决于电磁场的梯度,这种梯度自然存在于强烈聚焦或空间高度调制的脉冲激光器中。在高斯激光束的径向强度以 $I(r) \sim |E(t)E^*(t)|\,\mathrm{e}^{-2\frac{r^2}{\omega^2}}$ 形式的分布的情况下,由式(9.2)给出的时间平均麦克斯韦应力为:

$$\langle f_E \rangle = \varepsilon_0 \varepsilon_\perp |E(t)E^*(t)|\,\mathrm{e}^{-2\frac{x^2+y^2}{\omega^2}} \left[-\frac{x}{\omega^2}, \frac{y}{\omega^2}, 0\right] \tag{9.5}$$

因此,描述外加应力产生的流动过程的方程(见第4章,另见参考文献[4]和[5])如下:

$$\rho \frac{\partial v_x}{\partial t} - \eta \nabla^2 v_x = f_{E,x} = -\varepsilon_0 \varepsilon_\perp |E(t)E^*(t)|\,\mathrm{e}^{-2\frac{x^2+y^2}{\omega^2}} \cdot \frac{x}{\omega^2} \tag{9.6a}$$

$$\rho \frac{\partial v_y}{\partial t} - \eta \nabla^2 v_y = f_{E,y} = \varepsilon_0 \varepsilon_\perp |E(t)E^*(t)|\,\mathrm{e}^{-2\frac{x^2+y^2}{\omega^2}} \cdot \frac{y}{\omega^2} \tag{9.6b}$$

图9.4显示了麦克斯韦应力 f_E 的径向相关性曲线。可知,径向相关性曲线呈"火山"状,中心为火山口,峰值出现在距离中心约 0.7ω(ω 为激光束腰)的径向距离处。由于存在这种径向依赖性,液晶分子将在所有径向方向上移动(流动),这一点在几项关于液晶的紧聚焦脉冲激光的研究中都有观察到[4-10]。因此,传输的激光束会获得横向(径向)相位调制,表现为激光束的自聚焦/散焦或其他波前失扭效应,在高强度聚焦脉冲激光引起流动的极端情况下,液晶样品会发生空化。

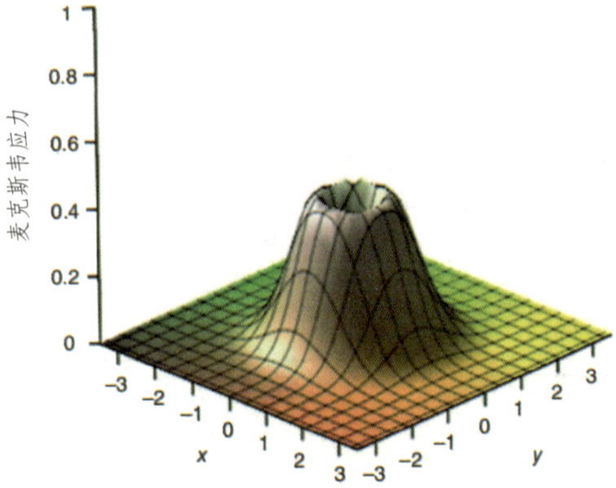

图9.4 与高斯激光束相关的麦克斯韦应力径向分量示意图

9.3 激光诱导的液晶密度和温度调制

描述光吸收和能量密度变化率 u 的方程为[11-13]

$$\frac{\partial u}{\partial t} = \frac{nc\alpha E^2}{4\pi} + D\nabla^2 u - \frac{u}{\tau} \tag{9.7}$$

式(9.7)右侧第一项表示光能(线性)光吸收率(以 cgs 为单位);第二项表示能量吸收率(以 cgs 为单位),D 为能量扩散常数;第三项表示通过一些具有弛豫时间常数的分子间和分子内松弛过程进行的热化。

液晶分子光吸收后的分子间和分子内弛豫过程相当复杂,但众所周知,振动和旋转等单个分子运动的弛豫时间都在皮秒量级。因此,将吸收的能量转化为热量所需的热化时间也是皮秒量级。如果我们关注的是液晶在纳秒或更长时间尺度上的非线性光学响应,就像热效应和密度效应一样,我们可以采用一种忽略热化/扩散过程的形式。在这种情况下,我们可以假设能量密度传递速率很快达到稳态($\partial u/\partial t \to 0$),而扩散过程没有时间发挥作用。在这种情况下,我们会得到 $u/\tau = nc\alpha E^2/4\pi$,这反过来又会引起熵 S 和压力 P 的变化,从而引起材料温度和密度的变化。

温度 $T(r,t)$ 和密度 $\rho(r,t)$ 可以分别表示为

$$T(r,t) = T_0 + \Delta T(r,t) \tag{9.8}$$

$$\rho(r,t) = \rho_0 + \Delta\rho(r,t) \tag{9.9}$$

其中,T_0 和 ρ_0 是未扰动值;ΔT 和 $\Delta\rho$ 分别是激光引起的液晶温度和密度变化。

描述 $\Delta T(r,t)$ 和 $\Delta\rho(r,t)$ 的方程是耦合的,因为 ρ 和 T 都是熵 S 和压力 P 的函数[11-13]。耦合流体的力学方程为[3, 11]

$$-\frac{\partial^2}{\partial t^2}(\Delta\rho) + v^2\nabla^2(\Delta\rho) + v^2\beta_T\rho_0\nabla^2(\Delta T) + \frac{\eta}{\rho_0}\frac{\partial}{\partial t}\nabla^2(\Delta\rho) = \frac{\gamma^{\mathrm{e}}}{8\pi}\nabla^2(E^2) \tag{9.10}$$

和

$$\rho_0 C_v \frac{\partial}{\partial t}(\Delta T) - \lambda_T\nabla^2(\Delta T) - \frac{(C_p - C_v)}{\beta_T}\frac{\partial}{\partial t}(\Delta\rho) = \frac{u}{\tau} = \frac{\alpha nc}{4\pi}E^2 \tag{9.11}$$

其中,C_p 和 C_v 是比热;λ_T 是导热系数;η 是黏度系数;v 是声速;γ^{e} 是电致伸缩系数 $[\gamma^{\mathrm{e}} = \rho_0(\rho\varepsilon/\partial\rho)_T]$;$\beta_T$ 是体积膨胀系数。

式(9.10)描述了由电致伸缩引起的热膨胀和密度变化,而式(9.11)则描述了由光吸收和伴随的热扩散及其他过程(如密度波的传播)引起的温度上升和密度变化。

9.3.1 正弦光强度调制

一般来说,与时间相关的温度和密度耦合方程无法用分析方法求解,尤其是当输入激光是一个强度分布随时间变化的脉冲时。对于平面波阶跃接通激光在薄向列相液晶盒上的作用,参考文献[14]中给出了式(9.11)的数值解,并说明了光吸收、温度积累和扩散产生的热量之间的相互作用,以及密度分量衰减时各种物理参数和液晶参数在时间尺度上的作用。

为了进一步了解脉冲激发后密度和温度变化的详细动态,我们考虑这样一种情况:如图 9.5 所示,液晶上的两束相干入射激光束通过相干叠加得到一个正弦函数(即强度光

栅)。如果我们假设入射激光是平面波,且液晶盒很薄,则衍射属于所谓的拉曼-纳特类型($\lambda d \ll \Lambda^2$,其中λ是光波长,d是液晶厚度,Λ是光栅间距),分析可以进一步简化。有了这些条件,我们就可以分析和求解温度-密度耦合方程,并清楚地说明这一过程中各个物理参数所起的定量作用。由于空间周期性的强度函数产生了空间周期性的折射率变化(即折射率光栅),并在前向产生一阶、二阶和更高阶的侧探头衍射,与传输的零阶光束形成$\pm\theta$、$\pm 2\theta$。衍射角θ的大小取决于入射激光的混波角θ_w以及探针(λ_p)和入射激光(λ_i)的波长。

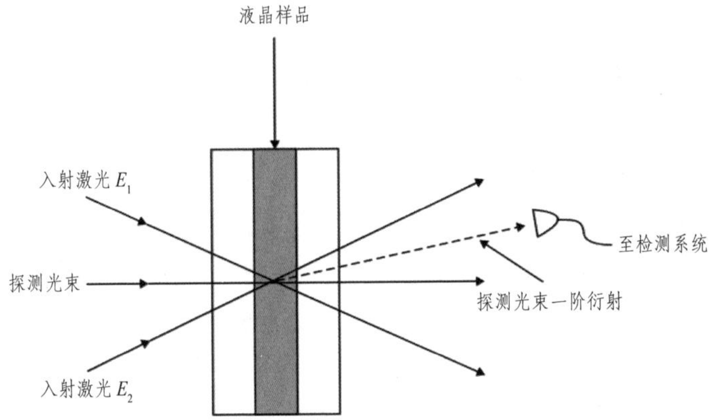

图 9.5　探测液晶中激光诱导瞬态折射率变化动态的实验装置

在大多数涉及液晶的混波过程中,探针衍射都属于拉曼-纳特机制,其中$\lambda_i d \ll \Lambda^2$,且$d$是液晶厚度,$\Lambda = \lambda_i / \sin\theta_w$是干涉光栅间距。在小混波角($\theta_w \ll 1$)的情况下,衍射角由$\theta/\theta_w \sim \lambda_p/\lambda_i$给出,一阶衍射效率$\eta$(由衍射强度与零阶(入射)激光强度之比定义)为[3]

$$\eta \approx J_1^2\left(\frac{\pi \Delta n d}{\lambda}\right) \tag{9.12}$$

如果分度光栅振幅Δn较小,使$\pi\Delta n d/\lambda \ll 1$,则有

$$\eta \approx \left(\frac{\pi \Delta n d}{\lambda}\right)^2 \tag{9.13}$$

我们现在考虑的情况是,入射激光是持续时间为τ_p的方形脉冲(即$0 < t < \tau_p$时$E = E_0$,否则$E = 0$)。在平面波近似情况下,液晶内部的光强度形式为$E^2 = E_1^2 + E_2^2 + 2|E_1E_2|\cos((\boldsymbol{k}_1 - \boldsymbol{k}_2)\cdot \boldsymbol{r})$。$E^2$的直流部分会引起$\rho$和$T$在空间上的均匀变化,它们不会对光束的衍射产生影响。因此,我们可以只考虑空间周期部分,写成$E^2 = 2|E_1E_2|\cos(\boldsymbol{q}\cdot \boldsymbol{y})$,其中$\boldsymbol{q} = \boldsymbol{k}_1 - \boldsymbol{k}_2$。此外,为简单起见,我们令$E_1 = E_2 = E_0$,这样就有

$$E^2 = 2E_0^2(1 + \cos(q \cdot y)) \tag{9.14}$$

相应地，$\Delta\rho$ 和 ΔT 的形式分别为

$$\Delta\rho = \rho(t)\cos(q \cdot y) \tag{9.15}$$

$$\Delta T = T(t)\cos(q \cdot y) \tag{9.16}$$

其中，$\rho(t)$ 和 $T(t)$ 是密度和温度的光栅振幅。

将式（9.15）和式（9.16）代入式（9.10）和式（9.11），就可以求出光栅振幅 $\rho(t)$ 和 $T(t)$。假设 $t=0$ 时的初始条件为 $\rho(0)=T(0)=0$，并忽略式（9.11）中与 $(C_p - C_v)$ 成比例的小项，对于 $0<t<\tau_{\mathrm{p}}$，我们可以得到

$$T(t) = \frac{\alpha c n E_0{}^2}{4\pi\rho_0 C_v \Gamma_{\mathrm{R}}}(1-\exp(-\Gamma_{\mathrm{R}} t)) \tag{9.17}$$

$$\rho(t) = \frac{\gamma^{\mathrm{e}} E_0^2}{4\pi v^2}(1-\exp(-\Gamma_{\mathrm{B}} t)\cos\Omega t) - \frac{\beta_T \alpha c n E_0^2}{4\pi C_v \Gamma_{\mathrm{R}}}(1-\exp(-\Gamma_{\mathrm{R}} t)) \tag{9.18}$$

在（9.17）中，Γ_{R} 是热衰减常数，其计算公式为

$$\Gamma_{\mathrm{R}} = \frac{\lambda_T q^2}{\rho_0 C_v} \tag{9.19}$$

在（9.18）中，Γ_{B} 是布里渊衰变常数，其计算公式为

$$\Gamma_{\mathrm{B}} = \frac{\eta q^2}{2\rho_0} \tag{9.20}$$

且 Ω 为声频，其计算公式为

$$\Omega = \sqrt{q^2 v^2 - \Gamma_{\mathrm{B}}^2} \tag{9.21}$$

相应的弛豫时间常数分别为

$$\tau_{\mathrm{R}} = \Gamma_{\mathrm{R}}^{-1} = \frac{\rho_0 C_v}{\lambda_T q^2} \tag{9.22}$$

$$\tau_{\mathrm{B}} = \Gamma_{\mathrm{B}}^{-1} = \frac{2\rho_0}{\eta q^2} \tag{9.23}$$

以 SI 单位表示的各种液晶参数[15-18]的典型值为 $n=1.5$，$\eta = 7\times10^{-2}\,\mathrm{kg/(m\cdot s)}$，$v=1\,540\,\mathrm{m/s}$，$\rho_0 = 10^3\,\mathrm{kg/m^3}$，$\lambda_T/\rho_0 C_v = 0.79\times10^{-7}\,\mathrm{m^2/s}$。对于 $20\,\mu\mathrm{m}$ 的光栅常数（$\Lambda = 2\pi|\boldsymbol{k}_1 - \boldsymbol{k}_2|^{-1}$），我们可以得出 $\tau_{\mathrm{R}} \approx 100\,\mu\mathrm{s}$ 和 $\tau_{\mathrm{B}} \approx 200\,\mathrm{ns}$。热衰减时间和密度衰减时间以及重新定向时间常数相差两个数量级，这为区分它们在侧衍射动态演化中的贡献提供了一种方法[9,15,19-22]。

式（9.18）中给出的激光诱导密度变化 $\rho(t)$ 由两个不同的部分组成，即

$$\rho(t) = \rho^{\mathrm{e}}(t) + \rho^{\mathrm{T}}(t) \tag{9.24}$$

其中

$$\rho^{e}(t)=\frac{\gamma^{e}E_{0}^{2}}{4\pi v^{2}}(1-\exp(-\Gamma_{B}t)\cos\Omega t) \tag{9.25}$$

和

$$\rho^{T}(t)=\frac{-\beta_{T}\alpha cnE_{0}^{2}}{4\pi C_{v}\Gamma_{R}}(1-\exp(-\Gamma_{R}t)) \tag{9.26}$$

分量 $\rho^{e}(t)$ 来自电致伸缩,与 γ^{e} 成正比,它以布里渊弛豫常数 Γ_{B} 和频率 Ω 为特征。从式(9.15)和式(9.25)可以看出,ρ^{e} 分量会产生传播波 $\rho\sim\cos(\Omega t-qy)$,其衰减振幅为 $\exp(-\Gamma_{B}t)$。另外,分量 $\rho^{T}(t)$ 是热弹性贡献(与 β^{T} 成比例),其特征是热衰减常数 Γ_{R},它是非传播的。

9.3.2 折射率变化:温度和密度的影响

由于温度和密度的变化,相应的制冷指数变化如下:

$$\Delta n_{T}=\frac{\partial n}{\partial T}T(t) \tag{9.27}$$

和

$$\Delta n_{\rho}=\frac{\partial n}{\partial\rho}\rho(t)=\frac{\partial n}{\partial\rho}(\rho^{e}+\rho^{T}) \tag{9.28}$$

热指数分量 $\partial n/\partial T$ 来自两种效应。其一是分子在光吸收后的热化时间(前面提到的皮秒)内发生的光谱偏移,其影响通常很小[12-13]。在向列相中,Δn_{T} 主要是由有序参数的变化引起的,即

$$\frac{\partial n}{\partial T}=\frac{\partial n}{\partial S}\frac{\partial S}{\partial T} \tag{9.29}$$

这种效应在向列-各向同性转变附近尤为明显。由于有序参数 S 在 T_{c} 附近折射率变化中表现出临界减速行为,因此也表现出类似的依赖性。

密度贡献由电致伸缩分量 ρ^{e} 和热弹性分量 ρ^{T} 组成,它是所有块状固体、液体和液晶的典型效应,它们与有序参数的耦合不强。

密度变化的传播分量 ρ^{e} 会与静态(尽管是扩散的)热分量发生干涉,如图 9.6 所示。其中描述了与这些分量相关的折射率调制结果:Δn_{T} 和 $\Delta n_{\rho}(\rho^{T})$ 导致的“静态”热折射率光栅,以及 $\Delta n_{\rho}(\rho^{e})$ 导致的正弦调制。后者是由激光脉冲之后的两个反向传播声波/密度波产生的,波矢量为 $\pm(\boldsymbol{k}_{1}-\boldsymbol{k}_{2})$,频率为 Ω。这两个指数光栅的最大值和最小值会在时间上发生干涉,导致探头光束的衍射发生振荡(声波频率为 Ω),如图 9.7 所示。由于波矢量 $|\boldsymbol{k}_{1}-\boldsymbol{k}_{2}|$ 的大小已知,且由于可以直接测量振荡频率 Ω,这些衍射中观察到的振荡将为确定液晶中的

声速提供一种方法[9, 15, 19-20]。通过改变光栅波矢量 $\boldsymbol{q}$ 与液晶样品的指向矢或 c 轴之间的相互作用几何形状，这种动态衍射效应也可用于测量声速和热扩散各向异性。

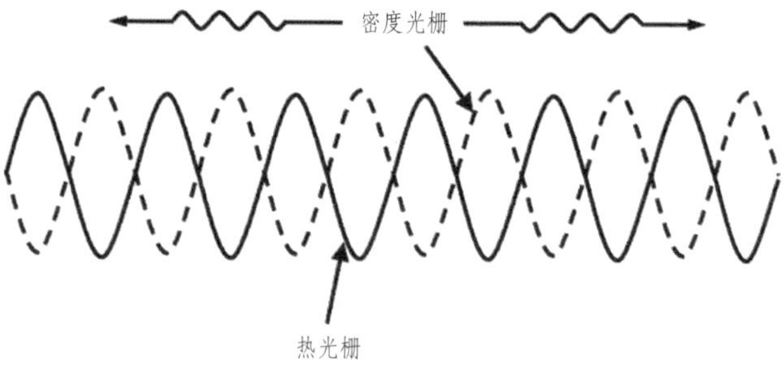

图 9.6　扩散性折射率光栅（由电致伸缩密度变化产生）与扩散性（非传播）热光栅的干涉

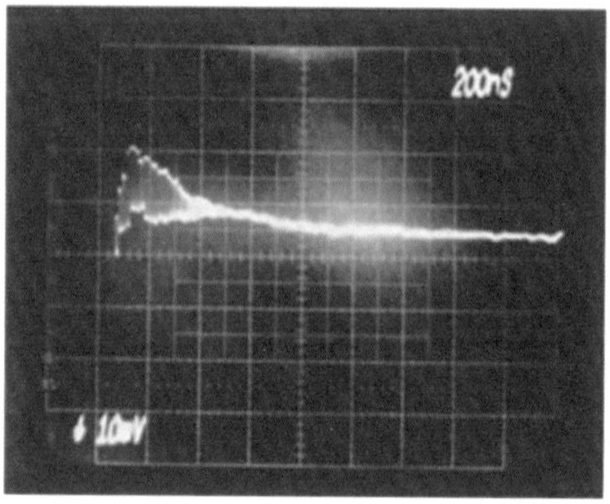

图 9.7　观察到的探针衍射随时间变化的示波器轨迹，显示室温向列相液晶（NLC）（E7）的密度和热成分之间的干涉效应

在参考文献[15]和[19]中，使用来自 Q 开关 Nd: Yag 激光器二次谐波的纳秒激光脉冲来激发密度和温度（有序参数）在向列相液晶和近晶-A 相液晶中的干涉效应。对于向列情形[15]，所使用的样品是一个平面对齐的 40 μm 厚的 5CB 盒，其指向矢与泵浦激光偏振方向平行或正交。通过这些相互作用的几何形状，可以确定热扩散常数 $D_{/\!/}$ 和 $D_{\perp}$。图 9.8（a）和（b）分别是热光栅一阶探针光束衍射的弛豫动态示波器轨迹，分别表示垂直于和平行于指向矢的热扩散。实验中，空气中的混波角为 2°，对应的光栅常数 $\Lambda_{\perp}=2\pi/q_{\perp}$ 为 17 μm，$\Lambda_{/\!/}=2\pi/q_{/\!/}$ 为 15 μm。在图 9.8（a）中，热扩散时间常数 $\tau_{\perp}$ 约为 100 μs，而从图 9.8（b）中提取的 $\tau_{/\!/}$ 约为 50 μs。

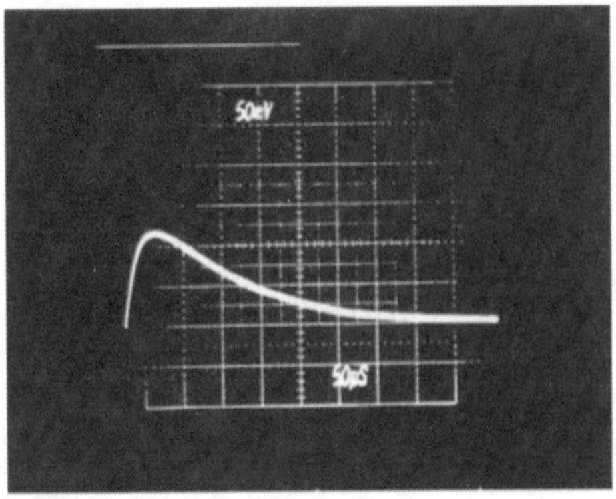

(a)

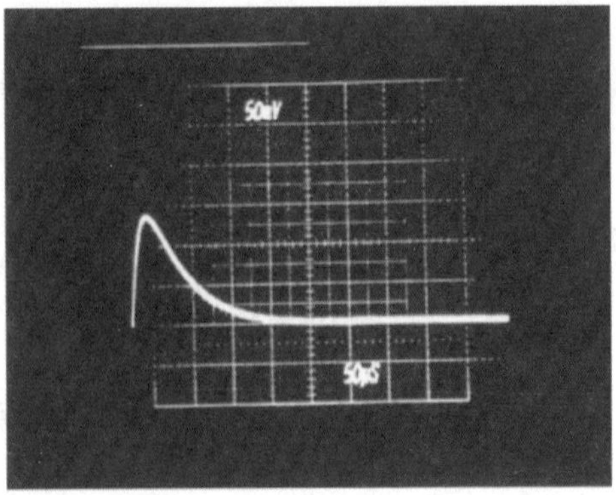

(b)

图 9.8 热光栅衰减动态示波器轨迹(时间尺度:50 μs/div):(a)光栅波矢量垂直于指向矢;(b)光栅波矢量平行于指向矢,显示出更快的衰减

利用热扩散常数 $D_{/\!/} = 7.9\times10^{-4}\,\text{cm}^2/\text{s}$ 和 $D_{\perp} = 1.25\times10^{-3}\,\text{cm}^2/\text{s}$ [4],式(9.22)对热衰减时间 $\tau_{/\!/}$和 $\tau_{\perp}$ 的理论估计值分别为 110 μs 和 55 μs,这与实验结果非常吻合。对于较小/较大的光栅常数,观察到热衰减时间与 q^{-2} 的相关性大致呈递减/递增趋势。

对于同一样品,声速各向异性很小,使用的仪器无法精确探测。不过,我们还是测量了探针光束衍射中振荡周期(由声-热光栅干涉引起,参见图 9.7)的交叉角依赖性。周期 $T = 2\pi/\Omega$ 与光栅常数 $\Lambda_{/\!/,\perp} = \lambda/[2n_{/\!/,\perp}\sin(\theta/2)]$ 的关系为 $T = \Lambda/v_s$(对于 5CB,$n_{/\!/} \approx 1.72$ 和 $n_{\perp} \approx 1.52$)。图 9.9 所示为实验观察到的振荡周期与交叉角 θ 的函数关系图(Khoo 和 Normandin[19]未发表的数据)。总体来说,它与理论关系(线)非常接近,其中声速 $v_s \approx 1.53\times10^3\,\text{m/s}$。

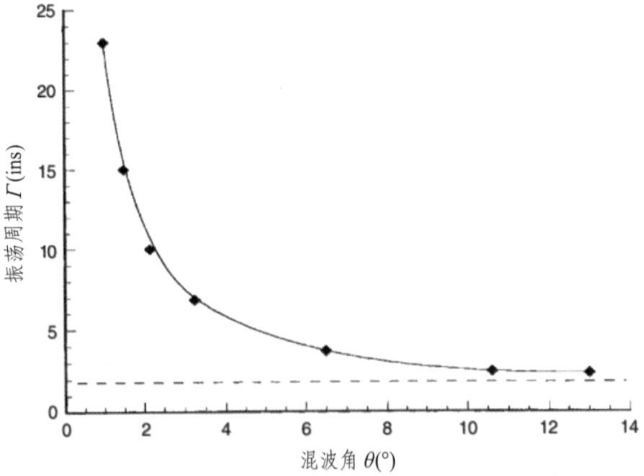

图 9.9 观察到的振荡周期(见图 9.7)与激发激光束交叉角的关系(实线为理论依赖关系,虚线表示检测系统的动态响应极限)

在近晶-A 相液晶的实验中[19]，光栅衍射的主要影响似乎来自密度效应。观察到的声速和衰减时间符合理论预期。参考文献[19]报道的一个有趣效应是强激励脉冲形成的永久光栅。通过将样品加热到各向同性相，然后冷却到对齐的近晶-A 相状态，这些光栅是可以擦除的。

此外，还利用短微秒红外（CO_2）激光脉冲进行了动态光栅衍射研究[22-23]。如图 2.3 所示，观察到的衍射信号显示出一个初始尖峰，这归因于“快速”衰减的密度贡献，而与有序参数相关的“较慢”热分量则显示出相当长的积累时间，约为 100 μs 或更长。

9.4　向列相液晶的光学非线性

激光诱导的热变化和密度变化都会引起与强度相关的折射率变化，这种变化与 Kerr 相似，即 $\Delta n \sim n_2 I$。根据实验观察（图 9.7），我们可以说，通常对于在远离 T_c 的温度下保持的样品，密度和热对折射率变化的贡献是相当的。热非线性的绝对值取决于多个因素。其中一些显而易见的因素包括：折射率梯度 dn/dT（通过有序参数与温度密切相关）、吸收常数 α（根据激光波长的不同，会有几个数量级的变化）、热衰减常数 Γ_R（它是激光与内静电相互作用几何形状的一个函数，如激光光斑大小、样品厚度、扩散常数以及其他一系列液晶参数）。表 9.1 列出了一些向列相液晶的典型参数。

表 9.1　一些向列相液晶的典型参数

参数	值	向列相
吸收常数		
（α, cm^{-1}）	<1，可见光	
	23，近红外	E7
	40~100，红外	E7
	69，红外	5CB
	44，红外	E46（EM 化学公司）
扩散常数		
$D = l_T / r_0 C_v$	$D_{//} = 1.95 \times 10^{-3} cm^2/s$	E7
	$D_{\perp} = 1.2 \times 10^{-3} cm^2/s$	E7
热指数梯度		
$dn_{\perp}/dT$	$10^{-3} K^{-1}$	5CB（25 ℃）
	$10^{-2} K^{-1}$	5CB（T_c 附近）
$dn_{//}/dT$	$-2 \times 10^{-3} K^{-1}$	5CB（25 ℃）
	$-10^{-2} K^{-1}$	5CB（T_c 附近）
可见光约 0.5 μm	近红外约 0.5 μm	红外约 10 μm

由于 NLCs 在从近紫外到红外的整个光谱范围内都具有较大的双折射,因此表 9.1 中所述可见光-红外光谱的热指数梯度通常高于典型的液体或固体,参见图 9.10 中液晶 E7 在红外(10.6 μm 的 CO_2 激光线)中的测量折射率,以及第 3 章中的图 3.7 和图 3.8。

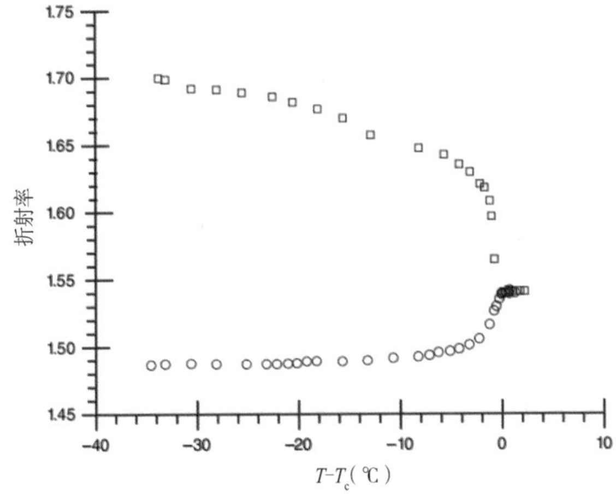

图 9.10　10.6 μm 时 E7 折射率的温度依赖性

除这些材料参数外,最重要的因素可能是非线性光学响应或有效光学非线性的大小取决于激光脉冲持续时间与材料响应时间的关系。如果激光脉冲太短,材料的响应就会很小,相应的非线性也会很小。我们将考虑以下两个极限热非线性的情况:①稳态系统,其中 $\tau_p \gg \tau_R$ 和 τ_S(τ_S 为有序参数响应时间);②瞬态系统,对应于 $\tau_p \gg \tau_R$ 和 τ_S。

9.4.1　向列相液晶的稳态热非线性

由式(9.17)和式(9.27)可得,在稳态时,当 $t \gg \Gamma_R^{-1}$,有

$$\Delta n_T = \frac{\alpha c n E_0^2}{4\pi\rho_0 C_v \Gamma_R}\frac{\partial n}{\partial T} = \alpha_2^{SS}(T) I_{op} \tag{9.30}$$

其中,$\alpha_2^{SS}(T)$ 可称为稳态热非线性系数,且有

$$\alpha_2^{SS}(T) = \frac{\alpha}{\rho_0 C_v \Gamma_R}\left(\frac{dn}{dT}\right) \tag{9.31}$$

回顾一下,$\Gamma_R = Dq^2$,$\alpha_2^{SS}(T)$ 也可以表示如下:

$$\alpha_2^{SS}(T) = \frac{\alpha}{\rho_0 C_v D q^2}\left(\frac{dn}{dT}\right) \tag{9.32}$$

或者,根据混波几何定义的光栅间距 $\Lambda = 2\pi/q$,我们也可以将 $\alpha_2^{SS}(T)$ 表示为

$$\alpha_2^{SS}(T) = \frac{\alpha \Lambda^2}{4\pi^2 \rho_0 C_v D}\left(\frac{dn}{dT}\right) \tag{9.33}$$

该表达式适用于激光光束尺寸与液晶盒厚度相比较大的情况。如果使用聚焦激光束，我们必须用一个特征扩散长度来代替式(9.33)中的光栅常数 Λ，这个特征扩散长度可以是激光聚焦光斑的大小，也可以是液晶盒的厚度，以与主要(即最短时间)热扩散过程相关者为准，即 $\alpha_2^{\mathrm{SS}}(T)$ 可近似为

$$\alpha_2^{\mathrm{SS}}(T)=\frac{\alpha\Lambda_{\mathrm{th}}^2}{4\pi^2\rho_0 C_v D}\left(\frac{\mathrm{d}n}{\mathrm{d}T}\right) \tag{9.34}$$

其中，Λ_{th} 为特征热扩散长度。

不用说，这种方法严重忽略了激光诱导温度和折射率变化的许多实际细节。在实际中，热扩散过程更可能是一个三维的随时间变化的问题，而激光是一束光束尺寸有限的高斯光束，更不用说由于吸收的原因，激光的强度是其在 LC 单元中的驻留长度的指数衰减函数等。其中一些实际考虑因素见参考文献[14]。

不过，式(9.33)或式(9.34)为我们提供了热非线性的大致数量级估计。例如，如果特征扩散长度 $\Lambda_{\mathrm{th}}=20\,\mu\mathrm{m}$，则使用典型的液晶参数 $\rho\approx 1\,\mathrm{g/c.c.}$，$C_p[\approx C_v]\approx 2\,\mathrm{J/(g\cdot K)}$，$D\approx 2\times10^{-3}\mathrm{cm}^2/\mathrm{s}$，$\alpha\approx 100\,\mathrm{cm}^{-1}$ 以及 $\mathrm{d}n/\mathrm{d}T\approx 10^{-3}\mathrm{K}^{-1}$，我们可以得到

$$\begin{aligned}\alpha_2^{\mathrm{SS}}(T)&\approx\frac{100}{4\pi^2}\cdot\frac{(20\times10^{-4})^2}{1\times2\times2\times10^{-3}}\cdot10^{-3}\\&=2.5\times10^{-6}\mathrm{cm}^2/\mathrm{W}\end{aligned} \tag{9.35}$$

9.4.2　短激光脉冲诱导的向列相和近 T_{c} 热指数变化效应

与前一章讨论的激光诱导分子重新取向的情况一样，如果激光脉冲的持续时间与热衰减时间 τ_{R}^{-1} 相比较短，则有效诱导光学非线性度较小。

从式(9.17)和式(9.18)可以直接看出，对于时间 $t\ll\tau_{\mathrm{R}}^{-1}$，我们可以将诱导指数变化 $\Delta n(t)$ 写为

$$\Delta n(t)=\alpha_2(t,T)I_{\mathrm{op}} \tag{9.36}$$

其中

$$\alpha_2(t,T)=\alpha_2^{\mathrm{SS}}(T)\left(\frac{t}{\tau_{\mathrm{R}}}\right) \tag{9.37}$$

对于估算 $\alpha_2^{\mathrm{SS}}(T)$ 时使用的同一组参数，我们得到 $\tau_{\mathrm{R}}=0.5\times10^{-4}\,\mathrm{s}$。因此，对于 $t=1\,\mu\mathrm{s}$，我们可以得出

$$\alpha_2(t,T)\approx(2\times10^{-2})\alpha_2^{\mathrm{SS}}(T)=5\times10^{-8}\mathrm{cm}^2/\mathrm{W} \tag{9.38}$$

另外，对于 $t=1\,\mathrm{ns}$，我们可以得出

$$\alpha_2(t,T)\approx 5\times10^{-11}\mathrm{cm}^2/\mathrm{W} \tag{9.39}$$

由于 NLC 的热指数 $\mathrm{d}n/\mathrm{d}T$ 在接近 T_{c} 时会显著增加，因此可以预期 $\alpha_2(t,T)$ 也会相应增

加。然而，由于有序参数 S 响应在接近 T_c 时会出现临界放缓（参见第 2 章和上一节的讨论），这一预期在实践中并没有得到证实。由于有序参数 S 响应速度减慢导致热指数变化的累积时间较长（微秒），因此无法通过将液晶温度升高至接近 T_c 来增加纳秒激光脉冲的非线性系数 $\alpha_2(t,T)$。

为了更定量地说明这一点，我们可以将激光诱导的有序参数随时间的变化写成以下形式：

$$\mathrm{d}S = \mathrm{d}S_{\mathrm{SS}}\left[1-\exp\left(-\frac{t}{\tau_{\mathrm{S}}}\right)\right] \tag{9.40}$$

其中，$\mathrm{d}S_{\mathrm{SS}}=(\mathrm{d}S/\mathrm{d}T)_{\mathrm{SS}}\mathrm{d}T$ 是与温度变化 $\mathrm{d}T$ 相关的稳态有序参数变化；τ_{S} 是有序参数响应时间。

在接近 T_c 时，τ_{S} 表现出临界减速行为，因此其形式为

$$\tau_{\mathrm{S}} \sim (T-T_c)^{-\alpha} \tag{9.41}$$

其中，α 是某个接近统一（约 1）的正指数。

因此，对于短激光脉冲（即 $\tau_{\mathrm{p}} \ll \tau_{\mathrm{S}}$），有序参数引起的热指数变化为

$$\mathrm{d}n \sim \left(\frac{\tau_{\mathrm{p}}}{\tau_{\mathrm{S}}}\right)\left(\frac{\mathrm{d}S}{\mathrm{d}T}\right)_{\mathrm{SS}} \tag{9.42}$$

由式（2.20）可得

$$\left(\frac{\mathrm{d}S}{\mathrm{d}T}\right)_{\mathrm{SS}} \sim (T-T_c)^{-0.78} \tag{9.43}$$

此外，由于 $\tau_{\mathrm{p}}/\tau_{\mathrm{S}} \sim (T-T_c)^{\alpha}$，我们可以得到因有序参数变化而引起的指数变化为

$$\mathrm{d}n \sim (T-T_c)^{\alpha-0.78} \tag{9.44}$$

由于 $(\alpha-0.78)$ 是一个正数，短（$\tau_{\mathrm{p}} \ll \tau_{\mathrm{S}}$）激光脉冲诱导的折射率变化 $\mathrm{d}n$ 实际上是减小了，而不是增大了，因为温度的增大，热梯度被有序参数响应的临界放缓所减弱。

然而，由于有序参数的响应时间在 T_c 附近可以长达微秒，我们可以预期增强的光学非线性会在相对较长的激光脉冲（微秒或更长）中表现出来。事实上，微秒级和毫秒级红外激光脉冲的实验已经显示出在 T_c 附近的增强响应[22-24]。

9.4.3 各向同性液晶的光学非线性

激光诱导的各向同性液晶温度变化可以通过两种方式改变其折射率，这与向列相非常相似。一种是热膨胀引起的密度变化，就是之前讨论过的热吸收成分，可写成 $(\partial n/\partial T)\rho^{\mathrm{T}}$。另一种是所谓的内部温度变化 $\mathrm{d}T$，它改变了分子吸收-发射过程的光谱依赖性，可以将其表示为 $(\partial n/\partial T)_{\rho}\mathrm{d}T$。纯粹的密度变化效应来自电致伸缩分量 ρ^{e}，它对折射率变化的贡献为 $(\partial n/\partial T)\rho^{\mathrm{e}}$。因此，折射率 Δn 的总变化为

$$\Delta n = \left(\frac{\partial n}{\partial T}\right)_{\rho}\mathrm{d}T + \left(\frac{\partial n}{\partial \rho}\right)\rho^{\mathrm{T}} + \left(\frac{\partial n}{\partial \rho}\right)_{T}\rho^{\mathrm{e}} \tag{9.45}$$

在大多数液体中，如果激发激光脉冲的持续时间为皮秒级，那么第一项就会非常重要[12-13]。在更长的时间尺度上，第二和第三项是主要的贡献项。

激光诱导温升 dT 引起的折射率 dn 变化由式（9.45）中的 $(\partial n/\partial \rho)\rho^{T}$ 项描述，通常用折射率梯度 dn/dT 来表示。对于大多数有机液体，包括各向同性液晶，dn/dT 的量级为 10^{-4} K。图 9.11 显示了商用液晶 TM74A（来自 EM 化学公司）的温度依赖性（在作者的实验室中测量）。该液晶是处于各向同性相的四种手性向列材料的混合物，测得的材料 dn/dT 约为 5×10^{-4} K^{-1}，比向列相小 1~2 个数量级。

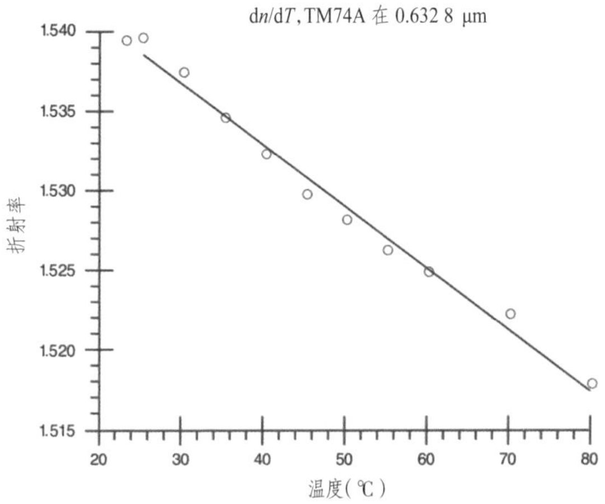

图 9.11　各向同性液晶的实验测量稳态折射率与温度的关系

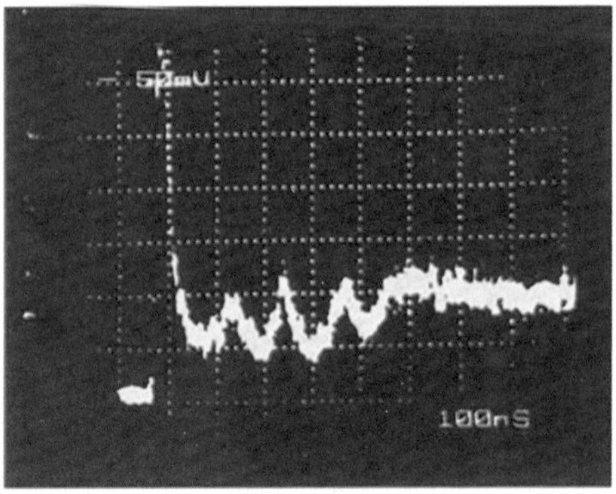

图 9.12　各向同性液晶 TM74A 在纳秒 Nd:Yag 二次谐波激光脉冲激发下的氦氖探针衍射观察结果

作者的实验室还利用可见光（0.53 μm）纳秒激光脉冲，通过动态光栅技术研究了 TM74A 在短激光脉冲激励下的热光学非线性。与在向列相中的观察结果类似，探针衍射也包含一个由密度贡献引起的快速分量 $(\partial n/\partial \rho)\rho^{e}$，如图 9.12 所示。该分量在大约 100 nm 内衰减，它的峰值约为热分量的2倍，在所使用的混波几何中，光栅常数为11μm时，热分量的衰减时间约为30μs。

9.5 向列相液晶中的耦合非线性光学效应

到目前为止，我们已经列出了导致光学非线性的各种非电子机制。实际上，这些机制中有许多是相互紧密耦合的，即当一个参数的扰动达到足够大的程度时，必然会导致其他参数的扰动。这些耦合反应可能会产生不同符号和动态依赖性的光学非线性，从而在所研究的非线性光学过程中产生复杂的行为。本节将讨论NLC中的两个例子：热取向耦合和流取向耦合。胆甾相和蓝相液晶中的耦合非线性光学效应将在第9.6节介绍。

9.5.1 热取向耦合效应

如图9.13所示，考虑线偏振超常波激光束与同向排列的NLC之间的相互作用。低强度激光“看到”的超常波折射率为

$$n_e(\beta,T)=\frac{n_\perp(T)n_{/\!/}(T)}{\sqrt{n_{/\!/}^2(T)\cos^2\beta+n_\perp^2(T)\sin^2\beta}} \tag{9.46}$$

如果激光同时诱导分子重新取向θ和温度变化ΔT，可以得出折射率变为

$$n_e(\beta+\theta,T+\Delta T)=\frac{n_\perp(T+\Delta T)n_{/\!/}(T+\Delta T)}{\sqrt{n_{/\!/}^2(T+\Delta T)\cos^2(\beta+\theta)+n_\perp^2(T+\Delta T)\sin^2(\beta+\theta)}} \tag{9.47}$$

因此，超常波折射率的变化Δn_e为

$$\Delta n_e=n_e(\beta+\theta,T+\Delta T)-n_e(\beta,T) \tag{9.48}$$

其大小和符号由β和T的初始值决定。由于$dn_e/d\theta$为正值，而NLC的dn_e/dT为负值，因此重新取向效应和热效应对净折射率变化的影响是相反的。

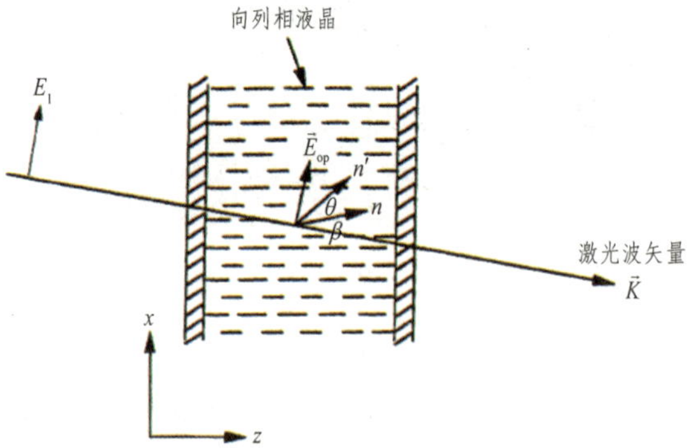

图9.13 超常波激光与同向排列的NLC在斜入射时的相互作用

在 CO 激光诱导的光栅衍射实验[23]和纳秒可见激光实验[21]中可以看到这些相互竞争的非线性效应。在纳秒激光脉冲激励下，正如我们在前面的章节中所展示的，密度对诱导折射率变化的贡献可能非常大。在这种情况下，对所有效应的定量分析就变得相当复杂[9-10]。

9.5.2 流取向耦合效应

NLC 的一个独特性质是能像传统液体一样流动。如前所述，这些横向运动与指向矢重新取向自然耦合，反之亦然。由于液晶分子具有高度各向异性（需要多个黏度系数来描述伴随各种流动过程的黏滞力），因此需要撰写一篇论文来为这些流动现象制定定量的动力学理论，而这些流动现象还与复杂的密度、温度和取向变化过程相关联。不过，我们可以设计一些“简单”的实验来深入了解这些过程，如参考文献[4]和[10]中使用皮秒激光脉冲所做的实验。

在参考文献[10]中，泵浦光束是共极化的，在平行于指向矢的平面上传播，光电场垂直于指向矢（参见图 9.13，$\beta=0$）。在这种情况下，主要的非线性机制是热效应、密度效应和流动效应。另外，在参考文献[4]中，两束泵浦光束是交叉偏振的，并以与指向矢夹角 $\beta\approx 22°$ 的角度传播（参见图 9.14）。如图 9.14 所示，偏振状态不是正弦强度分布，而是正弦分布，即偏振从圆偏振到椭圆偏振，再到线性偏振。在这种情况下，主要的非线性机制是激光诱导的重新取向光栅。

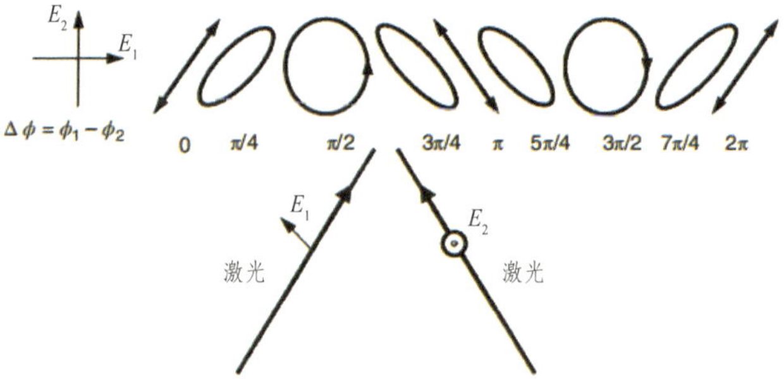

图 9.14 偏振光栅由两束相干交叉偏振激光束干涉产生

流取向耦合可以通过在描述指向矢重新取向角 θ 的方程中加入额外的扭矩来描述[4]：

$$\frac{\mu\partial^2\theta}{\partial t^2}+\gamma_1\frac{\partial\theta}{\partial t}+M_{\mathrm{op}}+M_{\mathrm{el}}+M_{\mathrm{fo}}=0 \tag{9.49}$$

其中，M_{op} 是光学力矩；M_{el} 是弹性力矩；M_{fo} 是流动-定向耦合产生的力矩；μ 是进行流动-定向过程的分子集合（而不是单个分子）的惯性矩；γ_1 是黏度系数。

这些扭矩显然取决于相互作用的几何形状。对于图 9.15 所示的几何形状，假设流动和重新取向的方向主要沿 x 方向，我们可以得到

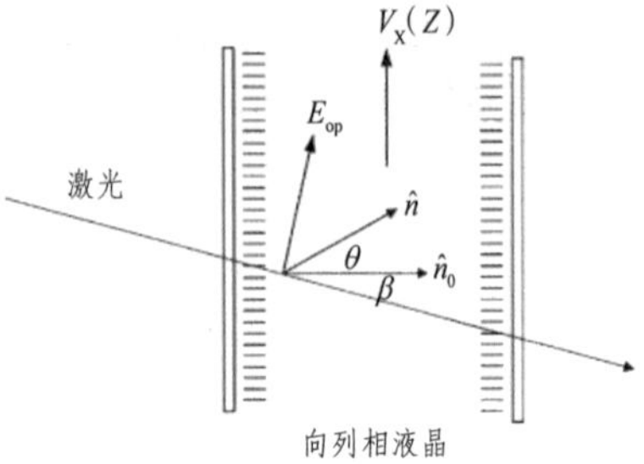

图 9.15 NLC 薄膜中脉冲激光诱导流取向耦合的相互作用几何图形

$$M_{op} = \frac{\varepsilon_\perp}{\varepsilon_{/\!/}} \frac{\Delta\varepsilon}{16\pi} |E_{op}|^2 \sin 2(\beta+\theta) \tag{9.50}$$

$$M_{el} = -K \frac{\partial^2\theta}{\partial z^2} \tag{9.51}$$

$$M_{fo} = -\frac{1}{2}(\gamma_1 - \gamma_2 \cos^2\theta)\frac{\partial V_x}{\partial z} \tag{9.52}$$

根据这些近似值(即流动沿 x 方向),产生流动的力 F_x 可从麦克斯韦应力张量中得到:

$$F = (D\cdot\nabla)E^* - \frac{1}{2}\nabla(E\cdot D^*) \tag{9.53}$$

在参考文献[4]中证明了这一点:

$$F_{x'} = \frac{1}{2}\varepsilon_0\varepsilon_\perp q E^2 \cos^2 qy \tag{9.54}$$

其中,q 是光栅波矢的大小,即 $q = |\boldsymbol{k}_1 - \boldsymbol{k}_2|$,$\boldsymbol{k}_1$ 和 $\boldsymbol{k}_2$ 是两束泵浦光束的波矢。

流动过程的时间常数可以通过第 3 章中讨论的流速场 $\boldsymbol{V}(\boldsymbol{r},t)$ 的动力学方程来估算。假设所涉及的黏度系数为 η,则速度场 $\boldsymbol{V}(\boldsymbol{r},t)$ 服从一个大大简化的方程:

$$\rho\boldsymbol{V}(\boldsymbol{r},t) = \eta\nabla^2\boldsymbol{V}(\boldsymbol{r},t) = \boldsymbol{F}_{stress} \tag{9.55}$$

为了估算流动弛豫的时间尺度,我们简单地在应力前方程中设置应力 $\boldsymbol{F}_{stress} = 0$。这是有道理的,因为皮秒激光脉冲持续时间以及与所有物理过程(如启动流动过程的热量和密度变化)相关的时间尺度都比流动响应时间短得多。

在参考文献[10]中,假定流动过程是径向的,其特征流动长度由激光束的宽度 ω_0 定义;也就是说式(9.55)中的 $\nabla^2 V_\beta$ 在 $\eta/\omega_0^2 V_\beta$ 的数量级上。由此得出流动阻尼常数 $\Gamma_{flow} \sim \eta\omega_0^{-2}/\rho_0$。使用(MKS 单位)$\rho_0 = 1\,\text{kg/l}$,$\eta \approx 7\times10^{-2}$,$\omega_0 = 0.75\,\text{mm}=750\,\mu\text{m}$,我们可以得出流动弛豫时间 $\Gamma_{flow}^{-1} \approx 8\,\text{ms}$,这与实验观察结果一致,如图 9.16 所示。流动是由较大的温度和密度变化引起的,表现在观测到的缓慢变化分量的初始上升部分。流动过程在 8 ms 左右的时间内终止,此时伴随的重新取向过程也停止。然后,分子在一个时间尺度内松弛到初始排列,这个时间尺度等于通常的重新取向松弛时间常数 $\tau_\theta = Kq^2/\eta \approx 50\,\text{ms}$($K = 10^{-11}\,\text{kg/ms}$,实验值

$q = 2\pi/17\ \mu m$ 和 $\eta = 7\times10^{-2}$，以 MKS 为单位）。

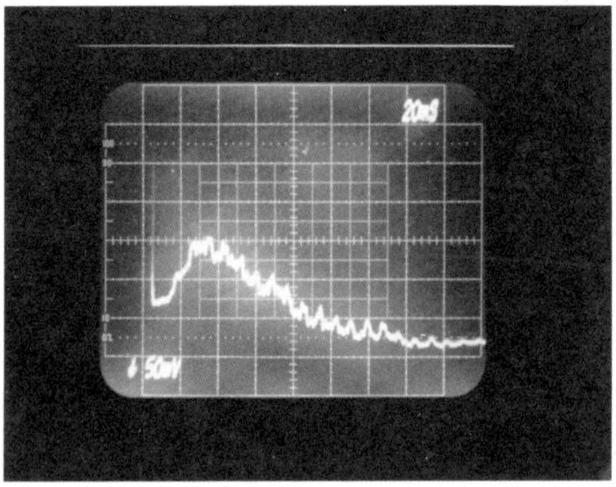

图 9.16　探针衍射的示波器轨迹（显示观察到的流取向耦合效应（时间尺度为 20 毫秒/格），最初的尖峰是密度和热成分（见图 9.7 和图 9.8），毫秒级时间尺度内缓慢变化的成分是流取向耦合效应

在参考文献[4]报道的实验中，向列流动沿 x 轴方向，并以两个波矢量为特征：沿 y 轴方向的 $q_t(\simeq 0.20\ \mu m^{-1})$ 和 z 轴方向的 $q_1(\simeq 0.25\ \mu m^{-1})$。因此，流动阻尼常数 $\Gamma_{\text{flow}} \sim \eta(q_1^2 + q_t^2)/\rho$。注意，这个阻尼常数类似于密度阻尼常数（见式（9.22）），这是因为它们都源自一个共同的源头，即分子的平移运动。流动弛豫时间常数 $\Gamma_{\text{flow}}^{-1}$ 的估算方法与之前一样，使用之前引用的 $\eta = 7\times10^{-2}$ 和 $\rho = 1$，可以得出 $\Gamma_{\text{flow}}^{-1} \approx 139\ \text{ns}$。这与观察到的典型时间常数相当，该时间常数表征了流取向过程的初始“上升”部分，如图 9.17 所示[4]。

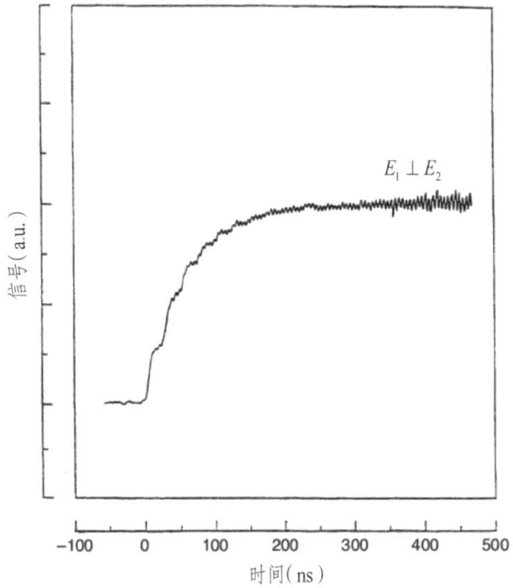

图 9.17　交叉偏振泵浦光束衍射探针光束的示波器轨迹

9.6 胆甾相、蓝相液晶的非线性光学响应

9.6.1 概况

胆甾相和蓝相液态光子晶体是一种独特的光学材料,同时具有液晶和光子晶体的特性,在电子光学和手性光子研究与开发中发挥着越来越重要的作用。由于其向列相构成,它们也是高度非线性光学材料,具有超快的单个分子电子非线性,以及由激光诱导的电子收缩、热、密度和有序参数变化、晶格畸变伴随的指向矢重新取向和流动所产生的晶体非电子非线性。这些光学非线性已被用于全光学飞秒至皮秒脉冲调制、激光作用、无像差光学相位共轭以及全光学图像处理和全息记录操作的可行性论证[25-30]。

CLC 作为一种一维手性光子晶体,其单独的分子电子光学非线性与其他非线性光学材料相比,在超快时间尺度的应用方面具有非常重要的优势,第 11 章将对此进行详细介绍。

如前所述,原始(未掺杂)非吸收 CLC 和 BPLC 即使在强激光照射下也不会表现出激光诱导的指向矢重新取向,这是因为 CLCs 的螺旋指向矢或 BPLCs 的双螺旋轴和缺陷网络中的指向矢紧密缠绕。在染料和偶氮化合物等光敏掺杂剂的帮助下,可以观察到与向列相类似的所有非电子光学非线性现象[5-8, 26-30]。典型的观测 n_2 值和响应时间如图 9.18 所示。一般来说,对于相同的机理,由于 BPLC 的双折射小于前面讨论过的向列相机理,因此 n_2 值略低;图 9.18 和图 9.19 显示了一些示例机理和测得的 n_2 值。

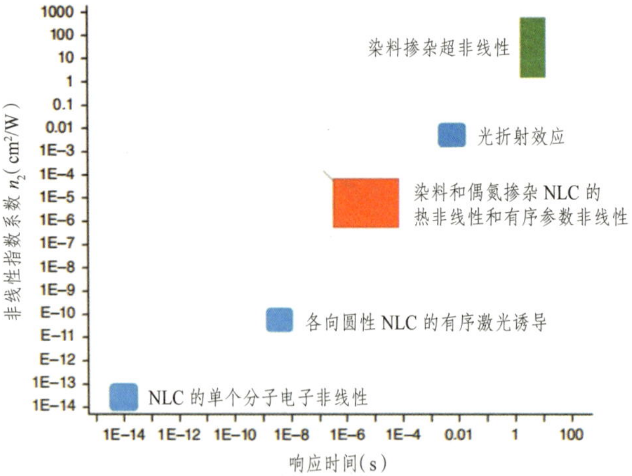

图 9.18 观察到的非线性指数系数和向列相非线性光学响应主要机制的响应时间

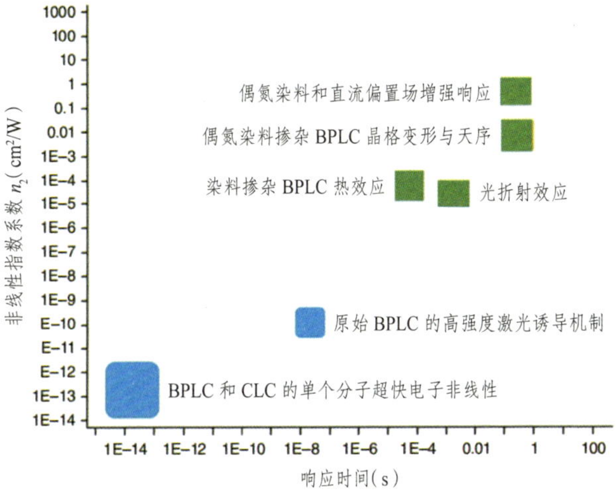

图 9.19　观察到的 CLC 和 BPLC 的一些非线性指数系数和响应时间

CLC 和 BPLC 的单个超快(亚皮秒)分子电子非线性与向列相相似,主要源于其向列成分。需要注意的是,迄今为止获得的 n_2 最高值并未超过 1,这与 NLC 不同, NLC 的最高值 $\gg 1\,000\ \mathrm{cm^2/W}$。注意,此处仅表示透明(非吸收)CLC 的超快电子非线性。此外,图中缺少染料掺杂 CLC 的 n_2 数据点,原因很简单,因为它们大多是在激光作用的背景下进行研究的,不适合用非线性指数变化来描述。

需要注意的是,这里引用的 n_2 值和响应时间仅具有代表性,实际值取决于实验特性和样品构成中的许多参数。它们在任一方向上的变化都可能达到一个或两个数量级。此外,我们必须强调一个事实,即在所有高度非线性光学材料(如液晶)中,激光诱导的指数变化 $\Delta n(I)$ 是一个比激光强度的线性依赖性复杂得多的函数;用 $n_2 I$ 表示 Δn 只是高度非线性强度函数的一阶近似值。

9.6.2　BPLC 的非电子光学非线性

在 BPLC 的三维光子晶格中,场诱导的指向矢重新取向涉及的特征长度尺度小于或相当于晶格常数,即在光波长(亚微米)数量级上。这与 NLCs 中几个光波长数量级的典型畸变长度尺度形成鲜明对比。由于实现晶体重新取向所需的光介电力矩一般与畸变长度成反比,因此只有使用高功率脉冲激光器,在双光子和/或多光子吸收后产生电致伸缩和/或热密度变化,才能实现棱镜(非吸收)BPLC 的指向矢重新取向。这种强烈的激光诱导效应还会引起晶格畸变和流动,并不可避免地伴随着指向矢的重新弯曲[5,7]。

与向列相一样,掺杂偶氮染料等光敏材料的 BPLC 也能产生更强的非线性光学响应。激光诱导折射率变化的主要原因是受激发的偶氮掺杂剂改变了有序参数,导致局部无序、晶格畸变、流动和指向矢重新取向[8, 25-30];可使 n_2 值从约 $10^{-3}cm^2/W$ [25-26]显著增强到约 $10^{-1}cm^2/W$[27]。在直流偏置场下,也观察到了类似光折射的光束耦合效应,其 n_2 值为 $10^{-3}cm^2/W$[28],小于向列相对应效应,这主要是由于 BPLC 的双折射较小。不过,由于 BPLC 在光子带隙之外的激光波长上具有光学各向同性,因此观察到的衍射效率和其他非线性光学效应在很大程度上与泵浦和探针激光的偏振态无关,这与向列相响应不同,向列相对冲击激光的偏振极为敏感。

由于 BPLC 晶格中的分子排列高度交织,与 NLC 或 FLC 中简单的指向矢重新取向不同, BPLC 在外部场作用下的指向矢重新配置演变[31-36]是一个非常复杂的过程。对 BPI 和 BPII 中缺陷结构的动态演化进行的详细计算分析和实验回顾了与这些相中析出线的性质(BPI 中为非连续线, BPII 中为连续网络)、逸散态的存在、迟滞和延长记忆效应不同的弛豫时间常数有关的有趣的动态效应,进一步证实了在外加电场作用下晶格的持续变形和晶格向新晶体对称性的转变[33-35]。当 BPLC 受到(激光)光场作用时,这些交流/直流电场诱导效应中的许多效应也会显现出来。例如,长时间照明会使 BPLC 晶格发生持续变化,并使光子晶体带隙发生移动[26,29,37]。

与向列相中场诱导的指向矢重新取向不同, BPLC 体块中的晶格畸变发生的畸变长度尺度要小得多,因此可以记录具有高衍射效率的全息布拉格光栅。如图 9.20 所示,参考文献[29]和[30]利用混波装置证明了这一点。两个入射光束($\lambda = 0.532\ \mu m$),一个作为参考光束,另一个作为信号(物体)光束,在 1 mm 厚的 BPLC 单元上以大混波角重叠,光栅常数 Γ 为 4 μm。

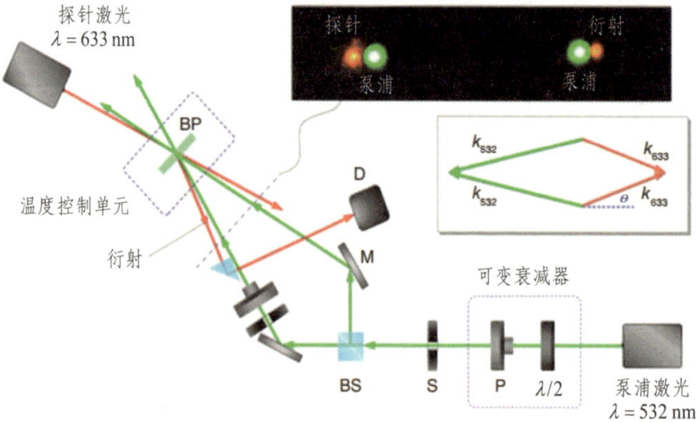

图 9.20 掺杂染料的 BPLC 中相位匹配四波混合实验装置示意图,其中 P 为偏振器, BP 为 a-BPLC 样品, S 为机械快门, BS 为分光镜, λ/2 为半波板, D 为光电探测器, M 为镜子(右上角的插入照片显示了屏幕上的泵浦光束、探针光束和衍射光束,在布拉格光栅衍射中,只产生满足相位匹配条件的一阶衍射)

对于这种 $\Lambda^2 \ll \lambda d$ 的混波几何,泵浦光束形成的衍射光栅是一个布拉格光栅,要求探针光束以插图所示的相位匹配方向入射。在参考文献[29]和[30]中，探针衍射效率高达约70%。与之形成鲜明对比的是，在类似的实验布拉格衍射条件下，它们的向列相衍射产生的信号非常小（ <0.1% ），如图 9.21 所示。其基本机理是由光活化偶氮染料分子掺杂剂引起晶格畸变，在激发时偶氮分子发生反式-顺式异构，并产生局部无序，从而导致 BPLC 的畸变长度尺度远小于向列相。因此，与线性材料相比，掺杂偶氮染料的 BPLC 是更适合书写高分辨率和无偏振全息光栅的材料。

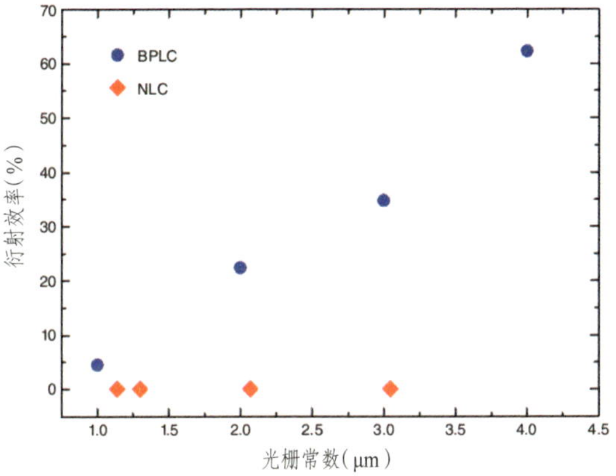

图 9.21　掺杂染料 BPLC 与 NLC 的衍射效率与光栅间距的函数关系（注：一般来说，与 NLC 不同，BPLC 的探针衍射效率与激光偏振无关）

当其中一束入射光束关闭，而另一束入射光束打开时，这种激光诱导的晶格畸变会出现一个令人惊讶的特征[29]。在聚合物和无机光致反射晶体等典型的全息光栅材料中，剩余光束的持续照射会抹去记录的光栅。然而，我们发现，与几秒钟的自由弛豫时间相比，参考光束（或任意入射角的另一束光束）的持续存在可延长光栅的寿命达数分钟之久，如图 9.22 所示。这种意想不到的反应归因于光激发偶氮掺杂剂分子的反式-顺式同分异构后的晶格畸变和流动的动力学[30]。

详情见参考文献[29]和[30]；在此，我们总结了相关的观察结果。在这两个阶段中，我们都观察到，在入射光束的短时间照射后，即使突然关闭其中一束入射光束，衍射仍会继续积累。信号达到最大值后，会在更长的时间内衰减。如图 9.22（a）和（b）所示，在 BPII 阶段，衍射的逐渐衰减总共持续了 50 多秒钟；如图 9.22（c）和（d）所示，在 BPI 阶段，衍射的衰减速度更慢，持续时间长达 2~3 min，且没有太大的衰减。在这两个阶段中，当两束入射光束都关闭时，衍射都会在几秒钟内衰减。

光栅的持久性以及其中一束入射光束的持续存在（而另一束关闭）对光栅的“维持”，归功于最初由两束泵浦光束形成的光栅最大强度中过剩顺式异构体的持续激发和供应。光栅最大值中过剩的顺式异构体对光栅最小值的再供应延长了晶格畸变效应。如果泵浦功率和持续时间结合得当,在顺式异构体生成(从而导致晶格畸变)和顺式异构体松弛(从而导致畸变松弛)之间取得平衡,那么这种效应就能在最初暴露于入射光束之后维持相当长的时间。记录信号(物体)光束后的这种长时间记忆将有助于在光学相位共轭应用中对衍射进行长时间观察/处理[30],如图 9.23 所示。

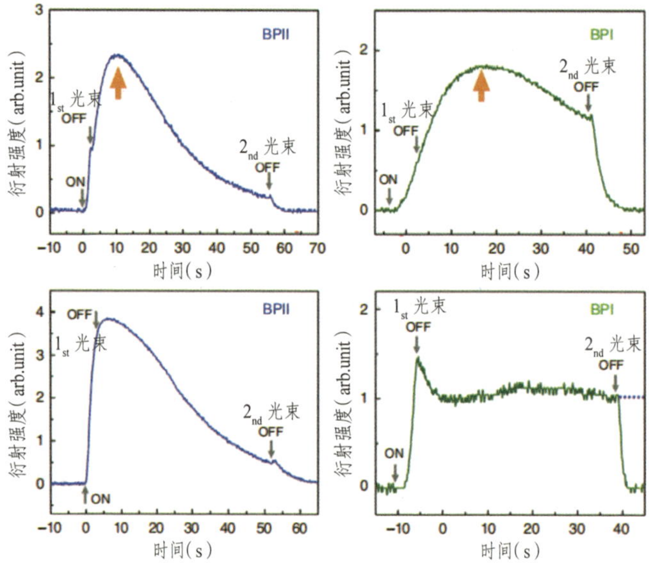

图 9.22 当参考光束和目标光束在不同时间关闭时,探头衍射的动态依赖性(光栅间距为 4 μm,温度为 28.8 ℃,相位为 BPII,泵浦光束功率为 5 mW)

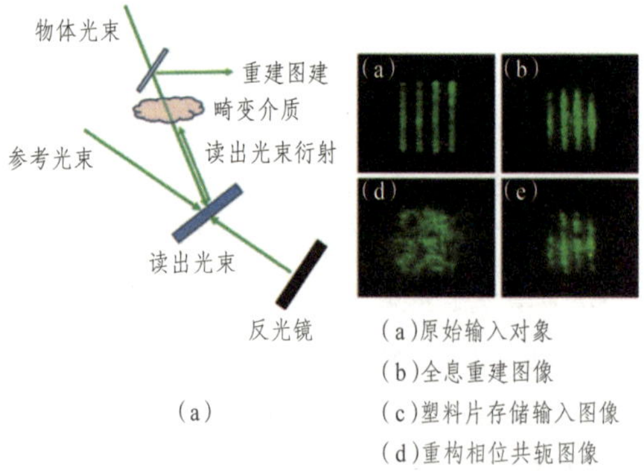

图 9.23 (a)使用掺杂染料的蓝相液晶进行光学相位共轭的实验装置示意图;(b)输入物体的照片;(c)无像差的重建图像;(d)输入物体上的塑料薄膜产生了严重的像差;(e)重建的相位共轭图像显示像差已基本消除

参考文献

[1] C. Khoo, S. Webster, S. Kubo, et al. "Synthesis and characterization of the multiphoton absorption and excited-state properties of 4-propyl 4-butyl diphenyl acetylene," *J. Mater. Chem.* 19, 7525–7531 (2009).

[2] J. D. Jackson, "*Classical Electrodynamics*," 119. Wiley, New York, 1963.

[3] H. J. Eichler, P. Gunter, D. N. Pohl, "*Laser Induced Dynamic Grating.*" Springer-Verlag, Berlin, 1986.

[4] H. I. Eichler, R. Macdonald, Flow alignment and inertial effects in picosecond laserinduced reorientation phenomena of nematic liquid crystals. *Phys. Rev. Lett.* 67, 2666 (1991).

[5] I. C. Khoo, S. Zhao, T. -J. Ho, etal. "Maxwell stress induced flowdeformation and optical nonlinearities in liquid crystals," *Prog. Electromagn. Res.* 154, 51–63(2015).

[6] I. C. Khoo, S. Zhao, "Multiple time scales optical nonlinearities of liquid crystals for optical-terahertz-microwave applications," *Prog. Electromagn. Res.*, 147, 37–56(2014).

[7] I. C. Khoo, K. L. Hong, S. Zhao, et al. "Blue-phase liquid crystal cored optical fiber array with photonic bandgaps and nonlinear transmission properties," *Opt. Express*, 21 (4), 4319–4327(2013).

[8] I. C. Khoo, C.W. Chen, K. L. Hong, et al. Nonlinear optics of nematic and blue phase liquid crystals. *Mol Cryst. Liq. Cryst.* 594(1),31–41(2014).

[9] I. C. Khoo, J. Y. Hou, G. L. Din, et al. Laser induced thermal, orientational and density nonlinear optical effects in nematic liquid crystals. *Phys. Rev. A* 42, 1001 (1990).

[10] I. C. Khoo, R. G. Lindquist, R. R. Michael, et al. "Dynamics of picosecond laser-induced density, temperature, and flow-reorientation effects in the mesophases of liquid crystals," *J. Appl. Phys.* 69, 3853 (1991).

[11] I. P. Batra, R. H. Enns, D. Pohl, Stimulated thermal scattering of light. *Phys. Status. Solidi* 48, 11(1971).

[12] M. E. Mack, "Stimulated thermal light scattering in the picosecond regime," *Phys. Rev. Lett.* 22, 13 (1969).

[13] R. M. Herman, M. A. Gray, Theoretical prediction of the stimulated thermal Rayleigh scattering in liquids. *Phys. Rev. Lett.* 19, 824 (1967).

[14] I. C. Khoo, J. H. Park, J. D. Liou, "Theory and experimental studies of all-optical trans-

mission switching in a twist-alignment dye-doped nematic liquid crystal," *J. Opt. Soc. Am. B* 25(11), 1931–1937(2008).

[15] I. C. Khoo, R. Normandin, The mechanism and dynamics of transient thermal grating diffraction in nematic liquid crystal film. *IEEE J. Quantum Electron.* QE21, 329(1985).

[16] I. C. Khoo, S. T. Wu, "*Optics and Nonlinear Optics of Liquid Crystals*." World Scientific, Singapore, 1993.

[17] C. W. Garland, M. E. Huster, Nematic-smectic-C heat capacity near the nematic-Asmectic-C point. *Phys. Rev. A* 35, 2365(1987).

[18] M. E. Mullen, B. Uthi, M. J. Stephen, Sound velocity in nematic liquid crystal. *Phys. Rev. Lett.* 28, 799(1972).

[19] I. C. Khoo, R. Normandin, Nanosecond laser-induced transient and permanent gratings and ultrasonic waves in smectic film. *J. Appl. Phys.* 55, 1416(1984).

[20] A. E. Lord, Jr., Anisotropic ultrasonic properties of smectic liquid crystal. *Phys. Rev. Lett.* 29, 1366(1972).

[21] H. Hsiung, L. P. Shi, Y. R. Shen, Transient laser-induced molecular reorientation and laser heating in a nematic liquid crystal. *Phys. Rev. A* 30, 1453(1984).

[22] R. G. Lindquist, P. G. LoPresti, I. C. Khoo, Infrared and visible laser induced thermal and density optical nonlinearities in nematic and isotropic liquid crystals. *Proc. SPIE.* 1692, 148(1992).

[23] I. C. Khoo, "The infrared nonlinearities of liquid crystals and novel two-wave mixing processes," *J. Mod. Opt.* 37, 1801(1990).

[24] I. C. Khoo, P. Y. Yan, G. M. Finn, et al. Low power(10.6 μm) laser beam amplification via thermal grating mediated degenerate four wave mixings in a nematic liquid crystal film. *J. Opt. Soc. Am. B* 5, 202(1988).

[25] I. C. Khoo, T. H. Lin. Nonlinear optical grating diffraction in dye-doped blue-phase liquid crystals. *Opt. Lett.* 37(15), 3225–3227(2012).

[26] C. W. Chen, T. H. Lin, I. C. Khoo. Dynamical studies of the mechanisms for optical nonlinearities of methyl-red dye doped blue phase liquid crystals. *Opt. Express.* 23, 21650–21656(2015).

[27] I. C. Khoo. DC-field assisted grating formation and nonlinear diffraction in Methyl-red dyedoped blue-phase liquid crystals. *Opt. Lett.* 40(1), 60–63(2015).

[28] I. C. Khoo, C. W. Chen, T. J. Ho. Observation of photorefractive effects in blue-phase liquid crystal containing fullerene-C60. *Opt. Lett.* 41(1), 123–126(2016).

[29] I. Khoo, C. W. Chen, T. J. Ho. High efficiency holographic Bragg grating with optically prolonged memory. *Sci. Rep.* 6, 36148 (2016).

[30] T.-J. Ho, C.-W. Chen, I. C. Khoo, "Polarization-free and high-resolution holographic grating recording and optical phase conjugation with azo-dye doped blue-phase liquid crystals," *Liq. Cryst.* 45, 1944–1952 (2018).

[31] J. Fukuda, M. Yoneya, H. Yokoyama, Simulation of cholesteric blue phases using a Landau–de Gennes theory: Effect of an applied electric field. *Phys. Rev. E* 80, 031706 (2009).

[32] H.-S. Kitzerow, The effect of electric fields on blue phases. *Mol. Cryst. Liq. Cryst.* 202, 51–83 (1991).

[33] A. Tiribocchi, G. Gonnella, D. Marenduzzo, et al. Switching dynamics in cholesteric blue phases. *Soft Matter.* 7(7),3295–3306(2011).

[34] G. P. Alexander, J. M. Yeomans, Numerical results for the blue phases. *Liq. Cryst.* 36, 1215–1227(2009).

[35] D.-Y. Guo, C.-W. Chen, T. J. Bunning, et al. "Reconfiguration of three-dimensional liquidcrystalline photonic crystals by electrostriction," *Nat. Mater.* 19, 94–101 (2020).

[36] G. Heppke, B. Jerome, H.-S. Kitzerow, et al. Electrostriction of the cholesteric blue phases BPI and BPII in mixtures with positive dielectric anisotropy. *J. Phys.* 50, 2991–2998 (1989).

[37] H. Y. Liu, C. T. Wang, C. Y. Hsu, et al., "Optically tuneable blue phase photonic band gaps," *Appl. Phys. Lett.* 96(12),121103(2010).

第 10 章 电子光学非线性

10.1 分子的量子力学处理简介

在本章中，我们研究那些液晶分子的电子波函数受到光场显著扰动的非线性光学过程，电子不再只停留在基态，而是可以跃迁到激发态。与前几章讨论的机制不同，这些电子过程非常快；分子的活性电子对光场的响应几乎是瞬间的，并且可以经历从初始能级到某种最终激发态的跃迁。我们需要采用量子力学来描述与光场对电子波函数的这种扰动相关的所有线性或非线性光学过程，以便正确描述和理解基本的光学性质，如折射率、色散和吸收，以及超快非线性光学效应。

分子的量子处理从哈密顿量 H 开始，它由电子势 $V(r)$ 及其动能 $p^2/2m=-(\hbar^2/2m)\nabla^2$ 组成，其中 $p=i\hbar\nabla$ 是动量算符，m 是电子质量。电子的所有物理性质都包含在由薛定谔波动方程描述的电子波函数 $\phi(r;t)$ 中，即

$$\boldsymbol{H}\phi(r;t)=i\hbar\frac{\partial}{\partial t}\phi(r;t) \tag{10.1}$$

在平稳情况下（$H=H_0$ 独立于时间），有 $\phi(r;t)=\phi(r)\phi(t)$，则有

$$\boldsymbol{H}_0\phi(r)=E\phi(r) \tag{10.2}$$

和 $\phi(t)=\exp(-\mathrm{i}Et/\hbar)$。

对于氢、简谐振子、量子阱等简单原子，势函数 $V(r)$ 很简单，由式（10.2）可以解析求解得到具有相应特征值 $\{E_n\}$ 的标准化特征函数 $\{\phi_n\}$ 的完备集（通常数目为无穷），即 $\langle\phi_m|\phi_n\rangle=\delta_{mn}$。这里我们采用了狄拉克表示法，其中 ϕ_n 通常在坐标空间中可以简单地写成 $|\phi_n\rangle$，而 $\langle\phi_m|\phi_n\rangle$ 表示对 $\phi_m^*\phi_n$ 整个空间的积分。

对于大的原子或分子，如组成液晶的原子或分子，确定势函数 $V(r)$ 是一项艰巨的任务，而对于特定分子的式（10.2）的解通常需要复杂的量子化学计算技术；分子 L34，4-丙基 4-丁基二苯乙炔的量子计算的一个例子可以在参考文献[1]中看到。从这些溶液中，可以得到连接两个态的偶极矩或振子强度等各种分子参数，如参考文献[1]所示的一些简单液晶分子

（参见参考文献[1]中的表 1 和表 2）。

在接下来关于激光诱导光学效应的讨论中，我们将采用一种大大简化的方法，将液晶分子表示为一般的多能级（N 能级）体系（图 10.1），并且只考虑光场与 LC 分子之间的偶极子相互作用。使用这个模型，我们可以说明所有基本的线性和非线性光学过程以及与液晶材料有关的特殊特征。

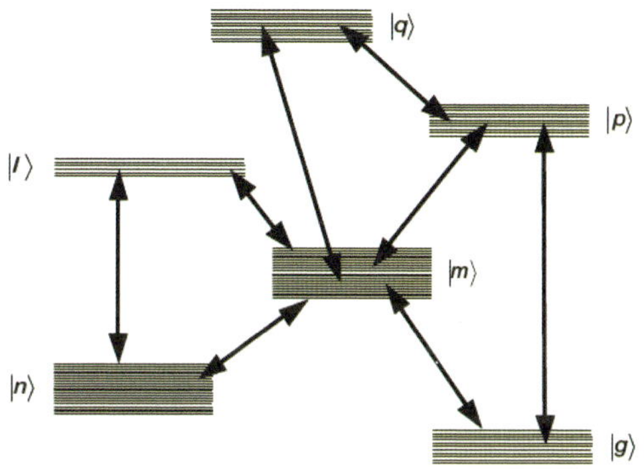

图 10.1　多能级分子的能级结构示意图

我们在这里注意到，在一个完全的量子力学处理中，电磁（光）场也应该被量子力学地表示，这在处理自由空间（电磁真空）中原子/分子的自发发射时是需要的[2]。然而，对于处理涉及激光与液晶相互作用的光学过程，采用所谓的半经典方法就足够了。在这种方法中，电磁场被视为经典场，而光学材料（由束缚在势函数 $V(r)$ 上的电子表示）则由量子力学描述。

考虑如图 10.2 所示的激光入射到分子上，光电场与 LC 分子的相互作用通过在式（10.1）中加入一个相互作用的哈密顿量 $\boldsymbol{H}_{\text{int}}(t)$ 来描述，即有

$$\boldsymbol{H}_{\text{o}} + \boldsymbol{H}_{\text{int}}\phi(t) = i\hbar\frac{\partial}{\partial t}\phi(t) \tag{10.3}$$

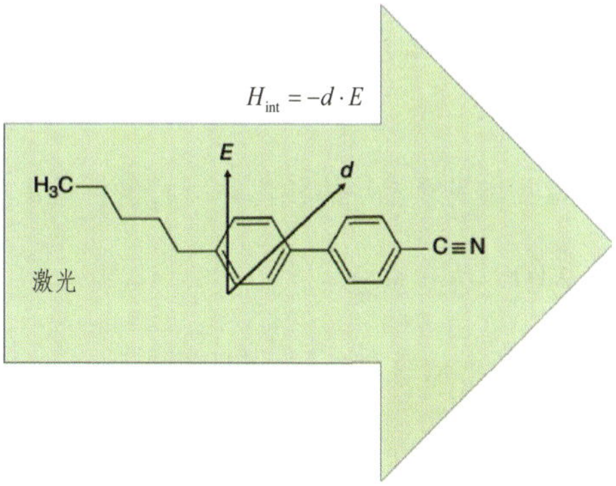

图 10.2　电场 E 与分子偶极矩 d 的相互作用以及分子结构

当受到外部场(如光的电场)的作用时,电子波函数的动态演化如图 10.3(a)所示,其中归一化特征函数集由跨越 N 维向量空间 $\phi_1,\phi_2,\phi_3,\cdots,\phi_m$ 的单位向量表示。电子波函数 $\boldsymbol{H}_{\text{int}}$ 从 $\phi(t_0)$ 演化到 $\phi(t)$ 的作用类似于力 $\boldsymbol{F}$ 作用于 $\boldsymbol{r}(t_0)$ 处的粒子在图 10.3(b)中由三个正交单位向量 $\boldsymbol{i}$、$\boldsymbol{j}$ 和 $\boldsymbol{k}$ 所跨越的坐标空间中移动到 $\boldsymbol{r}(t)$ 的作用。

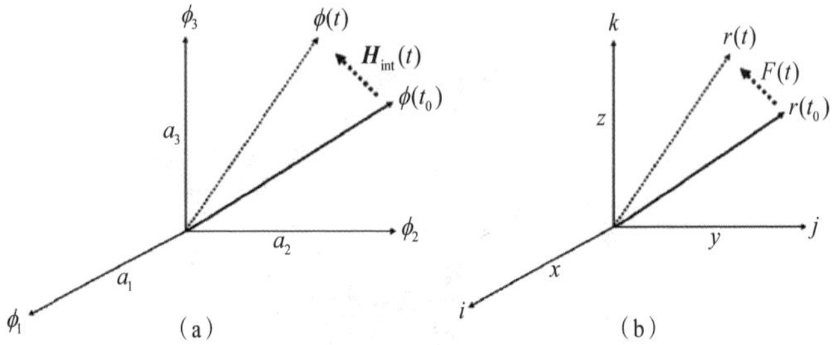

图 10.3 (a)电子波函数在 N 维向量空间中作为正交单位向量在特征函数所跨越空间中的时间演化示意图(注意:这里只画了 3 个单位向量);(b)受力 F 作用的位置向量 r 在三维坐标空间中的类似时间演化

几乎所有的光学过程都源于光的电场 $\boldsymbol{E}$ 与分子的偶极矩 $\boldsymbol{d}=e\boldsymbol{r}$ 之间的偶极相互作用:$\boldsymbol{H}_{\text{int}}=-e\boldsymbol{r}$。在与任何外部场相互作用之前,电子波函数 $\phi(t_0)$ 通过定义其投影(振幅)$a_1(t_0),a_2(t_0),a_3(t_0),\cdots,a_m(t_0)$,即 $a_n(t_0)=\langle\phi(t_0)\,|\,\phi_n\rangle$(表示所有空间 $\phi^*(t_0)\phi_n$ 的积分)。注意,a_i 的平方模量 a_i*a_i 对应于第 i 个能量状态的占据概率。

对 $t>t_0$,开启相互作用,电子波函数开始按照式(10.3)进行演化。由于 $\{\phi_n\}$ 是一个完备集,因此 $\phi(t)$ 的解可以用 $\{\phi_n\}$ 所跨越的"空间"来表示,即

$$\phi(t)=a_1(t)\phi_1+a_2(t)\phi_2+\cdots+a_m(t)\phi_m\cdots \tag{10.4a}$$

其中,ϕ_1 为最低能态(通常称为基态),而 $\phi_2,\phi_3,\cdots,\phi_m$ 为高阶激发态。将式(10.4)代入式(10.3),并用 ϕ_m^* 对所有空间上的方程进行积分,得到形式为 $a_m(t)$(m=1, 2, 3,⋯)的动力学方程,即

$$i\hbar\frac{\partial}{\partial t}a_m(t)=E_m a_m(t)+\sum_n\langle H_{\text{int}}\rangle_{mn}a_n(t) \tag{10.4b}$$

其中,$\langle H_{\text{int}}\rangle_{mn}=\langle\phi_n\,|\,H_{\text{int}}\,|\,\phi_n\rangle$。

在分子与光场之间的相互作用开启后的任何时间 t,偶极矩 $\boldsymbol{d}=e\boldsymbol{r}$ 等动态变量为

$$\langle\boldsymbol{d}(t)\rangle=\sum_{i=1}^{N}\sum_{j=1}^{N}d_{ij}\rho_{ij}(t) \tag{10.5}$$

其中,$\boldsymbol{d}_{ij}=e\boldsymbol{r}_{ij}\phi_i\,|\,e\boldsymbol{r}\,|\,\phi_j\rangle$ 是连接两个能级 i 和 j 的偶极矩以及 a_i 和 a_j 的乘积 ρ_{ij} 的期望值。

10.2　光诱导分子电子极化率的密度矩阵形式

在密度矩阵形式[2]中，密度矩阵 $\rho_{ij}(t)$ 的 ij 分量的量子力学运动方程可以从海森堡矩阵力学形式中的 Schrödinger 方程中得到，即

$$i\hbar\frac{\partial}{\partial t}\rho_{ij}=[H,\rho]_{ij}=(H\rho-\rho H)_{ij} \tag{10.6}$$

其中，i=1，2，3，…和 j=1，2，3，…。

正如我们目前看到的，激光诱导的极化和跃迁速率等光学过程最方便用密度矩阵形式来处理，特别是如果必须考虑弛豫过程（在薛定谔图中未处理）[2]。因此，在本章的其余部分中，所有的讨论都是用密度矩阵元素的“语言”进行的，以及它们如何由于场-物质相互作用而随时间演化。

一般来说，由于哈密顿量 H_0 的复杂性和涉及的大量能级，人们不得不求助于微扰理论来解关于 a 的式（10.4）或关于 ρ_{ij} 的式（10.6）。如果偶极相互作用的量级比 H_0 小，这种方法是有效的。因此，我们给 $-\boldsymbol{d}\cdot\boldsymbol{E}$ 附加一个微扰参数 $\lambda(\lambda=1)$，把式（10.3）中的总哈密顿量重写为

$$\boldsymbol{H}=\boldsymbol{H}_0-\lambda\boldsymbol{d}\cdot\boldsymbol{E} \tag{10.7}$$

然后将 $\rho_{ij}(t)$ 以 λ 的幂展开如下：

$$\rho_{ij}(t)=\rho_{ij}^{(0)}+\lambda\rho_{ij}^{(1)}+\lambda^2\rho_{ij}^{(2)}+\lambda^3\rho_{ij}^{(3)} \tag{10.8}$$

读者可以很容易地验证，将式（10.8）中的 ρ_{ij} 和式（10.7）中的 H 代入运动方程，并使包含 λ 等次幂的项相等，则有

$$\lambda^0:\ i\hbar\frac{\partial}{\partial t}\rho_{ij}^{(0)}=[H_0,\rho^{(0)}]_{ij} \tag{10.9a}$$

$$\lambda^1:\ i\hbar\frac{\partial}{\partial t}\rho_{ij}^{(1)}=[H_0,\rho^{(1)}]_{ij}-[\boldsymbol{d}\cdot\boldsymbol{E},\rho^{(0)}]_{ij} \tag{10.9b}$$

$$\lambda^2:\ i\hbar\frac{\partial}{\partial t}\rho_{ij}^{(2)}=[H_0,\rho^{(2)}]_{ij}-[\boldsymbol{d}\cdot\boldsymbol{E},\rho^{(1)}]_{ij} \tag{10.9c}$$

$$\lambda^3:\ i\hbar\frac{\partial}{\partial t}\rho_{ij}^{(3)}=[H_0,\rho^{(3)}]_{ij}-[\boldsymbol{d}\cdot\boldsymbol{E},\rho^{(2)}]_{ij} \tag{10.9d}$$

式（10.9）右边的第一项可以明确地用能量差 E_i-E_j 来表示，即

$$\begin{aligned}\left[H_0,\rho^{(n)}\right]_{ij}&=\langle i|H_0\rho^{(n)}-\rho^{(n)}H_0|j\rangle\\&=E_i\langle i|\rho^{(n)}|j\rangle-\langle i|\rho^{(n)}|j\rangle E_j\\&=(E_i-E_j)\rho_{ij}^{(n)}\end{aligned} \tag{10.10}$$

其中,我们利用了 $|i\rangle$ 和 $|j\rangle$ 是哈密顿量 H_0 的特征函数的事实,所以有 $H_0|i\rangle=E_i|i\rangle$ 和 $H_0|j\rangle=E_i|j\rangle$。

式(10.9)变成

$$\dot{\rho}_{ij}^{(n)}=-i\omega_{ij}\rho_{ij}^{(n)}-\frac{1}{i\hbar}[\boldsymbol{d}\cdot\boldsymbol{E},\rho^{(n-1)}],\quad n=1,2,3,\cdots \tag{10.11}$$

式(10.9a)可写成

$$\dot{\rho}_{ij}^{(0)}=-i\omega_{ij}\rho_{ij}^{(0)} \tag{10.12}$$

其中,$\omega_{ij}=(E_i-E_j)/\hbar$。

10.2.1 一阶和高阶场致极化

显然,$\rho_{ij}^{(n)}$ 解的驱动部分与光场 $\boldsymbol{E}$ 的 n 次幂成正比。从式(10.5)可以看出,由 $\rho_{ij}^{(n)}$ 解的驱动部分得到的诱导偶极矩是 E 中的幂级数形式,即

$$\boldsymbol{d}(t)\sim\boldsymbol{\alpha}:\boldsymbol{E}+\boldsymbol{\beta}:\boldsymbol{EE}+\boldsymbol{\gamma}:\boldsymbol{EEE} \tag{10.13}$$

其中,双点“:”表示极化张量 $\boldsymbol{\alpha}$、$\boldsymbol{\beta}$和 $\boldsymbol{\gamma}$与矢量场 $\boldsymbol{E}$ 之间的张量运算。

由于 $\boldsymbol{E}$ 是由三个笛卡儿分量(E_i, E_j, E_k)描述的向量,$\boldsymbol{\alpha}$、$\boldsymbol{\beta}$和 $\boldsymbol{\gamma}$分别是第二、第三和第四阶张量;$\alpha=\{\alpha_{ij}\}$、$\beta=\{\beta_{ijk}\}$ 和 $\gamma=\{\gamma_{ijkh}\}$ 分别是线性、二阶和三阶分子极化能力。感应电极化 $\boldsymbol{P}$ 定义为每单位体积的偶极矩,因此具有这样的形式,即

$$\boldsymbol{P}\sim\chi^{(1)}:\boldsymbol{E}+\chi^{(2)}:\boldsymbol{EE}+\chi^{(3)}:\boldsymbol{EEE} \tag{10.14}$$

式(10.14)右侧的第一项、第二项和第三项分别为线性、二阶和三阶非线性极化,其中 $\chi^{(1)}$、$\chi^{(2)}$和 $\chi^{(3)}$ 分别为磁化率张量。宏观磁化率张量 $\chi^{(n)}$ 与微观极化率 α、β和 γ之间的联系是分子数密度由局部场校正因子加权。我们将在下面的章节中对此进行更详细的讨论。

10.2.2 线性和非线性吸收

前面描述的密度矩阵形式也表明,从特定的分子状态出发,状态 $\rho_{ij}^{(n)}$ 的群密度的解一般为以下形式:

$$\langle\rho_{ij}^{(2n)}(t)\rangle\neq 0,\quad n=1,2,3,\cdots \tag{10.15}$$

而所有奇幂对角元素的期望值都在消失。由于密度矩阵元素的 n 阶驱动部分与 E 的 n 阶幂成正比,因此我们有

$$\langle\rho_{jj}^{(2)}\rangle\sim E^2\sim I \tag{10.16a}$$

$$\langle\rho_{jj}^{(4)}\rangle\sim E^4\sim I^2 \tag{10.16b}$$

$$\langle\rho_{jj}^{(6)}\rangle\sim\vdots E^6\sim I^3 \tag{10.16c}$$

式(10.16a)表明,分子被激发到第 j 态的概率,如从初始态 $|i\rangle$ 开始,与光场强度 I 呈线

性关系。这就是我们熟悉的线性吸收过程，其中状态 $|i\rangle$ 和 $|j\rangle$ 通过单光子吸收连接在一起，如图 10.4（a）所示。从下面几节给出的详细计算可以推断出，$\rho_{jj}^{(2)}$ 包含一个共振分母 $(\omega-\omega_{ij})$，即分子吸收光谱中遇到的所谓单光子共振。

式（10.16b）中给出的下阶不消失对角线项 $\rho_{jj}^{(4)}$ 与光强的平方 I^2 成正比，并包含 $(\omega_{ij}-2\omega)$ 或 $(\omega_{in}-\omega)(\omega_{nj}-\omega)$ 形式的共振分母。这就是所谓的双光子跃迁（或吸收）过程，通过同时吸收两个光子（参见图 10.4（b）），使得它们的总能量 $2\omega=\omega_{ij}$，从而将初始态 $|i\rangle$ 连接到最终态 $|j\rangle$。注意，根据偶极子选择规则，如果 $|i\rangle$ 和 $|j\rangle$ 状态通过单光子跃迁连接，则双光子过程消失，反之亦然。

如果不允许双光子跃迁，那么从第 i 态到第 j 态的跃迁可以通过两个单光子跃迁来介导——一个是单光子从第 i 态到中间的第 n 态的跃迁，然后是从第 n 态到第 j 态的跃迁。这对应于形式为 $(\omega_{in}-\omega)(\omega_{nj}-\omega)$ 的共振分母的出现。这种跃迁有时被称为多光子吸收。

以同样的方式，式（10.16c）中给出的 $\rho_{jj}^{(6)}$ 项与光强的三次方 I^3 成正比，被称为三光子跃迁（或吸收）过程。初始态 $|i\rangle$ 通过同时吸收三个光子连接到最终态 $|j\rangle$，其特征是三光子共振分母的形式为 $(\omega_{ij}-3\omega)$（参见图 10.4（c））或 $(\omega_{in}-\omega)(\omega_{nm}-\omega)(\omega_{mj}-\omega)$。根据偶极选择规则，如果 $|i\rangle$ 和 $|j\rangle$ 由一个不消失的偶极矩连接，那么三阶、五阶和高阶奇幂吸收过程是允许的，而所有的偶幂项都会消失，反之亦然。

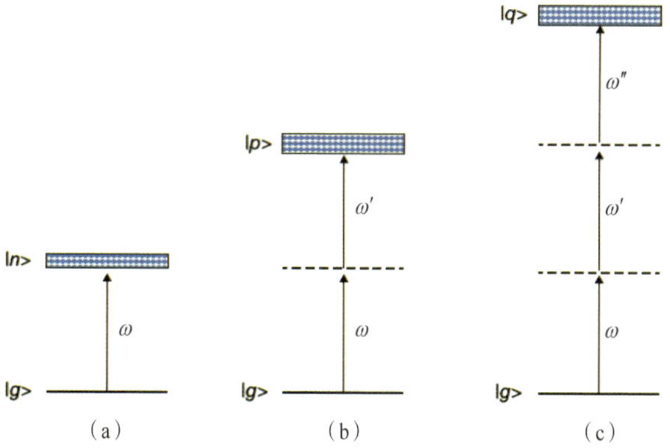

图 10.4　（a）单光子跃迁；（b）涉及两个光子同时吸收的双光子吸收跃迁；（c）涉及三个光子同时吸收的三光子吸收跃迁

图 10.5 描述了典型液晶分子中可能发生的一些线性和双光子吸收过程，以及各种分子间和分子内的非辐射过程。参考文献[3]和[4]研究了液晶（5CB）中的双光子和三光子吸收过程。参考文献[3]用亚皮秒激光脉冲研究了 5CB 各向同性相的双光子吸收，确定了双光子跃迁所达到的第一激发单重态主要通过辐射机制松弛。另外，参考文献[4]用皮秒激光在同

一液晶(各向同性和向列相)中进行的研究探测了三光子吸收过程。在这种情况下,发现这种三光子跃迁所达到的激发态通过非辐射机制有相当大的弛豫,从而产生了很大的热效应。这些观察结果可以解释在非吸收(无单光子跃迁)5CB 材料中产生热光栅的原因。

液晶中的多光子吸收过程已经在脉冲激光的非线性传输和光学限制的背景下得到了积极研究。(见第 12 章)。

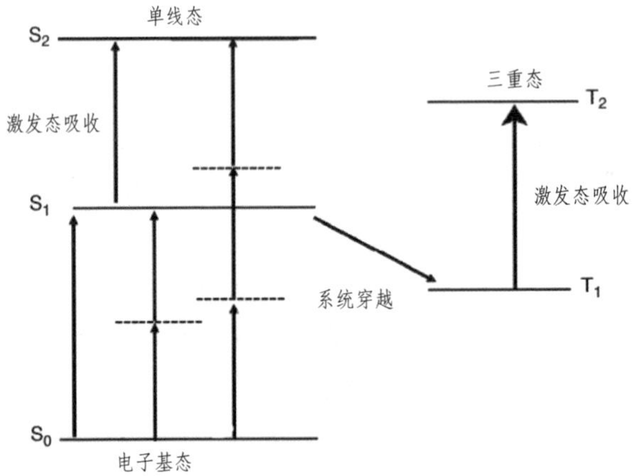

图 10.5　一个典型的液晶分子的分子能级显示了基态单线态、激发态单线态和三重态以及各种单光子和多光子跃迁以及分子间和分子内的弛豫过程

10.3　线性和非线性电子磁化率

10.3.1　分子的线性光学偏振性

通过求解 $\rho_{ij}(t)$ 得到线性和非线性极化率 α_{ij}、β_{ijk} 和 γ_{ijkh} 的显式表达式。为了简化计算,我们考虑被光场 $\boldsymbol{E}(t)$ 照射的单个分子,其形式为

$$E(t)=\sum_{\omega}\boldsymbol{E}(\omega)\mathrm{e}^{-\mathrm{i}\omega t} \tag{10.17}$$

例如,如果 $E(t)$ 中有三个频率分量 ω_1, ω_2, ω_3,则式(10.17)可写成

$$E(t)=[E(\omega_1)\mathrm{e}^{-\mathrm{i}\omega_1 t}+E(\omega_2)\mathrm{e}^{-\mathrm{i}\omega_2 t}+E(\omega_3)\mathrm{e}^{-\mathrm{i}\omega_3 t}]+\text{c.c.} \tag{10.18}$$

$\rho_{nm}^{(0)}(t)$ 的零阶解为 $\rho_{nm}^{(0)}\mathrm{e}^{-\mathrm{i}\omega_{nm}t}$。由式(10.11)得 $\rho_{ij}^{(1)}(t)$ 的解为

$$\rho_{nm}^{(1)}(t)=\frac{i}{\hbar}\int_{-\infty}^{t}\mathrm{e}^{-\mathrm{i}\omega_{nm}(t-t)}\left[\boldsymbol{d}\cdot\boldsymbol{E}(t'),\rho^{(0)}\right]_{nm}\mathrm{d}t' \tag{10.19}$$

由式(10.19)中的换向子可求出:

$$[\boldsymbol{d}\cdot\boldsymbol{E}(t'),\rho^{(0)}(t')]_{nm}=\sum(d_{nl}\rho_{lm}^{(0)}(t')-\rho_{nl}^{(0)}(t')d_{lm})\cdot\boldsymbol{E}(t') \tag{10.20}$$

我们做一个简化的假设，即分子状态之间最初没有相干性，或者没有永久偶极矩，也就是所有的非对角线元素 $\rho_{ij}^{(0)}=0$（当 $i\neq j$）。另外，对角线元素 $\rho_{ii}^{(0)}$ 给出第 i 态的居群，它是不消失的（如电子通常驻留的基态）。在这种情况下，式（10.20）中的换向子给出：

$$[\boldsymbol{d}\cdot\boldsymbol{E}(t'),\rho^{(0)}]_{nm}=(\rho_{mm}^{(0)}-\rho_{nn}^{(0)})\boldsymbol{d}_{nm}\cdot\boldsymbol{E}(t') \tag{10.21}$$

将式（10.21）代入式（10.19），得到

$$\rho_{nm}^{(1)}(t)=\mathrm{e}^{-\mathrm{i}\omega_{nm}t}\frac{i}{\hbar}(\rho_{mm}^{(0)}-\rho_{nn}^{(0)})\boldsymbol{d}_{nm}\cdot\int_{-\infty}^{t}\boldsymbol{E}(t')\mathrm{e}^{\mathrm{i}\omega_{nm}t'}\mathrm{d}t' \tag{10.22}$$

$$\rho_{nm}^{(1)}(t)=\frac{i}{\hbar}\left(\rho_{mm}^{(0)}-\rho_{nn}^{(0)}\right)\sum_{\omega}\frac{\boldsymbol{d}_{nm}\cdot\boldsymbol{E}(\omega)\mathrm{e}^{-\mathrm{i}\omega t}}{\omega_{nm}-\omega} \tag{10.23}$$

由此，诱导的一阶偶极矩 $\boldsymbol{d}^{(1)}(t)$ 的期望值为

$$\begin{aligned}\langle\mathbf{d}^{(1)}(t)\rangle&=\mathrm{tr}[\rho^{(1)}d]=\sum_{nm}\rho_{nm}^{(1)}\boldsymbol{d}_{mn}\\&=\sum_{\omega}\mathrm{e}^{-\mathrm{i}\omega t}\sum_{m,n}\left[\frac{\rho_{mm}^{(0)}-\rho_{nn}^{(0)}}{\hbar}\right]\frac{\boldsymbol{d}_{nm}[\boldsymbol{d}_{nm}\cdot\boldsymbol{E}(\omega)]}{\omega_{nm}-\omega}\end{aligned} \tag{10.24}$$

因此，在特定频率分量 ω 下，振荡的感应偶极矩为

$$\boldsymbol{d}(\omega)=\frac{i}{\hbar}\sum_{m,n}\left[\rho_{mm}^{(0)}-\rho_{nn}^{(0)}\right]\cdot\frac{\boldsymbol{d}_{mn}[\boldsymbol{d}_{nm},\boldsymbol{E}(\omega)]}{\omega_{nm}-\omega} \tag{10.25}$$

如果我们把 $\boldsymbol{d}$ 和 $\boldsymbol{E}$ 写成它们的笛卡儿分量（即分别为 (d^i,d^j,d^k) 和 (E_i,E_j,E_k)），则式（10.25）可写成

$$\boldsymbol{d}^i=\sum_j a_{ij}E_j \tag{10.26}$$

其中，（线性）极化张量分量 α_{ij} 为

$$\alpha_{ij}=\frac{1}{\hbar}\sum_{m,n}[\rho_{mm}^{(0)}-\rho_{nn}^{(0)}]\frac{d_{mn}^{i}d_{nm}^{j}}{\omega_{nm}-\omega} \tag{10.27}$$

如果单位体积有 N 个独立分子，则诱导极化简写为 $\boldsymbol{P}=N\boldsymbol{d}$。由式（10.26），利用定义 $P_i=\varepsilon_0\chi_{ij}^{(1)}E_j$，线性磁化率 $\chi_{ij}^{(1)}$ 由 $\varepsilon_0\chi_{ij}^{(1)}=N\alpha_{ij}$ 给出。

式（10.27）表明极化率依赖于能级居群 $\rho_{mm}^{(0)}$ 和 $\rho_{nn}^{(0)}$。如果我们注意到式（10.27）中 m 和 n 的总和允许我们将其重写为以下形式（通过互换式（10.27）的第二项中的“虚拟”指标 m 和 n），则更清楚地证明了这种依赖性：

$$\alpha_{ij}=\frac{1}{\hbar}\sum_{m,n}\rho_{mm}^{(0)}\left(\frac{d_{nm}^{i}d_{nm}^{j}}{\omega_{nm}-\omega}+\frac{d_{nm}^{i}d_{mn}^{j}}{\omega_{nm}+\omega}\right) \tag{10.28}$$

注意，$\omega_{nm}=-\omega_{mn}$。如果分子处于基态 $|g\rangle$（即 $\rho_{gg}^{(0)}\neq0$，对于 $m\neq g$，$\rho_{mm}=0$），以及我们感兴趣的是通过偶极跃迁连接到基态 $|g\rangle$ 的特定激发态 $|n\rangle$ 的贡献，则有

$$\alpha_{ij}(\omega)=\frac{1}{\hbar}\left(\frac{d_{gn}^{i}d_{ng}^{j}}{\omega_{ng}-\omega}+\frac{d_{ng}^{i}d_{gn}^{j}}{\omega_{ng}+\omega}\right) \tag{10.29}$$

实际上，基态 $|g\rangle$ 可能由许多简并或近简并能级或带组成。在这种情况下，调用连接 n 和 g 的所谓振子强度（而不是偶极子量）更为合适[2]。

振子强度 f_{ng} 与 $\boldsymbol{d}_{ng}$ 有关：

$$f_{ng}=\frac{2m\omega_{ng}|\boldsymbol{d}_{ng}|^{2}}{3e^{2}\hbar} \tag{10.30}$$

如果我们注意到式（10.29）中的 $d_{gn}^{i}d_{ng}^{j}$ 的平均值为 $|\boldsymbol{d}_{ng}|^{2}/3$，我们可能会将式（10.29）重写为

$$\alpha_{ij}(\omega)=\frac{f_{ng}e^{2}}{2m\omega_{ng}}\left(\frac{1}{\omega_{ng}-\omega}+\frac{1}{\omega_{ng}+\omega}\right) \tag{10.31}$$

因此，基态分子的一般多能级线性电极化率式（10.27）可以写成

$$\alpha_{ij}=\sum_{n}\alpha_{ij}^{(n)}(\omega_{n}) \tag{10.32}$$

其中，对 n 求和表示对所有通过单光子跃迁连接到基态的激发态求和。

上述结果是假设所有的分子态都没有宽度（即 $\Delta E=0$），当施加的场频率接近跃迁频率即 $\omega\approx\omega_{ng}$ 时，谐振分母趋于 0，产生非物理解。这只是由于忽略了密度矩阵形式（或薛定谔波动方程形式）中的松弛过程。

实际上，能级会被各种均质或非均质弛豫机制（碰撞、自然寿命展宽、多普勒效应等）加宽。当考虑到这些弛豫过程时，密度矩阵元素 ρ_{ij} 的结果方程包含具有各种横向和纵向弛豫时间常数的附加项，这取决于弛豫过程是否涉及能级总体或相干性[2]。

这些弛豫过程可以通过将负虚部 $-\mathrm{i}\gamma_{nm}$ 归因于频率 ω_{nm}（即用 $\omega_{nm}-\mathrm{i}\gamma_{nm}$ 代替 ω_{nm}），其中 γ_{nm} 是与 n 和 m 态相关的弛豫速率。注意，虽然 $\omega_{nm}=-\omega_{mn}$，但 γ_{nm} 不改变符号，即 $\gamma_{nm}=\gamma_{mn}$。由于将 ω_{nm} 替换为 $\omega_{nm}-\mathrm{i}\gamma_{nm}$，极化率 α_{ij} 就变成了一个复量。因此，诸如磁化率 $\chi^{(1)}$ 和折射率等宏观参数也是具有实部和虚部的复参数。

10.3.2 光、激光的复合磁化率和折射率、色散、吸收和放大

我们现在考虑特殊但最常见的情况，即分子处于基态。将 ω_{ng} 替换为 $\Omega_{ng}=\omega_{ng}-\mathrm{i}\gamma_{ng}$，写成 $\omega_{ng}=\omega_{0}$ 和 $\gamma_{ng}=\gamma_{0}$，$f_{ng}=f_{0}$，$\Delta\omega=\omega_{0}-\omega$，式（10.31）给出的极化率可以表示为

$$\begin{aligned}\alpha_{ij}(\omega_{0})&=\bar{\alpha}\left[\frac{\Delta\omega}{(\Delta\omega)^{2}+\gamma_{0}^{2}}+\frac{\mathrm{i}\gamma_{0}}{(\Delta\omega)^{2}+\gamma_{0}^{2}}\right]+\alpha_{\mathrm{nr}}\text{（式（10.28）中的所有非共振项）}\\&=\alpha_{\mathrm{r}}+\alpha_{\mathrm{nr}}\end{aligned} \tag{10.33}$$

其中，$\bar{\alpha}=f_0e^2/2m\omega_0$。为了讨论光的吸收和放大，我们还从背景中挑出与基态和激发态之间跃迁相关的共振项 α_r（包含 $\Delta\omega$ 分母），背景 α_{nr} 由所有其他可能从基态跃迁的贡献组成。

如果介质中每单位体积有 N 个独立分子，则宏观磁化率 $\chi_{ij}=(N/\varepsilon_0)\alpha_{ij}(\omega_0)$ 参见式（3.30），现在给出 $\chi=\chi_r+\chi_{nr}$ 和光学介电常数 $\varepsilon=\varepsilon_0(1+\chi)=\varepsilon_0(1+\chi_r+\chi_{nr})$。

沿主晶轴的折射率，我们简单地写成 $n(\omega)$，这样就可以给出：

$$n(\omega)=\sqrt{1+\chi}=n_0(\omega)+\mathrm{i}\tilde{n}(\omega) \tag{10.34}$$

实部 $n_0(\omega)$ 为

$$n_0(\omega)\sim n+\frac{N}{2n\varepsilon_0}\bar{\alpha}\left[\frac{\Delta\omega}{(\Delta\omega)^2+\gamma_0^2}\right] \tag{10.35a}$$

其中，$n=(1+\chi_{nr})^{1/2}$ 来自 α_{nr} 的实部。

虚部 $\tilde{n}(\omega)$ 为

$$\tilde{n}(\omega)=\frac{N}{\varepsilon_0}\bar{\alpha}\left[\frac{\gamma_0}{(\Delta\omega)^2+\gamma_0^2}\right]+\alpha''_{nr} \tag{10.35b}$$

其中，α''_{nr} 来自非谐振背景 α_{nr} 的虚部。我们今后将忽略 α''_{nr}，因为我们的注意力会集中在与特定跃迁——基态到第 n 激发态跃迁相关的光的吸收（或放大）上。

式（10.35a）中给出的折射率的实部 $n_0(\omega)$ 通常被称为光学材料的折射率。对于双折射液晶，通常用 $n_o(\omega)$ 或 $n_e(\omega)$ 表示，并将光所经历的色散描述为其在谐振频率 ω_o 附近的频率的函数，如图 10.6 所示。

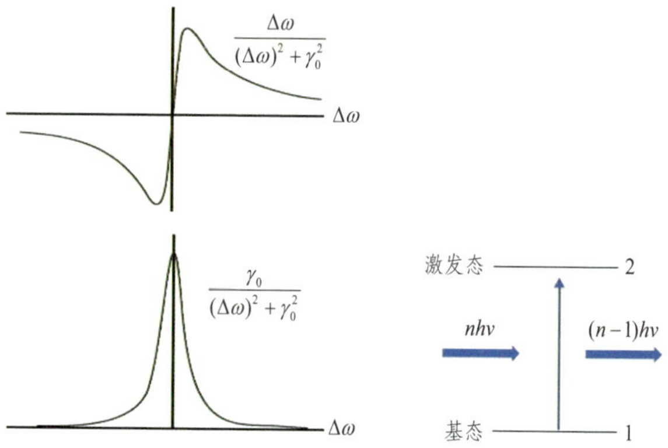

图 10.6　（上）基态（|1⟩）的复折射率的实部 $n_o(\omega)$ 描绘折射率色散的分子；（下）折射率的虚部 $\tilde{n}$ 为基态分子，描绘其吸收光谱（插入图显示了通过吸收入射激光的光子而产生的向上的受激跃迁）

虚部 $\tilde{n}$ 给出了光平面通过长度为 l 的介质（即电场）传播时的（线性）衰减因子电场 $E\sim\exp(-\omega/c)\tilde{n}(\omega)l$，光强 $I\sim\exp(-\gamma l)$。衰减常数 $2(\omega/c)\tilde{n}=\gamma$（单位为 cm^{-1}）通常称为线性

吸收常数。$\tilde{n}(\omega)$ 的频率依赖性给出了线性吸收洛伦兹谱线形（图 10.6）。

更重要的是，式（10.34）和式（10.35）中对折射率的共振贡献来自专门针对基态分子的式（10.28），这对应于最常见的实验条件，即光学材料是被动的，电子位于基态（较低），只能通过吸收光子向上跃迁到更高的能级（图 10.6）。然而，如果电子最初被准备在上能级（即 $\rho_{11}^{(0)}=0$，$\rho_{22}\neq 0$），将导致改变式（10.29）的符号，并且通过简单地改变式（10.35）的符号就可以得到相应的谐振对折射率贡献的实部和虚部，如图 10.7 所示。

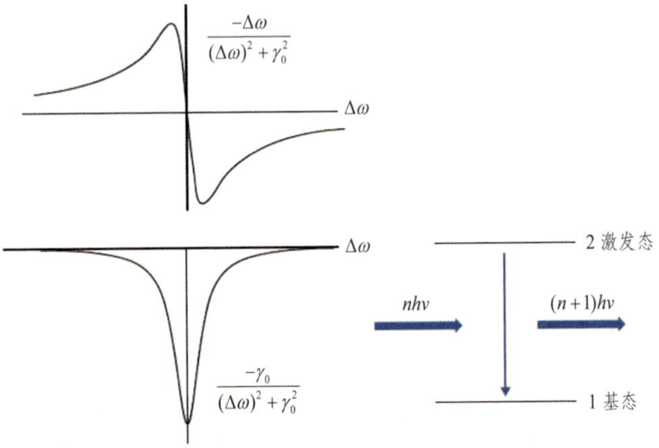

图 10.7 （上）激发态（$|2\rangle$）的复折射率的实部 $n_0(\omega)$ 描绘折射率色散的分子；（下）折射率的虚部 $\tilde{n}$ 为激发态分子，描绘其负吸收（增益）光谱（插入图显示了入射激光对光子的受激向下跃迁和增益）

与激发态居群大于低能级居群的分子系统相关的光学增益，所谓居群反转是激光作用的关键因素，通常通过介质的一些外部泵浦来完成，如闪光灯或另一种激光器[2]。几乎所有在液晶介质中观察到的激光发射都采用这样的激发机制来在激光染料掺杂剂中产生足够的居群反转，提供必要的增益以克服谐振器中的损耗。在 CLCs 的情况下，激光是由内部反馈引起的，源于它们的光子晶体构成有利于在带边缘产生激光[5-7]。

人们对所谓的随机激光器有相当大的兴趣[8-11]，这种激光器不需要谐振器，并表现出一些有用的特性，如低空间相干性、多个激光波长和用于无散斑成像的激光输出方向的宽立体角[11]。随机激光器已被证明与染料掺杂向列相、胆甾相和蓝相液晶（BPLCs）[8-10]。蓝相液晶及其聚合变体在许多方面更适合作为激光宿主材料，因为它们具有三维光子晶体组成、光学各向同性（偏振无关）且制造，而且通常不需要表面对准。虽然它们在宏观尺度上是光学各向同性的，但在 PS-BPLC 中，血小板之间的不连续晶界和聚合物与介质之间的指数不匹配导致了漫射光散射。这些散射机制，加上激光染料掺杂剂提供的增益，使得 BPLC 和 PS-BPLC 中发生随机激光作用。

10.3.3　二阶电子极化

通过求解 $\rho^{(2)}(t)$ 得到二阶分子电子极化率。将式(10.22)代替 $\rho^{(1)}(t)$ 代入式(10.8)的右边，像以前一样计算换向子 $[\boldsymbol{d}\cdot\boldsymbol{E}(t)\cdot\rho^{(1)}(t)]$（现在 $\boldsymbol{E}(t)$ 表示为 $\boldsymbol{E}(t)=\sum_{\omega}\boldsymbol{E}(\omega')\mathrm{e}^{-\mathrm{i}\omega' t}$），并进行简单的积分，我们得到对于 $\rho_{nm}^{(2)}(t)$ 的示例频率分量 $(\omega'+\omega)$，即

$$\rho_{nm}^{(2)}(t)=\mathrm{e}^{-\mathrm{i}(\omega'+\omega)t}\left\{\sum_{l}\frac{\rho_{mm}^{(0)}-\rho_{ll}^{0}}{\hbar^2}\frac{[\boldsymbol{d}_{nl}\cdot\boldsymbol{E}(\omega)][\boldsymbol{d}_{lm}\cdot\boldsymbol{E}(\omega)]}{[\omega_{nm}-(\omega'+\omega)](\omega_{lm}-\omega)}+\right.$$
$$\sum_{l}\frac{\rho_{nn}^{(0)}-\rho_{ll}^{0}}{\hbar^2}\frac{[\boldsymbol{d}_{lm}\cdot\boldsymbol{E}(\omega')][\boldsymbol{d}_{nl}\cdot\boldsymbol{E}(\omega)]}{[\omega_{nm}-(\omega'+\omega)](\omega_{nl}-\omega)}\tag{10.36}$$

当然，在 $\rho_{nm}^{(2)}(t)$ 中有多少个频率分量，就有多少个光场中存在的 ω 和 ω' 组合的可能性。这里我们把注意力集中在一个特定的例子上，以明确说明其物理意义。根据定义，二阶诱导偶极矩为

$$\langle\boldsymbol{d}^{(2)}\rangle\equiv\sum_{nm}\rho_{nm}^{(2)}\boldsymbol{d}_{mn}\tag{10.37}$$

$\langle\boldsymbol{d}^{(2)}\rangle$ 的第 i 个笛卡儿分量 $d_i^{(2)}$ 可以写为

$$d_i^{(2)}=\beta_{ijk}(-(\omega'+\omega);\omega',\omega)E_j(\omega')E_k(\omega)\tag{10.38}$$

二阶极化张量 β_{ijk} 为

$$\beta_{ijk}(-(\omega'+\omega);\omega',\omega)=\sum_{n,m,l}\left(\frac{\rho_{mm}^{(0)}-\rho_{ll}^{(0)}}{\hbar^2}\right)\frac{d_{mn}^{i}d_{nl}^{j}d_{lm}^{k}}{[\Omega_{mm}-(\omega'+\omega)](\Omega_{lm}-\omega)}-$$
$$\sum_{n,m,l}\left(\frac{\rho_{ll}^{(0)}-\rho_{nn}^{(0)}}{\hbar^2}\right)\frac{d_{mn}^{i}d_{lm}^{j}d_{nl}^{k}}{[\Omega_{nm}-(\omega'+\omega)](\Omega_{nl}-\omega)}\tag{10.39}$$

其中，我们用 $\Omega_{nm}=\omega_{nm}-\mathrm{i}\gamma_{nm}$ 代替 ω_{nm} 来解释弛豫机制。

通过对指标 n、m 和 l 进行适当的重新标记，可以用许多等效的方式重写 β_{ijk} 的表达式。特别是，可以用类似于前一节的方式表示，对于处于基态的分子，二阶极化张量分量 β_{ijk} 变成

$$\beta_{ijk}^{\text{ground}}(-(\omega'+\omega);\omega',\omega)=\sum_{nl}\left[\frac{d_{gn}^{i}d_{nl}^{j}d_{lg}^{k}\hbar^{-2}}{[\Omega_{ng}-(\omega'+\omega)](\Omega_{lg}-\omega)}\right]+$$
$$\frac{d_{nl}^{i}d_{gn}^{j}d_{lg}^{k}\hbar^{-2}}{[\Omega_{ln}-(\omega'+\omega)](\Omega_{lg}-\omega)}-$$
$$\sum_{nm}\left[\frac{d_{mn}^{i}d_{ng}^{j}d_{gm}^{k}\hbar^{-2}}{[\Omega_{nm}-(\omega'+\omega)](\Omega_{gm}-\omega)}+\right.$$

$$\frac{d_{ng}^{i} d_{mn}^{j} d_{gm}^{k} \hbar^{-2}}{\left[\Omega_{gn}-(\omega'+\omega)\right](\Omega_{gm}-\omega)} \tag{10.40}$$

注意,一般情况下,单光子共振(如 $\Omega_{gm}-\omega$)和双光子共振(如 $\Omega_{ln}-(\omega'+\omega)$)都会涉及。

如后面第 10.3.6 节所述,对称性考虑决定了中心对称材料的二阶磁化率应该具有消失值。为了具有非消失值,材料不应该是中心对称的,如具有永久偶极子,包括铁电液晶和无机晶体和半导体,或者其中心对称性被施加的直流场破坏。

10.3.4 三阶电子极化

用同样简单但麻烦的代数,可以得到三阶密度矩阵元素 $\rho_{nm}^{(3)}(t)$ 和相应的非线性极化张量分量 γ_{ijkh}。值得注意的是,$\rho_{nm}^{(3)}(t)$ 将涉及 $\boldsymbol{d}\cdot\boldsymbol{E}$ 的三重积,振荡形式为 $\mathrm{e}^{-\mathrm{i}(\omega+\omega'+\omega'')t}$,其中 ω,ω' 和 ω'' 是光场 $\boldsymbol{E}(t)$ 中包含的频率分量。

感兴趣的读者,利用上一节的实践,可以很容易表明,如果 $\boldsymbol{E}(t)$ 现在在换向器 $[\boldsymbol{d}\cdot\boldsymbol{E}(t),\rho^{(2)}(t)]$ 中表示为 $\boldsymbol{E}(t)=\sum_{\omega'}\boldsymbol{E}(\omega'')\mathrm{e}^{-\mathrm{i}\omega''t}$,在特定频率 $(\omega+\omega'+\omega'')$ 下振荡的 $\rho_{nm}^{(3)}$ 的分量为

$$\begin{aligned}
\rho_{nm}^{(3)}(t)=\mathrm{e}^{-\mathrm{i}(\omega''+\omega t+\omega)t}\sum_{pq}\Bigg\{&\frac{1}{\hbar}\frac{[\boldsymbol{d}_{np}\cdot\boldsymbol{E}(\omega'')]}{[\omega_{nm}-(\omega''+\omega'+\omega)]}\times\\
&\left[\frac{(\rho_{mm}^{(0)}-\rho_{qq}^{(0)})}{\hbar^2}\frac{(\boldsymbol{d}_{pq}\cdot\boldsymbol{E}(\omega'))(\boldsymbol{d}_{qm}\cdot\boldsymbol{E}(\omega))}{[\omega_{pm}-(\omega'+\omega)](\omega_{qm}-\omega)}\right]-\\
&\frac{(\rho_{qq}^{(0)}-\rho_{pp}^{(0)})}{\hbar^2}\frac{(\boldsymbol{d}_{qm}\cdot\boldsymbol{E}(\omega'))(\boldsymbol{d}_{pq}\cdot\boldsymbol{E}(\omega))}{[\omega_{pm}-(\omega'+\omega)](\omega_{pq}-\omega)}-\\
&\frac{1}{\hbar}\frac{[\boldsymbol{d}_{pm}\cdot\boldsymbol{E}(\omega'')]}{[\omega_{nm}-(\omega''+\omega'+\omega)]}\times\\
&\left[\frac{(\rho_{pp}^{(0)}-\rho_{qq}^{(0)})}{\hbar^2}\frac{(\boldsymbol{d}_{nq}\cdot\boldsymbol{E}(\omega'))(\boldsymbol{d}_{qp}\cdot\boldsymbol{E}(\omega))}{[\omega_{np}-(\omega'+\omega)](\omega_{qp}-\omega)}\right]-\\
&\frac{(\rho_{qq}^{(0)}-\rho_{nn}^{(0)})}{\hbar^2}\frac{(\boldsymbol{d}_{qp}\cdot\boldsymbol{E}(\omega'))(\boldsymbol{d}_{nq}\cdot\boldsymbol{E}(\omega))}{[\omega_{np}-(\omega'+\omega)](\omega_{nq}-\omega)}
\end{aligned} \tag{10.41}$$

由此,三阶极化张量分量 $\gamma_{ijkh}(-(\omega''+\omega'+\omega);\omega'',\omega',\omega)$ 可表示为

$$d_l(\omega''+\omega'+\omega)=\gamma_{ijkh}E_j(\omega'')E_k(\omega')E_h(\omega) \tag{10.42}$$

期望值偶极矩的第 i 个笛卡儿分量 d_i 为

$$d_i=\hat{i}\cdot\langle\boldsymbol{d}\rangle=\sum_{n,m}\rho_{nm}^{(3)}d_{mn}^{i} \tag{10.43}$$

则有

$$\gamma_{ljkh}[-(\omega''+\omega'+\omega);\omega'',\omega',\omega]=\sum_{nmpq}\frac{\hbar^{-3}d_{mn}^{l}}{[\omega_{nm}-(\omega''+\omega'+\omega)]}\cdot$$
$$\left\{\frac{[\rho_{mm}^{(0)}-\rho_{qq}^{(0)}]d_{np}^{j}d_{pq}^{k}d_{qm}^{h}}{[\omega_{pm}-(\omega'+\omega)](\omega_{qm}-\omega)}-\frac{[\rho_{qq}^{(0)}-\rho_{pp}^{(0)}]d_{np}^{j}d_{qm}^{k}d_{pq}^{h}}{[\omega_{pm}-(\omega'+\omega)](\omega_{pq}-\omega)}-\right.$$
$$\frac{[\rho_{pp}^{(0)}-\rho_{qq}^{(0)}]d_{pm}^{j}d_{nq}^{k}d_{qp}^{h}}{[\omega_{np}-(\omega'+\omega)](\omega_{qp}-\omega)}+\frac{[\rho_{qq}^{(0)}-\rho_{nn}^{(0)}]d_{pm}^{j}d_{qp}^{k}d_{nq}^{h}}{[\omega_{np}-(\omega'+\omega)](\omega_{nq}-\omega)} \tag{10.44}$$

同样，如果我们考虑弛豫机制，所有的跃迁频率 ω_{ij} 都应该被相应的复数 Ω_{ij} 所取代。由式（10.44）我们可以看到，除单光子和双光子共振外，γ_{ijkh} 还包含三光子共振，其分母形式为 $\Omega_{nm}-(\omega''+\omega'+\omega)$。

从这些二阶和三阶非线性极化率的表达式中，可以得出几个观察结果：

（1）分子的非线性响应的大小和符号高度依赖于它所处的状态（如 $\rho_{nn}^{(0)}$），激发态分子显然与基态分子具有非常不同的线性和非线性响应；

（2）非线性极化率的大小取决于所涉及的偶极矩阵矩，这基本上由分子的电子结构决定；

（3）当共振条件 $\omega_{pq}-\omega=0$ 接近时，任何一对能级（如 p 和 q）对非线性响应的贡献将大大增强。

远离共振，非线性响应主要取决于振子强度，而振子强度是由分子的电子结构决定的。

10.3.5 局部场效应和对称性

前几节中获得的分子极化率是表征单个分子的微观参数。要将它们与体或宏观参数（即磁化率 $\chi^{(1)}$、$\chi^{(2)}$、$\chi^{(3)}$ 等）联系起来，就需要考虑分子间场以及体材料的对称性。这些分子间场将导致集体响应，这与将块状材料视为由非相互作用的分子组成所获得的响应不同。换句话说，人们必须考虑所谓的局部场校正因子。

在非线性磁化率的局部场校正因子的通常处理方法[1]中，没有考虑表征液晶的分子相关性。在这种近似下，各向同性介质或单位体积含有 N 个分子的立方对称介质的二阶和三阶非线性磁化率由下式给出：

$$\chi_{ijk}^{(2)}(-(\omega'+\omega);\omega',\omega)=NL^{(2)}(\omega'+\omega,\omega',\omega)\beta_{ijk}(-(\omega+\omega');\omega',\omega) \tag{10.45a}$$

其中

$$L^{(2)}(\omega'+\omega,\omega',\omega)=\left[\frac{\varepsilon^{(1)}(\omega'+\omega)+2}{3}\right]\left[\frac{\varepsilon^{(1)}(\omega')+2}{3}\right]\left[\frac{\varepsilon^{(1)}(\omega)+2}{3}\right] \tag{10.45b}$$

同样可得

$$\chi_{ijkh}^{(3)}(-(\omega''+\omega'+\omega);\omega'',\omega',\omega)$$
$$=NL^{(3)}(\omega''+\omega'+\omega,\omega'',\omega',\omega)\gamma_{ijkh}(-(\omega''+\omega'+\omega);\omega'',\omega',\omega) \tag{10.46a}$$

其中

$$L^{(3)}=\left[\frac{\varepsilon^{(1)}(\omega''+\omega'+\omega)+2}{3}\right]\left[\frac{\varepsilon^{(1)}(\omega'')+2}{3}\right]\left[\frac{\varepsilon^{(1)}(\omega')+2}{3}\right] \tag{10.46b}$$

10.3.6 对称性的考虑

液晶分子是各向异性的，具有永久偶极子（即分子本身是极性的）。然而，在散装形式下，它们倾向于排列自己，从而使它们的集体偶极矩具有消失值。因此，由于$-\boldsymbol{n}$和$\boldsymbol{n}$方向的等价性，大多数液晶相是中心对称的，这在向列相（属于$D_{\infty h}$对称群）、近晶-A 相（D_{∞}对称）和近晶-C 相（C_{2h}对称）中都成立。

由于这样的中心对称性，宏观二阶极化率$\chi^{(2)}=0$。这是因为$P^{(2)}$是非中心对称的，它的符号在从原点反射后是相反的，而右边与$\boldsymbol{EE}$成比例的项是中心对称的。因此，要使关系$P=\chi^{(2)}:\boldsymbol{EE}$成立，$\chi^{(2)}$必须消失。

如果在施加直流场的情况下使液晶具有极性，则中心对称性可以被打破，并且这种场诱导的二阶非线性可以产生二次谐波[12]。在晶体表面，分子偶极排列在液晶和胞窗（或空气）之间的界面上的不连续也使中心不对称性失效，并使基于二次谐波的表面光谱研究成为可能[13]。

研究最广泛的自然非中心对称液晶相是近晶-C*相[14-16]。具有空间变化的自发极化的螺旋调制近晶-C*系统，其局部特征为C_2对称，体的平均极化仍在消失。通过解开这样的螺旋结构，系统表现为具有C_2点对称的晶体。这种解绕的近晶-C*相具有相当大的二阶非线性极化率，邻硝基氧基苯基-联苯-羧酸盐的$\chi^{(2)}$为0.2×10^{-12} m/V [14]。

10.3.7 永久偶极子和有序分子

液晶分子本身可以拥有永久偶极矩（即使体偶极矩已经消失），这一事实导致了三阶非线性极化率中的分子相关效应[17]。计算表明，一般情况下，实验可测量的三阶非线性极化能力，如$\bar{\gamma}_{xxxx}$、$\bar{\gamma}_{yyyy}$和$\bar{\gamma}_{zzzz}$与它们的微观对应物β_{ijk}和γ_{ijkl}之间的关系如下：

$$\bar{\gamma}_{zzzz}=\gamma_{\text{iso}}+\frac{2}{7}\alpha\langle P_2\rangle+\frac{8}{7}\beta\langle P_4\rangle \tag{10.47}$$

$$\bar{\gamma}_{xxxx}=\bar{\gamma}_{yyyy}=\gamma_{\text{iso}}-\frac{1}{7}\alpha\langle P_2\rangle+\frac{3}{7}\beta\langle P_4\rangle \tag{10.48}$$

$$\gamma_{\text{iso}}=\frac{1}{5}(\gamma_{1111}+\gamma_{2222}+\gamma_{3333}+2\gamma_{1122}+2\gamma_{3322}+2\gamma_{3311})+$$

$$(5kT)^{-1}(\mu_3\beta_{333}+\mu_3\beta_{322}+\mu_3\beta_{311}+\mu_2\beta_{233}+\mu_2\beta_{222}+\mu_2\beta_{211}+\mu_1\beta_{133}+\mu_1\beta_{122}+\mu_1\beta_{111}) \tag{10.49}$$

$$\alpha=(2\gamma_{3333}-\gamma_{1111}-\gamma_{2222}-2\gamma_{1122}+2\gamma_{3322}+\gamma_{3311})+(kT)^{-1}\left(2\mu_3\beta_{333}+\frac{1}{2}\mu_3\beta_{322}+\frac{1}{2}\mu_3\beta_{311}+\frac{1}{2}\mu_2\beta_{233}-\mu_2\beta_{222}-\mu_2\beta_{211}+\frac{1}{2}\mu_1\beta_{133}-\mu_1\beta_{122}-\mu_1\beta_{111}\right) \tag{10.50}$$

其中，$\mu_i(i=1,2,3)$是摩尔定律中的永久偶极矩分量；$\langle P_l\rangle$为分子取向分布函数$f(\theta)$的矩，定义为

$$\langle P_l\rangle=\int_{-1}^{1}f(\theta)P_l(\cos\theta)\mathrm{d}\cos\theta \tag{10.51}$$

并且P_l是第 l 阶勒让德多项式。

这是由方向分布[17]函数$f(\theta)$的定义得出的，即

$$f(\theta)=\sum_{l=0}^{\infty}\left(\frac{2l+1}{2}\right)a_lP_l(\cos\theta) \tag{10.52}$$

对于单轴分子（大多数液晶都属于这一类）。

10.3.8　四极贡献和场致对称性破缺

我们对非线性极化的讨论是基于偶极相互作用（参见式（10.3）），四极子和更高极子的贡献被忽略了，因为相比之下它们通常很小。然而，在偶极贡献不存在的情况下，四极贡献不一定消失，并且可能产生相当大的二阶非线性极化。参考文献[18]研究了与四极矩贡献相关的 NLC 的二阶非线性磁化率。他们分析的起点是二阶非线性极化的一般表达式：

$$P_i^{\mathrm{nl}}=\chi_{ijk}E_jE_k+\gamma_{ijkl}E_j\frac{\partial E_l}{\partial n_k}+\cdots\quad i,j,k,l=1,2,3 \tag{10.53}$$

式（10.53）右边的第一项在具有中心对称性的介质中消失，如向列相液晶。然而，如果向列方向 n 被扭曲，如曲率变形产生挠性电效应[19-20]，则不消失。第二项是四极矩贡献，一般来说是非零的。

10.3.9　分子结构的影响

与其他有机材料一样[21-22]，大块液晶的非线性磁化率的各种张量分量的大小从根本上是由它们的电子结构决定的。由于液晶分子大而复杂，其非线性磁化率的定量数值从头计算相当复杂。因此，大多数对液晶电子非线性磁化率的研究，就像在其他有机或聚合物分子体系中一样，本质上是现象学的。早期的研究包括由参考文献[23]对大约 100 种不同的有机化合物进行系统检查，结果发现苯环中共轭 π 电子是产生大二次谐波信号的原因，如图

10.8 所示。其他研究也证实了这一观察结果[24],表明共轭分子中的离域电子可以产生较大的二阶和三阶非线性。

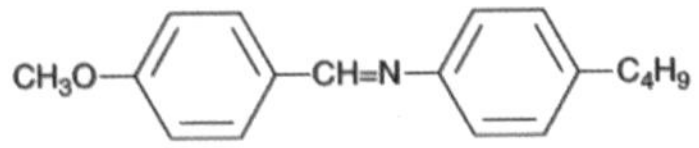

图 10.8　显示两个苯环存在的 MBBA 分子结构(每个苯环上的 6 个 π 电子可以认为是束缚在共轭键上的自由电子)

这在有机非线性光学领域已经进行了大量的研究。尽管分子结构有巨大的差异,但下列结论似乎是普遍成立的。

(1)热致液晶和类似有机材料的非线性光学响应主要是由于液晶所谓极化核的 π 电子波函数的离域。可极化核通常由一个以上的苯环组成,这些苯环由各种键连接。

(2)分子的非线性极化以及它的线性光学性质(如吸收光谱等),可以被取代基彻底改变。一般来说,取代基与 σ 键的相互作用是相当温和的,而它们对 π 电子的影响要明显得多,并扩展到整个离域范围。

(3)有两种类型的取代基:受体和供体,类似于半导体物理。如果取代基有空的低洼 π 轨道,它会从宿主共轭分子中吸引电子,这样的取代基被称为受体,如 NO_2、C≡N 和 $CONH_2$ 基团。另外,占据高 π 轨道的取代基会倾向于与共轭分子共享它们的电子电荷,因此它们被归类为供体,如 $N(CH_3)_2$、NH_2 和 OH。

(4)在新分子的工程中,已经观察到由弱相互作用取代基组成的多个取代基倾向于产生加性效应。另外,当使用强相互作用取代基时,如一个强供体和一个强受体连接到同一个共轭分子上,如下所示:

$$NO_2—C_6H_4—NH_2$$

受体　　　　　供体

结果可能是振荡器强度和对外部(光)场的敏感度的极大增强。

(5)值得注意的是,尽管某一类分子的非线性极化率(和磁化率)可能会通过分子工程得到改善,但其他物理性质(如黏度、尺寸、弹性常数、吸收等)也可能受到影响。这些物理性质在实际的非线性光学过程和应用中起着同等(在某些情况下甚至更重要)的作用。第 8 章讨论了一个简单的例子,说明了考虑整体情况的必要性,而不是仅仅基于特定分子参数的优化过程。

10.4　强度相关折射率变化与非线性吸收

与第 10.3 节讨论的线性(一阶)偏振类似,所有高阶非线性偏振都是复杂的,并且由于某些弛豫过程而具有虚分量。最好的例子是三阶非线性偏振极化。考虑一个简单但很重要的例子,即非线性极化是这样的。

在 MKS 或 SI 单位制中,有

$$\boldsymbol{P}^{(3)}=\varepsilon_0\chi_{\mathrm{si}}^{(3)}:\boldsymbol{EEE} \tag{10.54a}$$

在 CGS 系统中为

$$\boldsymbol{P}^{(3)}=\chi^{(3)}:\boldsymbol{EEE} \tag{10.54b}$$

对于下面的讨论,我们将 $\boldsymbol{P}^{(3)}$ 表示为一般形式:

$$\boldsymbol{P}^{(3)}=\chi_{\mathrm{nl}}\boldsymbol{EEE} \tag{10.54c}$$

如果使用 SI 或 MKS 系统,则 χ_{nl} 代表 $\varepsilon_0\chi_{\mathrm{si}}^{(3)}$;如果使用 CGS 系统,根据式(10.54a)和式(10.54b),则 $\chi_{\mathrm{nl}}=\chi^{(3)}$ 。

为说明简单起见,假设 $\boldsymbol{E}$ 和 $\boldsymbol{P}$ 都是平面波,并且只涉及 $\boldsymbol{P}$ 和 $\boldsymbol{E}$ 的第 i 个分量,即有

$$E_i(r,t)=E_i\exp[\mathrm{i}(\vec{k}\cdot\vec{r}-\omega t)]$$

$$P_{\mathrm{nl}}(r,t)=P_{\mathrm{nl}}\exp[\mathrm{i}(\vec{k}\cdot\vec{r}-\omega t)] \tag{10.55}$$

麦克斯韦波方程就变成

$$\nabla^2E_i-\mu_i'\varepsilon_i'\frac{\partial^2E_i}{\partial t^2}=0 \tag{10.56}$$

其中

$$\mu_i'\varepsilon_i'=\mu_i\varepsilon_i+\mu_0\chi_{\mathrm{nl}}E_i^2 \tag{10.57}$$

式(10.57)允许我们定义有效光学介电常数 ε_i' 为

$$\varepsilon_i'=\varepsilon_i+\chi_{\mathrm{nl}}E_i^2 \tag{10.58}$$

其中,我们令 $\mu_i'=\mu_i=\mu_0$(对于非磁性材料)。

因此,有效折射率 n 可由下式给出:

$$n^2=\frac{\mu_i'\varepsilon_i'}{\mu_0\varepsilon_0}=n_0^2+\frac{\chi_{\mathrm{nl}}\langle E_i^2\rangle}{\varepsilon_0} \tag{10.59}$$

其中,$\langle E_i^2\rangle$ 是 E_i^2 的时间平均(需要光频率)值,且有

$$n\approx n_0+n_2(E)\langle E_i^2\rangle \tag{10.60}$$

$$n_2(E)=\frac{\chi_{\mathrm{nl}}}{2\varepsilon_0n_0} \tag{10.61a}$$

回顾 MKS 单位的 $\chi_{\mathrm{nl}}=\varepsilon_0\chi_{\mathrm{si}}^{(3)}$,因此有

$$n_2(E)=1/2n[\chi_{\mathrm{si}}{}^{(3)}] \tag{10.61b}$$

$|E|^2$ 与光强 I_{op} 有关:

$$I_{\mathrm{op}}=\frac{\varepsilon_0nc}{2}\langle E^2\rangle\quad(\text{MKS 单位}) \tag{10.62}$$

式（10.60）也可以写成

$$n = n_0 + n_2(I) I_{op} \tag{10.63}$$

且

$$n_2(E) = n_2(I)\left(\frac{n_0 \varepsilon_0 c}{2}\right) \tag{10.64}$$

与强度相关的折射率变化系数 $n_2(I)$ 有时被简单地称为光学非线性。液晶的非共振电子光学非线性在量级上与其他有机材料相似，数量级为 $10^{-14} \sim 10^{-13}$ cm^2/W，如图 10.9 所示。这种非线性可以通过分子工程[21-22]或加入微量等离子体纳米粒子[25]来增强。在具有光子晶体特性的 CLC 的情况下，非线性可以在接近带边的波长范围内增强，这是由于速度减慢和态的光密度增加[26]。

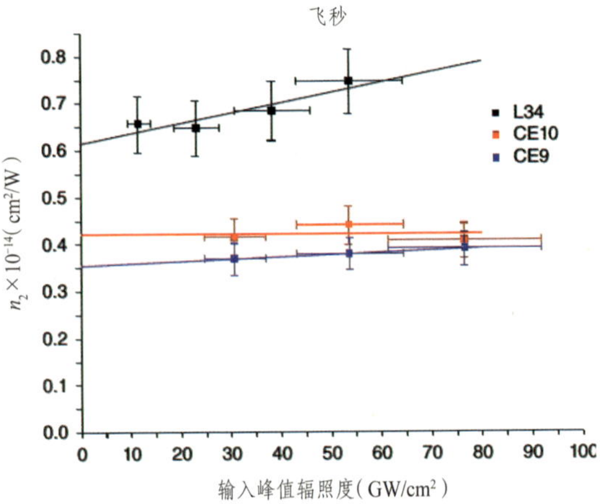

图 10.9　三种有机液体的飞秒激光测量 n_2 值与激光强度的函数关系随激光强度稍有变化

磁化率 $\chi^{(3)}$ 的虚部是由某些非线性吸收机制引起的。如果吸收是双光子吸收，则给出吸收率 βI 和 β 称为本征双光子吸收系数。对于有机材料，β 的量级在距离任何共振的 0.1～1 cm/GW。然而，对于用相同波长的激光器探测的相同材料，在表征研究中获得的 β 值变化很大，这取决于所用激光器的时间特性（如脉冲持续时间）和强度，如图 10.10 所示。参考文献[27]给出，不同脉冲持续时间和强度等级的激光器，将显著改变基态和激发态的电子居群；从基态的双光子跃迁获得的单重态激发态，电子可以经历单光子跃迁到更高的激发态和/或进行系统间穿越到激发态的三重态（图 10.5）。与系统间穿越和激发态弛豫时间常数相比，一旦表征激光的强度足够高或其脉冲持续时间足够长，所有这些过程都将发挥作用；该系统不能用简单的双光子吸收模型来处理[27]。一个经验法则是只使用飞秒激光脉冲获得的单次数据，并推断强度与零截距的依赖关系，以确定内在 β 值，如图 10.10 所示。

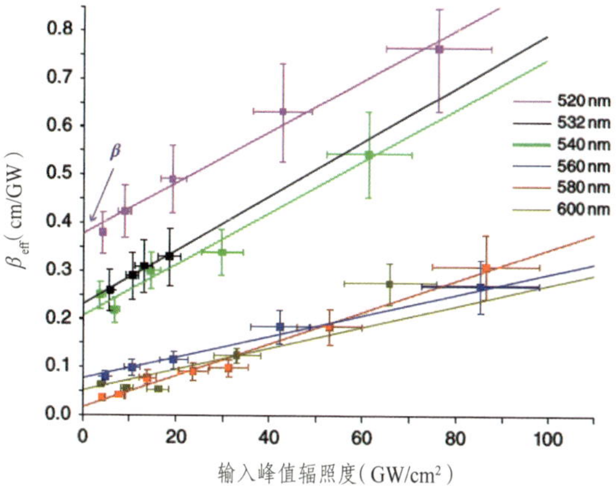

图 10.10　用飞秒激光器测量的有机液体 L34 的有效双光子吸收系数与激光强度的函数关系(由于激发态吸收,对激光强度的依赖性越来越大,零截距处的值给出了本征双光子吸收系数 β)

非线性有机液体,如 L34[1],其基态的双光子吸收被激发态吸收有效地增强,发现其对强短激光脉冲的光学限制应用非常有用(见第 12 章)。

参考文献

[1] I. C. Khoo, S. Webster, S. Kubo, et al. "Synthesis and characterization of the multi-photon absorption and excited-state properties of 4′-propyl 4-butyl diphenyl acetylene," *J. Mater. Chem.* 19, 7525–7531(2009).

[2] P. W. Milonni, J. H. Eberly, "*Laser Physics*," Wiley, New York, 2010. Y. Yariv, "*Quantum Electronics*, 3rd ed." Wiley, New York, 1989.

[3] F. W. Deeg, M. D. Fayer, *J. Chem. Phys.* 91: 2269(1989).

[4] H. I. Eichler, R. Macdonald, B. Trösken, *Mol. Cryst. Liq. Cryst.* 231, 1–10(1993).

[5] H. Coles, S. Morris, Liquid-crystal lasers. *Nat. Photonics*, 4(10), 676–685(2010).

[6] A. Chanishvili, G. Chilaya, G. Petriashvili, Widely tunable ultraviolet-visible liquid crystal laser. *Appl. Phys. Lett.* 86(5), 051107(2005).

[7] V. I. Kopp, B. Fan, H. K. M. Vithana, et al. Low-threshold lasing at the edge of a photonic stop band incholesteric liquid crystals. *Opt. Lett.* 23(21), 1707–1709(1998).

[8] B. Redding, M. A. Choma, H. Cao, Speckle-free laser imaging using random laser illumination. *Nat Photonics*, 6(6), 355–359(2012).

[9] C. R. Lee, J. D. Lin, B. Y. Huang, et al. Electrically controllable liquid crystal random lasers below the Fréedericksz transition threshold. *Opt. Express*, 19(3), 2391–2400

(2011).

[10] C. W. Chen, H. C. Jau, C. T. Wang, et al. Random lasingin blue phase liquid crystals. *Opt. Express*, 20(21), 23978–23984(2012).

[11] D. S. Wiersma, The physics and applications of random lasers. *Nat. Phys.* 4(5), 359–367 (2008).

[12] G. S. He, *Nonlinear Optics and Photonics*. Oxford: Oxford University Press, 2015.

[13] S. K. Saha, G. K. Wong, Phase-matched electric-field-induced second-harmonic generation in a nematic liquid crystal. *Opt. Commun.* 30, 119(1979).

[14] Y. R. Shen, Studies of liquid crystal monolayers and films by optical second harmonic generation. *Liq. Cryst.* 5, 635(1989); Y. R. Shen, Surface properties probed by second-harmonic and sum-frequency generation. *Nature*, 337, 519(1989).

[15] J. Y. Liu, M. G. Robison, K. M. Johnson, et al. Second harmonic generation in ferroelectric liquid crystals. *Opt. Lett.* 15, 267(1990).

[16] A. Taguchi, Y. Oucji, H. Takezoe, et al. *Jpn. J. Appl. Phys.* 28, 997(1989).

[17] J. Y. Lin, M. Robinson, K. M. Johnson, et al. *J. Appl. Phys.* 70: 3426(1991).

[18] S. K. Saha, G. K. Wong, Investigation of nematic ordering using electric-field-induced second-harmonic generation. *Appl. Phys. Lett.* 34, 423(1979).

[19] Z.-C. Ou-Yang, Y.-Z. Xie, Theory of second-harmonic generation in liquid crystals. *Phys. Rev. A* 32, 1189(1986).

[20] R. B. Meyer, *Phys. Rev. Lett.* 22, 918(1969).

[21] S.-J. Gu, S. K. Saha, K. Wong, *Mol. Cryst. Liq. Cryst.* 69, 287(1981).

[22] D. S. Chemla, J. Zyss, (*eds*) *Nonlinear Optical Properties of Organic Molecules and Crystals*. Orlando: Academic, 1987.

[23] S. Marder, B. Kippelen, A.Y. Jen, et al. Design and synthesis of chromophores and polymers for electro-optic and photorefractive applications. *Nature*, 388, 845–851(1997).

[24] B. L. Davydov, L. D. Derkacheva, V. V. Duna, et al. *Pisma Zh. Eksp. Teor. Fiz.* 12, 24 (1970); *JETP Lett.* (*Engl. Transl.*) 12, 16(1970).

[25] B. F. Levine, C. G. Bethen, *J. Chem. Phys.* 63, 2666(1975); J. L. Oudar, *J. Chem. Phys.* 67, 446(1977).

[26] I. C. Khoo, "Nonlinear optics, active plasmonic and tunable metamaterials with liquid crystals," *Prog. Quantum Electron.*, 38(2), 77–117(2014).

[27] J. Hwang, N. Y. Ha, H. J. Chang, et al. Enhanced optical nonlinearity near the photonic bandgap edges of a cholesteric liquid crystal. *Opt. Lett.* 29(22), 2644–2646(2004).

[28] I. C. Khoo, A. Diaz, Multiple-time-scales dynamical studies of nonlincar transmission of pulsed lasers in a multi-photon absorbing organic material. *J. Opt. Soc. Am B* 28, 1702–1710(2011).

第 11 章　非线性光学

11.1　引言

材料中激光诱导的非线性极化会产生大量的自作用和波混合效应。本章将在经典电磁理论[1]的框架内描述非线性光学的基本原理，利用非线性极化作为麦克斯韦波方程中的驱动项，大部分讨论都集中在与复磁化率实部相关的非线性光学上。与复磁化率虚部相关的非线性吸收将在第 12 章中单独讨论。

11.1.1　一般非线性极化和磁化率

介质对外加电磁场的非线性响应一般用参考文献[2]和[3]所给形式的泛函依赖来描述，即

$$P(\vec{r};t) = f(E(\vec{r},t), E(\vec{r}',t')) \tag{11.1}$$

时空点 $(\vec{r},t)$ 处的非线性响应不仅是由于同一时空点处的外加场的作用，而且是由于不同时空点 $(\vec{r}',t')$ 处的场的作用。换句话说，响应是时间和空间的非局域函数。

在一些简化和合理的近似下，可以得到 $P(\vec{r},t)$ 的更显式形式。例如，如果光-物质相互作用可以看作系统上的扰动，如第 10 章所示，则产生的极化将以光场中的幂级数形式出现。

$$P(\vec{r},t) = P^{(1)}(\vec{r},t) + P^{(2)}(\vec{r},t) + P^{(3)}(\vec{r},t) + \cdots \tag{11.2}$$

式(11.2)右侧的第一项是前面讨论过的线极化，可由下式给出：

$$P^{(1)}(\vec{r},t) = \varepsilon_0 \int_{-\infty}^{+\infty} \overline{\overline{\chi}}^{(1)}(\vec{r}-\vec{r}',t-t') : E(\vec{r}',t') d^3\overline{r}\mathrm{d}t' \tag{11.3}$$

式(11.3)中的双点表示张量操作，且 χ 是二阶张量，E 是一阶张量。

通过傅里叶变换，可给出激光诱导极化的广义非局域形式：

$$P(\vec{k};\omega) = \varepsilon_0 \chi^{(1)}(\vec{k};\omega) \cdot E(\vec{k};\omega) \tag{11.4}$$

同理，二阶极化项 $P^{(2)}(\vec{r},t)$ 可以写成

$$P^{(2)}(\vec{r},t) = \int_{-\infty}^{+\infty} \chi^{(2)}(\vec{r}-\vec{r}',t-t';\vec{r}-\vec{r}'',t-t'') : E(\vec{r}',t') \times E(\vec{r}'',t'') d\vec{r}' d\vec{r}'' dt' dt'' \tag{11.5}$$

其中，$\chi^{(2)}$ 是一个三阶张量。经过傅里叶变换，得到

$$P^{(2)}(\vec{k},\omega)=\chi^{(2)}(k,\vec{k}',\vec{k}'';\omega,\omega',\omega''):E(\vec{k}'\cdot\omega')E(\vec{k}'',\omega'') \tag{11.6}$$

类似地，我们有

$$P^{(3)}(\vec{r},t)=\int_{-\infty}^{+\infty}\chi^{(3)}(\vec{r}-\vec{r}',t-t',\vec{r}-\vec{r}'',t-t'',\vec{r}-\vec{r}''',t-t'''):$$
$$E(\vec{r}',t')E\left(\vec{r}'',t''\right)E\left(\vec{r}''',t'''\right)d\vec{r}'d\vec{r}''d\vec{r}'''dt'dt''dt''' \tag{11.7}$$

其中，$\chi^{(3)}$ 是一个四阶张量。经过傅里叶变换，得到

$$P^{(3)}(\vec{k},\omega)=\chi^{(3)}(\vec{k},\vec{k}',\vec{k}'',\vec{k}''',\omega,\omega',\omega'',\omega'''):E(\vec{k}',\omega')E(\vec{k}'',\omega'')E(\vec{k}''',\omega''') \tag{11.8}$$

对于 $P^{(n)}$ 和 $\chi^{(n)}$ 等也有类似定义。

如果 n 阶非线性磁化率 $\chi^{(n)}(\vec{r},t)$ 与 $\vec{r}$ 无关，傅里叶变换 $\chi^{(n)}(\vec{k},\omega)$ 将与 k 无关，从这个意义来说，非线性响应被称为局域化。同样，如果介质的响应是瞬时的（如第 10 章讨论的电子非线性），则非线性极化 $P^{(2)}$、$P^{(3)}$ 的表达式变成 E 的简单张量积：

$$P^{(2)}(t)=\chi^{(2)}:E(t)E(t) \tag{11.9}$$

$$P^{(3)}(t)=\chi^{(3)}:E(t)E(t)E(t) \tag{11.10}$$

注意：读者可以从第 7 章处理单位制的部分中看到，我们采用了 CGS 约定来表示非线性极化。

11.1.2 约定与对称性

由于非线性极化 P_{nl} 涉及光电场的各种幂次（以 EE，EEE 等形式），并且如果总电场 E 包含许多频率分量（即 $E=E(\omega_1)+E(\omega_2)+\cdots+E(\omega_n)$），则有几种可能的频率成分组合会产生 P_{nl} 的特定频率成分。

例如，考虑二阶极化 $P^{(2)}$，忽略所有张量关系，并将我们的注意力集中在共极化场上，可以看到 P_{nl} 的频率分量 $\omega_3=\omega_1+\omega_2$ 来自两种可能的组合：$E(\omega_1)E(\omega_2)$ 和 $E(\omega_2)E(\omega_1)$。相应地，可以明确地标记各自的非线性敏感性 $\chi(-\omega_3,\omega_1,\omega_2)$ 和 $\chi(-\omega_3,\omega_2,\omega_1)$。在这种情况下，我们不需要在非线性极化的定义中调用简并因子 g。而且，它可以解释 $\chi(-\omega_3,\omega_1,\omega_2)$ 和 $(-\omega_3,\omega_2,\omega_1)$ 之间可能存在的差异。

为了更详细地表示 P_{nl} 和 E 之间的关系，我们可以用它们的空间坐标分量来表示电场：

$$E=\hat{i}E_i+\hat{j}E_j+\hat{k}E_k \tag{11.11}$$

$$P_{\mathrm{nl}}=\hat{i}P_i+\hat{j}P_j+\hat{k}P_k \tag{11.12}$$

为简单起见，E_l 和 P_l（l=i,j,k）可用平面波表示：

$$E_l=\sum_{\omega_n}\frac{1}{2}[A_l^{\omega_n}(r,t)\mathrm{e}^{\mathrm{i}(k\cdot r-\omega_n t)}+\mathrm{c.c.}] \tag{11.13}$$

$$P_l = \sum_{\omega_m} \frac{1}{2}[P_l^{\omega_m}(r,t)\mathrm{e}^{\mathrm{i}(k\cdot r-\omega_m t)} + \mathrm{c.c.}] \tag{11.4}$$

例如,非线性极化 $P_l^{\omega_3}$ 负责两个频率分量 ω_1 和 ω_2 的混合以产生频率为 ω_3 的第三波(图 11.1(a)),因此有

$$\frac{1}{2}P_i^{\omega_3} = 2^{-2}[\chi_{ijk}(-\omega_3,\omega_1,\omega_2)A_j^{\omega_1}A_k^{\omega_2} + \chi_{ijk}(-\omega_3,\omega_2,\omega_1)A_j^{\omega_2}A_k^{\omega_1}] \tag{11.15}$$

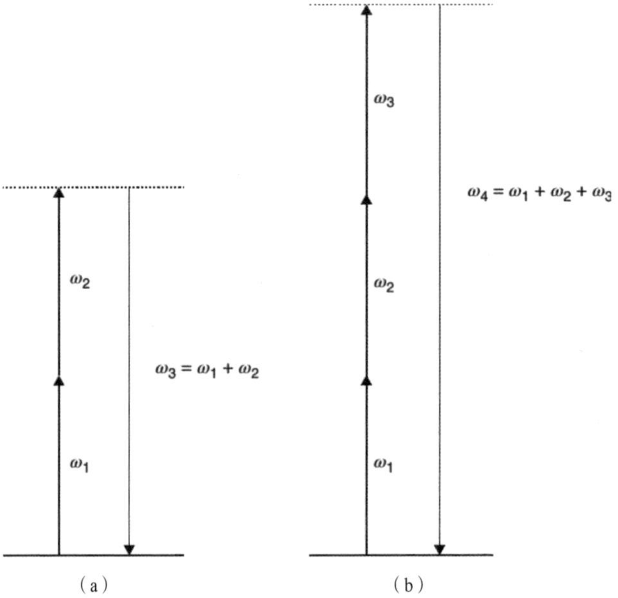

图 11.1 (a)三波混频过程,涉及两个频率 ω_1 和 ω_2 的混频,产生一个新的频率 $\omega_3=\omega_1+\omega_2$;(b)涉及 ω_1、ω_2 和 ω_3 的四波混频过程,产生一个新的频率 $\omega_4=\omega_1+\omega_2+\omega_3$

在式(11.15)的右侧,方括号中的两项来自 ω_1 和 ω_2 的两种可能的排序方式(即我们可以有 $A_j^{\omega_1}A_k^{\omega_2}$ 和 $A_j^{\omega_2}A_k^{\omega_1}$);$2^2$ 来自 A 定义中涉及的因子 1/2(见式(11.13)和式(11.14));下标 i,j,k 等表示域的相应笛卡儿分量;在 χ_{ijk} 后面的括号中出现的频率 ω_1、ω_2 和 ω_3 代表一种表达事实的常规方式 $\omega_3=\omega_1+\omega_2$(即 $-\omega_3+\omega_1+\omega_2=0$);在左侧,因子 1/2 来自式(11.14)中幅度 $P_l^{\omega_m}$ 的定义。把这些因素考虑进去,式(11.15)就变成

$$P_i^{\omega_3} = \frac{1}{2}[\chi_{ijk}^{(2)}(-\omega_3,\omega_1,\omega_2)A_j^{\omega_1}A_k^{\omega_2} + \chi_{ijk}^{(2)}(-\omega_3,\omega_2,\omega_1)A_j^{\omega_2}A_k^{\omega_1}] \tag{11.16}$$

其中,$\chi_{ijk}^{(2)}$ 为三阶张量。

如果 $\omega_1=\omega_2=\omega$(即 $\omega_3=\omega_1+\omega_2=2\omega$,产生二次谐波),则 ω_1 和 ω_2 的不同排列的个数减少为 1。因此,我们有

$$P_i^{2\omega}=\frac{1}{2}\chi_{ijk}^{(2)}(-2\omega,\omega,\omega)A_j^{\omega}A_k^{\omega} \tag{11.17}$$

这里 i、j 和 k 指的是坐标轴，在式(11.17)和其他涉及张量关系的方程中，隐含了对非重复指标的求和(即在式(11.17)的右侧，需要对 j=1, 2, 3 和 k=1, 2, 3 求和)。需要注意的是，如果我们有 $\omega_1=\omega$ 和 $\omega_2=-\omega$，则涉及一个完全不同的过程。这个过程被称为光整流，因为它会产生一个 $\omega_3=\omega_1+\omega_2=0$ 的直流响应。在这种情况下，ω_1 和 ω_2 的不同排列的数量为 2。

以类似的方式，由三波 ω_1、ω_2、ω_3 混合产生的非线性极化分量 ω_4(即 $\omega_4=\omega_1+\omega_2+\omega_3$)为

$$P_i^{\omega_4}=\frac{1}{2^2}[\chi_{ijkl}^{(3)}(-\omega_4,\omega_1,\omega_2,\omega_3)A_j^{\omega_1}A_k^{\omega_2}A_l^{\omega_3}+\cdots] \tag{11.18}$$

其中，$\chi_{ijkl}^{(3)}$ 为四阶张量(图 11.1(b))。

根据目前的惯例，当将某一特定过程称为 n 波混合时，n 表示非线性介质内相互作用波的总数(包括入射波和产生波)，如图 11.2 所示。因此，式(11.16)和式(11.17)中给出的形式的非线性极化的相互作用，其中两个入射波结合在一起产生一个产生波，称为三波混合过程。与三个波结合产生第四个波(参见式(11.18))相关的过程称为四波混频过程。如果所涉及的所有频率都相同，则该过程称为简并过程；否则，称为非简并波混频。

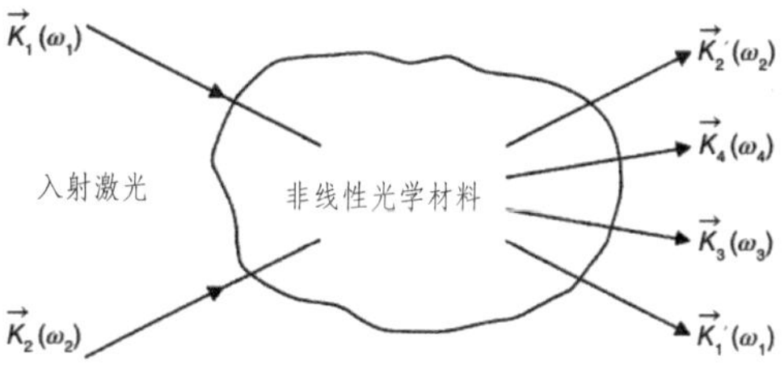

图 11.2　非线性光学材料中的时空频率波混频

显然，在笛卡儿坐标系中，三阶磁化率 $\chi_{ijkl}^{(3)}$ 是一个四阶张量，总共有 3^4 个元素，因为(i, j, k, l)每个都有三个分量 1, 2, 3。然而，在具有反转对称性的各向同性介质中，可以证明[3]只有四个不同的分量，其中三个是独立的：

$$\begin{cases}\chi_{1111}=\chi_{2222}=\chi_{3333}\\ \chi_{1122}=\chi_{1133}=\chi_{2211}=\chi_{2233}=\chi_{3311}=\chi_{3322}\\ \chi_{1212}=\chi_{1313}=\chi_{2121}=\chi_{2323}=\chi_{3232}=\chi_{3131}\\ \chi_{1221}=\chi_{1331}=\chi_{2112}=\chi_{2312}=\chi_{3113}=\chi_{3223}\\ \chi_{1111}=\chi_{1122}=\chi_{1212}=\chi_{1221}\end{cases} \tag{11.19}$$

这些微观磁化率是由特定原子或分子与入射光场之间的偶极相互作用的显式计算得

出的(见第 10 章)。在其他原子或分子及其极化存在的情况下,除入射光场外,原子或分子还会经历净去极化场[1]。在凝聚态物质或非均匀介质中,这些去极化场是相当复杂的,一般来说很难估计。另外,在简单的液体或气体(即各向同性、均质介质)中,可以通过将每个场分量乘以所谓的洛伦兹校正因子[2-3]来解释去极化场:

$$L=\frac{\varepsilon(\omega_i)+2}{3} \tag{11.20}$$

因此,前面讨论的宏观磁化率 $\chi^{(3)}$、$\chi^{(2)}$ 和 $\chi^{(1)}$ 与微观磁化率的关系如下:

$$\chi^{(1)}=\left(\frac{\varepsilon(\omega)+2}{3}\right)^2\chi_{\mathrm{mic}}^{(1)}(\omega)$$

$$\chi_{\mathrm{mac}}^{(3)}=\left[\frac{\varepsilon(\omega_4)+2}{3}\right]\left[\frac{\varepsilon(\omega_1)+2}{3}\right]\left[\frac{\varepsilon(\omega_2)+2}{3}\right]\left[\frac{\varepsilon(\omega_3)+2}{3}\right]\times\chi_{\mathrm{mic}}^{(3)}(-\omega_4,\omega_1,\omega_2,\omega_3) \tag{11.21}$$

在各向异性介质或液晶相中,由于存在较大的分子相关效应,这些局部场效应更为复杂[4-5]。

11.2 耦合麦克斯韦波方程

材料中发生的所有光学现象都是由光场诱导极化 $P=P_1+P_{\mathrm{nl}}$ 引起的,其中下标 l 和 nl 分别表示线性和非线性。

在前面的章节中,我们已经讨论了与极化 P_1 的线性部分相关的散射、色散和吸收过程。按照处理线性极化的相同步骤,包括极化 P_{nl} 的非线性部分的波动方程变为

$$\nabla^2 E_i-\mu_i\varepsilon_i\frac{\partial^2 E_i}{\partial t^2}=\mu_0\frac{\partial^2 P_{\mathrm{nl}}^{(i)}}{\partial t} \tag{11.22}$$

用麦克斯韦方程描述非线性介质中各种光场的相互作用。对于 n 波混频过程,有 n 个耦合麦克斯韦波方程。

在非线性介质中任意穿透深度处的光电场的解取决于入射场强度及其相位的初始边界条件。一般来说,求解这类波动方程从所谓的慢变包络近似开始。总电场的特定频率分量 E_j 可以表示为快速(时间上和空间上)振荡项和振幅函数,它们的时间和空间变化在一个更慢的尺度上。因此,我们有

$$E_j=\frac{1}{2}[A_j(\vec{r};t)\exp[\mathrm{i}(\vec{k}_j\cdot\vec{r}-\omega_j t)]+\mathrm{c.c.}],\quad j=1,\cdots,n \tag{11.23}$$

其中,n 是存在的频率分量的个数。

一般来说,虽然这 n 个相互作用的场在 n 个不同的方向上传播,但我们可以定义一个参考方向,通常表示为 z 方向,来描述它们在非线性介质中的相互作用和传播。相应地,快速的振荡项 $\exp[\mathrm{i}(\overrightarrow{k_j}\vec{r}-\omega t))$ 可以写成 $\exp[\mathrm{i}(\overrightarrow{k_j}z-\omega t))$,其中 k_j 现在被理解为波矢量 $\vec{k}_j$ 的 z 分

量，然后将慢变包络近似（SVEA）转化为以下不等式：

$$\left|\frac{\partial^2 A_j}{\partial z^2}\right| \ll \left|k_j \frac{\partial A_j}{\partial z}\right| \tag{11.24}$$

$$\left|\frac{\partial^2 A_j}{\partial t^2}\right| \ll \left|\omega_j \frac{\partial A_j}{\partial t}\right| \tag{11.25}$$

在慢变近似中，对应的非线性极化矢量分量表示为

$$P_{\mathrm{nl}}^{(j)} = \frac{1}{2}[P_j(\vec{r};t)\mathrm{e}^{\mathrm{i}(k_j^p z-\omega t)} + \mathrm{c.c.}] \tag{11.26}$$

即总非线性极化 $P_{\mathrm{nl}} = \sum_j P_{\mathrm{nl}}^{(j)}$ 包含 n 个频率组合。式（11.26）中 k_j^p 上标 p 表示它是与极化的第 j 分量相关联的波矢量；一般来说，它与电场的第 j 个分量的波矢量是不同的。

将式（11.23）至式（11.26）代入式（11.22），我们得到

$$\nabla_{\perp}^2 A_j + 2\mathrm{i}k_j \frac{\partial A_j}{\partial z} + 2\mathrm{i}\mu\varepsilon\omega \frac{\partial A_j}{\partial t} = -\mu_0\omega^2 P_j^{\mathrm{nl}} \exp(\mathrm{i}\Delta k_j z) \tag{11.27}$$

其中，$\Delta k_j = k_j^p - k_j$ 为第 j 波的波矢量失配。我们已经将三维的 ∇^2 分离为横向项（$\nabla_{\perp}^2$）和纵向项（z^2/z_2^2）。由于 $k_j = \omega_j / v_j$，式（11.27）就变成

$$\nabla_{\perp}^2 A_j + 2\mathrm{i}k_j \left(\frac{\partial A_j}{\partial z} + \frac{1}{v_j}\frac{\partial A_j}{\partial t}\right) = -\mu_0\omega^2 P_j^{\mathrm{nl}} \exp(\mathrm{i}\Delta k_j z) \tag{11.28}$$

如果我们把这个（z,t）坐标系变换成沿着 z 以速度 j 运动的坐标系，即（z'，t'），且有

$$z' = z; t' = -\frac{z}{v_j} \tag{11.29}$$

则式（11.28）变为

$$\nabla_{\perp}^2 A_j + 2\mathrm{i}k_j \frac{\partial A_j}{\partial z} = -\mu_0\omega^2 P_j^{\mathrm{nl}} \exp(\mathrm{i}\Delta k_j z) \tag{11.30}$$

对于 j=1，2，⋯（相互作用波的数量），这里我们把 z' 写成 z，因为它们是一样的。

在推导式（11.30）时，我们还假设所研究的过程处于稳态；过程的时间依赖性通过替换 $t' = t - z/v_j$（式（11.29））“消除”。在许多涉及短脉冲激光的情况下，如强烈的飞秒-皮秒激光脉冲通过胆甾相液晶，这种假设不再有效，并且必须恢复使用与时间相关的麦克斯韦方程（11.27）。由于在短脉冲持续时间内产生的非线性指数的超快变化，激光经历了大的频移和展宽，这两者与带边缘附近的大色散相结合，引起相当大的时间剖面调制，如第 11.5 节讨论的脉冲延长、压缩、脉冲破裂等。

11.3 非线性光学现象

通过前面讨论的非线性极化可以产生许多明显不同的非线性光学现象,这里我们讨论一些被广泛研究的现象。根据激光的类型(连续波或短脉冲)和所涉及的机制(非电子学或电子学起源),我们可以在两种情况下描述非线性光学过程:稳态或瞬态时间依赖现象。其中,稳态过程可以用固定非线性极化的非线性麦克斯韦方程(11.30)来处理。另外,在涉及短或超快激光脉冲的情况下,我们必须采用时变麦克斯韦波动方程(11.27),其中由于相互作用,激光诱导的非线性极化也可能是时变的。我们从涉及非线性介质中两个或多个激光器的光波混频过程开始,然后介绍输入激光的自作用和受激散射。

11.3.1 平稳简并光混频

图 11.3 显示了典型的相互作用几何。其中,两束等频激光 E_1 和 E_2 入射到厚度为 d 的非线性光学材料上,它们以角度 θ 相交(在非线性材料内)。在出口一侧,有相同频率的光束 E_1 和 E_2 以及新产生的波 E_3 和 E_4。这些波是由于输入波的空间混合产生的。

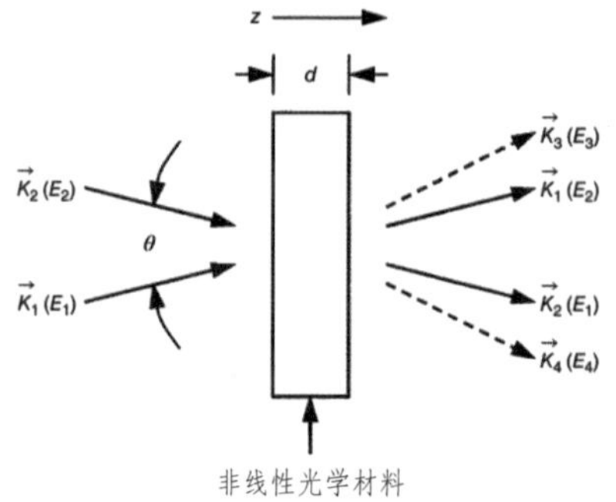

图 11.3 涉及侧面衍射光束的前向混波过程

例如,在 $\vec{k}_3$ 方向上传播的波 E_3 是非线性形式为 $P_3 \sim E_1E_2^*E_1$ 的极化项 P_3,具有相关的波矢失配量 $\Delta\vec{k}_3 = \vec{k}_3 - (\vec{k}_1 + \vec{k}_1 - \vec{k}_2)$,如图 11.4 所示。

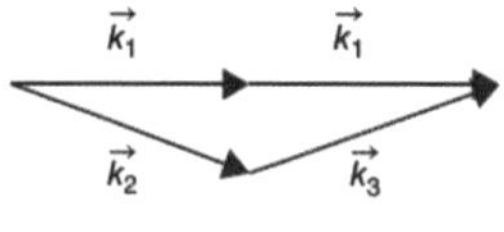

图 11.4 过程 $k_3 = 2k_1 - k_2$ 的波矢量相加

类似地,波 E_4 是非线性形式为 $P_4 \sim E_2E_2^*E_1$ 的极化 P_4,与相关波矢量失配 $\Delta\vec{k}_4 = \vec{k}_4 - (2\vec{k}_2 - \vec{k}_1)$,如图 11.5 所示。

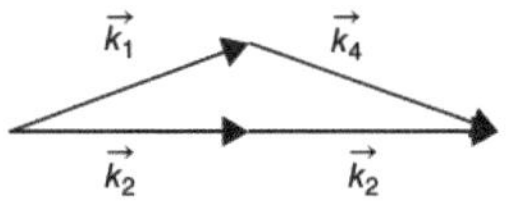

图 11.5　过程 $k_4 = 2k_2 - k_1$ 的波矢量相加

为了说明简单，我们假设所有的波在 $\hat{x}$ 方向上都是极化的。在平面波形中，总电场 $\vec{E}$ 和非线性极化 $\vec{P}$ 由下式给出：

$$\vec{E} = \sum_{j=1}^{4} \vec{E}_j = \hat{x}\sum_{j=1}^{4} \frac{1}{2}[A_j \exp[\mathrm{i}(k_j z - \omega t)] + \mathrm{c.c.}] \tag{11.31}$$

$$\vec{P} = \sum_{j=1}^{4} \vec{P}_j = \hat{x}\sum_{j=1}^{4} \frac{1}{2}[P_j \exp[\mathrm{i}(k_j z - \omega t)] + \mathrm{c.c.}] \tag{11.32}$$

此外，我们让 E_1 的强度远高于 E_2 的强度，适合典型的泵浦-探针波混合相互作用，因此产生的波 E_3 比波 E_4 强得多。忽略 E_4，贡献的项在 E_3 方向上产生的波有 $(E_3E_3^*)E_3$、$(E_2E_2^*)E_3$、$(E_1E_1^*)E_3$、$(E_1E_2^*)E_3$、$(E_3E_1^*)E_1$ 和 $(E_3E_2^*)E_2$。

在写下这些项时，我们把电场振幅的乘积放在括号里，表示波之间的干涉，$E_3E_3^*$、$E_2E_2^*$ 和 $E_1E_1^*$ 是所谓的静态或直流分量（即强度在空间和时间上不变）。另外，$E_3E_1^*$ 和 $E_3E_2^*$ 项是所谓的（强度）光栅分量，它们是空间周期性的空间光栅，即分别由 $\vec{k}_3 - \vec{k}_1$ 和 $\vec{k}_3 - \vec{k}_2$ 给出的波向量。从这一点出发，$(E_3E_1^*)E_1$ 可以看作由强度光栅 $E_3E_1^*$ 产生的折射率光栅上的波 E_1 向 E_3 方向的散射引起的。

当我们写下相应的耦合麦克斯韦波方程时，与这些静态和光栅项相关的影响变得更加清晰。从式（11.30）中，忽略平面波近似下的横向拉普拉斯项（$\nabla_\perp^2 A_j$），可以推导出这三种波的振幅 A 的方程，得到

$$\frac{\mathrm{d}A_1}{\mathrm{d}z} = \mathrm{i}g(|A_1|^2 + 2|A_2|^2 + 2|A_3|^2)A_1 + \mathrm{i}g[(A_2A_1^*)A_3 + (A_3A_1^*)A_2]\exp(\mathrm{i}\Delta k_3 z) \tag{11.33}$$

$$\frac{\mathrm{d}A_2}{\mathrm{d}z} = \mathrm{i}g(|A_2|^2 + 2|A_1|^2 + 2|A_3|^2)A_2 + \mathrm{i}g[(A_1A_3^*)\exp(-\mathrm{i}\Delta k_3 z)]A_1 \tag{11.34}$$

$$\frac{\mathrm{d}A_3}{\mathrm{d}z} = \mathrm{i}g(|A_3|^2 + 2|A_1|^2 + 2|A_2|^2)A_3 + \mathrm{i}g[(A_1A_2^*)\exp(-\mathrm{i}\Delta k_3 z)]A_1 \tag{11.35}$$

其中

$$g = \frac{\mu_0\omega^2\chi_{xxxx}}{8} \tag{11.36}$$

$$\Delta k = |2\vec{k}_1 - \vec{k}_2 - \vec{k}_3| \tag{11.37}$$

这里有一些关于光多波混频的注意事项。

（1）我们在式（11.33）至式（11.37）中只考虑了三种波，并忽略 A_4。通常情况下，A_1 是

强泵浦光束,A_2是弱探测光束,因此产生的侧衍射A_3(与A_1和A_2相比振幅小得多)需要被认为是另一侧衍射A_4,其量级可以忽略不计。

(2)然而,在两束输入光束具有可比幅度的情况下,两侧衍射A_3和A_4将具有可比幅度,因此必须包括A_4的方程。事实上,在高度非线性的向列相液晶(NLCs)中,在拉曼-纳特体制中通常会产生许多($\gg 2$)侧衍射阶。定量分析必须考虑所有输入波和产生波之间的生长和相互作用的大小[6-8]。

为简单起见,我们让这些方程中与各种贡献项($(E_3E_3^*)E_3$,$(E_3E_1^*)E_1$等)相关的所有非线性系数等于χ_{xxxx}。一个典型的与$E_1E_2^*E_1$相关的非线性极化项(对于P_3^{nl})用电场振幅A的形式给出:

$$P_3^{\text{nl}} = \frac{1}{4} x_{xxxx} A_1 A_2^* A_1 \tag{11.38}$$

因为式(11.33)至式(11.35)中波之间的非线性耦合,显式解析解是不可能的。然而,如果假设泵浦光束是强的,即$|A_1|^2 \gg |A_2|^2$,因此$|A_3|^2$遭受可忽略不计的损耗,并且只保留由泵浦光束引起的相位调制(这些方程右侧的$-\mathrm{i}g|A_1|^2$项),则可以求解式(11.33)到式(11.35),得到

$$A_1(d) = A_1(0)\exp[\mathrm{i}g|A_1(0)|^2 d] \tag{11.39}$$

$$A_2(d) = A_2(0)\exp[\mathrm{i}g|A_1(0)|^2 d]\left[\cosh(qd) - \mathrm{i}\frac{P}{q}\sinh(qd)\right] \tag{11.40}$$

和

$$A_3(d) = \mathrm{i}A_2^*(0)\exp[\mathrm{i}g|A_1(0)|^2 d]\left[\frac{p^{*2}+q^{*2}}{q^*}\sinh(q^* d)\right] \tag{11.41}$$

其中

$$p = \frac{\Delta k}{2} - g|A_1(0)|^2 \tag{11.42}$$

$$q = \left[g|A_1(0)|^2 - \frac{\Delta k}{4}\right]^{1/2} \tag{11.43}$$

从这些解中还可以看到,由发射探针光束的强度获得增益因子$G(d)$,即

$$G(d) = \frac{I_2(d)}{I_2(0)} = \left|\cosh(qd) - \frac{\mathrm{i}P}{q}\sinh(qd)\right|^2 \tag{11.44}$$

注意,式(11.41)中生成的波$A_3(d)$与波A_2的复共轭成正比,因此它有时被称为A_2的前向相位共轭。我们接下来讨论另一个相位共轭过程,其中产生的相位共轭是向后传播的。

11.3.2 光学相位共轭

图 11.6 显示了一个特殊情况的简并四波混频过程，包括三个输入波 E_1、E_2、E_3 和产生的波 E_4 并逆传播到 E_3。

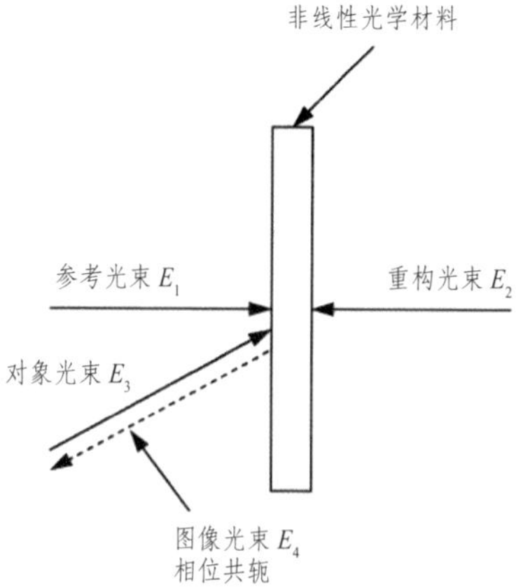

图 11.6 简并四波混频过程的光波前共轭示意图

波 E_4 可以由三个输入波的几种组合产生。例如，它可以是由于 E_2 和 E_3 干涉形成的折射率光栅对 E_1 的衍射（即由形式为 $(E_2E_3^*)E_1$ 的非线性极化项）。另一种可能性是 E_1 和 E_3 干涉形成的光栅对 E_2 的散射（即形式为 $(E_1E_3^*)E_2$ 的非线性极化项）。

所有过程都有波矢量不匹配 $\Delta k_4 = k_4 - (k_1 + k_2 - k_3)$，且 $k_2 = -k_1$ 和 $k_4 = -k_3$，则我们有 $\Delta k_4 = 0$（即一个完全相位匹配的四波混频过程）。

注意，与 $(E_2E_3^*)$ 相关的光栅常数比与 $(E_1E_3^*)$ 相关的光栅常数要小得多。如果负责形成折射率光栅的物理机制不依赖于光栅周期，那么这两项的贡献将同样有助于 E_4 的产生。

然而，由于扩散或其他分子间机制（如定向轴重新定向或热扩散），较大的光栅周期通常可以获得较高的波混频效率，在这种情况下，$(E_1E_3^*)$ 是主要的贡献项。

仅考虑光栅项 $(E_1E_3^*)$，非线性介质中四个相互作用波的耦合方程为

$$\frac{\mathrm{d}A_1}{\mathrm{d}z} = \mathrm{i}g'(|A_1|^2 + 2|A_2|^2 + 2|A_3|^2 + 2|A_4|^2) + \mathrm{i}g'\{\text{波混频项}\} \tag{11.45}$$

$$\frac{\mathrm{d}A_2}{\mathrm{d}z} = -\mathrm{i}g'(|A_2|^2 + 2|A_1|^2 + 2|A_3|^2 + 2|A_4|^2) - \mathrm{i}g'\{\text{波混频项}\} \tag{11.46}$$

$$\frac{\mathrm{d}A_3}{\mathrm{d}z} = \mathrm{i}g(|A_2|^2 + 2|A_1|^2 + 2|A_3|^2 + 2|A_4|^2) + \mathrm{i}g\{A_1A_2A_4^*\} \tag{11.47}$$

$$\frac{\mathrm{d}A_4}{\mathrm{d}z} = -\mathrm{i}g(|A_4|^2 + 2|A_1|^2 + 2|A_2|^2 + 2|A_3|^2) - \mathrm{i}g\{A_1A_2A_3^*\} \tag{11.48}$$

其中,$g=\mu_0\omega^2\chi/8$,$g'=q/\cos\theta=\mu_0\omega^2\chi/8\cos\theta$,$\chi$为该过程中涉及的非线性磁化率。

如前一节所指出的,这些方程右侧的第一项是由光强函数中的空间静态项引起的相位调制效应。注意,由于这些相位调制的存在,当这些波相互作用并向非线性介质中更深地传播时,最初完美的相位匹配条件($\Delta k=0$)将被降级。

为了定性地检查光学相位共轭的结果和含义,我们在这里忽略相位调制项,可以更准确地评估振荡阈值,如参考文献[9]所示。我们还假设波E_1和E_2(通常称为泵浦波)与探测波E_3和产生波E_4相比非常强(即$|A_1|$和$|A_2|$是常数)。因此,我们有

$$\frac{dA_3}{dz}=igA_1A_2A_4^* \tag{11.49}$$

$$\frac{dA_4}{dz}=-igA_1A_2A_3^* \tag{11.50}$$

对于图11.6所示的构型,初始条件为$z=0$处$A_3=A_3(0)$,$z=L$处$A_4=0$,其中L为非线性材料的厚度,则A_3和A_4的解为

$$A_3(z)=A_3(0)\frac{\cos[g|A_1A_2|(z-L)]}{\cos[g|A_1A_2|L]} \tag{11.51}$$

$$A_4(z)=-iA_3^*(0)\frac{\sin[g|A_1A_2|(z-L)]}{\cos[g|A_1A_2|L]} \tag{11.52}$$

这些方程显示了以下内容。

(1)发射的探头波束E_3被振幅增益因子放大:

$$G_a=\frac{A_3(L)}{A_3(0)}=\sec[g|A_1A_2|L] \tag{11.53}$$

与前面的四波混频情况一样。

(2)生成波E_4与探测束E_3的复共轭成正比,生成波的这一特征与上一节得到的结果相似(参见式(11.41))。实际上,它们都是由同一种波混频过程产生的,只是涉及一组不同的传播波矢量。出于同样的原因,波E_4称为E_3的光学相位共轭,产生的波E_4携带的相位是E_3输入所携带的相位的共轭。这已经在文献中得到了很好的证明,其结果是,如果通过相位像差介质拾取相位畸变因子$\exp(i\phi_D)$,则产生的波E_4(如果允许反向穿越相位像差介质)将拾取相位因子$\exp(-i\phi_D)$。因此,净结果是在信号波束E_4中精确地抵消了这些相位失真因素。

另一个有趣的特征是,如果$g|A_1A_2|L=\pi/2$,$A_3(z)$和$A_4(z)$对于消失的输入$A_3(0)$值都将假设有限值,即"振荡"将发生,就像在激光振荡器中一样。换一种说法,想象一个空腔的光传播轴沿$\vec{k}_3$(或$\vec{k}_4$)形成,那么在这个方向上产生的任何相干噪声都可能被设置为振荡。相干噪声的一个例子是来自泵浦光束的散射噪声,它相对于泵浦光束是相干的,因此可以干扰泵浦光束。许多关于液晶和其他材料中自泵浦相位共轭振荡的研究都是基于这一过程或其变体[3,9-11]。

11.3.3 瞬态和近简并波混频

如前所述,激光诱导的非线性极化会引起介电常数的变化。如果这些介电常数的变化在空间上重合,在引入强度光栅的情况下,就认为这些材料具有局部非线性。然而,在某些情况下,诱导的介电常数变化在空间上与光强发生位移;也就是说,介电常数和强度光栅函数之间存在相移 ϕ,如图 11.7 所示。

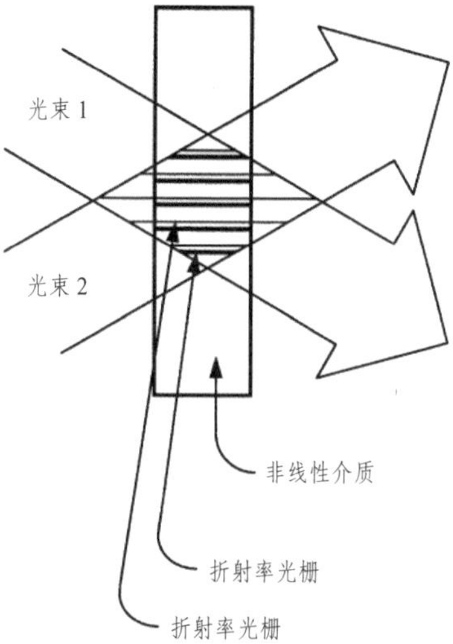

图 11.7　诱导折射率光栅在空间上与光强光栅发生了位移(如在光折变材料中)

例如,如果两个干涉波 E_1 和 E_2 的频率不相等(即 $\omega_2=\omega_1+\Omega$),则会在强度和折射率光栅函数之间产生相移,如图 11.8 所示。在这种情况下,E_1 和 E_2 传递到非线性介质上的强度光栅随时间而移动。由于介质的响应时间有限,诱导的折射率光栅在稳态时会延迟(即在强度和折射率光栅之间会发生相移 ϕ)。

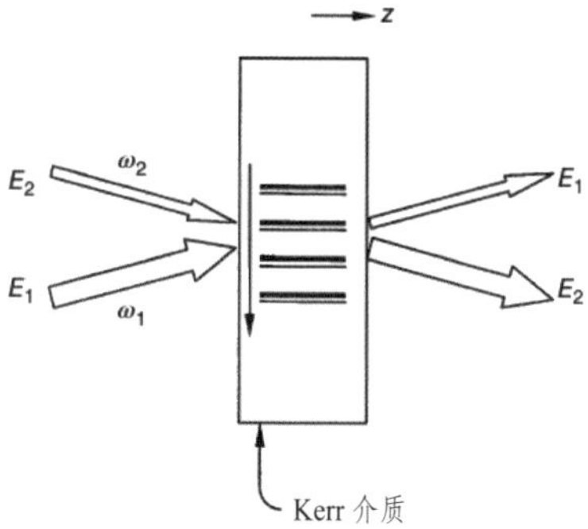

图 11.8　两束不同频率的相干入射激光产生的运动强度光栅

相移的大小和符号取决于各种材料、光学和几何参数。对于我们目前关于在波混频过程中具有ϕ相移的讨论,我们通常将其表示为ϕ。如果总强度函数为

$$I_{\text{total}} \propto (E_1+E_2)\cdot(E_1+E_2)^* = |E_1|^2+|E_2|^2+E_1E_2^*+E_2E_1^* \quad (11.54)$$

则感应折射率光栅函数为

$$\Delta n \sim \Delta n_0 + n_2(E_1E_2^*\mathrm{e}^{\mathrm{i}\phi}+E_2E_1^*\mathrm{e}^{-\mathrm{i}\phi}) \quad (11.55)$$

其中,Δn_0为静态强度($|E_1|^2+|E_2|^2$)引起的(空间上的)静态折射率变化。

考虑由诱导折射率光栅产生的波E_1或E_2的散射,我们可以将三阶非线性极化项与$E_1^*E_2E_1^{\mathrm{i}\phi}$、$E_1E_2^*E_2^{\mathrm{i}\phi}$等形式联系起来。如果我们将讨论仅限于这两个波,并遵循推导式(11.46)和式(11.47)中使用的程序,则相应的耦合两波混频方程为

$$\frac{\mathrm{d}A_1}{\mathrm{d}z} = \mathrm{ig}[|A_1|^2+|A_2|^2]A_1+\mathrm{ig}(A_2^*A_1)\mathrm{e}^{\mathrm{i}\phi}A_2 \quad (11.56)$$

$$\frac{\mathrm{d}A_2}{\mathrm{d}z} = \mathrm{ig}[|A_1|^2+|A_2|^2]A_2+\mathrm{ig}(A_1^*A_2)\mathrm{e}^{\mathrm{i}\phi}A_1 \quad (11.57)$$

如果这些方程以波的强度I_1和I_2单个相位ϕ_1和ϕ_2的形式表示,则相移ϕ对这些两波耦合的影响将更加明显。然后,我们有

$$I_{1,2} = \frac{\varepsilon_0 nc}{2}\langle E^2\rangle = \frac{\varepsilon_0 nc}{2}\frac{1}{2}A_1A_1^* = \frac{\varepsilon_0 nc}{4}|A_1|^2 \quad (11.58)$$

和

$$A_1 = |A_1|\mathrm{e}^{\mathrm{i}\phi_1} \quad (11.59)$$

$$A_1 = |A_1|\mathrm{e}^{\mathrm{i}\phi_2} \quad (11.60)$$

复耦合波动方程变成两组实变量方程。对于强度,我们有

$$\frac{\mathrm{d}I_1}{\mathrm{d}z} = -4g'\sin\phi I_1I_2 \quad (11.61)$$

$$\frac{\mathrm{d}I_2}{\mathrm{d}z} = +4g'\sin\phi I_1I_2 \quad (11.62)$$

对于相位,我们有

$$\frac{\mathrm{d}\phi_1}{\mathrm{d}z} = g'[(I_1+I_2)+I_2] \quad (11.63)$$

$$\frac{\mathrm{d}\phi_2}{\mathrm{d}z} = g'[(I_2+I_1)+I_1] \quad (11.64)$$

其中,$g' = 4g/\varepsilon_0 nc$。

从这些方程中,我们很容易看出,如果$\sin\phi$不消失,则在E_1和E_2波之间存在能量流动,能量流动的方向取决于ϕ的符号。

在具有局部非线性(即相移$\phi=0$)的材料中,侧衍射为两个入射光束之间的能量交换提供了一种手段[7-8]。如果介质的响应不是瞬时的,则会产生时间上的非局部非线性,并且

通常在使用短激光脉冲时将表现出来。由于诱导折射率变化的延迟反应，会发生强度与折射率光栅函数之间的时变相移，如图 11.9 所示。因此，入射光束之间存在一个时变的能量交换过程。通常，这个过程是这样的，即能量从较强的入射光束流向较弱的入射光束。在参考文献[7]和[8]中给出了处理这种时变波混频过程的详细形式和定量数值解。在受激散射过程中，时间和空间位移的光栅效应自然存在。一个经常被研究的过程是受激散射，其中入射光场 E_1（频率为 ω_1）产生一个相干向后传播的波 E_2（频率为 $\omega_2=\omega_1-\omega_s$，其中 ω_s 为介质的声音频率）。能量从 E_1 到 E_2 传递的物理原因与我们之前讨论的类似，尽管实际的动力学和机制要复杂得多。这将在第 11.4 节中进一步讨论。

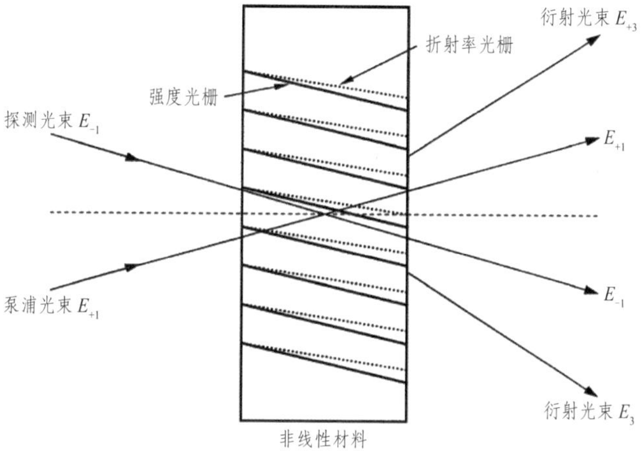

图 11.9　由两个相干等频短激光脉冲产生的时变空间移动折射率光栅

11.3.4　非简并光混频和谐波产生

非简并光波混合是由式（11.17）和式（11.18）所示形式的非线性极化引起的，其中非线性磁化率源于第 10 章讨论的超快分子电子波函数调制。例如，可以将入射频率 ω_1、ω_2 和 ω_3 组合在一起，产生涉及和或差的新频率 $\omega_4=\omega_1\pm\omega_2\pm\omega_3$。这些波混频过程通常被称为和差频率生成。

在本节中，我们将讨论两种基本不同的和频产生过程，即二次谐波和三次谐波。这些过程与偶、奇阶非线性极化相关。

二次谐波产生：

$$P_i^{2\omega}=\frac{1}{2}[\chi_{ijk}^{(2)}(-2\omega,\omega,\omega)A_j^{\omega}A_k^{\omega}] \tag{11.65}$$

三次谐波产生：

$$P_i^{3\omega}=\frac{1}{4}[\chi_{ijkl}^{(3)}(-3\omega,\omega,\omega,\omega)A_j^{\omega}A_k^{\omega}A_l^{\omega}] \tag{11.66}$$

其中，i、j、k 指晶轴，且 j=1,2,3 和 k=1,2,3 的求和是隐式的。

这两种过程的主要根本区别在于，二次谐波产生涉及电场的偶阶极化（即 $P \sim EE$），而三次谐波产生涉及电场的奇阶极化（$P \sim EEE$）。考虑一个中心对称的非线性介质，如果我们将坐标系倒置，则式（11.64）变成

$$\tilde{P}_i^{2\omega} = \frac{1}{2}\tilde{\chi}_{ijk}^{(2)}\tilde{A}_j^{\omega}\tilde{A}_k^{\omega} \tag{11.67}$$

由于极化和电场是矢量，它们必须改变符号（即 $\tilde{P}_i^{2\omega} = -P_i^{2\omega}$，$\tilde{A}_i = -A_i$，$\tilde{A}_j \sim -A_j$），而 $\tilde{\chi}_{ijk}^{(2)}$ 不改变符号，因为它是材料响应的度量（磁化率张量的标量分量）。因此，式（11.67）可写成

$$P_i^{2\omega} = -\frac{1}{2}\chi_{ijk}^{(2)}A_j^{\omega}A_k^{\omega} \tag{11.68}$$

比较式（11.67）和式（11.68），唯一合乎逻辑的结论是在中心对称介质中 $\tilde{\chi}_{ijk}^{(2)} = 0$。使用类似的对称性考虑，我们可以证明，在中心对称介质中所有的偶幂非线性磁化率都在消失。因此，只有在非中心对称的非线性介质中才有可能产生二次、四次等次谐波。另外，类似的考虑表明，所有材料都必然具有 $\tilde{\chi}_{ijkl}^{(3)}$ 和更高的奇阶非线性磁化率。

谐波产生中涉及的另一个根本重要问题是相位匹配，因为频率为 ω 的入射基波与产生的频率为 2ω 或 3ω 的二次或三次谐波之间存在很大的相位不匹配。在二次谐波产生的情况下，相位失配为

$$\Delta\vec{k} = \vec{k}_{2\omega} - 2\vec{k}_{\omega}$$

幅度为

$$\Delta k = \frac{2\pi n(2\omega)}{\lambda/2} - 2\left(\frac{2\pi}{\lambda}\right)n(\omega) = \frac{4\pi}{\lambda}(n(2\omega) - n(\omega)) \tag{11.69}$$

实现相位匹配（即 $\Delta k = 0$）的一种可能性是利用介质的双折射，使基波和谐波作为不同类型的波（异常波和普通波）传播。例如，可以将基波作为普通波，其折射率为 n_o^{ω}，与传播方向无关；而谐波是相对于光轴以角度 θ_m 传播的特殊波，也就是说它的折射率为 $n_e^{\omega}(\theta_m)$，且有

$$n_e^{2\omega}(\theta_m) = n_o^{\omega} \tag{11.70}$$

这可以在图 11.10 中看到，其中 $n_e^{2\omega} < n_o^{2\omega}$（即 $n_e < n_o$ 的负单轴晶体），从式（11.69）和式（11.70）我们得到

$$\frac{1}{n_o^{\omega}} = \frac{1}{n_e^{2\omega}(\theta_m)} = \frac{\cos^2\theta_m}{(n_o^{2\omega})^2} + \frac{\sin^2\theta_m}{(n_e^{2\omega})^2} \tag{11.71}$$

也就是说，当 $n_e < n_o$ 时，有

$$\sin^2\theta_m = \frac{(n_o^{\omega})^{-2} - (n_o^{2\omega})^{-2}}{(n_e^{2\omega})^{-2} - (n_o^{2\omega})^{-2}} \tag{11.72}$$

通过绘制类似于图 11.10 的图,并通过前面对正 ($n_e > n_o$) 单轴晶体的分析,读者可以很容易地表明,这种情况下的相位匹配角为

$$\sin^2\theta_n = \frac{(n_o^{\omega})^{-2} - (n_o^{2\omega})^{-2}}{(n_o^{\omega})^{-2} - (n_e^{2\omega})^{-2}} \tag{11.73}$$

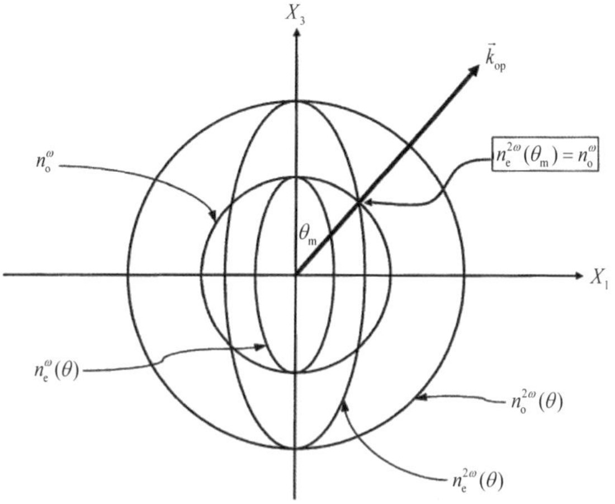

图 11.10　将二次谐波 (2ω) 的非平凡折射率 $n_e(\theta_m)$ 与非基频 (ω) 折射率 n_o 匹配

11.3.5　静止自相位调制和自作用

在非线性光学材料中,由于折射率随光强的变化,激光的波前不可避免地会发生与强度相关的相移。由于典型激光束的强度是一个空间变化的函数,因此相移也是空间变化的。这与激光强度的巨大变化一起,导致激光在穿越非线性介质时以自聚焦、散焦、捕获、光束破裂、细丝、空间环形成等形式发生严重畸变。

厚介质中的非线性传播问题是相当复杂的,不在本书的讨论范围内,读者可参考参考文献[3]进行全面回顾。

如果材料是光学薄的(如典型的液晶厚度在微米或 10 μm 范围内),则光学传播的问题将大大简化。在通过这种非线性薄膜的过程中,激光束只经过相位调制,振幅变化可以忽略不计。透射的远场强度图基本上是入射场的衍射图,非线性薄膜起到了与强度相关的相位屏的作用。

现在考虑稳态自相位调制效应,与介质的响应时间相比,这种情况涉及持续时间较长的连续波激光或脉冲激光,因此适用于与时间无关的式(11.30)。如果介质对激光场的响应是局部的,则相移的空间分布遵循激光的空间分布。

在高斯激光束的情况下,有

$$I_{(激光)}=I_0\exp\left(-\frac{2r^2}{\omega^2}\right) \tag{11.74}$$

非线性(强度相关)相移 ϕ_{nl} 为

$$\phi_{\mathrm{nl}}=kn_2dI_0\exp\left(-\frac{2r^2}{\omega^2}\right) \tag{11.75}$$

其中,$k=2\pi/\lambda$;ω 为激光束腰。这是在穿过作为相位屏的非线性薄膜时赋予激光的相移,如图 11.11 所示。

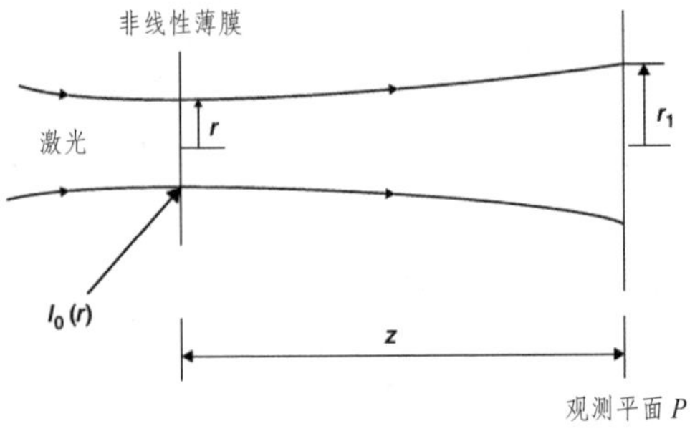

图 11.11 非线性薄膜对激光束的非线性横向相移和衍射

在距离薄膜 z 处的出口侧,观测平面 P 上的强度分布由基尔霍夫衍射积分[1,12-13]给出:

$$I(r_1,z)=\left(\frac{2\pi}{\lambda z}\right)^2 I_0\left|\int_0^\infty r\mathrm{d}rJ_0\left(\frac{2\pi rr_1}{\lambda z}\right)\times\exp\left(-\frac{2r^2}{\omega^2}\right)\exp\left[-\mathrm{i}(\phi_{\mathrm{D}}+\phi_{\mathrm{nl}})\right]\right|^2 \tag{11.76}$$

其中,衍射相位 ϕ_{D} 为

$$\phi_{\mathrm{D}}=k\left(\frac{r_2}{2z}+\frac{r_2}{2r}\right) \tag{11.77}$$

使用以下定义:

$$y=\frac{r}{\omega} \tag{11.78}$$

$$C_1=\frac{4\pi}{(\lambda z)^2}\omega^4 \tag{11.79}$$

$$C_2=\frac{2\pi}{\lambda}\omega\tan\alpha_0,\quad \alpha_0=\frac{\lambda}{\pi\omega_0} \tag{11.80}$$

$$C_a=\frac{2\pi}{\lambda}\bar{n}_2dI_0 \tag{11.81}$$

$$C_b=\frac{\pi}{\lambda}\omega^2\left(\frac{1}{z}+\frac{1}{r}\right) \tag{11.82}$$

和

$$\theta = \frac{r_1}{z \tan \alpha_0} \tag{11.83}$$

我们可以把式(11.76)改写为

$$I(r_1, z) = C_1 I_0 \left| \int_0^{\infty} \exp(-2y^2) y \times \exp\{-\mathrm{i}[C_a \exp(-2y^2) + C_b y^2]\} J_0(C_2 \theta y) \mathrm{d}y \right|^2 \tag{11.84}$$

在参考文献[12]和[13]中描述了各种类型的强度分布以及它们如何作为输入强度的函数演变。除非线性的符号外，主要的决定因素是 C_b 的符号，该符号由非线性薄膜的位置和入射激光的波前曲率决定。

如果 $n_2 > 0$，我们有以下几种情况。

(1) $(1/z + 1/r) < 0$，强度分布从高斯光束演变为中心数据区域趋向于暗(低强度)，周围是明亮的环，如图 11.12 所示。

(2) $(1/z + 1/r) > 0$，随着入射光强 I_0 的增加，光强分布由高斯形状演变为中心亮斑和同心明暗环的形状，如图 11.13 所示。

(3) $(1/z + 1/r) \approx 0$，这就是所谓的中间情况，中心区域的强度分布假定的形式介于情况(1)和情况(2)之间。

如果 $n_2 < 0$，强度分布几乎是 $n_2 > 0$ 情况的"镜像"；也就是说，情形(1)和情形(2)的分布是互换的。

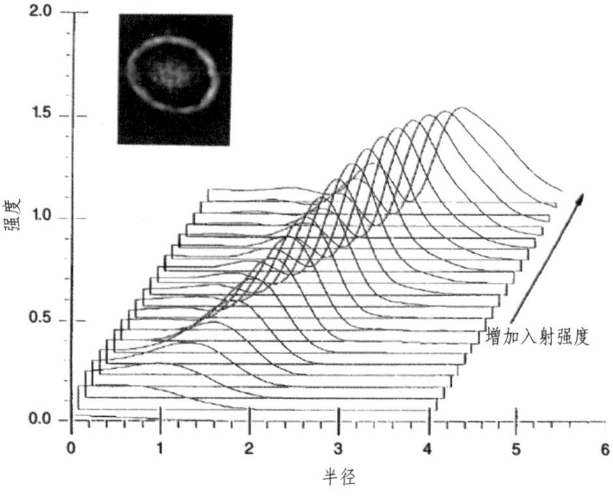

图 11.12　径向强度作为输入强度增加的函数，显示自相位调制诱导轴向强度向径向部分重新分布(插入图是由于激光束通过向列相膜而在观测平面 P 上观察到的图案的照片)

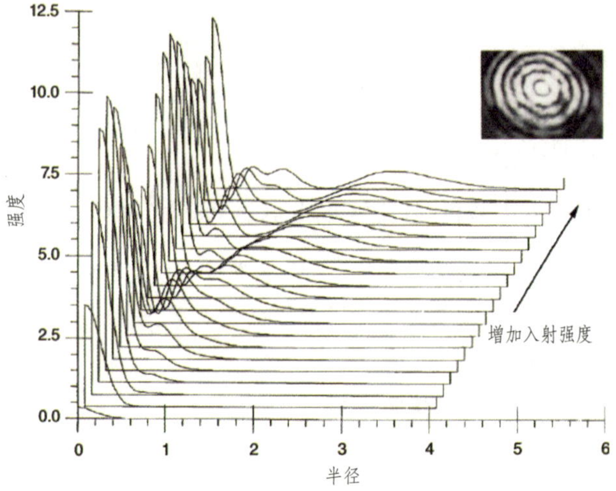

图 11.13　不同几何形状下增加输入强度的径向强度分布,显示轴向激光强度的增强(插入图是使用向列相膜的实际图案的照片)

这种强度再分配效应,即由于激光诱导的折射率变化引起的非线性自散焦效应而降低传输的轴上激光强度,可用于光学限制应用[12, 14]。一个简单的设置如图 11.14 所示,位于观测平面 P 的孔径将完全传输低功率激光以及信号/图像。如果激光强度大,散焦效应会减少通过光圈的传输,从而保护放置在光圈后面的探测器或传感器。

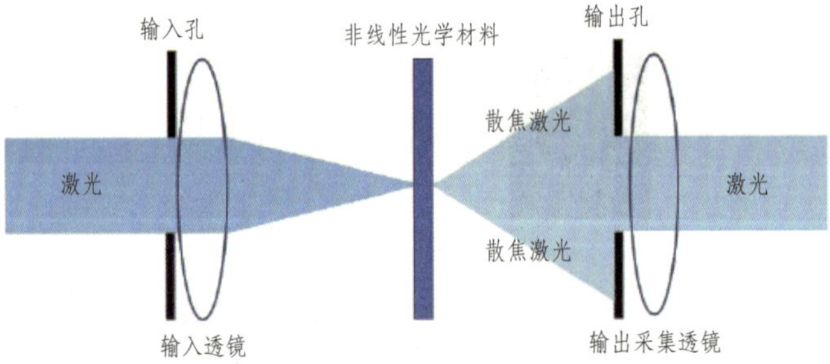

图 11.14　一种利用自相位调制或自聚焦效应实现光学限制效果的实验装置

对于处理脉冲激光的自限制应用,需要一个动力学理论。虽然动力学理论对于扩展介质中的自聚焦是极其复杂的,但对于薄的非线性介质,这样的理论相对容易构建[12]。

例如,考虑一个高斯-高斯入射激光脉冲:

$$I(\vec{r},t)=I_0\exp\left(-\frac{2r^2}{\omega^2}\right)\exp\left(-\frac{t^2}{\tau_p^2}\right) \tag{11.85}$$

(参见图 11.15 的输入脉冲形状)。根据前面讨论的衍射理论,可以推导出观测平面处的强度分布:

$$I(\vec{r}_{\mathrm{p}},z,t)=\left(\frac{2\pi}{\lambda z}\right)^2 I_0\exp\left(-\frac{t^2}{\tau_{\mathrm{p}}^2}\right)\times$$
$$\left|\int_0^\infty r\mathrm{d}rJ_0\left(\frac{2\pi rr_{\mathrm{p}}}{\lambda z}\right)\exp\left(-\frac{2r^2}{\omega^2}\right)\times\exp[-\mathrm{i}(\Delta\phi_{\mathrm{D}}+\Delta\phi_{\mathrm{nl}})]\right|^2 \tag{11.86}$$

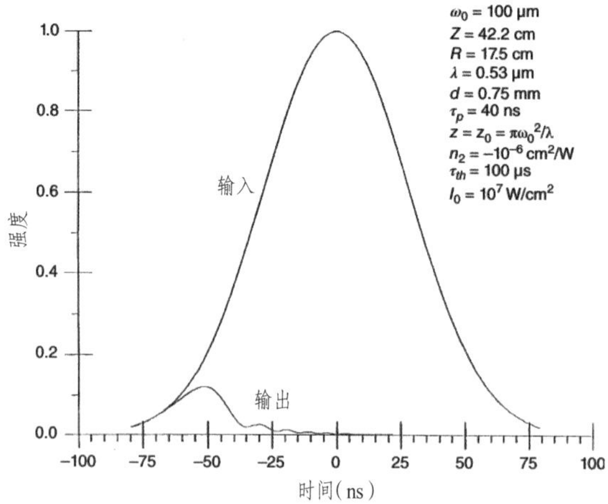

图 11.15　输出和输入激光脉冲的理论图(显示随着非线性相移的增加传输衰减)

这里的衍射相移为

$$\Delta\phi_{\mathrm{D}}=k\left(\frac{r^2}{2z}+\frac{r^2}{2R}\right) \tag{11.87}$$

而非线性相移为

$$\begin{aligned}\Delta\phi_{\mathrm{nl}}(\vec{r}_{\mathrm{p}},z,t)&=kd\Delta n(t)\\&=kd\sum_t\left[\frac{1}{\tau_i}\int_{-\infty}^t n_{2i}(t')I(\vec{r}_{\mathrm{p}},z,t')\mathrm{d}t'\right]\\&=kdI_0\exp\left(-\frac{2r^2}{\omega^2}\right)\sum_i\left[\frac{1}{\tau_i}\int_{-\infty}^t n_{2i}(t')\exp\left(-\frac{t'^2}{\tau_{\mathrm{p}}^2}\right)\mathrm{d}t'\right]\end{aligned} \tag{11.88}$$

其中,求和是对所有促成非线性指标变化的机制的总和,这些非线性指标变化是以时变非线性系数 $n_{2i}(t')$ 为特征的。

$\Delta\phi_{\mathrm{nl}}$ 的最终形式以及观测平面 P 上的输出强度分布,取决于 $n_{2i}(t')$ 和响应时间 t_i 相对于激光脉冲持续时间 t_{p} 的形式。如果响应时间 t_i 长于 t_{p},则自限效应基本上是一种综合效应,因此以能量/面积而不是强度(功率/面积)来讨论过程更为合适。

图 11.15 给出了 $t_i \gg t_{\mathrm{p}}$ 的单一非线性情况下的输入输出轴上强度分布图的理论图。可

以看出,随着与强度相关的相位调制效应随时间的积累,输出强度逐渐减小,最终达到高度衰减值。当将传输脉冲中包含的能量与输入能量进行对比时,也会表现出光限行为。

然而,基于图 11.14 所示配置的连续波或脉冲激光的光限制作用具有有限的动态范围,在达到最小值后,由于克尔非线性或其他非线性衍射效应的饱和,出口光束的中心部分将开始传输更多的输入激光。在第 12 章中,我们将讨论其他更有效的具有大动态工作范围的光限幅过程和器件配置[15]。

11.4 受激散射

受激散射在非线性光学中占有特殊的地位,并在各种情况下得到了积极的研究。仅用一节的篇幅来讨论这一主题,不太可能公正地对待关于这一主题的大量文献。

因此,本节的主要目的是概述三种典型类型的受激散射过程所涉及的基本原理:

(1)受激拉曼散射(SRS);

(2)受激布里渊散射(SBS);

(3)受激定向散射(SOS);

(4)受激热散射(STS)。

它们对应于三种不同类型的材料激发。例如,在 SRS、STS 和 SOS 中,激励不是传播的;另外,布里渊过程涉及传播声波。这些差异将反映在入射和产生的光波在材料中的耦合和传播。SOS 是液晶的独特之处,在液晶中,极化激光可以调节结晶轴的方向,这在固体晶体中是不可能的。

11.4.1 受激拉曼散射

受激拉曼散射涉及入射和产生的激光与材料的振动或旋转(或其他拉曼跃迁)的非线性相互作用。

如第 5 章所讨论的,与拉曼散射相关的诱导极化的形式为

$$P_{\text{ind}} \sim q_v E\varepsilon_0 \left(\frac{\partial \alpha}{\partial q}\right)_{q_0} \left(\frac{N}{V}\right) \tag{11.89}$$

为简单起见,我们忽略了场 $\vec{E}$ 和极化 $\vec{P}$ 的矢量性质,法向坐标 q_v 的位移服从强制谐振子的运动方程,即

$$\ddot{q}_v + \omega_R^2 q_v = F \tag{11.90}$$

其中,力 F 由光场-分子相互作用能 u 推导而来,公式如下:

$$F = \frac{\partial u}{\partial q_v} \tag{11.91}$$

$$u=\frac{1}{2}\Delta\varepsilon E^2=\frac{1}{2}q_v\vec{E}\cdot\vec{E}\varepsilon_0\left(\frac{\partial\alpha}{\partial q}\right)_{q_0} \tag{11.92}$$

很明显，有

$$F\propto E^2 \tag{11.93}$$

因此

$$q_v\sim E^2 \tag{11.94}$$

由式（11.89）可知，诱导极化的形式为

$$P_{\text{ind}}\sim E^3 \tag{11.95}$$

换言之，受激拉曼散射是由三阶非线性极化引起的。

从式（11.90）中，我们可以看到，驱动力 F 中只有包含频率分量 $\omega_2-\omega_1$（即 $E_2E_1^*$ 或 $E_1E_2^*$）有贡献。换句话说，即

$$q_v\sim\{E_2E_1^*+\text{c.c.}\} \tag{11.96}$$

因此，诱导的三阶非线性极化 P_{nl} 的形式为

$$P_{\text{nl}}\sim(E_2E_1^*+\text{c.c.})(E_1+E_2+\text{c.c.}) \tag{11.97}$$

这种非线性极化产生各种频率，即 ω_1、ω_2、$2\omega_2-\omega_1$ 和 $2\omega_1-\omega_2$。

将我们的注意力集中在频率为 ω_2 的斯托克斯波上，非线性极化由下式给出：

$$P\sim(E_2E_1^*)E_1 \tag{11.98}$$

使用第 11.3 节给出的形式，我们可以这样写

$$\begin{aligned}P^{\omega_2}&=\frac{1}{2^2}\chi_{\text{s}}(-\omega_2,\omega_1,-\omega_1,\omega_1)A^{\omega_2}A^{*-\omega_1}A^{\omega_1}\\&=\frac{1}{2^2}\chi_{\text{s}}(-\omega_2,\omega_1,-\omega_1,\omega_1)A^{\omega_2}\mid A^{\omega_1}\mid^2\end{aligned} \tag{11.99}$$

其中，χ_{s} 中的下标 s 表示它适用于斯托克斯波，χ_{s} 可由式（11.89）至式（11.97）推导出来。

如果入射激光束的损耗可以忽略不计，即 $|A^{\omega_1}|^2$ 为常数，则描述斯托克斯波振幅 A_2 的方程为

$$\frac{\partial A_2}{\partial z}=\text{ig}\mid A_1\mid^2A_2 \tag{11.100}$$

其中

$$g=\frac{\mu_0\omega_2^2}{2k_2}\left(\frac{\chi_{\text{s}}}{4}\right) \tag{11.101}$$

考虑到 E_2 穿越介质所经历的损失 α（由于随机散射、吸收等），式（11.100）变为

$$\frac{\partial A_2}{\partial z}=[\text{ig}\mid A_1\mid^2-\alpha]A_2 \tag{11.102}$$

由于非线性磁化率 χ_{s} 是复杂的，我们可以将其写成

$$\chi_s = \chi_s' - i\chi_s'' \tag{11.103}$$

将式(11.103)代入式(11.100),我们可以很容易地表明,振幅 A_2 将随 z 呈指数增长,净增益常数为

$$\overline{g}_s = \left(\frac{\mu_0\omega_2^2}{2k_2}\frac{\chi_s''}{4} - \alpha\right) \tag{11.104}$$

参见第 5 章,该增益常数与散射截面有关。

由式(11.97)可以看出,除斯托克斯波外,还可以产生其他频率分量。一个例子是所谓的相干反斯托克斯拉曼散射(CARS),它涉及入射激光与其相参斯托克斯波的混合,如图 11.16 所示。非线性极化的形式为

$$P_{nl} \sim \frac{1}{4}\chi(-\omega_a, \omega_1, \omega_1, -\omega_2)\overline{A}_1\overline{A}_1\overline{A}_2^* \tag{11.105}$$

相位不匹配为

$$\Delta\vec{k} = (\vec{k}_a - (2k_1 - k_2)) \tag{11.106}$$

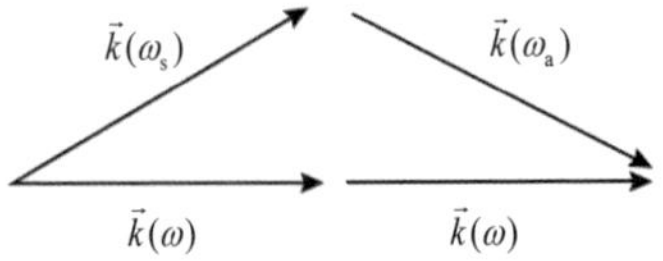

图 11.16 涉及 ω 泵浦光束及其斯托克斯波 ω_s 的相干反斯托克斯拉曼散射(CARS)

因此, CARS 是第 11.5 节讨论的简并四波混频的非简并四波混频对应物(图 11.4 和图 11.5)。

11.4.2 受激布里渊散射

布里渊散射是由材料中的声波引起的。与拉曼散射类似,耦合波方程的非线性极化可以通过考虑适当的材料激励得到。事实上,有许多截然不同的物理机制会改变材料的密度 ρ,如压力 p、熵 S 或温度 t。这些参数在大多数情况下是彼此强耦合的。因此,受激布里渊散射根据其潜在的物理机制有相当多的变化。

在本节中,我们将注意力集中在非吸收性材料上,如各向同性液晶,其中密度变化是由于赋予材料的光学强度引起的空间和时间变化的应变。这种强度模式的一个例子是两个不同频率 ω_1 和 ω_2 的脉冲激光器的干涉所获得的模式,如图 11.8 所示。与拉曼散射类似,其频率差 $\omega_1 - \omega_2$ 应与声波频率相匹配。

拉曼散射和布里渊散射有一个非常重要的区别。拉曼散射与非传播性物质振荡有关;然而,布里渊散射涉及传播声波的产生。由此产生的声波(波矢量 $\vec{k}_s$,频率 ω_s)和频率降移的光波($\vec{k}_2$, $\omega_2 = \omega_1 - \omega_s$)的方向必须服从波矢量匹配条件。

由参考文献[3]和[16]给出的感应密度变化方程$\Delta\rho$，以 SI 单位表示：

$$\left(\frac{\partial^2}{\partial t^2}+2\Gamma_{\mathrm{B}}\frac{\partial}{\partial t}-v_s^2\nabla^2\right)\Delta\rho=\nabla\cdot\left(-\frac{\gamma_{\mathrm{e}}}{2}\nabla(E\cdot E)\right) \quad (11.107)$$

其中，v_{s}为声速；Γ_{B}为阻尼常数。

如果以缓慢变化的包络项$\bar{\rho}$表示$\Delta\rho$，有

$$\Delta\rho=\frac{1}{2}[\bar{\rho}(\vec{r}_{\mathrm{s}})\exp[\mathrm{i}(\vec{k}_{\mathrm{s}}\cdot\vec{r}-\omega_{\mathrm{s}})]+\mathrm{c.c.}] \quad (11.108)$$

则式(11.107)中的∇由$\nabla\equiv\partial/\partial r_{\mathrm{s}}$给出。将光场的振幅$A_1$和$A_2$写成平面波形式，即

$$E_1=\frac{1}{2}\hat{x}_1[A_1\exp[\mathrm{i}(\vec{k}_1\cdot\vec{r}-\omega_1 t)]+\mathrm{c.c.}] \quad (11.109)$$

$$E_2=\frac{1}{2}\hat{x}_2[A_2\exp[\mathrm{i}(\vec{k}_2\cdot\vec{r}-\omega_2 t)]+\mathrm{c.c.}] \quad (11.110)$$

将式(11.108)至式(11.110)代入式(11.107)，并应用缓慢变化的包络近似，有

$$\left|\frac{\mathrm{d}^2\bar{\rho}}{\mathrm{d}r_{\mathrm{s}}^2}\right|<<\left|k_{\mathrm{s}}^2\bar{\rho}\right|,\left|k_{\mathrm{s}}\frac{\mathrm{d}\bar{\rho}}{\mathrm{d}r_{\mathrm{s}}}\right| \quad (11.111)$$

式(11.107)给出：

$$\left(\frac{\partial}{\partial r_{\mathrm{s}}}+\frac{\Gamma_{\mathrm{B}}}{v_{\mathrm{s}}}\right)\bar{\rho}=\frac{\mathrm{i}k_{\mathrm{s}}\gamma_{\mathrm{e}}(\hat{x}_1\cdot\hat{x}_2)}{4v_{\mathrm{s}}^2}A_1A_2^*\mathrm{e}^{\mathrm{i}\Delta kr_{\mathrm{s}}} \quad (11.112)$$

其中，$\Delta k=|k_1-k_2-k_3|$。

通过识别与密度变化相关的非线性极化，可以得到A_1和A_2的耦合麦克斯韦波方程，有

$$P_{\mathrm{nl}}-\Delta\varepsilon E=\left(\frac{\partial\varepsilon}{\partial\rho}\cdot\Delta\rho\right)E \quad (11.113)$$

因为$\Delta\rho=\mathrm{e}^{-\mathrm{i}(\omega_1-\omega_2)t}$，则有

$$\frac{P_{\mathrm{nl}}^{\omega_1}}{2}=\frac{\partial\varepsilon}{\partial\rho}\left(\frac{\bar{\rho}}{2}\right)\left(\frac{A_2}{2}\right) \quad (11.114)$$

和

$$\frac{P_{\mathrm{nl}}^{\omega_2}}{2}=\frac{\partial\varepsilon}{\partial\rho}\left(\frac{\bar{\rho}}{2}\right)^*\left(\frac{A_1}{2}\right) \quad (11.115)$$

由式(11.30)得到A_1和A_2的非线性耦合波方程：

$$2\mathrm{i}k_1\frac{\partial A_1}{\partial r_{\mathrm{s}}}=\frac{-\mu_0\omega_1^2}{2}\frac{\partial\varepsilon}{\partial\rho}\bar{\rho}A_2\mathrm{e}^{-\mathrm{i}\Delta kr_{\mathrm{s}}} \quad (11.116)$$

$$2\mathrm{i}k_2\frac{\partial A_2}{\partial r_{\mathrm{s}}}=\frac{-\mu_0\omega_2^2}{2}\frac{\partial\varepsilon}{\partial\rho}\bar{\rho}A_1\mathrm{e}^{\mathrm{i}\Delta kr_{\mathrm{s}}} \quad (11.117)$$

我们用r_{s}代替z作为传播的参考坐标，并用平面波近似忽略了$\nabla^2 A$项。稍微改写一

下,式(11.116)和式(11.117)变成

$$\frac{\partial A_1}{\partial r_s}=-\alpha_1 A_1+\mathrm{i}g_1\bar{\rho}^* A_2\mathrm{e}^{-\mathrm{i}\Delta k r_s} \tag{11.118}$$

$$\frac{\partial A_2}{\partial r_s}=-\alpha_2 A+\mathrm{i}g_2\bar{\rho}^* A_1\mathrm{e}^{+\mathrm{i}\Delta k r_s} \tag{11.119}$$

式(11.112)变成

$$\frac{\partial\bar{\rho}}{\partial r_s}=\frac{-\Gamma_{\mathrm{B}}}{v_s}\bar{\rho}+\mathrm{i}g_s A_1 A_2^*\mathrm{e}^{\mathrm{i}\Delta k r_s} \tag{11.120}$$

在式(11.118)和式(11.119)中,我们用包含现象损耗项 $-\alpha_1 A_1$ 和 $-\alpha_2 A_2$ 来解释 A_1 和 A_2 穿过介质时所经历的损耗(如吸收或随机散射)。

耦合常数 g_1,g_2 和 g_s 分别为

$$g_1=\frac{\mu_0\omega_1^2}{4k_1}\left(\frac{\partial\varepsilon}{\partial\rho}\right) \tag{11.121}$$

$$g_2=\frac{\mu_0\omega_2^2}{4k_2}\left(\frac{\partial\varepsilon}{\partial\rho}\right) \tag{11.122}$$

$$g_s=\frac{k_2\gamma_e}{4v_s^2} \tag{11.123}$$

一般来说,式(11.118)到式(11.120)的解是相当复杂的。如果我们用下面的近似方法求解密度波振幅 ρ,就可以对受激布里渊散射进行定性但有指导意义的研究。

忽略 g_s 和 A_1、A_2 的相关性,对式(11.120)积分,得到

$$\bar{\rho}=\left(\frac{g_s A_1 A_2^*}{\Delta k-\mathrm{i}\Gamma_{\mathrm{B}}/v_s}\right)\mathrm{e}^{\mathrm{i}\Delta k r_s} \tag{11.124}$$

将式(11.124)的复共轭代入式(11.119),得到

$$\frac{\partial A_2}{\partial r_2}=-\alpha_2 A_2+\frac{g_2 g_s|A_1|^2(\Gamma_{\mathrm{B}}/v_s)A_2}{(\Delta k)^2+(\Gamma_{\mathrm{B}}/v_s)^2}+\frac{\mathrm{i}\Delta k g_2 g_s|A_1|^2 A_2}{(\Delta k)^2+(\Gamma_{\mathrm{B}}/v_s)^2} \tag{11.125}$$

如果泵浦光束非常强,其损耗可以忽略不计,则 $|A_1|^2$ 为常数,式(11.125)可以很容易地求解;产生的波的振幅 A_2 频率 $\omega_2=\omega_1=\omega_s$ 是一个具有增益常数的指数函数,即

$$G_{sB}=\frac{g_2 g_s|A_1|^2(\Gamma_{\mathrm{B}}/v_s)}{(\Delta k)^2+(\Gamma_{\mathrm{B}}/v_s)^2}-\alpha_2=g_{sB}-\alpha \tag{11.126}$$

入射泵浦波以微弱的初始(自发)布里渊散射开始,在 ω_1 处产生强的受激发射,并伴随在 ω_2 处产生强声波 ω_s。如图 11.17 所示,这些波的传播方向与相位匹配条件($\Delta k=0$,由此得出 $k_1=k_2+k_s$ 或 $k_1-k_2=k_s$)有关。

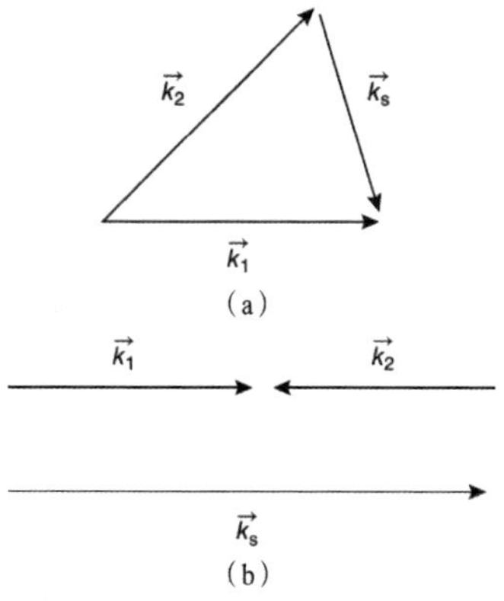

图 11.17　(a)泵浦波 $\vec{k}_1$、产生波 $\vec{k}_2$ 和声波 $\vec{k}_s$ 的波矢量相位匹配;(b)入射波和受激布里渊波的方向(如果产生的波与入射泵浦波反向传播,则会出现最佳增益)

在布里渊散射中,由于声光频率相差很大,我们有 $\omega_2 \approx \omega_1$,因此 $k_1 \approx k_2$。从图 11.17 可以看出,这意味着

$$k_s \approx 2k_1 \sin\left(\frac{\theta}{2}\right) \tag{11.127}$$

在 $\sin(\theta/2) = 1$(即 $\theta = 180^\circ$)处最大。

因此,当产生的波反向传播时,布里渊增益的最大值为

$$G_s B = \frac{g_s g_2 |A_1|^2}{(\Gamma_B / v_s)} = \frac{\gamma_e \mu_0 \omega_{12}^2 k_1}{16 v_s \Gamma_B k_2}\left(\frac{\partial \varepsilon}{\partial \rho}\right)|A_1|^2 \tag{11.129}$$

这种反向传播的受激布里渊信号,与图 11.6 所示的光学相位共轭类似,一个有趣的方面是像差校正[3]。

正如人们所期望的那样,增益主要由电伸缩系数 γ_e 和入射激光强度 $|A_1|^2$ 决定。

11.4.3　受激定向散射

在液晶中,激光诱导的定向轴重新定向可能导致另一种受激散射过程[17-20],即所谓的受激定向散射(SOS),其中自发噪声来源于入射光被定向轴波动的散射,如图 11.18 所示。与受激布里渊散射一样,入射泵浦光束与其散射噪声相干干涉,沿传播方向形成移动光栅。然而,与受激拉曼散射和布里渊散射不同,它们与电子振动和旋转能级跃迁有关,并且与泵浦激光的频率差异更大, SRS 涉及泵浦和受激光束之间的频率差异非常小(约 100 Hz),因为方向波动的特征是 10 ms 左右的松弛时间,如前几章所示。

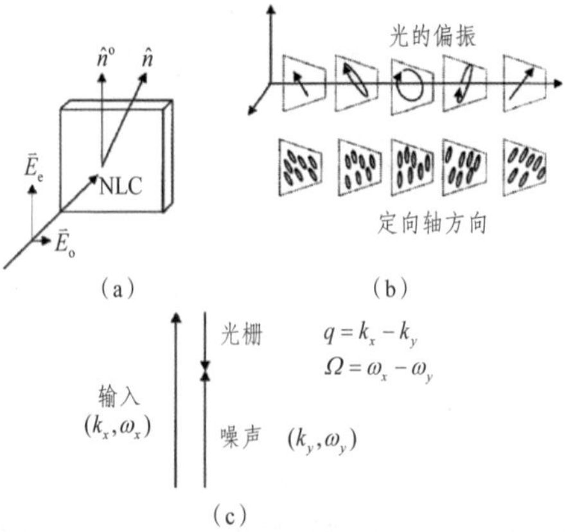

图 11.18 （a）极化激光受指向轴波动的散射；（b）相干泵浦光束与散射正交极化分量形成的光极化光栅以及由此产生的指向轴重定向光栅；（c）输入泵浦的波矢量匹配、散射噪声和最大能量交换的定向光栅

考虑一个极化激光入射到平面向列膜上，其光电场 $E_{\rm e}=\boldsymbol{e}_x E_{\rm e}{\rm e}^{{\rm i}(k_{\rm e}z-\omega_1 t)}$ 平行于指向轴（异常波）。由于指向轴的热波动，在频率为 ω_2 的频谱上产生了普通极化（噪声）波 $E_{\rm o}=\boldsymbol{e}_y E_{\rm o}^{\rm noise}{\rm e}^{{\rm i}(k_{\rm o}z-\omega_2 t)}$ 噪声。在这里，$\boldsymbol{e}_x$ 和 $\boldsymbol{e}_y$ 是异常波和普通波（e 波和 o 波）沿极化方向的单位矢量，$E_{\rm e}$ 和 $E_{\rm o}$ 为其幅值，$k_{\rm e}$=（w/c）$n_{\rm e}$ 和 $k_{\rm o}$=（w/c）$n_{\rm o}$ 为各自的波矢量。

e 波和 o 波的波矢量的差异导致 NLC 中光的极化状态的调制。因此，作用在 NLC 指向器上的扭矩也被调制，导致指向器轴重定向的调制，参见图 11.18 中光栅波矢量，有

$$q=\frac{2\pi}{\lambda}(n_{\rm e}-n_{\rm o}) \tag{11.130}$$

该光栅将调解普通波分量和特殊波分量之间的受激散射。与受激布里渊散射类似，散射波分量的增长取决于入射激光的强度；一旦输入激光强度达到增益超过损耗的阈值，散射噪声就会变成强相干光束。这里的主要区别在于阈值强度和过程启动所需的相互作用长度。在 NLCs 中，该过程可以用微米厚的样品和毫瓦的激光功率来实现。

从自由能和欧拉-拉格朗日方程出发，由外加场进行定向轴重定向：

$$\frac{\partial}{\partial x_j}\frac{\delta f}{(\partial U_m/\partial x_j)}-\frac{\delta f}{\delta U_m}\frac{\delta R}{\delta U_m}=0 \tag{11.131}$$

并以 $\theta(z,t)$ 为自变量，则指向轴重定向角 $\theta(z,t)$ 的方程变为[20]

$$\eta\frac{\partial\theta(z,t)}{\partial t}-K_2\frac{\partial^2\theta(z,t)}{\partial z^2}$$
$$=\frac{1}{2}\varepsilon_a[\cos[2\theta(z,t)](E_xE_y^*+E_x^*E_y)+\sin[2\theta(z,t)](|E_y|^2-|E_x|^2)] \tag{11.132}$$

取向角遵循输入 e 波及其散射 o 波噪声所产生的干涉光栅，可以表示为 $\theta(z,t)=\theta(z,t){\rm e}^{{\rm i}(\bar{q}\bar{r}-\Omega t)}+{\rm c.c.}$，其中 $\theta(z,t)$ 为缓慢变化的振幅。使用如前一节所述的慢变包络近似，

电场和方向重定向方程变为

$$\frac{\mathrm{d}E_x(z)}{\mathrm{d}z}=\frac{\mathrm{i}\varepsilon_a}{2k_x}\left[-2|\theta(z)|^2 E_x(z)\frac{\omega_x^2}{c^2}+E_y(z)\frac{\omega_y^2}{c^2}\theta(z)\right]-\frac{\alpha}{2}E_x \tag{11.133}$$

$$\frac{\mathrm{d}E_y(z)}{\mathrm{d}z}=\frac{\mathrm{i}\varepsilon_a}{2k_y}\left[2|\theta(z)|^2 E_y(z)\frac{\omega_y^2}{c^2}+E_x(z)\frac{\omega_x^2}{c^2}\theta^*(z)\right]-\frac{\alpha}{2}E_y \tag{11.134}$$

$$\left[K_2q^2-i\eta\Omega+\frac{1}{2}\varepsilon_a(|E_y|^2-|E_x|^2)\right]\theta(z,t)=\frac{1}{2}\varepsilon_a E_x E_y^* \tag{11.135}$$

11.4.3.1 稳态小信号状态

在小信号（$E_y \ll E_x$，$\theta \ll 1$）区，通常式（11.133）和式（11.134）的 RHS 上的项和式（11.135）的 LHS 上的第三项可以忽略。在这种情况下，我们有 $\theta(z)\sim E_xE_y^*$。为了说明两波之间的能量耦合，忽略损失项，E_x 和 E_y 的耦合波动方程变为

$$\theta(z)\sim E_xE_y^*$$

$$\frac{\mathrm{d}E_x(z)}{\mathrm{d}x}\sim\frac{\mathrm{i}\varepsilon_a}{2k_x}\left[E_y(z)\frac{\omega_x^2}{c^2}\theta(z)\right]\sim -g|E_y|^2E_x(z) \tag{11.136}$$

$$\frac{\mathrm{d}E_y(z)}{\mathrm{d}x}\sim\frac{\mathrm{i}\varepsilon_a}{2k_x}\left[E_x(z)\frac{\omega_x^2}{c^2}\theta^*(z)\right]\sim -g|E_x|^2E_y(z) \tag{11.137}$$

这些方程表明，（普通波）噪声分量 E_y 将以指数常数 $g|E_x|^2=GI_\mathrm{e}$ 增长，该常数与泵浦光束的强度成正比；相应地，非常规泵浦波的损耗与噪声 I_o 的强度成正比。

在小信号无泵浦耗尽状态下，当 $|E_x|^2$ 可以假设为常数时，式（11.129）为受激 o 波：

$$I_y(z)=I_y^{(\mathrm{noise})}\mathrm{e}^{GI_\mathrm{e}z} \tag{11.138}$$

其中

$$G=f(\Omega)\frac{\pi\varepsilon_a^2}{2cn_\mathrm{e}\lambda K_2q^2};f(\Omega)=\frac{2\Omega/\Gamma}{1+\Omega^2/\Gamma^2};\Gamma=\frac{K_2q^2}{\gamma} \tag{11.139}$$

其中，$\varepsilon_a=n_\mathrm{e}^2-n_\mathrm{o}^2$ 为 NLC 的光学各向异性；K_2 为 NLC 的弹性常数；$\Omega=\omega_1-\omega_2$ 为泵浦波与信号波的频率差；γ 为取向黏度。增益系数最大，即 $f(\Omega_\mathrm{opt})=1$ 使散射波的最佳频移偏离入射光束的频率，即 $\Omega_\mathrm{opt}=\Gamma$。

式（11.139）中给出的两波耦合导致的增益系数 G 可以重写为

$$G_m(\mathrm{cm/W})\cong\frac{(n_\mathrm{e}+n_\mathrm{o})^2\lambda}{8\pi cn_\mathrm{e}K_2} \tag{11.140}$$

这表明 G 与 NLC 的光学各向异性 $\Delta\varepsilon$ 无关，主要由弹性常数 K_2 决定。这是因为在式（11.139）中，在分母中有因子 $q^2\sim(n_\mathrm{e}-n_\mathrm{o})^2$，而分子中包含 $\varepsilon_a^2\sim(n_\mathrm{e}^2-n_\mathrm{o}^2)^2=(n_\mathrm{e}-n_\mathrm{o})^2(n_\mathrm{e}+n_\mathrm{o})^2$，

因此公因数$(n_e-n_o)^2$消去,则 G 只依赖于 NLC 的弹性常数。增益与弹性常数 K 的逆相关表明,可以用较低的弹性常数实现较大的增益。

对于可见光波长 $\lambda\approx 0.5\,\mu m$,采用参数 $n_o\approx 1.54$,$n_e\approx 1.75$,光栅常数 $\Lambda\approx 2.5\,\mu m$。利用这些值和弹性常数 $K_2\approx 3\times10^{-7}$ 达因,介电各向异性 $\varepsilon_a=n_e^2-n_o^2=0.6$,强度增益因子估计为 $G_m\approx 0.01\,cm^2/W$。当相互作用长度 $d=200\,\mu m$ 时,得到增益系数 $G_m d\sim 2\times10^{-4}\,cm^2/W$。另外,NLC 的散射损耗系数 $\alpha\approx 4.6\,cm^{-1}$,总损耗约为 0.1。也就是说,当输入强度 $>10^3\,W/cm^2$ 时,增益系数将>0.1。这一强度阈值与参考文献[17]至[20]报道的结果非常吻合。

由于 NLC 在整个可见至近红外范围内具有较大的双折射,因此 SOS 在整个光谱范围内都具有相似的效率。由于如第 5 章所示,取向波动引起的散射损失与激光波长成反比,因此 NLC 在近红外区域(如 1.55 μm 通信波长区域)的散射损失远低于可见光约 0.5 μm 区域。这意味着更长时间的相互作用、更高的工艺效率,因此更低的光阈值功率要求 SOS 发生。

11.4.3.2 稳态泵浦耗尽极限

为了解释与高转换效率相关的严重泵浦耗尽,上面概述的小信号理论是不充分的。式(11.133)至式(11.135)对 e 波和 o 波耦合动力学方程的完整定量解,以及它们在 NLC 液晶盒中相互作用时激光诱导的定向轴重定向是必需的。参考文献[20]中已经提出了与时间无关的和动态的解决方案;参考文献[19]和[21]报道了基于受激取向和热散射的自启动光学相位共轭的理论和实验演示。

图 11.19 显示了在输入激光为 e 波的情况下,计算得到的输出 e 波和 o 波随输入激光功率的变化,液晶参数为 $n_e=1.75$,$n_o=1.54$,弹性常数 K_2 为 3×10^{-12} N,样品厚度为 400 μm,黏度系数 η 为 0.07。在这些参数值下,近红外激光器($\lambda=1.55\,\mu m$)的光栅间距为 7.38 μm。对于这组参数,最佳增益系数 G 出现在 31 Hz 的频率差处。

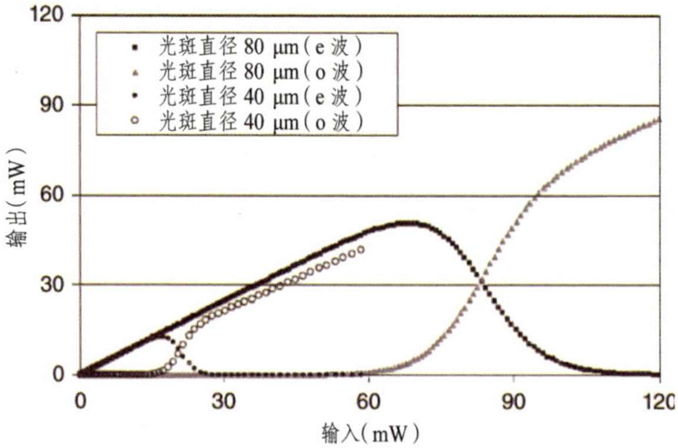

图 11.19 计算输出 e 波和 o 波作为输入 e 波功率的函数(使用参数:400 μm 厚平面对准 NLC 样品;$n_e=1.75$,$n_o=1.54$)

一般来说，o 波(起源于散射噪声)呈指数增长至最大值，而输入 e 波在低输入功率下线性增长，并在 o 波功率足够大时开始显示耗尽迹象，最终下降到远低于生成的 o 波的值。当光斑直径为 80 μm 和 40 μm 时，阈值分别为 60 mW 和 15 mW。由于阈值与光斑直径的非线性(二次)依赖关系，显然可以使用更紧密聚焦的光束来实现亚毫瓦阈值。

参考文献[18]中的计算还表明，对于 1.55 μm 激光器，在 80 mW 量级的输入功率水平下可以实现完全转换，而可见光(0.5 μm)激光器需要更高的输入功率(140 mW)。这可以从增益常数对波长的依赖性中得到预期。

11.4.4　受激热散射

与前面讨论的 SBS 和 SOS 类似，激光诱导液晶的热指数变化可以介质入射(泵浦)光束与其散射噪声之间的能量传递[19-21]。由于热光栅的产生需要吸收光能，因此该过程通常要求泵浦光束及其散射噪声共极化，这与前一节讨论的 SOS 过程不同。通过考虑两个共极化光的混合，由入射 E_L 和它的散射相干噪声 E_S，可以推导出一组类似的方程。在小信号极限下，我们又得到

$$E_L(z)=E_L(0)\mathrm{e}^{-(\alpha/2)z} \tag{11.141}$$

$$\frac{\mathrm{d}E_S}{\mathrm{d}z}=\gamma_T\mathrm{e}^{\alpha z}E_S-\frac{\alpha}{2}E_S \tag{11.142}$$

$$\begin{aligned}\gamma_T&=\mathrm{i}\frac{n_0\omega^2}{k_{Sz}c^2}\left\{\frac{\alpha\dfrac{\mathrm{d}n}{\mathrm{d}T}\left(\dfrac{nc}{8\pi}\right)|E_L|^2}{\rho c_p Dq^2}\frac{1}{1-\mathrm{i}\Omega\tau_T}\right\}\\&=\mathrm{i}\frac{\omega\alpha\left(\dfrac{\mathrm{d}n}{\mathrm{d}T}\right)I_L}{c\rho c_p Dq^2\cos\dfrac{\theta}{2}}\cdot\frac{1+\mathrm{i}\Omega\tau_T}{1+(\Omega\tau_T)^2}=g_T+\mathrm{i}\kappa_T\end{aligned} \tag{11.143}$$

$$g_T=\mathrm{Re}\{\gamma_T\}=\frac{\omega\alpha\left(\dfrac{\mathrm{d}n}{\mathrm{d}T}\right)I_L}{c\rho c_p Dq^2\cos\dfrac{\theta}{2}}\cdot\frac{-2\Omega\tau_T}{1+(\Omega\tau_T)^2} \tag{11.144}$$

需要注意的是，在参考文献[18]的符号中，频率差 Ω 被定义为 $\Omega=\omega_S-\omega_L$。因此，如果噪声频率低于泵浦光束，则表示 $\Omega<0$。从式(11.144)可以看出，就像在 SOS 情况下一样，STS 增益在较低噪声频率下是最大的，并且发生在 $\Omega\tau=-1$。在光强度方面，受激热散射引起的最大增益可以写成 $g_T=G_TI_0$。

对于图 9.17 所示的波混频几何，在 STS 中有 $q=2k\sin\left(\dfrac{\theta}{2}\right)$，因此

$$G_T = \frac{\omega \frac{\mathrm{d}n}{\mathrm{d}T}\alpha}{2c\rho c_p D q^2 \cos\frac{\theta}{2}} = \frac{\lambda \frac{\mathrm{d}n}{\mathrm{d}T}\alpha}{16\pi\rho c_p D} \cdot \frac{1}{\sin^2\frac{\theta}{2}\cos\frac{\theta}{2}} \tag{11.145}$$

其中,θ是E_2和E_1之间的交叉角。

对于估计,我们使用以下参数:$\rho \approx 1\ \mathrm{g/cm^3}$,$c_p \approx 2\ \mathrm{J/(g\cdot K)}$,$D \approx 2\times10^{-3}\ \mathrm{cm/s}$,$\mathrm{d}n/\mathrm{d}T \approx 10^{-3}/°\mathrm{K}$,$\alpha_a \approx 20\ \mathrm{cm^{-1}}$,实验设置[18]使得$\lambda \approx 0.5\ \mu\mathrm{m}$,$\theta = 1^\circ$。从这些参数中,我们得到$2G_T = 1.3\times10^{-1}\ \mathrm{cm/W}$,这比$2G_m$大了一个数量级。因此,观测 STS 的阈值光强也比 SOS 低一个数量级左右,这与 STS 的实验观测结果非常吻合[20]。

11.5 胆甾相液晶中的超快激光脉冲自作用效应

飞秒-皮秒时间尺度超快激光脉冲的全光自作用调制是极其令人兴奋的现象,与传统液晶器件中发生的毫秒-微秒电光过程形成了极大的对比。这也是一个很好的例子,其中需要完全时变的麦克斯韦波动方程(11.28)来描述非线性光学过程。

胆甾相液晶特别有趣,因为它们不仅具有液晶的独特物理属性,而且具有与其一维光子晶体组成相关的特殊属性。超厚 CLCs(周期数 N>1 000 的 HN-CLC)的(线性)光子晶体特性已经在参考文献[22]至[25]中被用于超快(皮秒和飞秒)激光脉冲的脉冲拉伸、慢光产生和极化旋转。在非线性光学的背景下,胆甾相液晶已经重新受到关注,因为它们具有不可预测的能力,可以通过大的电子光学非线性和频散在带边实现自作用效应,如脉冲压缩和调制[26-30],如图 11.20 所示。

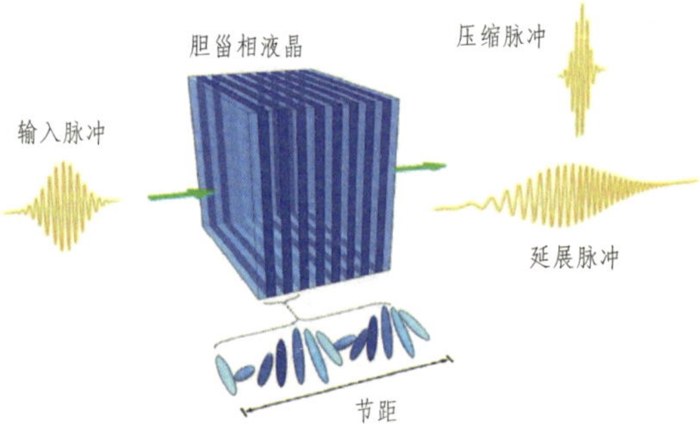

图 11.20 由 CLC 光子带边缘的强色散和非线性相移实现的各种直接自作用超快激光脉冲调制效应示意图

11.5.1 正向和反向传播波的耦合波动方程

例如,考虑一个左旋圆极化光在 CLCs 中的传播。前向(左向)和后向(右向)圆极化激光器之间的动态演化和相互作用可以用类似于光纤布拉格光栅中使用的理论模型来描述[30-33],但假设是正弦折射率光栅,而不是阶跃折射率光栅。

在这种情况下,被左旋圆极化光“看到”的胆甾相螺旋结构的折射率形式为 $n = n_{av} + \Delta n(\cos(2\pi z/\Lambda)) + n_2 |E^{CP}|^2$,其中 n_{av} 为 CLCs 的平均折射率,Δn 为折射率调制深度,Λ 周期等于半节距 P,n_2 为非线性折射率系数。

从随时间变化的式(11.28)开始,在慢变包络近似下正、反向波 E_+^{CP} 和 E_-^{CP} 的耦合麦克斯韦波动方程为[28]

$$\frac{1}{v_g}\frac{\partial E_\pm^{CP}}{\partial t} = \mp\frac{\partial E_\pm^{CP}}{\partial z} + \mathrm{i}\delta E_\pm^{CP} + \mathrm{i}\kappa E_\mp^{CP} - \mathrm{i}\gamma(|E_\pm^{CP}|^2 + 2|E_\mp^{CP}|^2)E_\pm^{CP} \tag{11.146}$$

其中,$v_g = c/n_{av}$ 为脉冲群速度,c 为光在真空中的速度;δ 为波数失谐;$\kappa = \pi\Delta n/\lambda$ 为前向波和后向波之间的耦合系数,λ 为输入激光波长;$\gamma = kn_2 2\pi n_2/\lambda$ 为与非线性指标系数 n_2 相关的非线性参数。

对于超快飞秒-皮秒脉冲激光调制,一个常用的评估可行性的标准是激光诱导相移 $\Delta\varphi$ 必须超过 π。以这种超快调制用途广泛使用的硅光纤为例,$n_2 \approx 10^{-16}\,\mathrm{cm^2/W}$ 的相当微弱的光学非线性意味着它需要长达数米甚至数千米的相互作用长度才能满足要求。例如,如果激光强度约为 $1\,\mathrm{GW/cm^2}$,则 $\Delta\varphi \approx \pi$ 意味着相互作用长度 d 的要求应至少为 5 m。

胆甾相液晶中相应的相互作用长度要求显然更短,因为 CLC 的 n_2 在带隙外为 $10^{-14} \sim 10^{-13}\,\mathrm{cm^2/W}$,在带边缘附近为 $10^{-12} \sim 10^{-10}\,\mathrm{cm^2/W}$。因此,如果非线性为 $10^{-11}\,\mathrm{cm^2/W}$,且激光强度约为 $1\,\mathrm{GW/cm^2}$,实现 π 相移所需的 d 值约为 50 μm,这在传统 CLC 的制造能力范围内。将激光强度提高到 $10\,\mathrm{GW/cm^2}$ 意味着将相互作用长度要求降低到约 5 μm,这与首次演示自作用 120 fs 激光脉冲压缩中使用的 CLC 液晶盒的 6 μm 厚度接近[28]。

当激光脉冲在非线性介质中传播时,除非线性相移外,激光脉冲在带边所经历的群速度色散、光谱和时间展宽等因素也会起作用,并动态地相互作用。特别是,维持飞秒激光脉冲变换限制特性的能力取决于以非线性长度 $L_{nl} = 1/(k\Delta n)$ 为特征的自相位调制和定义色散长度 $L_D = (\tau_0)^2/|\beta_2|$ 的光子带边缘色散的适当平衡,其中 $\beta_2 = \mathrm{d}^2k/\mathrm{d}\omega^2$ 是 CLC 带边缘的群速度色散常数,参见图 4.8。这些长度非常敏感地依赖于激光脉冲的持续时间、强度、非线性和带边色散特性。例如,对于第一项研究中使用的 $n_2 \approx 10^{-11}\,\mathrm{cm^2/W}$ 的 CLC 液晶盒[28],100 fs 激光脉冲自压缩所需的相互作用长度在几微米量级;另外,类似的脉冲较长(800 fs)且 n_2 较弱的自压缩操作则需要 550 μm 的超厚 CLC 液晶盒[25]。用场辅助自组装技术制造这种厚度

的 CLC 是可能的,详见参考文献[24]。

11.5.2 超快脉冲调制(压缩、拉伸、再压缩)与胆甾相液晶

压缩输出脉冲的各种时间和光谱特性的耦合方程的数值解与 120 fs[27]和 850 fs[24]激光脉冲获得的实验结果有很好的一致性,如图 11.21 所示。有趣的是,在这些研究中使用的 CLC 是不同的,并且 n_2 具有相同的幅度和符号。在参考文献[27]中,$n_2 \approx -1.5\times10^{-11}\text{cm}^2/\text{W}$,CLC 的厚度为 6 μm。另外,在参考文献[24]中,$n_2 \approx 10^{-13}\text{cm}^2/\text{W}$,大约小了两个数量级,但这个不足以被超厚的相互作用长度(d=550 μm)弥补。还需要注意的是,由于符号的变化,两个 CLC 样品的光子带边缘必须进行适当的设计,使群速度色散在激光波长处携带适当的正号或负号。这两项具有薄/厚样品和正/负非线性以及量身定制的光子带隙的研究,清楚地证明了 CLC 用于宽脉冲持续时间(飞秒和皮秒)和波长的激光器的全光自作用超快脉冲调制的可行性和通用性。因此,CLC 特别是 HN-CLC 是非常有前途的替代品,可以替代其他材料/设备,这些材料/设备有笨重的附属光学器件和有限的时间/光谱动态范围。

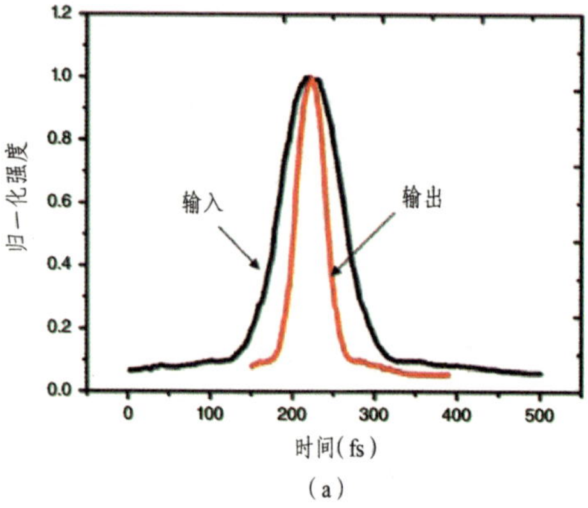

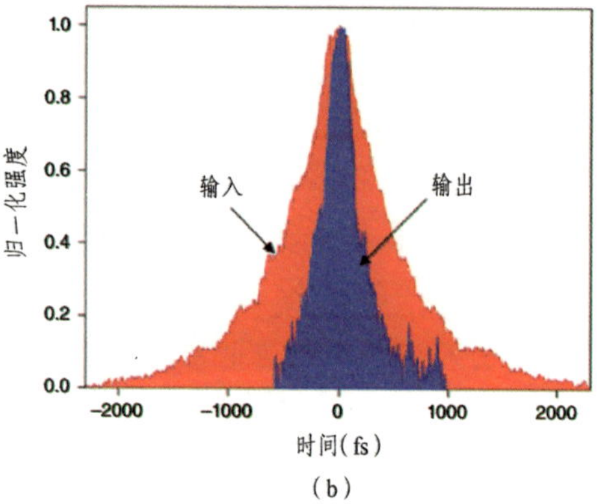

图 11.21 在(a)薄和(b)超厚胆甾相液晶中得到的飞秒激光脉冲自压缩结果

参考文献

[1] J. D. Jackson, "*Classical Electrodynamics*," 119. Wiley, New York, 1963.

[2] Y. R. Shen, *Principles of Nonlinear Optics*. New York: Wiley, 1984.

[3] G. S. He, *Nonlinear Optics and Photonics*. Oxford: Oxford University Press, 2015.

[4] R. Wortmann, D. M. Bishop, Effective polarizabilities and local field corrections for nonlinear optical experiments in condensed media. *J. Chem. Phys.* 108, 1001–1007, 1998.

[5] E. G. Hanson, Y. R. Shen, Refractive indices and optical anisotropy of homologous liquid

crystals. *Mol. Cryst. Liq. Cryst.* 36, 193–207(2007).

[6] I. C. Khoo, T. H. Liu, Theory and experiments on multiwave mixing mediated probe beam amplification. *Phys. Rev. A* 39, 4036–4044, 1989.

[7] I. C. Khoo, P. Zhou, R. G. Lindquist, et al. A quantitative analysis of picosecond transient multiwave mixings mediated beam amplification effect in silicon. *Phys. Rev. A* 41, 408 (1990).

[8] I. C. Khoo, P. Zhou, Transient multiwave mixing in a nonlinear medium. *Phys. Rev. A* 41 (3), 1544(1990).

[9] I. C. Khoo, W. Wang, Effects of side diffractions and phase modulations on phase conjugations in a Kerr medium. *IEEE J. Quantum Electron.* QE-27, 1310(1991).

[10] A. Brignon, J.-P. Huignard, (eds.) *Phase Conjugation Optics*. New York: Wiley, 2003.

[11] I. C. Khoo, Nonlinear optics of liquid crystalline materials. *Phys. Rep.* 471, 221–267 (2009).

[12] I. C. Khoo, J. Y. Hou, T. H. Liu, et al. Transverse self-phase modulation and bistability in the transmission of a laser beam through a nonlinear thin film. *J. Opt. Soc. Am. B* 4, 886(1987).

[13] I. C. Khoo, P. Y. Yan, T. H. Liu, et al. Theory and experiment on optical transverse intensity bistability in the transmission through a nonlinear thin (nematic liquid crystal) film. *Phys. Rev. A* 29, 2756(1984).

[14] I. C. Khoo, M. V. Wood, M. Y. Shih, et al. Extremely nonlinear photosensitive liquid crystals for image sensing and sensor protection. *Opt. Express* 4 (11), 431–442(1999).

[15] I. C. Khoo, "Nonlinear organic liquid cored fiber array for alloptical switching and sensor protection against short pulsed lasers," *IEEE J. Sel. Top. Quantum Electron.* 14 (3), 946–951 (2008).

[16] I. P. Bartra, R. H. Enns, D. Pohl, Stimulated thermal scattering of light. *Phys. Status Solidi B* 48, 11 (1971). M. E. Mack, "Stimulated thermal light scattering in the picosecond regime," *Phys. Rev. Lett.* 22, 13 (1969).

[17] I. C. Khoo, Y. Liang, Observation of stimulated orientational scattering and crosspolarized self-starting phase conjugation in a nematic liquid-crystal film. *Opt. Lett.* 20, 130–132(1995).

[18] I. C. Khoo, J. Ding, All-optical cw laser polarization conversion at 1.55 micron by two beam coupling in nematic liquid crystal film. *Appl. Phys. Lett.* 81, 2496–2498(2002).

[19] I. C. Khoo, Y. Liang, Stimulated orientational and thermal scatterings and selfstarting

optical phase conjugation with nematic liquid crystals. *Phys. Rev. E* 62, 6722–6733 (2000).

[20] I. C. Khoo, A. Diaz, Nonlinear dynamics in laser polarization conversion by stimulated scattering in nematic liquid crystal films. *Phys. Rev. E* 68, 042701(2003).

[21] I. C. Khoo, H. Li, Y. Liang, Self-starting optical phase conjugation in dyed nematic liquid crystals with a stimulated thermal-scattering effect. *Opt. Lett.* 18, 1490(1993).

[22] C.-W. Chen, X. Guo, X. Ni, et al. Slowing sub-picosecond laser pulses with 0.55 mmthick cholesteric liquid crystal. *Opt. Mater. Express*, 7(6), 2005–2011(2017).

[23] C.-W. Chen, I. C. Khoo, Extraordinary polarization rotation of vector beams with ultra-high-period-number chiral photonic crystals. *Opt. Lett.* 44, 5306–5309(2019).

[24] C.-W. Chen, I. C. Khoo, "Optical vector field rotation and switching with near-unity transmission by fully developed chiral photonic crystals," *Proc. Natl. Acad. Sci.* 118 (16), e2021304118(2021).

[25] Y. Liu, Y. Wu, C. W. Chen, et al. Ultrafast pulse compression, stretching-andrecompression using cholesteric liquid crystals. *Opt. Express*, 24(10), 10458–10465(2016).

[26] J. Hwang, N. Y. Ha, H. J. Chang, et al. Enhanced optical nonlinearity near the photonic bandgap edges of a cholesteric liquid crystal. *Opt. Lett.* 29(22), 2644–2646(2004).

[27] J. Hwang, J. W. Wu, Determination of optical Kerr nonlinearity of a photonic bandgap structure by Z-scan measurement. *Opt. Lett.* 30(8), 875–877(2005).

[28] L. Song, S. Fu, Y. Liu, et al. Direct femtosecond pulse compression with miniaturesized Bragg cholesteric liquid crystal. *Opt. Lett.* 38(23), 5040–5042(2013).

[29] Y. Liu, S. Fu, B. A. Malomed, et al. Ultrafast optical signal processing with Bragg structures. *Appl. Sci.* 7(6), 556(2017).

[30] Y. Liu, H. Liang, C. W. Chen, et al. Ultrafast switching of optical singularity eigenstates with compact integrable liquid crystal structures. *Opt. Express*, 26(22), 28818–28826 (2018).

[31] B. J. Eggleton, R. E. Slusher, C. M. de Sterke, et al. Bragg grating solitons. *Phys. Rev. Lett.* 76(10), 1627–1630(1996).

[32] N. G. R. Broderick, D. Taverner, D. J. Richardson, et al. Optical pulse compression in fiber Bragg gratings. *Phys. Rev. Lett.* 79(23), 4566–4569(1997).

[33] G. P. Agrawal. Nonlinear fiber optics: its history and recent progress. *J. Opt. Soc. Am. B.* 28(12), A1–A10(2011).

第 12 章　在液晶中观测到的非线性光学过程

几乎所有可以想象的非线性光学现象都曾在液晶介质中被观察到[1-6]。其中,一些现象因其新颖性或基本原理而受到研究,而另一些现象则被开发成检测工具或实用设备。

值得注意的是,在液晶介质中,非线性(也包括线性)光学响应源于两种机制:①第 10 章中详细描述的由入射光电场瞬时调制电子波函数,从而产生新的光学频率分量的机制;②第 8 章和第 9 章中讨论的响应较慢的非电子机制,以及第 5 章中与入射光和出射光之间极小频率偏移相关的线性光散射机制。由于响应速度范围广泛,研究过程中的特性将根据输入光的时域特性而呈现瞬态或稳态特征。

缓慢的响应速度使我们能够观察到所研究过程或模仿其他由类似非线性方程描述的系统的动态演化过程。另外,超快光学非线性效应通常用于研究飞秒/皮秒激光脉冲压缩和调制或短脉冲激光的光学限幅的潜在应用。本章将概述一些在基础研究和/或实际应用方面具有重要意义的研究实例。

12.1　自发非线性光学过程

12.1.1　自我诱导的空间和时间相移

当激光在非线性光学介质中传播时,由于强度依赖的折射率变化,激光会受到几种不同作用方式的影响,这取决于激光的时间和空间分布。大多数激光器是高斯光束,其横向强度分布形式为 $I(r) \sim I_{o}\exp(-2r^{2}/\omega_{o}^{2})$。这就导致了在穿过介质 d 的距离后产生了与强度相关的折射率变化 $\Delta n = n_{2}I$ 和横向相移 $\Delta\varphi(r) = d\Delta n 2\pi/\lambda = dn_{2}I(r)2\pi/\lambda$。(注意:在此假定介质是非吸收性的)。激光波面的径向相移与透镜产生的相移相似,取决于 n_{2} 的正负,激光在介质中传播时会产生聚焦或散焦作用。在聚焦作用被自然衍射平衡的情况下,光束在介质中传播时将保持其光束尺寸,这种现象早先被称为自导,最近也被称为空间孤子。

如果激光是非常短的所谓超快(亚皮秒和半皮秒)脉冲,其非线性指数变化 $\Delta n = n_{2}I(r;t)$ 将具有由 $I(t)$ 决定的快速时变特性,并在激光强度从低值到峰值再回到低值的皮秒或更短时间内发生非常快速的变化。除群速度色散外,这种快速变化的相移还会引起脉冲形状调制,如压缩、展宽和脉冲中断等[7-10]。

12.1.2 自相位调制、自聚焦、离焦连续波或脉冲激光

早期对液晶自聚焦效应的研究旨在了解非线性光学或液晶的基本现象。在向列相中,液晶很薄,但却具有高度非线性,这使得我们可以采用第 11 章中讨论的所谓非线性衍射理论以及外部自聚焦和自相位调制效应。

向列相液晶的光折射性[11]和超光学非线性[12-13]的发现开创了用低至纳瓦级的激光功率实现显著外部自聚焦的时代。图 12.1 显示了观测外部自聚焦效应的典型装置。其中,焦距为 15 cm 的输入透镜将线性偏振激光束聚焦到输入透镜焦平面后方的 25 μm 厚液晶盒上,得到光斑直径为 0.1 mm。向列薄膜是倾斜的,以增强非线性折射率变化所经历的异常入射光线。在样品后 40 cm 处有一个直径为 5 mm 的光圈,用于监测透射光束的中心区域。如图 12.1 中的两张图片所示,当输入功率约为 70 nW 时,可以观察到透射光束的中心区域逐渐变暗,光束发散急剧增加。图 12.2 描绘了光束中心功率随输入功率的变化,显示了典型的极限行为。

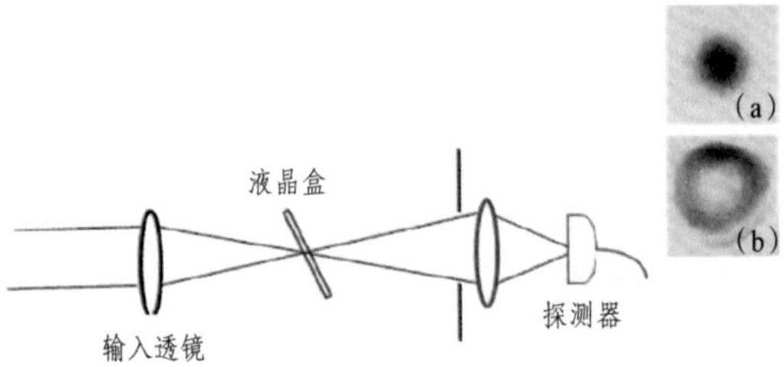

图 12.1 利用外部自聚焦效应进行光学限制作用的实验装置,插图显示了输入功率(a)低于 70 nW 和(b)高于 100 nW 时的透射激光强度分布

在高斯光束上具有这种自聚焦或自相位调制效应的光学限幅作用的局限性在于,随着激光强度的增加,中心区域的非线性可能会达到饱和点。在这种情况下,重新定向轮廓和激光自致离焦效应将减弱,从而限制限幅操作的动态范围。

实现大动态范围和眼睛/传感器安全箝位传输的另一种方法[14-19]如图 12.3 所示。在典型的光学限幅操作中,所使用的向列相液晶会掺入小浓度的偶氮染料或其他光敏颗粒,这些颗粒会在所需的光谱范围内吸收光谱。90° 扭曲液晶盒是将轻掺杂液晶夹在两片摩擦过的 PVA(聚乙烯醇)涂层玻璃之间制成的;游离液晶的指向矢位于液晶盒窗口的平面上,并从入射液晶盒窗口向出射液晶盒窗口旋转 90°。

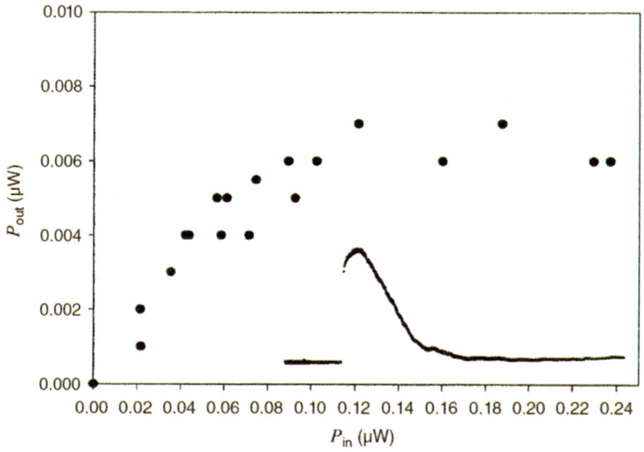

图 12.2　检测到的输出功率与输入激光功率的关系图，插图是步进式输入激光器的轴上传输激光功率的示波器轨迹

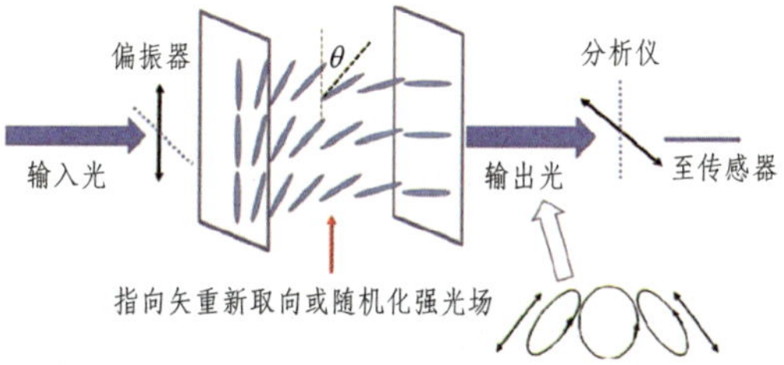

图 12.3　由夹在两个交叉偏振器之间的扭转排列向列单元组成的大动态范围光学限幅器示意图

在低功率条件下，来自周围景物和“威胁”激光的入射光，经输入激光线性偏振后，将沿着指向矢旋转，以平行于分析仪（输出偏振器）传输轴的偏振方向从液晶盒中射出，低强度光被完全透射。

随着入射“威胁”激光功率的增加，它将通过第 8 章和第 9 章中讨论的各种机制（如激光诱导的指向矢重新定向、有序参数改变、电致伸缩和流动）的组合来改变指向矢的排列；激光的偏振矢量将占据越来越多的与分析仪传输轴正交的分量，并被衰减。在激光强度较高的情况下，指向矢的这种重新调整或随机化将导致出口激光在垂直方向完全偏振，并被分析仪的水平传输轴完全阻挡。即使激光强度进一步增加，这种情况仍将持续，而通过出口偏光片的传输仍接近消失值。因此，如图 12.3 所示的“装置”可以是一种高效的无源光学限制器，其动态范围非常大，仅取决于偏光片的消光效率。

图 12.4 显示了透射分辨率图照片，其中低功率威胁 Ar^+ 激光显示为一个亮点。在高输入功率下，激光被抑制，光斑几乎消失，背景景物完好无损，肉眼可以安全观察。在限制作用

开始时,高斯光束强度分布引起的 SDE 也会对光学限制作用产生重大影响。入射激光束的剧烈自限制作用可以从入射功率升高时流出激光的一系列照片中捕捉到,如图 12.5 所示。注意,即使激光功率不断增加,随着自限制作用的加强,传输功率/强度实际上会越来越暗。

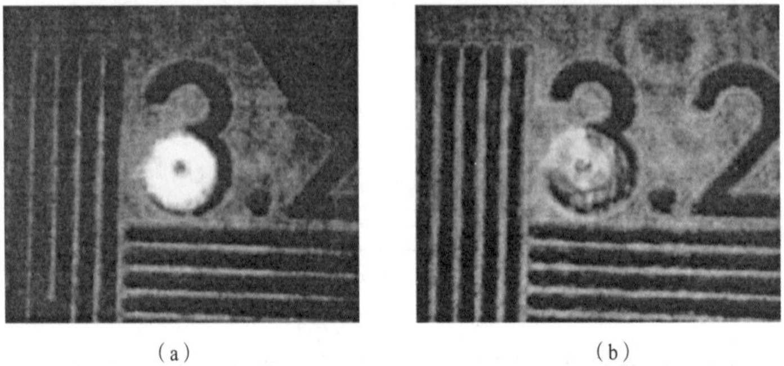

图 12.4 透射激光光束(亮点)的照片和分辨率图的图像;(a)在低激光强度下,显示没有限制效应;(b)在高输入激光强度下,显示激光光斑大大衰减((a)中的照片是故意曝光过度拍摄的,以突出微弱的激光光斑)

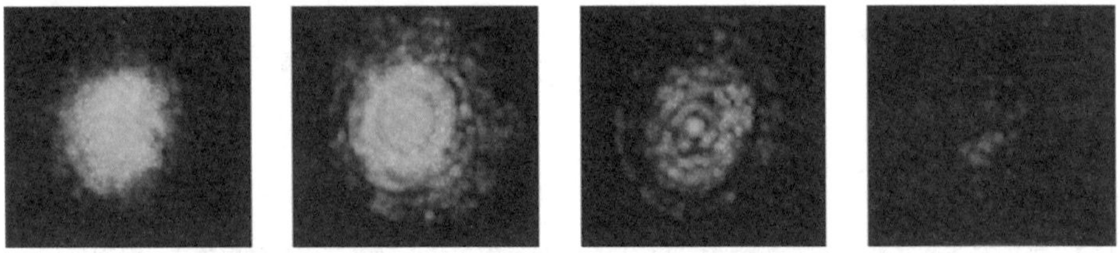

图 12.5 入射激光强度增加时液晶膜透射率的照片(从左到右入射激光强度依次增强)

箝位输出取决于样品的初始对准质量。一般来说,对于非优化的实验液晶(LC)单元,输入激光高达 140 mW[14],输出功率在几微瓦,箝位传输约为 3×10^{-5},动态范围超过 10^5。样品的低功率"线性"透射率为 10%(0.1),这主要是由于通过偏光片和未镀膜液晶盒窗口的界面损耗造成的,因此这种箝位透射率相当于超过 3 000 的衰减系数(低功率透射率/高功率透射率)。通过优化样品配置和对准特性、掺杂剂和向列相液晶的选择,这些限制性能特征显然可以大大改善。

相关研究[14-19]利用毫秒-纳秒激光脉冲,研究了激光诱导的热量和有序参数变化(由偶氮染料掺杂剂的反式-顺式同构化或透明未掺杂向列相液晶盒中的电致伸缩引起)的限制作用。这些研究证明了建造实用全光学限幅器的可行性,该限幅器可在整个可见光谱范围内以可接受的操作阈值和动态范围减缓激光和其他强光源(如眩光、闪光、焊枪)。但必须注意的是,激光诱导的热量/密度和有序参数变化等非电子机制的响应时间最多不超过微秒级或 10 ns。为了防止纳秒级或更短的激光脉冲,非线性光学限制机制将无法及时建立以提供必要的传输衰减效应。对于纳秒级或更短激光脉冲的被动减弱，可以采用超快电子光学非线性机制，特别是非线性吸收。第 12.6 节会对此进行详细讨论，介绍非线性光纤阵列和其他可在纳秒到亚皮秒时间范围内有效工作的非线性设备/概念。

从这些可行性论证中，我们可以设想将向列相薄膜与非线性(图像传输)光纤阵列结合起来，构建有效的无源全光限制器和眼睛/传感器保护装置，使其能够覆盖极宽的时间范围(从皮秒激光脉冲到连续波光源)。

12.1.3 自导、空间孤子和图案形成

在相互作用长度较长的相互作用几何中，光束的自聚焦效应会导致光束尺寸的空间限制，这与衍射引起的发散效应相反，从而形成自导光束。这种自导光束传播过程早在 20 世纪 60 年代就已有研究，并再次引起人们的兴趣，且主要是在空间孤子的背景下[20-24]。这些研究使人们对这一现象有了新的认识，并指明了借助超非线性光学材料开发低阈值光控读取和开关器件的可能性。在这种情况下，向列相液晶作为理论、概念和可能的设备演示的“试验台”，具有很强的吸引力。

图 12.6 描述了利用纯电介质场诱导的指向矢重新定向非线性在对准的 NLC 中首次演示空间孤子的实验装置[22]。液晶盒由平面对齐液晶(E7)组成，且位于两个可施加交流电压的 ITO 涂层窗口之间。如果施加的电压高于 Freedericksz 转换，则会产生指向矢的前倾角 θ_0，从而使光场更容易进一步将指向矢重新定向为一个角度 θ——这种相互作用的几何形状与首次观察到的光诱导向列轴重新定向高于 Freedericksz 转换时所采用的几何形状类似[25]。

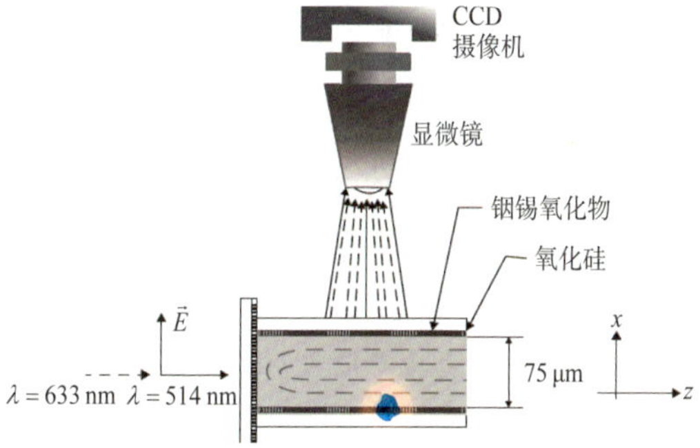

图 12.6 展示向列相液晶中空间孤子的实验装置

考虑从侧窗入射线性偏振激光的情况，如果我们用 $\vec{A} = A \cdot \hat{x}$ 表示其光电场，并且其传播方向是沿块状 NLC 的 z 轴，那么在轻微不均匀介质中，该光场振幅的演变可以用一个类似薛定谔方程描述[22]:

$$2ik\frac{\partial A}{\partial z}+\left[\frac{\partial^2 A}{\partial x^2}+\frac{\partial^2 A}{\partial y^2}\right]+k_0^2\Delta\varepsilon(\sin^2\theta-\sin^2\theta_0)A=0 \tag{12.1}$$

其中,$k\approx k_0\sqrt{n_\perp^2+\Delta\varepsilon\sin^2\theta_0}$ 为波矢量,$k_0=2\pi/\lambda$,λ 为波长。另外,对于这种相互作用的几何形状,指向矢的重新定向可以用一个典型的扭矩平衡方程来描述。

图 12.7 显示了输入光束功率为 3.9 mW、束腰为 3 μm 时的数值模拟结果(使用的激光器是波长 514.5 nm 线型 Ar^+ 激光器)。在没有外部偏压($\theta_0=0$)的情况下,线性偏振输入光的电场垂直于指向矢。由于其强度低于光学 Freedericksz 阈值,因此无法产生指向矢重新定向,即不存在自作用效应。因此,聚焦光束在沿 z 轴传播时可在 x 和 y 方向自由衍射,如图 12.7(a)所示。当施加的外部电压超过 Freedericksz 阈值时,指向矢将重新定向(数值模拟中假定角度为 45°)。在这种"高于 Freedericksz"的条件下,光场将在无阈值的情况下重新定向指向矢,并实现自导向过程,从而形成空间孤子——一种在许多瑞利长度上都能保持束腰的光束,如图 12.7(b)所示。

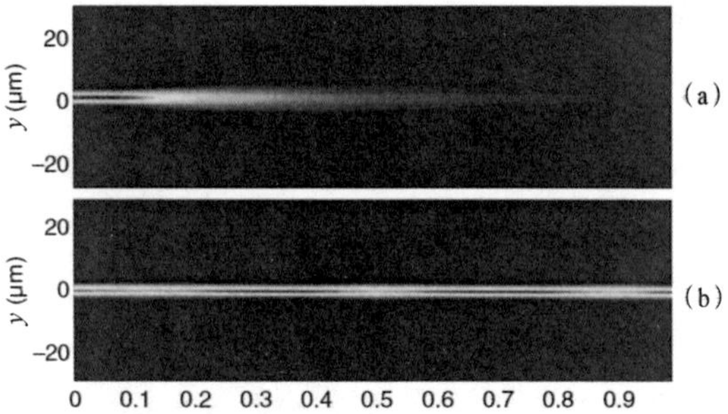

图 12.7 以 3 μm 束腰和 3.9 mW 功率发射的光束在 y-z 平面内传播的数值模拟;(a)无外加偏置电压,$\theta_0=0$ 时的线性衍射;(b)指向矢预倾斜时的孤波

这些基本孤子的特性以及其他更复杂的现象,如光束转向、光束结合和非相干光处理,都已得到实验验证[22-24]。这些工作以及其他使用光折射晶体的工作[20-21]证明了利用空间孤子进行光束信号处理的可能性,但高光学损耗和慢响应速度的结合阻碍了实际应用。

高度非线性光束传播现象也是在自作用模式形成的背景下进行研究的[26-29]。由于反馈和空间相位调制[29]的共同作用,单个入射光束可能会分解成光束阵列,并表现出多种动态模式、双稳态、不稳定性和混沌。在这种情况下,我们将在第 12.2 节讨论一种特殊情况,即线性偏振入射光束自我转换为正交偏振光束,并在没有反馈的情况下表现出各种振荡、双稳态和混沌行为,这就是上一章讨论的所谓受激定向散射过程。

12.1.4　超快(皮秒-飞秒)激光的脉冲调制、偏振旋转和切换

第 11 章讨论了由于非线性相移和色散引起的超快激光脉冲自作用效应,如胆甾型液晶(CLC)中的脉冲压缩和扩大[8-9]。前向传播的圆偏振激光脉冲(单向)的脉冲压缩的基本机制涉及与反射的后向圆偏振波(异向)的耦合和反馈,但这一过程仍然是由单个入射激光的自作用效应引起的。

当入射激光脉冲是线性偏振光时,也会产生类似的自诱导效应(尽管基本上是线性光学过程)[30-31]。在这种情况下,基本机制是线性偏振光在介质中传播时右侧(σ_+)和左侧(σ_-)圆偏振分量之间的相位差,如图 12.8(a)所示。如参考文献[30]和[31]所述,由于 CLC 的圆双折射($\Delta n_c = n_+ - n_-$),右(σ_+)和左(σ_-)之间在传播过程中累积的相位差或延迟(Γ)会使偏振矢量旋转一个角度 $\Delta\varphi = \Gamma/2 = \Delta n_c \pi L/\lambda_0$,其中 L 是相互作用长度,λ_0 是真空中的光波长。

传统厚度在 10~100 μm 范围内(周期数 N 约为 100)的胆甾相液晶只能进行较小的偏振旋转。参考文献[30]显示,利用第 1 章中讨论的 FASA 技术制造的超厚(厚度在几百微米)、周期 $N > 500$ 的 CLC 显示出完全成型($N \to \infty$)手性光子晶体的所有特征。特别是,它们在高穿透离布拉格共振机制下具有很大的偏振旋转功率。通过在这些光谱区工作,这些高 N 的 CLC 可以在接近统一透射率的情况下产生较大($>\pi$)的偏振旋转。由于手性光子晶体的特性,旋转角度与输入偏振方向无关,并且同样适用于连续波或超快脉冲激光光束的简单或复杂矢量场,如图 12.8(b)所示。

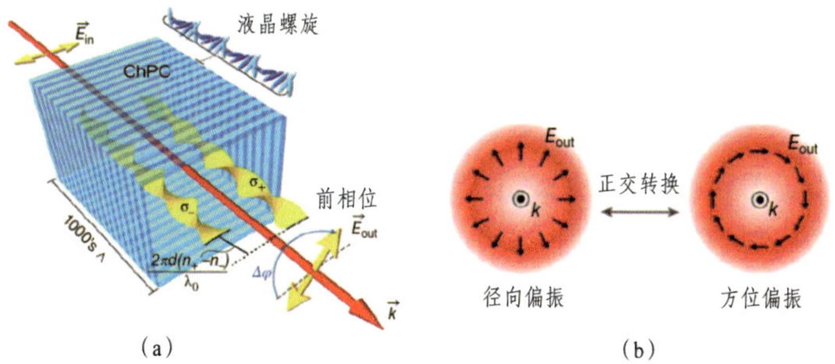

图 12.8　(a)胆甾相液晶对线性偏振光的偏振旋转示意图;(b)复矢量场在径向偏振和方位偏振之间的切换

利用前几章讨论的场致带隙移动或折射率/双折射变化机制[6],显然可以动态地进行偏振旋转,即偏振切换。在 CLC 中,利用场致晶格间距畸变来调整光子带隙的速度非常慢,响应时间在毫秒到秒之间[6, 32-35]。显然,微秒-纳秒级的适度切换速度可以通过指数或双折射变化机制来实现,如脉冲激光诱导的无序、分子重新定向、质子场-LLC 相互作用或热量/密

度效应；在这种情况下，偏振切换需要另一种（泵浦）激光作用于 CLC。

超快偏振切换可以利用第 10 章讨论的电子非线性，通过非线性折射率变化来实现。如参考文献[36]所示，CLC 的电子克尔非线性（n_2 数量级为 10^{-11}~10^{-13} cm^2/W）可用于在飞秒内将飞秒激光脉冲的偏振态从涡旋切换到矢量场，如图 12.9 所示。在本研究中，探针是峰值强度为 10 MW/cm^2 的 250 fs 脉冲（$\lambda = 794$ nm，带宽 = 6 nm）。另外，具有相同光谱特性的泵浦脉冲的峰值强度为 800 MW/cm^2，足以产生折射率变化，并使 CLC 光子带隙向短波长侧移动，参见图 12.9（b）。

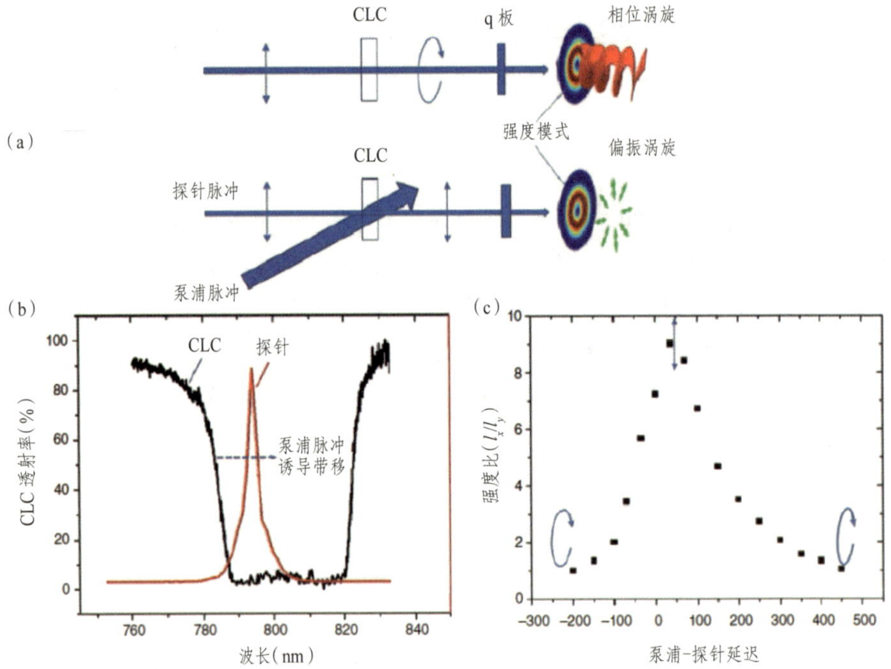

图 12.9 （a）通过飞秒脉冲诱导胆甾相液晶指数变化，观察超快偏振旋转的实验装置；（b）胆甾相液晶的光谱透射率显示出 800 nm 附近的带隙，探针激光波长为 794 nm，位于带隙内，诱导的指数变化使带隙向长波长方向移动，从而增加了探针的透射率；（c）根据泵浦激光脉冲的时间曲线，探针激光从圆极化到线性极化再回到圆极化的动态变化[36]

由于探针波长（794 nm）位于光子带隙内，因此在没有泵浦脉冲时（与探针脉冲延迟较长），探针的初始传输为圆偏振（$I_x/I_y \approx 1$）；当泵浦脉冲和探针脉冲之间的延迟减小时，探针将经历由泵浦光束引起的带边移动，当泵浦脉冲和探针脉冲完全重叠时，探针的传输强度将增加到最大值，此时 CLC 的圆极化输出将切换为主要的线性极化（$I_x/I_y \approx 1$），参见图 12.9（c）。注意，虽然参考文献[36]中采用的偏振切换原理（探针波长最初位于带隙带边内，初始传输率非常低）不同于参考文献[30]中演示的（90°）偏振切换（探针波长离带边更远，传输率接近于 1),但两者都利用了相同的超快激光诱导指数变化的基本机制。如参考文献[30]和[36]所示,透明 HN-CLC 能够实现复杂矢量场超快激光的超快切换,这可能会在采用此类激光系统的先进光子应用中得到越来越多的应用[37-38]。

12.2　光波混频

激光诱导的动态光栅和非线性光学介质中的光波混合已在各种情况下得到研究。液晶和光折射晶体是研究的重点,因为这些高度非线性光学材料对功率的要求很低。目前,已观察到各种双光束耦合效应,包括从强泵浦光束到弱探针光束的能量交换、自启动光学相位共轭(SSOPC)、光束和图像放大、偏振旋转和受激散射[39-57]。在本节中,我们将讨论两个典型的混波过程:受激定向散射和光学相位共轭过程。

12.2.1　受激定向散射和极化自切换——稳态

早期对瞬态 SOS 效应的观察[52]是基于受激布里渊散射原理进行的,使用了功率较高的脉冲红宝石激光器。然而,第 11 章详细描述的稳态情况更为有趣,且具有实际应用价值。通常情况下,当光栅常数为 $\lambda_q \approx 3\mu\text{m}\left(\lambda_q = \dfrac{2\pi}{|q|} = \dfrac{\lambda}{\Delta n}\right)$时,方向弛豫时间常数 $\tau \approx 10\ \text{ms}$。使用比这更长的激光脉冲持续时间,就可以在更低的激光功率下观察到稳态的 o-e 射线激发散射效应,这在参考文献[48]中首次得到证实,随后又有几项研究[47, 53-57]使用可见光和红外(IR)光谱区域的激光进行了研究。

SOS 需要非常简单紧凑的实验装置,如图 12.10 所示。线性偏振掺铒光纤激光器($\lambda = 1.55\ \mu\text{m}$)以法线入射角聚焦到平面排列的向列膜上,形成 e 波或 o 波,即光电场分别平行或垂直于指向矢。出口端的偏振分束器用于分离 e 波和 o 波。在这一波长($1.55\ \mu\text{m}$)处, E7 的吸收很小,可以忽略不计。根据观察,为了有效地调解能量交换,输入激光的发散应与其散射噪声的“锥形”相匹配。这相当于将激光聚焦到 10 μm 或更小的光束腰。在这些条件下,如图 12.10 中的插入照片所示,当入射激光功率超过受激散射阈值时,噪声会增强为一束强光束,而输入的强光束会减弱。

在出口端观察到的泵浦光束和信号光束功率如图 12.11 所示,其与输入激光功率的总体关系与理论非常吻合。o 波“噪声”从扩散侧散射到强光束呈指数增长,在约 48 mW 输入功率时达到最大值。另外,在低输入功率时,输入电子波最初随输入呈线性增长,当超过受激散射阈值时,电子波开始急剧下降,最终达到几乎递减的值。由于指向矢波动中存在多频率成分,因此在 e 波和 o 波输出中观察到相当大的振荡行为。在高强度下,输出光束开始出现相当大的侧向散射和散焦,这可能是出口端光束功率在达到最大值后下降的原因。

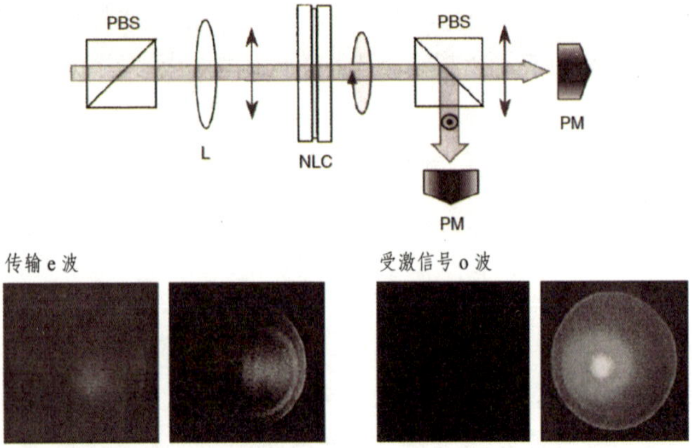

图 12.10 在向列相液晶中观察受激定向散射的实验装置,照片显示了低输入激光功率和高输入激光功率下的传输泵浦波(e 波)和受激波(o 波)

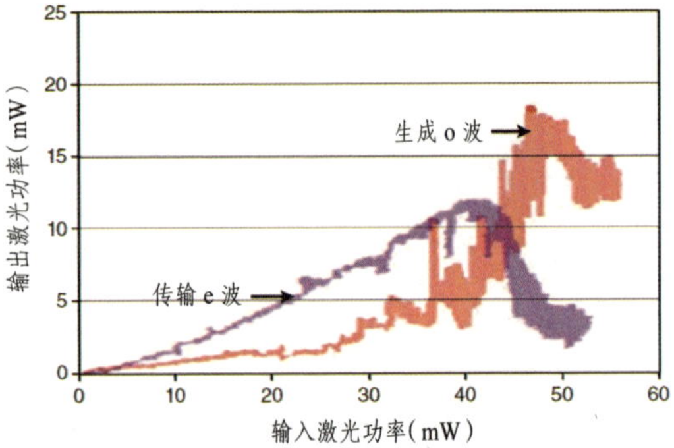

图 12.11 记录的传输泵浦和信号与输入激光功率的函数关系

由于双光束耦合效应只取决于泵浦光束与其散射噪声之间的频率差值,因此无论是从 e 波到 o 波,还是从 o 波到 e 波,转换过程都应该成立。通过使用 o 波输入重复相同的实验(将平面向列样品旋转 90°),在类似的激光功率水平下观察到了受激 e 波散射,如图 12.12 所示。

与受激拉曼散射近似,一旦受激斯托克斯波(频率 Ω 低于输入激光频率 ω)的强度达到某个阈值,它就会激发自己的斯托克斯波,频率为 $\omega-2\Omega$,……以此类推,每个斯托克斯分量的偏振方向都与受激波正交。例如,从频率为 ω 的 e 波开始,随着入射激光功率的增加,会产生 e 波和 o 波的级联:$e(\omega)\to o(\omega-\Omega)\to e(\omega-2\Omega)\to o(\omega-3\Omega)\cdots$

另外,如果我们从 ω 处的 o 波输入开始,则有 $o(\omega)\to e(\omega-\Omega)\to o(\omega-2\Omega)\to e(\omega-3\Omega)\cdots$ 以此类推。这种能量级联一直持续到 e 偏振波和邻偏振波都达到准稳态,此时两种偏振波所含的能量大致相同,如参考文献[57]和[58]所述。

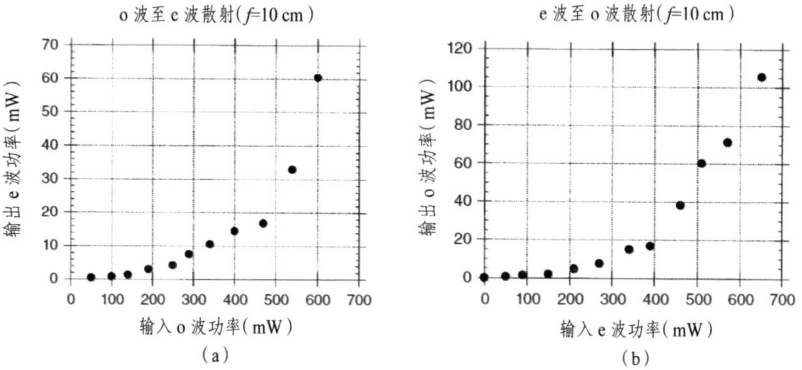

图 12.12　受激 o 波至 e 波散射:(a)观测到的 o 波功率与输入 e 波功率的函数关系,显示出超过某一阈值时典型的受激散射依赖关系;(b)观测到的电子波功率与输入 o 波功率的函数关系,显示出超过某一阈值时典型的受激散射依赖关系

这些使用近红外(1.55 μm)激光和可见激光进行的研究清楚地强调了双光束耦合过程的"非共振"性质。与其他材料不同的是,其他材料需要激光与材料之间高度波长敏感的共振相互作用来产生必要的双光束耦合效应,而向列波中的取向介导波混合过程则可以用任何波长的激光来实现(当然是在吸收带之外,以避免激光吸收/加热)。鉴于在整个可见光-近红外光谱范围内广泛存在透明的向列波材料,我们可以设想类似的受激取向散射的超宽带应用,尤其是在 2~5 μm 光谱范围内,因为在这一范围内需要低工作激光功率的高非线性光学材料非常稀缺。

在基础研究方面,这些偏振自开关过程也可以与上一节讨论的空间孤子现象结合起来,因此许多新颖的光学现象仍有待探索。

12.2.2　受激定向散射——非线性动力学

自组织和聚集现象已在包括液晶在内的各种材料和光学系统中得到广泛研究[27-29, 56-66]。这些研究从根本上揭示了在有或没有外部刺激的情况下,看似不连贯的单个分子或噪声如何通过相互影响而自我选择或自我组织成晶体或连贯的形式/信号。

在这种情况下,受激方位散射所涉及的"自选择"(即从噪声到相干光束,特定斯托克斯频率分量的增长以牺牲其他分量为代价)为探索和进一步理解非线性动力学系统提供了一个自然的环境。非线性系统的一个特点是,虽然系统由强度恒定的连续波激光器驱动,但输出会呈现振荡和混沌现象。正如参考文献[57]所详述的,所有涉及的分子和光学参数都被视为时空量,指向矢重新定向角 θ 的力矩平衡方程(写为 $\theta(z,t)=\sum_n A_n(t)\sin\left(\frac{n\pi z}{L}\right)$)得出:

$$\frac{\mathrm{d}A_n}{\mathrm{d}t}=\left[i\Omega-\frac{K_2}{\eta}\left[q^2+\left(\frac{n\pi}{L}\right)^2\right]\right]A_n+\frac{\varepsilon_a}{\eta L}\int_0^L\theta_s\sin\left(\frac{n\pi z}{L}\right)(|E_y|^2-|E_x|^2)\mathrm{d}z+$$

$$\frac{\varepsilon_a}{\eta L}\int_0^L \theta_z \sin\left(\frac{n\pi z}{L}\right)\left(E_x E_y^* - \frac{1}{2}\theta_z E_x^* E_y - |\theta_z|^2 E_x E_y^*\right)\mathrm{d}z \qquad (12.2)$$

对场的传播方程和指向性展开系数的演化方程进行数值求解。图 12.13(a)显示了在发生这些振荡时,由 $A_1 - A_3$ 定义的相空间中指向矢的“轨道”计算结果。这些高于受激散射阈值的强度振荡让人联想到参考文献[64]和[66]中观察到的高于光诱导 Freedericksz 阈值的定向运动。根据理论模拟[57],对于特定的激光波长和液晶参数(弹性常数、黏度和指数差 $n_e - n_o$),这些振荡将优先发生在特征频率分量 $\Omega_{max} = \Gamma$ 附近,参见图 12.13(b)。注意,尽管指向矢的振荡非常小,但通过样品的 e 波和 o 波之间存在有效的周期性能量传递(而总能量保持不变)。这在实验中确实得到了定量验证,参见图 12.13(c)和(d)[57]。

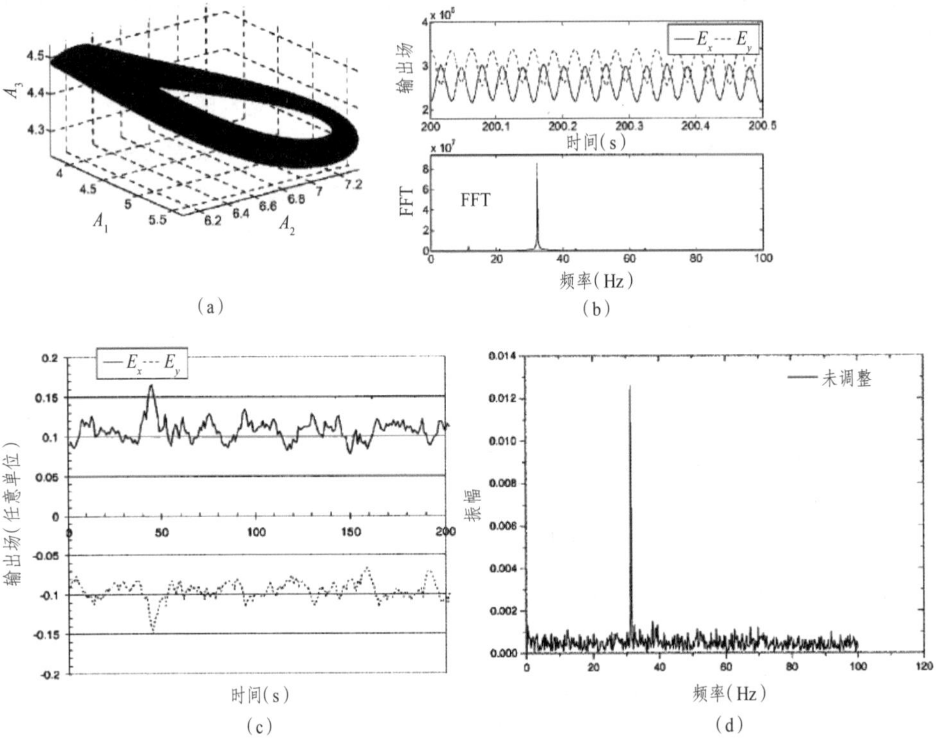

图 12.13 (a)输入 3.8×10^5 V/m 电子波时导角系数 A_i(单位:mrad)的相位图,激光波长为 532 nm,样品厚度为 200 μm,激光光斑直径为 40 μm;(b)输入 3.8×10^5 V/m 电子波时的输出场动态和傅里叶变换,其行为是准周期性的,振荡频率在 32 Hz 左右;(c)输出泵浦波和产生波的同步示波器轨迹,显示了两束光之间的振荡能量交换,泵浦激光功率为 60 mW,激光波长为 532 nm,样品厚度为 250 μm,激光光斑直径为 40 μm;(d)测量到的输出电子波傅里叶频谱,显示在特征频率 Γ = 32 Hz 处有一个尖锐的峰值,泵浦激光功率为 60 mW,激光波长为 532 nm,样品厚度为 250 μm,激光光斑直径为 40 μm

通过使用可见光和红外激光器，在不同的固定输入功率下，对高于激光阈值的振荡的傅里叶光谱进行了详细测量，结果也证实了理论预测。利用液晶（E7），其相关参数为 $n_e = 1.75$，$n_o = 1.54$，弹性常数 $K_2 = 3.0 \times 10^{-12}$ N 以及黏度系数 $\eta \approx 0.1$，在激光波长为 532 nm 时，频率偏移 $\Omega_{max} = \Gamma \approx 32/2\pi$ 弧度每秒（或 32 Hz），可获得最佳增益系数。相应的偏振光栅间距为 $0.532(n_e - n_o) = 2.5\ \mu m$。如果激光波长为 $1.55\ \mu m$，则特征频率 Γ 约为 4 Hz。这些理论估计值与实验观测到的相应激光波长的特征频率非常接近。

此外，使用适当频率的交流控制场可提高受激散射效率。这也许是使用交流场影响材料受激散射的第一个实例。这仅仅是由于向列相液晶中的受激散射的（光学）电场相当低（约 1 000 V/cm），而其他非线性材料[67]中的受激散射需要更高的阈值电场。在调制交流场的作用下，频率谐波的增强效应和出现为受激散射过程/器件提供了另一种控制手段，同时也为类似[61, 64]的进一步基础研究提供了新的基础。SOS 的驱动耦合振荡器模型和从噪声到相干信号的积累也类似于耦合振荡器神经网络模型，该模型显示了任意、随机组合的振荡器如何建立所需的“相干”配置[68]。在这些方面，向列相液晶仍然是一种有趣的、低功耗的“用户友好型”非线性材料，可用于实际模拟和理解许多学科的基本过程。

12.2.3　带有定向和热光栅的光学相位共轭

利用液晶进行光学相位共轭首先是在参考文献[69]和[70]中使用相干可见光激光，后来由 Leith 等人[71]使用部分空间相干激光。这些研究通过旋转磨砂玻璃降低激光的空间相干性，展示了一种高分辨率、低噪声的相位共轭成像和像差校正技术（图 12.14），与 Huignard 等人[72]设计的多重曝光方法相辅相成。

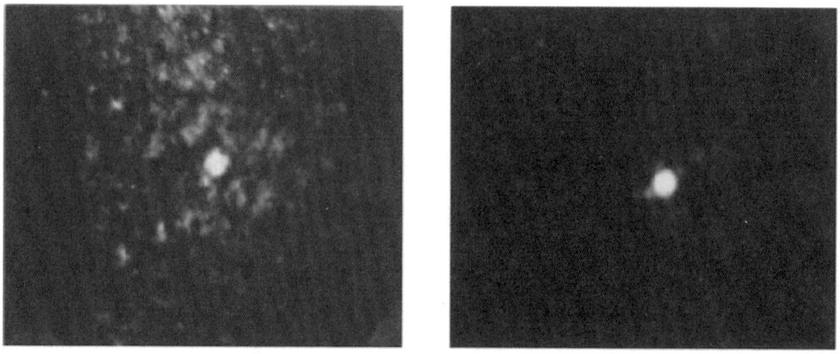

（a）　　　　　　　　　　（b）

图 12.14　（a）用空间相干光（即不使用旋转磨砂玻璃）重建的激光束相位共轭图像的照片，相干噪声会产生严重的干扰和信号衰减；（b）用空间非相干光重建信号的照片，显示相干噪声已消除，图像清晰

还利用红外（$10.6\ \mu m$）激光器进行了光相位共轭和相关混波研究[40, 73-74]，将光相位共轭

(主要是利用无机光折射晶体[75])的成功应用范围从可见光谱扩大到了红外光谱。在红外(约 10 μm 区域)光波混合应用中使用液晶的一个主要缺点是,在这一光谱范围内,液晶的吸收损耗较大,从 40 cm^{-1} 到 100 cm^{-1} 不等,这就限制了相互作用的长度,使其小于 200 μm。另外,在中红外波段(1~5 μm),向列相的吸收率较低,吸收对比度约为 10 cm^{-1} 或更低,因此可以实现更长的相互作用长度。由于在这些光谱范围内,几乎没有其他材料具有大非线性和低激光功率阈值,因此向列相液晶仍然是相位共轭相关应用中具有竞争力的自然选择。

第 9 章专门讨论了蓝相液晶(BLPC)的非线性光学响应[6],以及它们在光学相位共轭中的应用,其分辨率和效率均优于向列相液晶。通过在蓝相液晶中掺入在近红外区域具有吸收性的适当染料,我们可以预期蓝相液晶也将成为近红外光学相位共轭以及后面讨论的其他基于混波的图像处理应用的绝佳候选材料。

在近晶-A 相液晶膜中也观察到了受激散射和相位共轭效应[76],其中涉及的非线性是激光诱导的密度变化,可称为受激布里渊散射过程。这些密度效应也是在近晶相液晶膜的纳秒激光脉冲诱导光栅衍射中观察到干涉效应的原因。然而,自此以后,在近晶-A 相中进行的光波混合研究并不多。在各向同性相中,光学相位共轭效应在参考文献[77]至[79]中已有报道。在参考文献[80]中,使用光学寻址液晶空间光调制器(OALCSLM)进行相位共轭,为大型光学系统提供了显著的像差校正能力。

12.2.4 自启动光学相位共轭

自启动光学相位共轭是指一束入射激光通过非线性光学材料中的某种光波混合效应产生其相位共轭复制品。通常,信号来源于泵浦激光束的相干散射噪声(如晶体散射、自发布里渊散射等)。这种噪声信号与泵浦光束相互作用,逐渐形成强烈的相干信号。这种现象通常出现在使用高功率脉冲激光的受激布里渊散射[7]和使用低功率连续波激光的光折射材料中[42, 75]。

利用向列相液晶中的受激定向散射和热散射,对类似的 SSOPC 过程进行了研究[48, 53, 81]。由于液晶具有超大的光学非线性,启动自启动光学相位共轭振荡所需的阈值通常在毫瓦范围内,而在液体中进行 SBS 自泵送光学相位共轭则需要兆瓦级的功率。

典型的实验装置如图 12.15 所示。所使用的液晶是 E7,它的向列—各向同性相变温度为 63 ℃。在所使用的激光波长(5 145 Å 线)下,这种材料的吸收几乎可以忽略不计(<0.01 cm^{-1})。将 E7 夹在两片摩擦过的涂有聚合物的玻璃片之间,就制成了厚度为 100 μm 的平面对齐 NLC 薄膜。实验在室温下进行,对线性偏振 CW Ar^+ 激光器进行电斩波,以产生持续时间可变的毫秒脉冲。激光聚焦到 NLC 样品上时,其电场偏振矢量 $\vec{E}$ 平行于指向矢,因此它经历了非凡指数 n_e。透射光束被反射、聚焦回样品上,与入射光束在空气

中的交叉角为 3°。反射光束的偏振方向发生旋转，从而与入射光束的偏振方向正交（即 o 波）。

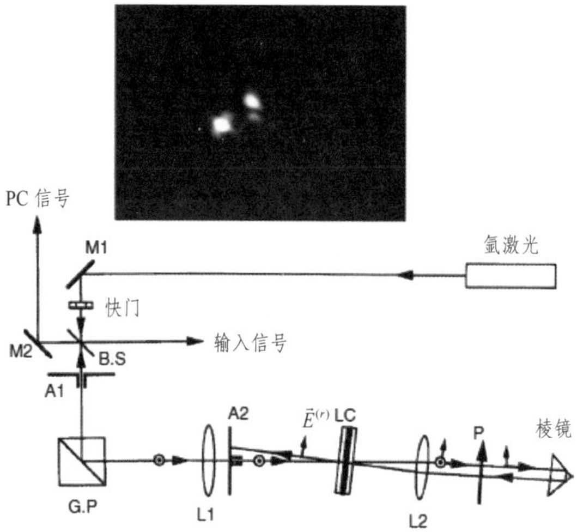

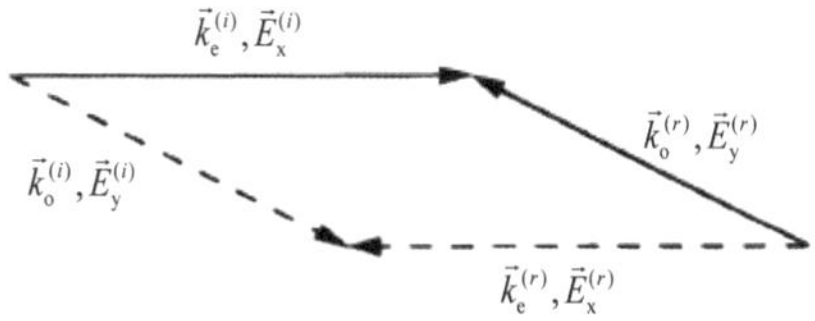

图 12.15　基于 SOS 的 e-o 相共轭实验装置，照片显示的是观测到的信号（重影是由于玻璃片表面造成的），还显示了 e-o 波矢量相位匹配条件，样品所在位置的激光光斑直径约为 50 μm，交叉角为 3°

图 12.15 中的插图描述了入射波与散射电子波分量 $E_x^{(r)}$ 交互作用时的波矢量匹配条件，其方向光栅 $\vec{q}$ 与入射波产生的方向光栅相匹配。因此，这些相位匹配过程会相互促进，从而产生相干信号输出，当激光功率超过 SOS 的阈值时，散射的"噪声"信号 $E_y^{(i)}$ 和 $E_x^{(r)}$ 将增长为相干光束。

在实验中，SSOPC 信号在约 5 m 外的观测平面上拍照。SSOPC 信号的起始动态由光电二极管监测，并记录在存储示波器上。SSOPC 的阈值功率与同一样品中的正向 SOS 效应所需的阈值功率相似。当入射光束的功率很小（<300 mW）时，观测平面上只会出现斑点噪声。当输入泵浦功率超过 300 mW 时，相位共轭信号的清晰光束就会清晰可见，如图 12.15 插图所示。相位共轭信号的空间质量与输入激光光束相似，并且具有大致相同的发散性，尽管在向列盒前的所有光学器件都会产生像差。当输入功率为 1 W 时，SSOPC 效应的最大效率约为 5%。

图 12.16(a)和(b)分别显示了自启动相位共轭和正向激励 o-e 散射过程的动态。在阈值以下,只能检测到主要由随机方向波动引起的交叉极化散射造成的背景噪声。相干信号检测到的是单调递增的信号,对于 e-o 自启动相位共轭(图 12.16(a))和 e-o 受激散射过程(图 12.16(b)),相干信号的累积时间分别为 45 ms(输入功率为 300 mW)和 30 ms(输入功率为 560 mW)以及 7 ms。

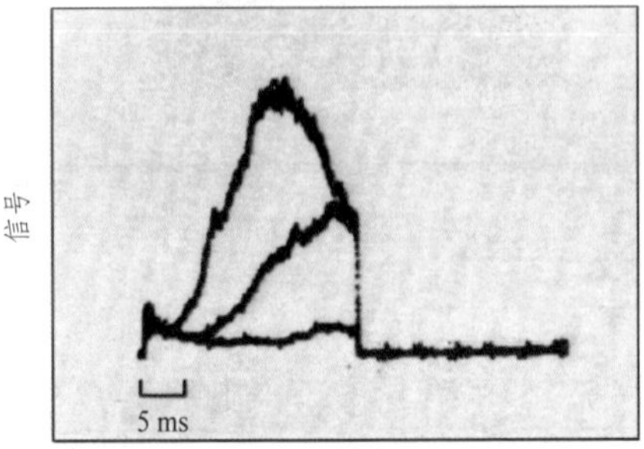

(a)

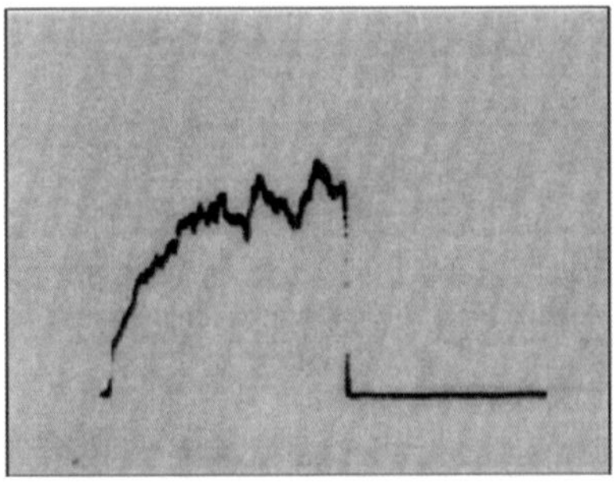

(b)

图 12.16 (a)在三种输入功率下观察到的 e-o 相位共轭信号的积累动态,输入功率为 300 mW(最低轨迹仅显示噪声)、400 mW(出现信号)和 560 mW(上部轨迹,信号出现较早),时间刻度为 5 ms/格时,脉冲持续时间为 25 ms;(b)示波器跟踪输入电子波方波脉冲功率为 500 mW 时受激 o 波信号的时间演变,输入脉冲持续时间为 25 ms,箭头表示背景噪声电平

如图 12.17 所示,在大多数源于斑点噪声的 SSOPC 中[82],信号的起始动态包括两个阶段:起始时间 τ^* 和累积时间 τ。起始时间的长短取决于噪声的特性和振幅,而累积时间则取决于材料的响应时间。对于约 9 μm 的光栅常数(混波角为 3°),定向光栅响应时间为 $\tau_r \approx \gamma/K_2q^2$。使用典型值 $\gamma \approx 1.2P$,$K_2 = 5\times10^{-7}$ 达因和 $q = 2\pi/10\,\mu\text{m}$,我们可以得到 $\tau_r = 50\,\text{ms}$,这与实验观察结果非常吻合,参见图 12.16(a)。对于较大的交叉角(即较小的光栅常数),SOS 响应时间将因 q^{-2} 依赖性而大大缩短,但代价是更高的阈值功率(参见第 11 章)。另外,起始时间取决于噪声的特性和振幅。如图 12.16(a)所示,输入功率分别为

300 mW 和 560 mW 时，起始时间分别约为 15 ms 和 5 ms。

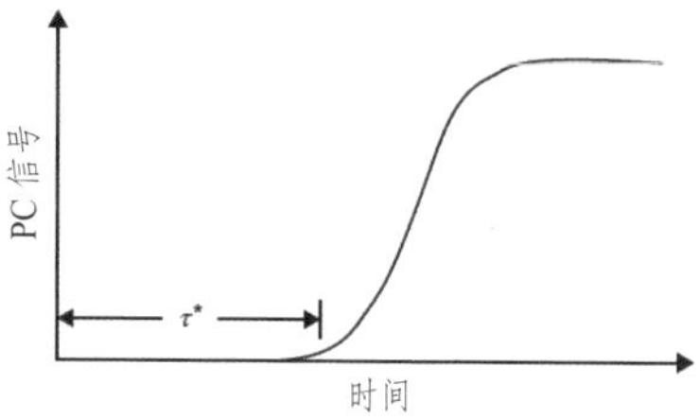

图 12.17 自启动光学相位共轭过程的典型动力学理论图

如前所述，热效应可能比定向效应更快。图 12.18 显示了热 SSOPC 信号的示波器轨迹与输入泵功率的函数关系。随着输入功率的增加，起始时间和累积时间都缩短了。在泵功率约为 800 mW 时，信号积累到最大值所需的总时间可短至 0.5 ms。当样品温度升高至 T_c 时，也能观察到这种建立时间和起始时间的缩短[53]。

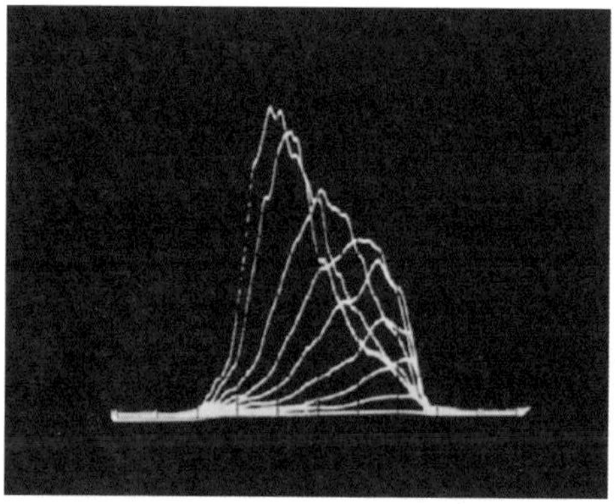

图 12.18 示波器显示的 SSOPC 信号随输入功率从 200 mW（最低曲线）到 800 mW（最高曲线）变化的时间轨迹，显示起始时间和累积时间的缩短，时间刻度为 0.5 ms /格

液晶中以热光栅为媒介的 SSOPC 的主要缺点是，其效率高度依赖于相变温度 T_c 的接近程度，因此需要非常稳定的温度控制。另外，SOS 中的指向矢重新定向在很大程度上与温度无关。

12.3 用于全光学图像处理的液晶

12.3.1 液晶作为全光学信息处理材料

作为一种薄平面结构，向列型液晶 n_2 特别适合于全光学图像处理应用，如应用于随处可见的显示屏中。自1994年和1997年首次发现光折射率和超非线性光学染料掺杂液晶以来,由于其在光学信息处理和存储应用中的应用,引起了人们的极大兴趣[83]。

在表12.1中,我们列出了这些NLC材料以及其他众所周知的非线性光学材料的有效非线性折射率系数n_2 [84-88]。注意,$\chi^{(3)}$是等效的三阶非线性磁化率,α是吸收常数,τ是响应时间。我们还通过估算给定照明光强下的折射率变化效率为光寻址液晶空间光调制器(LC-OASLM)插入了相应数据,参阅第6章。

表12.1 非线性光学材料的折射率系数

材料	n_2 的数量级(cm²/W)
向列相液晶	
纯光学诱导	10^{-4}
热参数和有序参数变化	10^{-4}
受激掺杂剂(染料分子)辅助	10^{-3}
光折射-掺杂C60	10^{-3}
掺甲基红	10
掺杂偶氮苯的NLC(BMAB)	>2
掺杂C60/纳米管的NLC	>20
OASLM-LC(估计值)	约10
块状砷化镓(参考文献[84])	10^{-5}
砷化镓多基极材料(MQW)(参考文献[85])	10^{-3}
光折射晶体/聚合物(参考文献[86]和[87])	约10^{-4}
细菌视紫红质(参考文献[88])	10^{-3}

在实际应用中,必须考虑材料的吸收常数和响应时间,定义一个称为开关效率$\chi^{(3)}/\alpha\tau$的优点系数。表12.2列出了这些材料的典型值。以甲基-红色掺杂向列相液晶(MRNLC)为例,$\alpha = 150\,\text{cm}^{-1}$,$\tau = 10\,\text{ms}$,$\chi^{(3)} = 3.13\times10^{-6}\,\text{m}^2/\text{V}^2$,因此$\chi^{(3)}/\alpha\tau$大约为$209\times10^{-10}\,\text{m}^3/(\text{V}^2\cdot\text{s})$。必须注意的是,对于同一种材料,这些数值可能会因光学相互作用的几何形状而有很大的不同,因此这些数值仅供快速参考。此外,在某些应用中,所需的响应时间无法用非线性的大小来“补偿”,如皮秒激光脉冲开关。因此,即使开关效率符合要求,也不适合使用响应速度较慢的材料。

表 12.2 非线性光学材料的开关效率($\chi^{(3)}/\alpha\tau$)

材料	$\chi^{(3)}/\alpha\tau$ (10^{-10}/m^3($V^2\cdot s$))
块状砷化镓	30
砷化镓多基极材料(MQW)	300
细菌视紫红质	0.05
光折射晶体/聚合物	10^{-1}
甲基红掺杂 LC	>100
C60/纳米管掺杂 LC	>100
OALCSLM 估计值	>100

在本节结束时,我们进一步评论了染料或其他掺杂剂增强向列型液晶与其电子对应物——液晶空间光调制器(LCSLM)。由于它们的超非线性,光学强度/功率要求与 LCSLM 的操作所需的强度水平相当。此外,这些商用液晶空间光调制器的分辨率能力也受到限制。另外,NLC 膜的整个主体可以用作全息记录介质。在约 1 mW 的光功率下,潜在的光诱导分子重新定向效应的响应时间以毫秒为单位。

在表 12.3 中,我们将商用 LCSLM 的性能特性与染料掺杂(向列型)液晶(DDLC)的预期性能特性进行了比较。显然,开发 DDLC 取代 LCSLM 是一项有吸引力的技术,由于存在许多覆盖整个可见—红外光谱的染料,而 LCSLM 中的光敏半导体层具有有限的光谱响应带宽。在这方面,最近对染料掺杂的 BPLCs[6, 89]的光学相位共轭的观察进一步证明了光敏液晶作为全光学图像处理器材料选择的优势。

表 12.3 商用 LCSLM 与 DDLC 性能特性比较

特性	LCSLM	DDLC
速度	FLC: >1 kHz	>30 Hz
	NLC: 30 Hz	
灵敏度	40 MW/cm^2	40 MW/cm^2
分辨率	30 lp/mm	>200 lp/mm
光学效率	FLC: >10%	≥30%
	NLC: 15%	
口径	25 mm	>25 mm

12.3.2 全光学图像处理

在此,我们讨论更多用于全光学图像处理应用的高非线性和光敏液晶的示例。

使用图 12.19 所示的装置[14],演示非相干到相干、波长转换和对比度反转。波长为 488 nm 的图像光束会在向列薄膜上产生空间相移,相干氦氖激光器会感应到这种相移。在输入非相干光束强度低至 90 μW/cm^2 的情况下,也能产生可见的相干图像。这与 LCSLM 的灵敏度相当[80]。

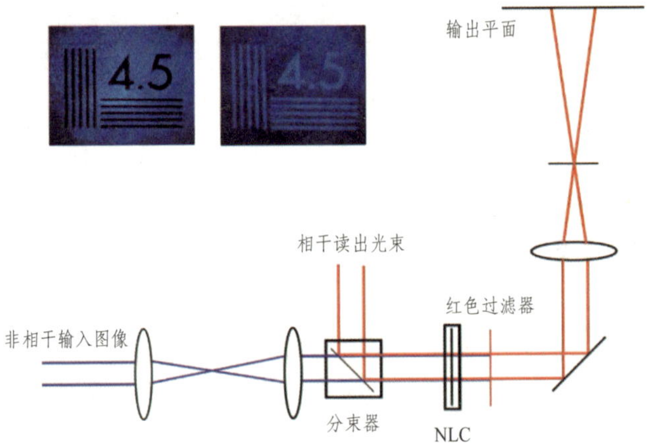

图 12.19 非相干图像转换为相干图像的实验装置,插入的照片显示了对比度反转(亮-暗)操作(注意,此装置也可用于波长转换和非相干到相干图像转换)

使用 MRNLC 膜[90-91],通过将 MRNLC 膜设置在 4-f 光学系统(参见图 12.20)的焦平面上,滤除适当的空间频率成分,以展示其他图像处理功能,如边缘增强和图像添加/减法[92]。滤波作用是基于前面讨论的光强度限制效应,并在下面部分中更详细地解释。在本研究中,使用 10 μm 厚的 90° 扭曲 MRNLC 膜(0.5 wt% 甲基红掺杂的 5CB 戊基氰基联苯)。当线性偏振光穿过该扭曲的膜时,入射光的偏振平面跟随 NLC 导向器扭曲,并以其偏振轴旋转 90° 的方式出射。该扭曲的 PNLC 膜位于傅里叶平面处,并且取向为使 LC 表面取向方向平行于偏振器的透射轴 P1;分析器取向为使其 P2 平行于 LC 对准方向。

在傅里叶平面中,较低的空间频率分量与较高的光学强度相关联,而从物体边缘发出的较高空间频率分量具有较低的强度。携带关于图像内边缘的信息的低强度高阶分量穿过整个光学系统,而不干扰向列排列,即其偏振将跟随扭曲的向列旋转 90°。然而,较低阶空间频率分量的较高强度将引起 NLC 分子的重新定向,并引起其偏振态的变化,分析器将部分或全部阻塞这些低阶分量。因此,输出图像呈现出边缘增强效果。

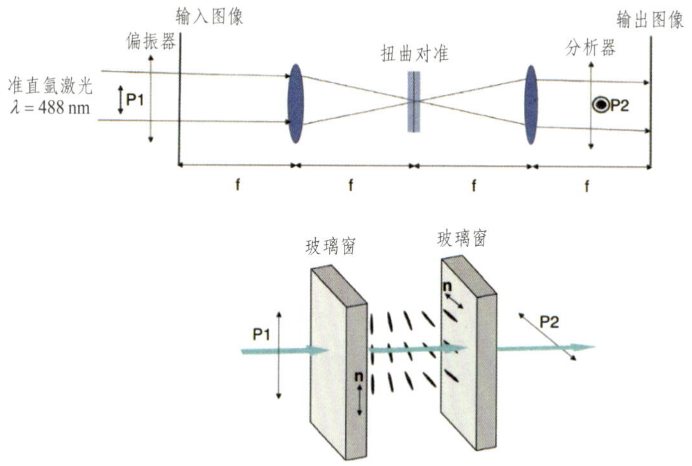

图 12.20　实验装置,插图显示平面扭曲的 NLC 膜,NLC 样本位于傅里叶平面附近

12.3.3　智能光学处理

随着微米和纳米技术的出现,成像技术/设备/系统已经发展到传感器、处理器以及像素间和像素内通信及输出都可以集成在单个芯片或像素元件上,从而实现所谓的“智能”或智能像素。在构成智能像素的各种材料系统中,液晶因其透明性、宽带电光响应和其他独特的材料特性而特别令人感兴趣。硅基液晶装置(LCSLM)通过背板电子元件以及像素间和像素内的电子连接实现了神经网络功能,如光电神经元阵列、LC/硅视网膜、赢家通吃电路等[93-94]。在这些设备中,感测输入所需的光敏度来自液晶设备中加工的光电导层,其需要一个复杂而昂贵的背板电子驱动器来操作。

超非线性液晶能以全光学和无电子方式发出类似神经网络的信号[95]。虽然液晶的响应速度比电子像素慢得多,但实际处理速度却相当快,因为其可以同时处理整幅图像,而不是按顺序将输入转换成数字位列进行数字图像处理。因此,该工艺避免了集成大量电子连接和光电转换器的复杂问题。

虽然图 12.20 演示的是一个简单的图像边缘增强过程,但这种类似神经网络的操作可以推广到更复杂的对象和图像处理操作中,如通过光学相位共轭进行像差校正和通过自启动相位共轭进行联想记忆(图 12.21),正如参考文献[96]和[97]利用无机光折射晶体所演示的那样。

光敏液晶的另一个有趣且潜在有用的特性是,它能够产生非局部光折射响应,如 C60 或碳纳米管掺杂的 NLC。非局部响应允许我们模拟智能像素的神经网络运行,在此过程中会与最近的邻居建立“连接”[93, 94, 98]。在光折射材料中,空间电荷场分布与入射光强度函数有空间偏移,因为空间电荷场来自光学诱导空间电荷分布的梯度函数。换句话说,材料对输入强度分布的梯度做出反应，这与图像处理中获得边缘增强的操作基本相同。

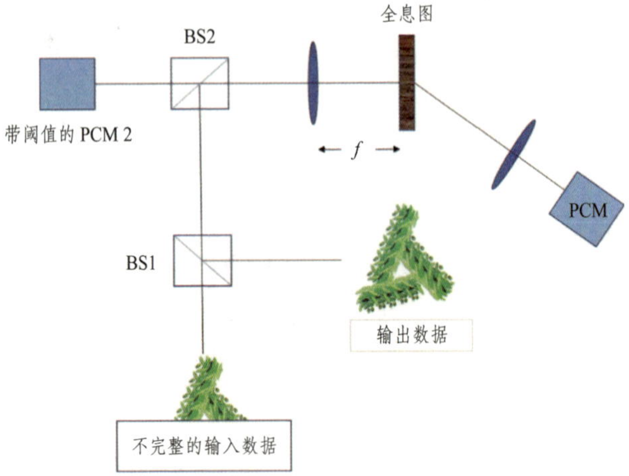

图 12.21 用于演示自启动光学相位共轭联想记忆的实验装置示意图(从部分输入数据重建完整图像[77])

12.4 谐波发生与和频光谱学

谐波发生器在非线性光学领域占有特殊地位，它不仅是最早被观测到的非线性光学效应，也是目前激光和电光技术中研究和应用最广泛的。虽然大多数用于谐波发生的商用材料都是无机晶体，但有机材料因其固有的大分子非线性敏感性和手性而备受关注[99-101]。

众所周知，液晶分子具有高度各向异性和非中心对称性，并具有较大的二阶非线性分子极化率。对于典型的液晶，如 8CB(4′-n-正辛基-4-氰基联苯)，测得的极化率约为 25×10^{-32} esu[99]，远大于 KDP 的分子极化率。然而，当这些分子在液晶相中重组时，它们往往会形成分子(或分子层)极性方向相反的构型。因此，大多数块状液晶都是中心对称的，不会表现出二次谐波产生所需的二阶非线性。在液晶与另一种材料(如空气)的界面上，中心对称性被打破，因此二次谐波发生器在很大程度上被开发/用作表面光谱工具[99-101]，而不是作为新激光源的手段。

施加直流电场也能打破中心对称[102]；在表面上也能以自由悬浮薄膜的形式打破中心对称，或通过表面对齐修饰技术诱发柔电效应来打破中心对称[103]；相关研究[104]表明，中心对称也能以光学方式打破。从根本上说，如果 NLC 发生倾斜或弯曲类型的定向变形，就会出现自发极化，即所谓的“挠电效应”，从而产生二阶非线性电感。在参考文献[104]中，通过受激定向散射，将 o 波 $\vec{E}_R$ 转变为 e 极化波 $\vec{E}_S$(其中 $\vec{E}_S$ 和 $\vec{E}_R$ 均来自红宝石激光器)，产生了具有波矢量 $\vec{q}$ 的空间周期性定向畸变。然后，1.06 μm 的弱聚焦 Nd: YAG 激光基束入射到样晶上，沿 $\vec{K}_H$ 方向传播，其二次谐波在同一方向上产生，波矢量为 $\vec{K}_N$。相位匹配是通过匹配方向畸变光栅矢量 $\vec{q}$ 与相位失配 $\vec{K}_H - 2\vec{K}_N$ 来实现的，即 $\vec{q}(\alpha) = \vec{K}_H - 2\vec{K}_N$，其中 α 是 $\vec{K}_R$（入射红宝石激光器的波矢）与向列指向矢所成的（相位匹配）角度。参考文献[104]中的实验结果与理论模型十分吻合。

如第 11 章所述，实现高效谐波生成的其余障碍是基波和二次谐波矢量的相位匹配。在参考文献[102]中，相位匹配是通过第 11 章讨论的双折射色散法实现的，这种方法在非线性晶体的二次谐波产生中非常常用。基波作为异常射线传播，谐波作为普通射线传播。垂直于平面向列（5CB，对正戊基联苯）样品的指向矢施加 15 kV/cm 的直流电场。观测到的谐波信号与相位匹配方向偏差角度的函数关系与理论相符。从这个实验中可以看出，如果选择合适的几何形状，并使用“损耗”较小的近晶相，就可以获得更大的相互作用长度，或许还能获得更高的发电效率。

在液晶的其他相中也观察到了二次谐波的产生，如天然非中心对称的晶格和铁电液晶[105]以及手性近相-A 液晶[106]。同样，在实际应用中实现高效谐波生成仍然是一个挑战。

12.5 光交换

正如线性电光效应可用于各种电控开关过程一样，光学诱导的折射率变化也可用于光电开关。这些切换过程可能是几种波的混合，也可能是自作用。在这些过程中，涉及的基本非线性光学参数是随强度变化的相移，它是非线性折射率变化和光路长度的组合。在非线性法布里-珀罗开关中，这种与强度相关的相移也是造成双稳态、差分增益、晶体管作用等现象的原因[107]。

光开关也可以仅由折射率变化介导。界面上的非线性开关就是一个很好的例子[108-110; 112-114]。如图 12.22 所示，考虑光入射到介质界面上的情况。如果介质 2 具有随强度变化的指数，那么界面上的透射/反射也将随强度变化。如果介质 1 的折射率高于介质 2，而介质 2 具有正的光学非线性（即其折射率是光强度的递增函数），则介质中的全内反射（TIR）光场可能会切换到透射状态。另外，如果介质 2 具有负非线性，则可能出现相反的切换过程（即从透射状态切换到全反射状态）。通过适当选择折射率为 n_1 的“防反射”涂层材料，该器件在入射光强度较低时可具有高透射率，而在入射激光功率较高时可切换到 TIR 状态。

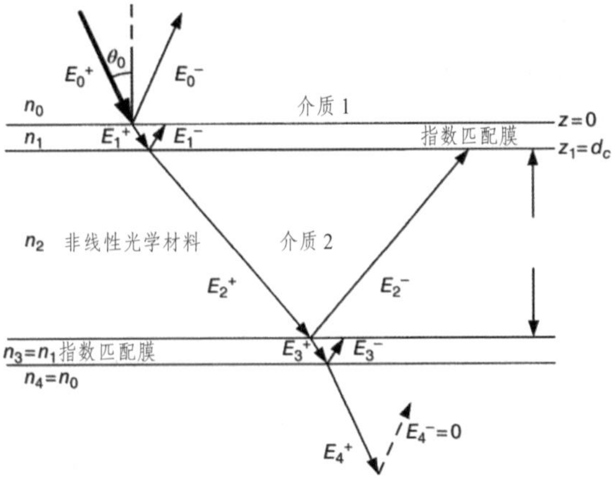

图 12.22　介质（介质 1）包覆非线性材料（介质 2）的全内反射传输开关示意图，在非线性材料的两侧使用了两层可选的指数为 n_1 的薄膜，以最大限度地提高器件在透射状态下的透射率，图中还显示了反射光、透射光和入射光的光电场

向列相液晶自然地具有与普通和异常热指数变化相关的非线性的正符号和负符号。此外，在相变温度附近，两个指数梯度都变得非常大。这意味着开启开关过程所需的光功率（或能量）要小得多。与电光效应不同，电光效应涉及液晶在向列相中的缓慢分子重定向，非线性界面切换可能相当快。这是因为开启器件所需的折射率变化量可以通过足够强的激光脉冲在非常短的时间内产生。参考文献[111]至[113]中讨论了一个例子，其中可以使用激光诱导的折射率变化在纳秒内实现向低透射状态的切换。

同样，如图 12.23 所示，在透射到 TIR 切换过程[112]中，所需的折射率发生变化，因此可以使用向列或各向同性液晶的热或密度效应，在微秒—纳秒的时间范围内实现向低传输状态的切换。对于通常在微秒范围内的 Q 开关 IR 激光脉冲（如 CO_2 激光器），厚度在几个波长量级的向列膜可用作非常好的开关，因为其热时间常数通常也在微秒范围（参见第 9 章）。

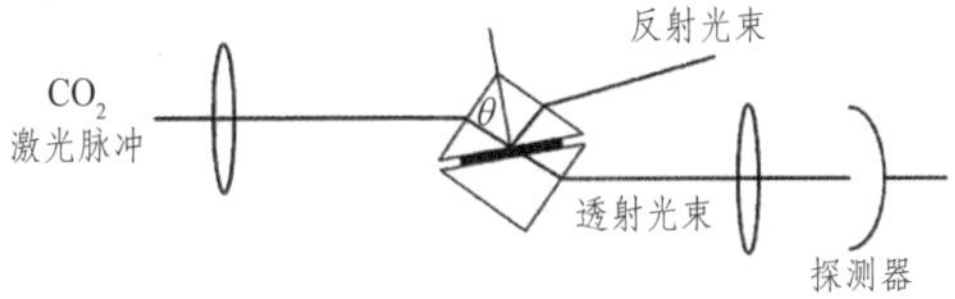

图 12.23　用 IR 脉冲或 CW 激光器观察传输 TIR 切换的实验装置

参考文献[112]报道的使用 CO_2 激光脉冲的实验证明了液晶用于红外光无电极切换的可行性。实验中使用的液晶是 E7（$n_{/\!/}=1.75$，$n_o=1.55$），夹在 ZnSe 棱镜（$n=2.64$）之间，ZnSe 棱镜在可见光和红外光谱区都是透明的，各向同性样品厚度为 83 μm。入射激光是 p 偏振的，因此它"看到"了液晶的超常折射率；dn_e/dT 是负的，因此使系统能够从透射状态切换到 TIR 状态。

入射角从 TIR 条件($\theta-\theta_{TIR}=-2°$)设为 2°。据估计,由于接近 TIR 状态时空气-棱镜和棱镜-液晶界面的反射损耗,只有 20%的入射激光有效地入射到液晶上。这一事实强调了专门为 ZnSe 棱镜-液晶透射红外池提出的抗反射涂层设计[114]的重要性。

图 12.24 显示了输入功率为 0.46 W(最低曲线)、1.05 W、2.06 W、2.72 W 和 3.05 W(最高曲线)时透射光的五条示波器轨迹。在高输入功率(2.06 W)下,脉冲后期的传输减少。随着输入功率的增加,衰减变得更加迅速。在 3.05 W 的输入功率下,测量到大约 10 ms 的"关断"时间。随着输入功率的增加,响应时间的减少与参考文献[113]中给出的理论非常一致。

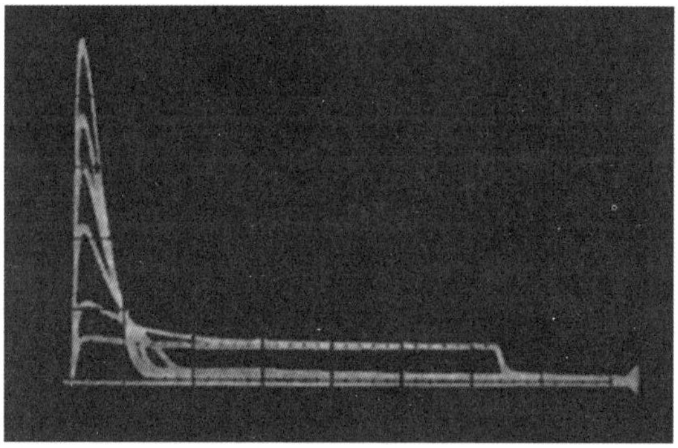

图 12.24　示波器记录传输的红外激光脉冲,入射脉冲宽度为 130 ms,从上到上的迹线对应于 0.46、1.05、2.06、2.72 和 3.05 W 输入功率

由于工作温度为 22 ℃ (室温),其与 E7 的向列—各向同性转变温度($T_c=60$ ℃)相差甚远,因此开关时间长是可以理解的。如果样品的温度保持在 T_c 附近,由于 T_c 附近的热折射率梯度大得多,因此产生 TIR 开关的折射率变化所需的温升会更小,开关时间也会更短。此外,所需的激光能量通量也会降低;据参考文献[112]估计,切换微秒 CO_2 激光器所需的阈值通量约为 0.25 J/cm^2;经过优化,显然可以实现更小的阈值和更短的切换时间。

可用于透射到 TIR 切换的替代材料是各向同性液晶,所涉及的非线性是由激光加热(即负折射率变化)引起的密度降低。因此,我们制作了一个 25 μm 厚的样品[112],由夹在两个 ZnSe 棱镜($n=2.402$)之间的各向同性液晶(EM 化学公司生产的 TM74A)组成。总脉冲持续时间约为 10 μs 的 Q 开关 CO_2 激光脉冲聚焦在样品上(光斑直径为 250 μm),入射角刚好低于 TIR 条件。

图 12.25 显示了相应的传输 CO_2 激光脉冲。如图 12.25(a)所示,在 $\theta-\theta_c=10°$ 时,传输脉冲与输入脉冲相似。如图 12.25(b)和(c)所示,当接近 θ_c 时,可以观察到激光脉冲的后半部被大大衰减,这是脉冲前半部分引起的(负)指数的结果。据测定,开关阈值通量约为 0.25 J/cm^2 。

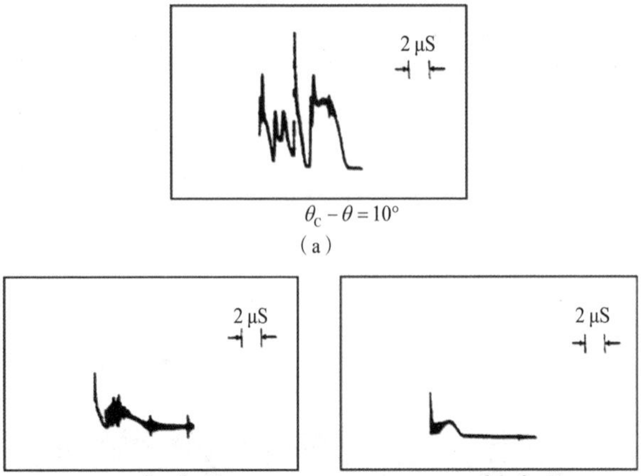

$\theta_C-\theta=10°$ (a)

$\theta_C-\theta=3°$ (b)　　$\theta_C-\theta=1°$ (c)

图 12.25　在 TIR 条件附近的不同入射角下,通过透射到 TIR 设备传输的 CO_2 激光脉冲的示波器轨迹:(a) $\theta-\theta_c=10°$;(b) $\theta-\theta_c=3°$;(c) $\theta-\theta_c=1°$

如图 12.26 所示,要降低透射到 TIR 的切换/限制阈值,可以将其与 SDE 结合使用。现在,这一过程还有一个额外的优势,即散焦效应与探测器前方的光圈相结合,将进一步降低高功率有害辐射的透射率。注意,即使液晶变成液体(当盒有效地发挥全反射功能时),高功率激光的衰减仍将持续,这与仅使用 SDE 的自限制形成鲜明对比。因此,预计动态范围会更大,开关阈值也会更低。

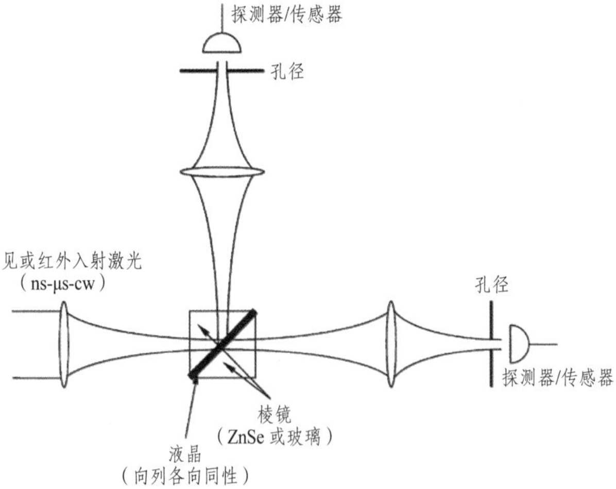

图 12.26　透射到 TIR 的切换/限制装置示意图

在透射-红外光切换之前,入射激光会经历严重的强度相移,即所谓的隧道相移(TPS)[114],这与通过液晶膜的光路长度增加有关。这些 TPS 效应将进一步导致激光器散焦,并降低图 12.26 所示自限制/开关配置的开关阈值。

从全反射态到透射态的切换可被视为与强度相关的光传播模式的改变;也就是说,系统从引导模式(全反射)切换到了有损模式(透射)。在平面波导和微环谐振器等定义更明确的导波几何结构中[115-117],也观察到了以向列相液晶为非线性包层的强度依赖性导波开关现象。

12.6　用于眼睛/传感器保护的激光非线性吸收和光学限制

12.6.1　引言

激光现在广泛应用于各种场合,激光发射波长范围从 X 射线到可见光再到远红外线和太赫兹范围,参见表 12.4 中一些常用的激光系统。一般来说,由于人眼和传感器的敏感性,直接有意或意外暴露于激光辐射会造成暂时或严重的永久性损伤。对于已知的激光源,固定波长滤波器提供了有效的保护手段。然而,用于阻挡特定频率/波长的滤光片对目标光谱范围之外的激光完全无效,特别是波长范围从紫外到远红外的可调谐激光。下一代电光器件,如可调谐滤波器,其传输窗口可以通过电子调谐远离入射激光波长,对连续波激光有效,但对短激光脉冲的响应不够快。

表 12.4　连续和脉冲激光

激光器类型	波长(μm)	波长范围
Nd:YAG	1.064	
Nd:Glass	1.06	
Nd:YAG*2	0.532	
红宝石	0.694	
准分子+拉曼	0.48	
Ar	0.488~0.514(线状)	可见-近红外
Kr	0.407~0.8(线状)	
二极管	0.7~0.9	
变石	0.7~0.8(连续)	
染料	0.4~0.7(连续)	
钛:蓝宝石	0.65~1.1(连续)	
OPO	0.4~2(连续)	
CO_2*2	4.5~5.6(线状)	
CO	4.6~5.2(线状)	

因此,敏捷频率脉冲激光器对眼睛和传感器的保护构成了最具挑战性的任务。典型的激光脉冲持续时间在皮秒到纳秒之间,脉冲能量在微焦耳(μJ)到焦耳(J)之间。另外,光学传感器的典型损伤阈值为约 1 J/cm^2 [118]。这些传感器通常位于光学系统(如人眼视网膜)的焦平面上,因此其增益系数为 10^5~10^6。例如,人眼的入口瞳孔面积约为 1 cm^2,而在视网膜(传感器)处,入口光聚焦到 10^5~10^6 cm^2 的区域。因此,如果视网膜的损伤阈值<1 J/cm^2,则眼睛(或传感器系统)入口处的所谓最大允许暴露(MPE)值<1 μJ。这样的 MPE 值意味着即使是微弱的激光笔也能够对眼睛造成闪光致盲或不可修复的损伤。

为了保护传感器,理想的光学限制材料/器件应该在低输入光强水平下是透明的,并且(在比激光脉冲持续时间短的时间内)对高强度光变得"越来越不透明",从而使传输的激光脉冲的能量被限制在 MPE 值以下。此外,入射光的衰减能力应适用于大范围的入射激光脉冲能量,例如从<1 μJ 到>10 μJ,对应于光密度>4。

基于自作用非线性光效应的无源全光开关为解决这些问题提供了切实可行的方法。在这些过程中,入射的不需要的高强度光与非线性光学材料相互作用,并产生复杂的相移,这是改变其偏振状态、传输和其他时空特性所必需的。透明材料的非线性多光子吸收也被证明是一种非常有效的无源光学限制作用机制。自早期研究以来,在能够多光子吸收的高度非线性材料的开发,更好地理解所涉及的详细分子光子学和动力学以及实用和高性能器件/配置的设计方面取得了巨大进展[119-131]。具有反向可饱和吸收、双光子吸收和激发态吸收特性的材料已被证明在光学限制应用中非常有效。

12.6.2 非线性光纤阵列——一种随强度变化的空间频率滤波器

图 12.27 说明了位于 1 × 伸缩光学系统焦平面内的非线性光纤阵列如何与图像反相器相结合,发挥观察者的作用,有效防止不需要的高强度光/激光。光纤阵列的构造是在毛细管阵列(折射率约为 1.53)中填充非线性有机液体(折射率约为 1.61),如 L34[125, 130]。因此,这些充满液体的毛细管就充当了波导芯,整个结构就像一个成像面板,将前焦平面的图像传输到出口平面。在这种配置下,景物会被成像到覆盖许多光纤的区域,而作为点光源,激光从一个特定方向(空间频率)照射到光纤阵列上,则会被成像(聚焦)到单根光纤上(成像平面上的一个像素)。因此,光纤阵列相当于一个由 10 万个聚焦光学元件和针孔组成的集合体,每个聚焦光学元件和针孔都有从特定方向(特定空间频率分量)到达光纤阵列的强光源。因此,非线性光纤阵列可以恰当地被称为与强度相关的空间频率滤波器。

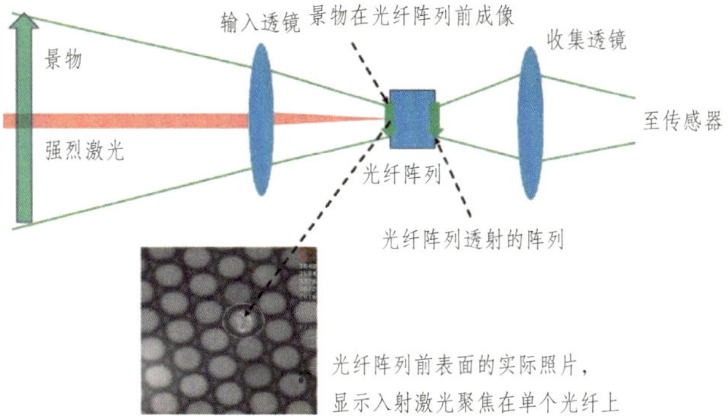

图 12.27　用于光学限制应用的成像系统的焦平面中放置的非线性光纤阵列的示意图

如图 12.28 所示，可以从以下快速但粗略的估计中看出纤维芯中非线性吸收效率与本体液体的关系。如果非线性吸收体是具有双光子吸收常数 β 的 TPA 材料，则透射激光强度 I_{out} 与输入强度 I_{in} 的关系为 $I_{out} \sim I_{in}\exp[-\beta(IL)]$，其中 (IL) 是激光在相互作用长度 L_{int} 上的积分值。注意，下一节将给出通过双光子吸收介质的非线性传输的更多定量数值模型[126-127, 131]。

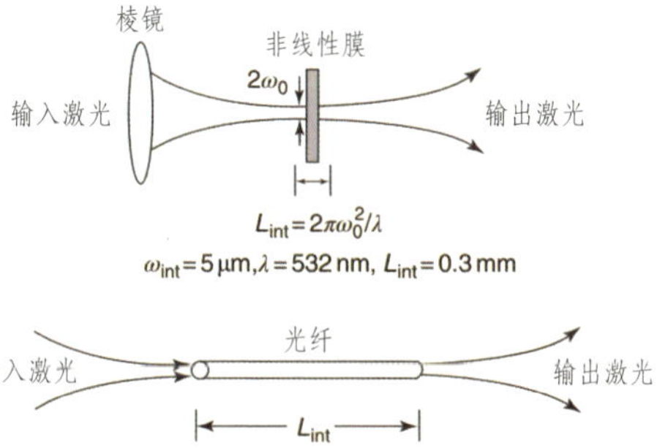

图 12.28　光纤波导几何形状提供的扩展交互长度示意图

在“自由空间”情况下，激光束在大量液体中传播，相互作用长度被限制为共焦参数的两倍，即 $2z_0 = 2\pi n\omega_0^2/\lambda$。给定入射激光功率 P，相应的 IL 值可以表示为

$$(IL)_{bulk} \sim nP/\lambda \arctan(L/z_0)$$

另外，就光纤纤芯而言，我们只需有

$$(IL)_{fiber} \sim PL/\pi a^2$$

光纤纤芯的受限/导波传播几何结构显然将提供更大的 (IL) 值 a，因此具有更高的非线性吸收效率。例如，若 $L \approx 5\text{ mm}$，$\lambda = 0.532\ \mu m$，$a = \omega_0 \sim 15\ \mu m$，$n = 1.5$，则 $(IL)_{fiber}/(IL)_{bulk} \approx 7$。对于许多传感器系统中使用的 F1 光学元件，其聚焦光束半径 $\omega_0 \approx 5\ \mu m$，相应的非线性吸收因子会大得多。定量数值模拟和实验研究证实，这大大增强了光纤阵列的夹紧能力[122-127]。

12.6.3 含有 RSA 材料的光纤阵列的光学限制作用

人们还对表现出 RSA 的材料的光学限制进行了广泛研究[119]。这些材料具有典型的分子能级结构,如图 12.29 所示。其基态为单线态 S_0,激发态电子单线态流形用 S_1 和 S_2 表示,三线态流形用 T_1 和 T_2 表示。所谓的 RSA,是由于与基态吸收截面 σ_0 相比,三重激发态的激发态吸收截面 σ_1(从 S_1 到 S_2)和/或 σ_T(从 T_1 到 T_2)相对较大。

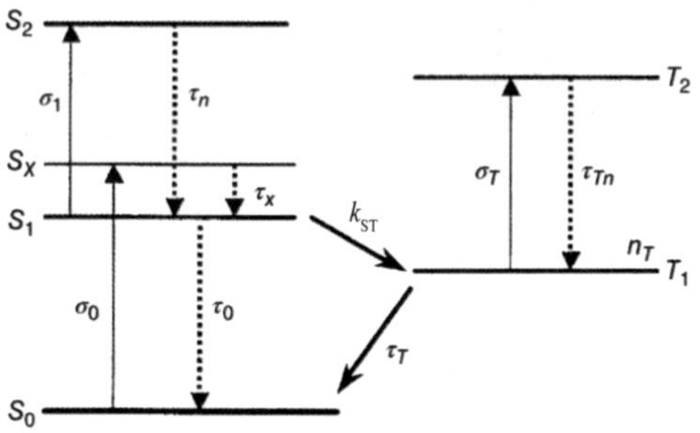

图 12.29 以分子能级的 RSA 材料为例,C60 掺杂 ILC 光纤芯液

从基态 S_0 开始,分子进行单光子跃迁到 S_1 簇的 S_x 态。处于此状态时,分子迅速(约在皮秒量级)衰减到单重态 S_1,其要么以速率 $1/\tau_0$ 弛豫到基态,要么通过系间窜越速率 k_{ST} 跃迁到三重态 T_1。此类弛豫的时间常数可在微秒到纳秒之间。由于分别具有较大的吸收截面 σ_1 和 σ_T,分子还能够从 S_1 或 T_1 态更快地跃迁到更高能态 S_2 和 T_2,并且从这些激发态迅速返回,其时间常数分别为 τ_n 和 τ_{Tn}。

由于激发态的吸收截面较大,当分子从基态到达时,激发态 S_1 和 T_1 的居群不会累积,这与可饱和吸收体不同,在可饱和吸收体中,激发电子从该态离开的速度小于它们到达该态的速度。因此, RSA 材料的吸收(光限幅能力)会随着激光强度的增加而增强。光限幅能力主要由截面比率 σ_1/σ_0, σ_T/σ_1 决定。RSA 材料用于光限幅作用的一个固有局限性是吸收截面的激光波长依赖性,因此在一个频率下呈现 RSA 的材料在另一个波长下可能不起作用[119]。

参考文献[126]对通过光纤阵列传播的脉冲进行了理论模拟,其纤芯材料分别表现出 RSA、TPA 和 ESA 特性。

为了在说明上简便起见,我们在此首先考虑光纤纤芯填充有 RSA 材料的情况,即分子具有较大的 ESA 截面。注意,涉及 TPA 的情况将在下一节介绍。假设光纤中为多模激光强度分布,这导致光纤纤芯内部的横向强度分布均匀,因此激光强度仅是在光纤内传播距离 z 的函数,并由以下简化形式的方程描述:

$$\frac{\mathrm{d}I(t,z)}{\mathrm{d}z}=-I\alpha_{\mathrm{nl}}$$

其中，α_{nl}是非线性光学吸收系数，且有

$$\alpha_{\mathrm{nl}}=\sigma_0 S_0+\sigma_1 S_1+\sigma_T T_1$$

S_0、S_1和T_1表示各个状态的居群数量密度。

对于如图 12.29 所示的分子能级方案，考虑能级总体的所有跃迁速率的速率方程变为

$$\frac{\mathrm{d}S_0(t,z)}{\mathrm{d}t}=-\frac{\sigma_0}{h\nu}IS_0+\frac{1}{\tau_1}S_1+\frac{1}{\tau T}T_1$$

$$\frac{\mathrm{d}S_1(t,z)}{\mathrm{d}t}=\frac{\sigma_0}{h\nu}IS_0-\frac{1}{\tau_1}S_1+\frac{1}{\tau_{ST}}S_1+\frac{S_2}{\tau_2}-\frac{\sigma_1}{h\nu}IS_1$$

$$\frac{\mathrm{d}S_2(t,z)}{\mathrm{d}t}=-\frac{1}{\tau_2}S_2+\frac{\sigma_1}{h\nu}IS_1$$

$$\frac{\mathrm{d}T_1(t,z)}{\mathrm{d}t}=\frac{1}{\tau_{ST}}S_1-\frac{\sigma_T}{h\nu}IT_1+\frac{T_2}{\tau_3}-\frac{1}{\tau_T}T_1$$

$$\frac{\mathrm{d}T_2(t,z)}{\mathrm{d}t}=\frac{\sigma_T}{h\nu}IT_1-\frac{T_2}{\tau_3}$$

在这些耦合方程的数值解中，假设入射激光脉冲的形状是高斯的，FWHM 脉冲持续时间t_{p}在皮秒到纳秒之间。注意，由于系统间的交叉时间为纳秒级，在这个时间尺度上，激发态的贡献通常对激光脉冲的持续时间很重要。

为了说明，我们在此引用当时域导数消失时稳态的非线性传输结果。3 mm 长纤维的结果如图 12.30 所示。所使用的材料参数是在波长 532 nm 的激光下 C60 的单线态获得的实验值[119]。当 C60 浓度为$S_T=7.22\times10^{17}\,\mathrm{cm}^{-3}$或$S_T=1.9\times10^{18}\,\mathrm{cm}^{-3}$时，线性传输率分别为 50%和 15%。在图 12.30(a)和(b)中分别绘制了在低和高输入激光能量下的非线性透射曲线；正如预期的那样，更高的浓度以线性传输为代价提供了更大的动态范围；此外，限制作用在非常低的激光强度下开始。

这些模拟以及涉及脉冲激光的更现实的模拟[126]表明，这种 RSA 材料芯光纤阵列能够将激光脉冲能量的传输限制在传感器/眼睛的 MPE 水平以下，入射激光能量可达到某一点，即图 12.30 所示的“最小传输值”。超过该值后，吸收分子水平将被激光消除，透射率将开始增加，即限制作用开始恶化。

动态范围(材料能够有效限制的输入强度范围)取决于各种材料和光学参数。对于图 12.29 所示的分子能级，衰减速率τ_n和τ_{Tn}是重要因素，因为它们决定了分子被激发到S_2和T_2级后，被激发的S_1和T_1级重新填充的速度。衰变时间越短，激发水平的分子越多，这将有助于非线性吸收(限制)过程。动态范围还取决于吸收截面比$R=\sigma_1/\sigma_0$(或σ_T/σ_1)，这将有助于确定从基态跃迁到高层的速率。

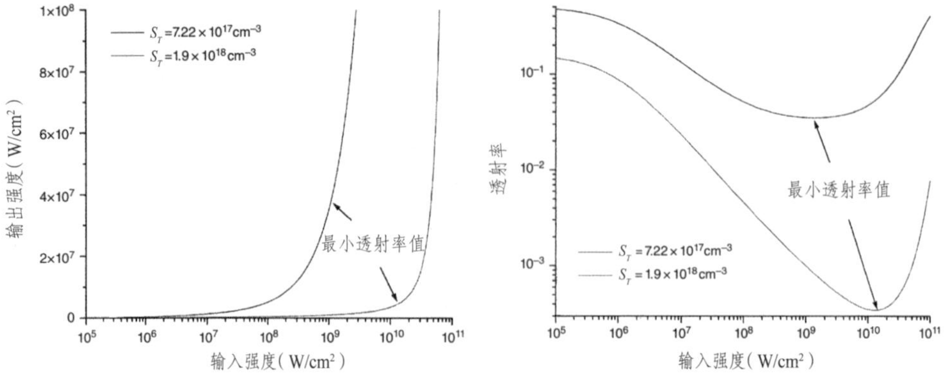

图 12.30 （a）C60-ILC 芯光纤阵列（长度为 3 mm，芯直径为 20 μm）的极限曲线和（b）非线性传输（所用参数：波长 $\lambda = 532$ nm；横截面面积 $\sigma_0 = 3.2\times10^{-18}$ cm²，$\sigma_1 = 1.6\times10^{-17}$ cm²，$\sigma_T = 1.4\times10^{-17}$ cm²；弛豫时间 $\tau_0 = 32.5$ ns，τ_n 和 τ_{Tn} 约为 1 ps；系统间交叉时间 $\tau_{ST} = 1.35$ ns，$\tau_T = 40$ ms）

这种非线性液体（具有 TPA、ESA 或 RSA 特性）纤芯光纤阵列[126-127]的一个特殊优势是在高输入强度条件下，吸收液体会表现出非线性散射和散焦效应。这些过程加上不透明光纤包层的阻光作用，会进一步衰减激光的传输。在高激光强度下，可能会产生气泡，这也会导致激光的广角散射，并由于不透明包层而大大降低激光的传输率。气泡会在原地停留几分钟，有时也会在几秒钟内飘走。图 12.31 所示照片描绘了光纤阵列在发生这一系列事件（激光脉冲之前和之后）后的出口端视图。相关研究[124-127]表明，在入射纳秒脉冲能量水平（约几毫焦耳）下，光纤阵列不会受到灾难性的损坏，并且能够在提供低于 MPE 水平的激光传输箝位的同时进行可接受的观察。

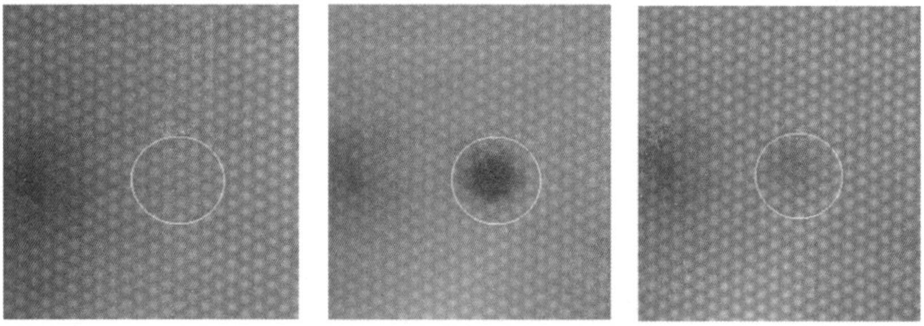

图 12.31 光纤阵列出口平面在高能激光脉冲之前、之后和几分钟后的照片，在实时图像中我们观察到一个大气泡从样品测试区域浮出

12.6.4 含有 TPA 材料的光纤阵列的光学限幅作用

双光子吸收体（TPA）和多光子吸收体[121, 129-131]是非常理想的光学限幅材料，因为它们在低光照水平下是透明的（因此可以在日光或能见度较低的条件下清晰观察），而且对不需要的/有害的高强度光源的吸收能力越来越强。使用 TPA 材料的光纤阵列的阈值和动态范围等限制性能可通过其他光学限制机制（如上一节讨论的 ESA）的存在而进一步提高。在迄今为止研究的所有纯有机液体中，参考文献[122], [124]至[127], [130]和[131] 报道的非线性液体 L34（4-丙基 4′-丁基二苯基乙炔）已被证明同时具有大 TPA 和大 ESA 截面，非常适合光学限幅应用，其分子能级图如图 12.32 所示。其中，地面单重态与双光子激发的单重态相连，单重态又通过单光子吸收与高能级态相连，或通过系统间交叉与某些激发的三重态相连，后者也可能发生激发的单光子吸收。飞秒非线性透射（z-扫描）测量给出了本征 TPA 系数 $\beta = 0.4 \sim 1\,\text{cm/GW}$，而皮秒和纳秒表征则表明 β 与激光强度和脉冲持续时间有关，详见第 11 章；这种依赖性归因于激发态的贡献[130-131]。

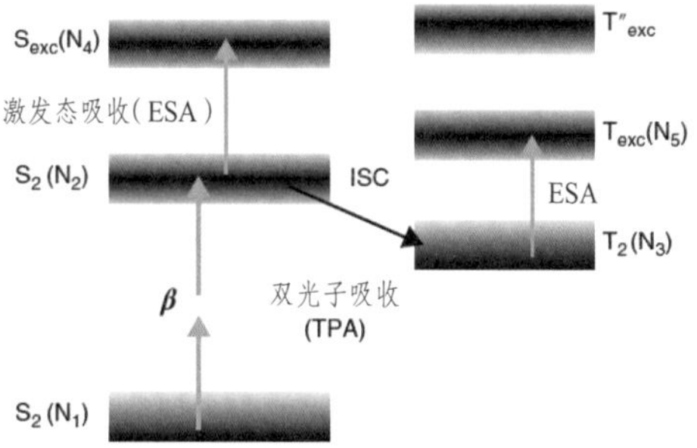

图 12.32　纯液体 L34 的分子能级图（符号 N 表示相应能级的种群密度）

考虑纳秒激光脉冲在由 L34 制成的多模光纤纤芯中的传播，在每个位置和时间，分子水平种群密度 $N(z,t)$ 的速率方程由参考文献[131]给出：

$$\frac{\partial N_1}{\partial t} = -\left(\frac{\beta I^2}{2h\nu N_{0A}} + \frac{\alpha_g I}{h\nu N_{0A}}\right)N_1$$

$$\frac{\partial N_2}{\partial t} = \frac{\beta I^2}{2h\nu N_{0A}}N_1 - \frac{1}{\tau_2}N_2 - \alpha_{exc} I N_2 + \frac{\alpha''_{exc} I}{h\nu N_{0A}}(N_4 - N_2) + \frac{1}{\tau_4}N_4$$

$$\frac{\partial N_3}{\partial t} = -\frac{\alpha''_{exc} I}{h\nu N_{0A}}(N_3 - N_5) - \frac{1}{\tau_3}N_3 + \frac{1}{\tau_2}N_2 + \frac{1}{\tau_5}N_5$$

其中，α_g 表示基态液体的线性吸收或散射损耗（如 L34 的 α_g 约为 0.1 cm^{-1}）；β 是固有的双光子吸收常数；I 是激光强度；α_{exc} 和 α''_{exc} 是激发态吸收常数。

在这些方程中，我们考虑了通过单光子跃迁连接的水平之间（如 S_2 和 S_{exc} 之间以及 T_2 和 T_{exc} 之间）受激向下跃迁的可能性。如果激光脉冲宽度（如飞秒）短于上层的弛豫时间常数，就会出现这种情况。对于纳秒时间尺度，我们可以忽略这些受激向下转变项。

对于典型的光纤阵列纤芯直径以及纤芯和包层之间的折射率差,波导过程具有多模性质,可以假定辐射强度分布均匀,即种群密度 N 和激光强度 I 都是传播长度 z 和时间 t 的函数。在这种情况下,激光强度 I 可以用以下方程来描述:

$$\frac{\mathrm{d}I}{\mathrm{d}z}=-\left(\alpha_{\mathrm{g}}\frac{N_1}{N_{0A}}+\beta\frac{N_1}{N_{0A}}I^2+\alpha_{\mathrm{exc}}\frac{N_2}{N_{0A}}I+\alpha''_{\mathrm{exc}}\frac{N_3}{N_{0A}}I+\cdots\right) \tag{12.3}$$

作为说明,我们计算并比较了由仅具有双光子吸收(TPA)的材料和同时具有 TPA 和 ESA 且具有不同程度的种群循环速率(如 τ_5 值)的材料组成的光纤纤芯的极限作用和动态范围。关于分子能级种群与不同脉冲持续时间(从飞秒到纳秒)的脉冲激光相互作用时的复杂动态演化,以及 TPA 和 ESA 的作用,还有由此产生的千差万别的有效非线性吸收参数,可参阅参考文献[126]和[131]。

图 12.33 显示了纳秒激光脉冲在不同类型 TPA 材料制成的光纤纤芯中传播时的模拟空间和时间演变。在很低的输入能量(约 1 μJ)下,激发态就会被填充。N_2 级通常很少填充(即使在 200 μJ 的高能量下),但它是双光子吸收和激发态吸收过程之间的中间转换级。大部分限制作用发生在光纤的入口区域,虽然基态可能会耗尽,但由于激发态 N_5 和 N_3 之间的连续转变,限制作用仍会继续。

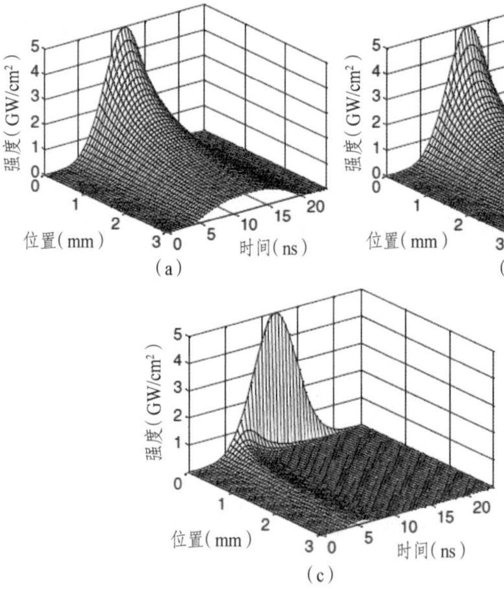

图 12.33　120 μJ 脉冲通过 3 mm 光纤阵列的时间传播情况:(a)纯 TPA;(b)TPA + ESA(不允许 N_3 过渡到 N_5);(b)图 12.30 的完整模型,$\tau_2=0.1$ ns,$\tau_3=1$ ps(激光脉冲 FWHM 为 7 ns,(c)显示激光脉冲被有效"限制"在 MPE 水平以下,传输被"钳制")

激发态转变过程产生了与强度相关的"有效双光子吸收系数",该系数大于本征值,与纯双光子吸收体(TPA)相比,具有更好的限幅性能。如图 12.34 所示,在光学限幅应用中,具有 TPA 和 ESA 的纤芯材料比 TPA 材料具有更大的动态范围。此外,由于具有 ESA 特性的 TPA 材料的线性传输率非常高(所述 3 mm 光纤阵列的传输率约为 90%),因此可以进一步掺杂 RSA 材料,而不会对传输率造成太大影响,由此产生的具有 RSA + TPA + ESA 的非线性纤芯液体光纤阵列预计将具有较低的阈值和非常大的动态范围。

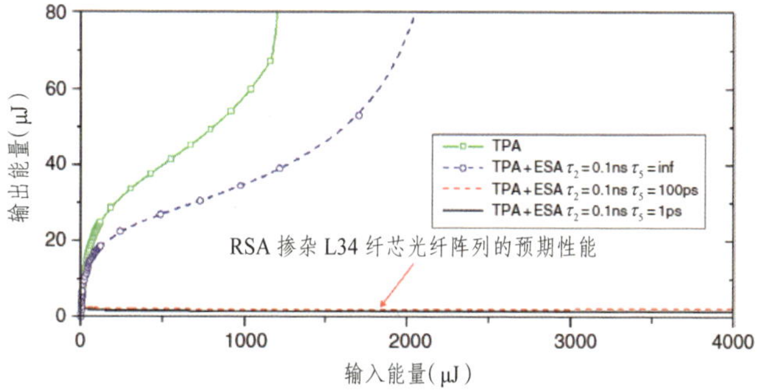

图 12.34 具有 TPA 或 TPA + RSA 特性的芯材为 3 mm 液芯光纤阵列极限曲线(波长 $\lambda = 532$ nm,脉冲持续时间 $\tau_p = 7$ ns;所用参数为 $\alpha_g = 0.136\ cm^{-1}$,$\alpha_{exc} = 10 \times 10^4\ cm^{-1}$,$\beta = 4.11$ cm/GW,纤维芯直径为 20 μm,纤维长度为 5 mm,如图所示,L34 将具有较大的动态范围)

参考文献

[1] I. C. Khoo, "Nonlinear optics of liquid crystals," *Progress in Optics*, Vol. XXVI, ed. E. Wolf(North Holland, Amsterdam, 1988).

[2] I. C. Khoo, Y. R. Shen, "Liquid crystals-nonlinear optical properties and processes," *Optical Engineering*, 24, 579–585(1985).

[3] I. C. Khoo, "Nonlinear optics of liquid crystalline materials," *Physics Report*, 471, 221–267(2009).

[4] I. C. Khoo, "Extreme nonlinear optics of nematic liquid crystals," *Journal of the Optical Society of America B*, 28, A45–A55(2011). Focus Issue dedicated to 50th Anniversary of Nonlinear Optics.

[5] I. C. Khoo, "Nonlinear optics, active plasmonic and tunable metamaterials with liquid crystals," *Progress in Quantum Electronics*, 38(2), 77–117(2014).

[6] I. C. Khoo, "Cholesteric and blue-phase liquid photonic crystals for nonlinear optics and ultrafast laser pulse modulations," *Liquid Crystals Reviews*, 6, 53–77(2018).

[7] G. S. He, "*Nonlinear Optics and Photonics*," Oxford University Press, Oxford, UK,

2015.

[8] Y. Liu, Y. Wu, C.-W. Chen, et al. "Ultrafast pulse compression, stretching-and-recompression using cholesteric liquid crystals," *Optics Express*, 24(10), 10458–10465 (2016).

[9] L. Song, S. Fu, Y. Liu, et al. "Direct femtosecond pulse compression with miniature-sized Bragg cholesteric liquid crystal," *Optics Letters*, 38, 5040–5042 (2013).

[10] G. K. L. Wong, Y. R. Shen, Transient self-focusing in a nematic liquid crystal in the isotropic phase. *Physical Review Letters*, 32, 527 (1974).

[11] I. C. Khoo, H. Li, Y. Liang, "Observation of orientational photorefractive effects in nematic liquid crystals," *Optics Letters*, 19, 1723 (1994).

[12] I. C. Khoo, S. Slussarenko, B. D. Guenther, et al. "Optically induced space charge fields, DC voltage, and extraordinarily large nonlinearity in dye-doped nematic liquid crystals," *Optics Letters*, 23, 253–255 (1998).

[13] I. C. Khoo, M. V. Wood, B. D. Guenther, et al. "Liquid crystal film and nonlinear optical liquid cored fiber array for ps-cw frequency agile laser optical limiting application". *Optics Express*, 2(12), 471–482(1998).

[14] I. C. Khoo, M. V. Wood, M. Y. Shih, et al. "Extremely nonlinear photosensitive liquid crystals for image sensing and sensor protection," *Optics Express*, 4(11), 431–442 (1999).

[15] I. C. Khoo, J.-H. Park, J. Liou, "All-optical switching of continuous wave–Microseconds lasers with a dye-doped nematic liquid crystal," *Applied Physics Letters*, 90, 151107 (2007).

[16] I. C. Khoo, J. H. Park, J. D. Liou, "Theory and experimental studies of all-optical transmission switching in a twist-alignment dye-doped nematic liquid crystal, *Journal of the Optical Society of America B*, 25, 1931–1937 (2008).

[17] I. C. Khoo, J. Liou, M. V. Stinger, "Microseconds-nanoseconds all-optical switching of visible-near infrared (0.5 μm-1.55 μm) lasers with dye-doped nematic liquid crystals," *Molecular Crystals and Liquid Crystals*, 527, 109–118 (2010).

[18] I. C. Khoo, J. Liou, M. V. Stinger, et al. "Ultrafast all-optical switching with transparent and absorptive nematic liquid crystals-implications in tunable metamaterials," *Molecular Crystals and Liquid Crystals*, 543, 151–159 (2011).

[19] I. C. Khoo, J. Ding, A. Diaz, et al. "Recent studies of optical limiting, image processing and near-infrared nonlinear optics with nematic liquid crystals," *Molecular Crystals and*

Liquid Crystals, 375, 33–44(2002).

[20] A. D. Boardman ed., NATO ASI 976507, Kluwer Academic Publ., Dordrecht(2001).

[21] G. I. Stegeman, D. N. Christodoulides, M. Segev, *IEEE Journal of Selected Topics in Quantum Electronics*, 6, 1419(2000).

[22] M. Peccianti, A. Derossi, G. Assanto, et al. *Applied Physics Letters*, 77, 7(2000).

[23] C. Conti, M. Peccianti, G. Assanto, "Spatial solitons and modulational instability in the presence of large birefringence: The case of highly nonlocal liquid crystal," *Physical Review E*, 72, 066614(2005).

[24] G. Assanto, Nematicons Spatial Optical Solitons in Nematic Liquid Crystals, Wiley, New York, 2012.

[25] I. C. Khoo, S.-L. Zhuang, "Nonlinear optical amplification in a nematic liquid crystal above the Freederick's transition," *Applied Physics Letters*, 37, 3(1980).

[26] M. Mitchell, Z. Chen, M. Shih, et al. *Physical Review Letters*, 77, 490(1996).

[27] D. N. Christodoulides, T. Coskun, M. Mitchell, et al. *Physical Review Letters* 78, 646 (1997); *Physical Review Letters*, 80, 2310(1998).

[28] G. D'Alessandro, W. J. Firth, Spontaneous hexagon formation in a nonlinear optical medium with feedback mirror, *Physical Review Letters*, 66, 2597(1991).

[29] F. T. Arecchi, S. Boccaletti, P. L. Ramazza, *Physics Reports*, 318, 1–83(1999).

[30] C.-W. Chen, I. C. Khoo, "Optical vector field rotation and switching with near-unity transmission by fully developed chiral photonic crystals," *Proceedings of the National Academy of Sciences of the USA*, 118(16), e2021304118(2021).

[31] C.-W. Chen, I. C. Khoo, "Extraordinary polarization rotation of vector beams with ultra-highperiod-number chiral photonic crystals," *Optics Letters*, 44, 5306–5309(2019).

[32] M. E. McConney, V. P. Tondiglia, L. V. Natarajan, et al. Electrically induced color changes in polymer-stabilized cholesteric liquid crystals. *Advanced Optical Materials*, 1 (6), 417–421(2013).

[33] T. J. White, R. L. Bricker, L. V. Natarajan, et al., Phototunable azobenzene cholesteric liquid crystals with 2000 nm range. *Advanced Functional Materials*, 19(21), 3484–3488(2009).

[34] C.-C. Li, C.-W. Chen, C.-K. Yu, et al. Arbitrary beam steering enabled by photomechanically bendable cholesteric liquid crystal polymers. *Advanced Optical Materials*, 5 (4), 1600824(2017).

[35] T.-H. Lin, Y.-J. Chen, C.-H. Wu, et al. Cholesteric liquid crystal laser with wide tuning

capability. *Applied Physics Letters*, 86(16), 161120(2005).

[36] Y. Liu, H. Liang, C.-W. Chen, et al. Ultrafast switching of optical singularity eigenstates with compact integrable liquid crystal. *Optics Express*, 26(22), 28818–28826(2018).

[37] A. E. Willner, Vector-mode multiplexing brings an additional approach for capacity growth in optical fibers. *Light: Science & Applications*, 7(3), 18002–18002(2018).

[38] J. Wang, J.-Y. Yang, I. M. Fazal, et al. Terabit free-space data transmission employing orbital angular momentum multiplexing. *Nature Photonics*, 6(7), 488–496(2012).

[39] I. C. Khoo, "Orientational photorefractive effects in nematic liquid crystal films", *IEEE Journal of Quantum Electronics*, 32, 525–534(1996).

[40] F. Sanchez, P. H. Kayoun, J. P. Huignard, "2-Wave mixing with gain in liquid-crystal at 10.6 μm wavelength ", *Journal of Applied Physics*, 64, 26(1988).

[41] A. Brignon, I. Bongrand, B. Loiseaux, et al. "Signal-beam amplification by two-wave mixing in a liquid-crystal light valve", *Optics Letters*, 22, 1855–1857(1997).

[42] P. Gunter, J. P. Huignard, eds., Photorefractive Materials and Their Applications, Springer-Verlag, Berlin, 1989.

[43] J. O. White, M. Cronin-Golomb, B. Fischer, et al. "Coherent oscillation by self-induced gratings in the photorefractive crystal $BaTiO_3$", *Applied Physics Letters*, 40, 450 (1982).

[44] M. Cronin-Golomb, B. Fisher, J. O. White, et al. "Passive phase conjugate mirror based on self-induced oscillation in an optical ring cavity," *Applied Physics Letters*, 42, 919 (1983).

[45] I. C. Khoo, Y. Liang, H. Li, "Coherent-beam amplification and polarization switching in a birefringent medium", *IEEE Journal of Quantum Electronics*, 28, 1816–1824 (1992).

[46] H. J. Eichler, G. Hilliger, R. MacDonald, et al. "Optical vector wave mixing processes in nonlinear birefringent nematic liquid crystals," *Physical Review Letters*, 78, 4753–4756(1997).

[47] P. Etchegoin, R. T. Phillips, "Stimulated orientational scattering and third-order nonlinear optical processes in nematic liquid crystal," *Physical Review E*, 55, 5603–5612 (1997).

[48] I. C. Khoo, Y. Liang, "Observation of stimulated orientational scattering and crosspolarized self-starting phase-conjugation in a nematic liquid-crystal film", *Optics Letters*, 20, 130–132(1995).

[49] M. Kaczmarek, M.-Y. Shih, R. S. Cudney, et al. “Electrically tunable optically induced dynamic and permanent gratings in dye-doped liquid crystals”, *IEEE Journal of Quantum Electronics*, 38, 451–457 (2002).

[50] I. C. Khoo, M. Kaczmarek, M. Y. Shih, et al. “Nonlinear optical effects in nematic liquid crystal films in the 1.55 μm spectral region,” *Molecular Crystals and Liquid Crystals*, 374, 315–324 (2002).

[51] N. Collings, M. Bouvier, B. Züger, et al. “High contrast twisted nematic liquid crystal cells for optical switching at 1.5 μm,” *Molecular Crystals and Liquid Crystals*, 320, 277–285 (1998).

[52] B. Y. Zeldovich, S. K. Merzlikin, N. F. Pilipetskii, et al. Observation of stimulated forward orientational light scattering in a planar nematic liquid crystal, *JETP Letters* (*Engl. Transl.*) 41, 515 (1985).

[53] I. C. Khoo, Y. Liang, “Stimulated orientational and thermal scatterings and self-starting optical phase conjugation with nematic liquid crystals,” *Physical Review E*, 62, 6722–6733 (2000).

[54] I. C. Khoo, H. Li, Y. Liang, “Self-starting optical phase conjugation in dyed nematic liquid crystal with stimulated thermal scattering effect,” *Optics Letters*, 18, 3 (1993).

[55] I. C. Khoo, J. Ding, “All-optical cwlaser polarization conversion at 1.55 micron by two beam coupling in nematic liquid crystal film,” *Applied Physics Letters*, 81, 2496–2498 (2002).

[56] I.C. Khoo, A. Diaz, “Nonlinear dynamics in laser polarization conversion by stimulated scattering in nematic liquid crystal films,” *Physical Review E*, 68, 042701 (2003).

[57] I. C. Khoo, J. Ding, A. Diaz, “Dynamics of cross-polarization stimulated orientation scattering in nematic liquid crystal film,” *Journal of the Optical Society of America B*, 22, 844–851 (2005).

[58] M. V. Stinger, A. Diaz, J. D. Liou, et al. “Dynamic polarization switching and stimulated orientational scattering in nematic liquid crystals,” *Proceedings of SPIE* 6654, *Liquid Crystals* XI, 66540S (2007).

[59] M. Peccianti, K.A. Brzdkiewicz, G. Assanto, *Optics Letters*, 27, 1460 (2002).

[60] O. Sandfuchs, F. Kaiser, M. R. Belic, *Physical Review A*, 64, 063809 (2001).

[61] T. B. Simpson, J. M. Liu, A. Gavrielides, et al. *Physical Review A*, 51, 4181 (1995).

[62] S. G. Odoulov, B. I. Sturman, S. Shamonina, et al. *Optics Letters*, 21, 854–856 (1996).

[63] J. Heurich, H. Pu, M. G. Moore, et al. *Physical Review A*, 63, 033605(2001).

[64] V. Carbone, G. Cipparrone, C. Versace, et al. *Physical Review E*, 54, 6948–6951(1996); G.Cipparrone, V. Carbone, C. Versace, et al. *Physical Review E*, 47, 3741(1993); G. Russo, V. Carbone, G. Cipparrone, *Physical Review E*, 62, 5036(2000); V. Carbone, G. Cipparrone, G. Russo, *Physical Review E*, 63, 51701(2001).

[65] G. Demeter, L. Kramer, *Physical Review E*, 64, 20701(2001).

[66] G. Demeter, *Physical Review E*, 61, 6678(2000).

[67] V. I. Kovalev, R. G. Harrison, "Threshold for stimulated Brillouin scattering in optical fiber," *Optics Express*, 15(26), 17625–17630(2007).

[68] F. C. Hoppensteadt, E. M. Izhikevich, *Physical Review Letters*, 82, 2983–2986(1999).

[69] I. C. Khoo, S. L. Zhuang, "Wave front conjugation in nematic liquid crystal films." *IEEE Journal of Quantum Electronics*, QE-18, 246(1981).

[70] I. C. Khoo, "Dynamic gratings and the associated self-diffractions and wave front conjugation processes in nematic liquid crystals," *IEEE Journal of Quantum Electronics*, QE22, 1268–1275(1986).

[71] E. N. Leith, H. Chen, Y. S. Cheng, et al. Coherence reduction in phase conjugation imaging. In "Proceedings of the 5th Rochester Conference on Coherence and Quantum Optics"(E. Wolf, L. Mandel, eds.), 1155. Plenum, London, 1984.

[72] J. P. Huignard, J. P. Herriau, P. Aubourg, et al. Phase-conjugate wavefront generation via realtime holography in $Bi_{12}SiO_2$ crystals. *Optics Letters*, 4, 21(1979).

[73] L. Richard, J. Maurin, J. P. Huignard, Phase conjugation with gain at CO_2 laser line from thermally induced grating in nematic liquid crystals. *Optics Communications*, 57, 365(1986).

[74] I. C. Khoo, P. Y. Yan, G. M. Finn, et al. Low power(10.6 μm) laser beam amplification via thermal grating mediated degenerate four wave mixing in a nematic liquid crystal film. *Journal of the Optical Society of America B*, 5, 202(1988).

[75] L. Solymar, D. J. Webb A. Grunnet-Jepsen, *The Physics and Applications of Photorefractive Materials*, Clarendon, Oxford, 1996.

[76] I. C. Khoo, R. R. Michael, P. Y. Yan, Stimultaneous occurrence of phase conjugation and pulse compression in stimulated scatterings in liquid crystal mesophases. *IEEE Journal of Quantum Electronics*, QE-23, 1344(1987).

[77] D. Fekete, J. Au Yeung, A. Yariv, Phase conjugate reflection by degenerate four wave mixing in a nematic crystal in the isotropic phase, *Optics Letters*, 5, 51(1980).

[78] P. A. Madden, F. C. Saunders, A. M. Scott, "Degenerate four-wave mixing in the isotropic phase of liquid crystals: The influence of molecular structure," *IEEE Journal of Quantum Electronics*, QE-22, 1287(1986).

[79] I. C. Khoo, H. Li, P. G. Lopresti, et al. Observation of optical limiting and back scattering of nanosecond laser pulses in liquid crystal fibers. *Optics Letters*, 19, 530(1994).

[80] M. T. Gruneisen, J. M. Wilkes, "Compensated imaging by real-time holography with optically addressed spatial light modulators," in *Spatial Light Modulators*, G. B. Burdge and S. C. Esener(eds)OSA TOPS 14, 1997.

[81] O. L. Antipov, D. A. Dvoryaninov, Parametric generation phase conjugation of intersecting laser beams in a layer of nematic liquid crystal containing a dye. *JETP Letters* (*Engl. Transl.*)53, 611(1991).

[82] I. C. Khoo, N. Beldyugina, H. Li, et al. Onset dynamics of self-pumped phase conjugation from speckled noise. *Optics Letters*, 18, 473(1993).

[83] I. C. Khoo, M.-Y. Shih, M. V. Wood, et al. "Dye-doped photorefractive liquid crystals for dynamic and storage holographic grating formation and spatial light modulation" *IEEE Proceedings*, 87(11), 1897–1911(1999).

[84] J. L. Oudar, *Nonlinear Optics Materials and Devices*, Springer, Berlin, 1986.

[85] D. S. Chemla *Nonlinear Optics Materials and Devices*, Springer, Berlin, 1986.

[86] W. E. Moerner, S. M. Silence, "Polymeric photorefractive materials," *Chemical Reviews*, 94, 127–155(1994).

[87] P. Gunter, J. P. Huignard, ed. "*Photorefractive Materials and Their Applications*," Vol. I and II, Springer-Verlag, Berlin, 1989.

[88] R. Thoma, N. Hampp, C. Brauchle, et al. "Bacteriorhodopsin films as spatial light modulators for nonlinear-optical filtering," *Optics Letters*, 16, 651(1991).

[89] I. C. Khoo, C.-W. Chen, T.-J. Ho, "High efficiency holographic Bragg grating with optically prolonged memory," *Scientific Reports*, 6, 36148(2016).

[90] M. Y. Shih, I. C. Khoo, A. Shishido, et al. "All-optical image processing with a supra nonlinear dye-doped liquid crystal film", *Optics Letters*, 25, 978–980(2000).

[91] M. Y. Shih, A. Shishido, I. C. Khoo, "All-optical image processing by means of photosensitive nonlinear liquid crystal film: edge enhancement and image addition/subtraction," *Optics Letters*, 26, 1140–1142(2001).

[92] J. M. C. Jonathan, M. May, "Application of the Weigert effect to optical processing in partially coherent light," *Optical Engineering*, 19, 828–833(1980).

[93] K. M. Johnson, D. J. Mcknight, I. Underwood, *IEEE Journal of Quatum Electronics*, 29, 699–714(1993).

[94] R. J. Mears, W. A. Crossland, M. P. Dames, et al. *IEEE Journal of Selected Topics in Quantum Electronics*, 2, 35–46(1996).

[95] I. C. Khoo, K. Chen, A. Diaz, "All-optical neural-net like image processing with photosensitive nonlinear nematic film," *Optics Letters*, 28, 2372–2374(2003).

[96] Y. Owechko, *IEEE Journal of Quantum Electronics*, 25, 619–634(1989).

[97] R. A. Athale, H. H. Szu, C. B. Friedlander, *Optics Letters*, 11, 482–484(1986).

[98] A. V. Krishnamoorthy, D. A. B. Miller, *IEEE Journal of Selected Topics in Quantum Electronics*, 2, 55–76(1996); M. A. Vorontsov, *Journal of the Optical Society of America A*, 16, 1623–1637(1999).

[99] Y. R. Shen, Studies of liquid crystal monolayers and films by optical second harmonic generation. *Liquid Crystals*, 5, 635(1989); Y. R. Shen, Surface properties probed by second harmonic and sum-frequency generation. *Nature*(*London*), 337, 519(1989).

[100] M. A. Belkin, S. H. Han, X. Wei, et al. "Sum-frequency generation in chiral liquids near electronic resonance," *Physical Review Letters*, 87, 113001(2001). X. Zhuang, P. B. Miranda, D. Kim, et al. "Mapping molecular orientation and conformation at interfaces by surface nonlinear optics," *Physical Review B*, 59, 12632–12640(1999).

[101] M. Oh-e, H. Yokoyama, S. Yorozuya, et al. "Chirality probed by sum-frequency vibrational spectroscopy for helically structured conjugated liquid crystalline polymers," *Molecular Crystals and Liquid Crystals*, 436, 1027–1035(2005).

[102] S. K. Saha, G. K. Wong, Phase-matched electric-field-induced second-harmonic generation in a nematic liquid crystal. Optics Communications, 30, 119(1979).

[103] S.-J. Gu, S. K. Saha, G. K. Wong, Flexoelectric induced second-harmonic generation in a nematic liquid crystal. *Molecular Crystals and Liquid Crystals*, 69, 287(1981).

[104] A. V. Sukhov, R. V. Timashev, "Optically induced deviation from central symmetry; lattices of quadratic nonlinear susceptibility in a nematic liquid crystal," *JETP Letters*(*Engl. Transl.*), 51(7), 415(1990); N. B. Baranova, B. Ya. Zeldovich, *Dokl. Akad. Nauk SSSR*, 263, 325(1982); *Sov. Phys.–Dokl.*(*Engl. Transl.*)27, 222(1982).

[105] J. Y. Liu, M. G. Robison, K. M. Johnson, et al. Second harmonic generation in ferroelectric liquid crystals, *Optics Letters*, 15, 267(1990); A. Taguchi, Y. Oucji, H. Takezoe, et al. *Japanese Journal of Applied Physics*, 28, 997(1989); M. I. Barnik, L. M. Blinov, A. M. Dorozhkin, et al. Generation of the second optical harmonic in-

duced by an electric field in nematic and smectic liquid crystals, *Soviet Physics-JETP* (*Engl. Transl.*), 54, 935 (1981).

[106] S. H. Han, M. A. Belkin, Y. R. Shen, "Optically active second-harmonic generation from a uniaxial fluid medium," *Optics Letters*, 29, 1527–1529 (2004).

[107] I. C. Khoo, J. Y. Hou, R. Normandin, et al. "Theory and experiment on optical bistability in a Fabry-Perot interferometer with an intracavity nematic liquid-crystal film," *Physical Review A*, 27, 3251 (1983).

[108] A. E. Kaplan, Theory of hysteresis reflection and refraction of light by a boundary of nonlinear medium. *Soviet Physics–JETP* (*Engl. Transl.*), 45, 896 (1977).

[109] I. C. Khoo, P. Zhou, Dynamics of switching total internal reflection to transmission in a dielectric cladded nonlinear film. *Journal of the Optical Society of America B*, 6, 884 (1989).

[110] I. C. Khoo, W. Wang, F. Simoni, et al. Experimental studies of the dynamics and parametric dependences of total-internal-reflection to transmission switching and limiting effects. *Journal of the Optical Society of America B*, 8, 1464 (1991).

[111] I. C. Khoo, R. R. Michael, P. Y. Yan, Theory and experiments on optically induced nematic axis reorientation and nonlinear effects in the nanosecond regime. *IEEE Journal of Quantum Electronics*, QE-23, 267 (1987).

[112] R. G. Lindquist, P. G. Lopresti, I. C. Khoo, Infrared and visible laser induce thermal and density nonlinearity in nematic and isotropic liquid crystals. *SPIE–International Society for Optical Engineering*, 1692, 148–158 (1992).

[113] I. C. Khoo, P. Zhou, R. R. Michael, et al. Optical switching by a dielectric cladded nematic film. *IEEE Journal of Quantum Electronics*, QE-25, 1755 (1989).

[114] I. C. Khoo, P. Zhou, Nonlinear interface tunneling phase shift. *Optics Letters*, 17, 1325 (1992).

[115] H. Vach, C. T. Seaton, G. I. Stegeman, et al. Observation of intensity-dependent guided waves. *Optics Letters*, 9, 238 (1984); E. S. Goldburt, P. St. J. Russell, Nonlinear single-mode fiber coupler using liquid crystals, *Applied Physics Letters*, 46, 338 (1985).

[116] J. Ptasinski, S. W. Kim, L. Pang, et al. "Optical tuning of silicon photonic structures with nematic liquid crystal claddings," *Optics Letters*, 38(12), 2008–2010 (2013).

[117] J. Ptasinski, I.-C. Khoo, Y. Fainman, "Enhanced optical tuning of modified-geometry resonators clad in blue phase liquid crystals," *Optics Letters*, 39, 5435–5438 (2014)

[118] ANSI(American National Standards Institute). American national standard for the safe use of lasers. ANSI Standard Z136.1. New York, ANSI, 2000.

[119] J. Barroso, A. Costela, I. Garcia-Moreno, et al. "Wavelength dependence of the non-linear absorption of C-60 and C-70-toluene solutions," *Journal of Physical Chemistry A*, 102, 2527–2532(1998). R. L. Sutherland, M. C. Brant, D. M. Brandelik, et al. "Nonlinear absorption study of a C60 toluene solution," *Optics Letters*, 18, 858–860(1993).

[120] T. Xia, D. J. Hagan, A. Dogariu, et al. "Optimization of optical limiting devices based on excited-state absorption," *Applied Optics*, 36, 4110–4122(1997).

[121] J. E. Ehrlich, X. L. Wu, I. Y. S. Lee, et al. "Two-photon absorption and broadband optical limiting with bis-donor stilbenes," *Optics Letters*, 22, 1843–1845(1997).

[122] I. C. Khoo, P. H. Chen, M. V. Wood, et al. "Molecular photonics of a highly nonlinear organic fiber core liquid for picosecond-nanosecond optical limiting application," *Chemical Physics*, 245, 517–531(1999).

[123] I. C. Khoo. US Pat. 5, 589, 101, "Liquid crystal fiber array for optical limiting of laser pulses and for eye/sensor protection" 1996.

[124] I. C. Khoo, M. V. Wood, B. D. Guenther, et al. "Nonlinear absorption and optical limiting of laser pulses in a liquid-cored fiber array," *Journal of the Optical Society of America B*, 15, 1533–1540(1998).

[125] I.-C. Khoo, A. Diaz, M. V. Wood, et al. "Passive optical limiting of picosecond-nanosecond laser pulses using highly nonlinear organic liquid cored fiber array," *IEEE Journal on Selected Topics in Quantum Electronics*, 7, 760–768(2001).

[126] I. C. Khoo, A. Diaz, J. Ding, "Nonlinear-absorbing fiber array for large dynamic range optical limiting application against intense short laser pulses," *Journal of the Optical Society of America B*, 21, 1234–1240(2004).

[127] I. C. Khoo, "Nonlinear organic liquid cored fiber array for all-optical switching and sensor protection against short pulsed lasers," *IEEE Journal of Selected Topics in Quantum Electronics*, 14(3), 946–951(2008).

[128] S. M. O'Flaherty, S. V. Hold, M. J. Cook, et al. "Molecular engineering of peripherally and axially modified phthalocyanines for optical limiting and nonlinear optics," *Advanced Materials*, 15, 19–32(2003).

[129] G. S. He, T.-C. Lin, P. N. Prasad, et al. "Optical power limiting and stabilization using a twophoton absorbing neat liquid crystal in isotropic phase," *Applied Physics Letters*,

82, 4717–4719(2003).

[130] I.C. Khoo, S. Webster, S. Kubo, et al. “Synthesis and characterization of the multi-photon absorption and excited-state properties of 4-propyl 4′ -butyl diphenyl acetylene,” *Journal of Materials Chemistry*, 19, 7525–7531 (2009).

[131] I. C. Khoo, A. Diaz, “Multiple-time-scales dynamical studies of nonlinear transmission of pulsed lasers in a multi-photon absorbing organic material,” *Journal of the Optical Society of America B*, 28(7), 1702–1710 (2011).